太阳能分布式
光伏发电系统
设计施工与运维手册

第 3 版

李钟实　编著

机械工业出版社

本书在介绍太阳能光伏产业的发展及分布式光伏发电系统的应用、原理与构成、投资收益分析和新技术展望的基础上，重点讲述了分布式光伏发电系统的系统集成设计、并网接入设计、系统配置、设备部件选型及设计、安装施工、检测调试、运行维护及故障排除等内容；还详细讲解了光伏储能系统原理构成应用及光伏发电项目的申报和现场勘测等方面的内容；并提供了具体的设计、施工实例和部分实用资料。

本书内容翔实、图文并茂、通俗易懂，具有较高的资料性和实用性，适合从事太阳能光伏发电系统设计、施工、运行、维护及光伏应用方面的工程技术人员以及光伏发电设备、部件生产方面的相关人员阅读，可供大专院校相关专业的师生学习参考，还可供对太阳能光伏发电感兴趣的各界人士阅读和参考使用。

图书在版编目（CIP）数据

太阳能分布式光伏发电系统设计施工与运维手册/李钟实编著. —3 版. —北京：机械工业出版社，2024.3
ISBN 978-7-111-75046-8

Ⅰ.①太… Ⅱ.①李… Ⅲ.①太阳能光伏发电-电力系统-系统设计-手册②太阳能光伏发电-电力系统-工程施工-手册③太阳能光伏发电-电力系统运行-手册 Ⅳ.①TM615-62

中国国家版本馆 CIP 数据核字（2024）第 050401 号

机械工业出版社（北京市百万庄大街 22 号　邮政编码 100037）
策划编辑：吕　潇　　　　　责任编辑：吕　潇　翟天睿
责任校对：张勤思　张亚楠　　封面设计：马精明
责任印制：张　博
天津市光明印务有限公司印刷
2024 年 6 月第 3 版第 1 次印刷
184mm×260mm·27 印张·2 插页·668 千字
标准书号：ISBN 978-7-111-75046-8
定价：168.00 元

电话服务　　　　　　　　　网络服务
客服电话：010-88361066　　机 工 官 网：www.cmpbook.com
　　　　　010-88379833　　机 工 官 博：weibo.com/cmp1952
　　　　　010-68326294　　金 书 网：www.golden-book.com
封底无防伪标均为盗版　机工教育服务网：www.cmpedu.com

第 3 版前言

近几年来，新能源及光伏发电产业发生了巨大变化，首先是光伏发电逐步进入平价上网时代，"光伏+"的多元化应用全面铺开，特别是国家"碳达峰、碳中和"目标的确定，《"十四五"可再生能源发展规划》中"集中式与分布式并举""陆上与海上并举""就地消纳与外送并举"的提出，以及"乡村振兴""整县推进""应装尽装""千家万户沐光行动"等政策的实施，有力地促进了光伏产业的迅猛发展，光伏发电装机容量再次大幅度逐年上升。光伏储能及多能互补智能微电网的发展，为新能源电力储存和消纳提供了有力支撑。以光伏和风电为代表的新能源电力将逐渐成为未来能源结构中的主力军，光伏产业发展依然任重道远、大有可为。

针对太阳能光伏发电产业突飞猛进的发展和光伏发电的大面积推广应用，为使广大读者能全面了解并参与到太阳能光伏发电的实际工作中，尽快成为行家里手，能工巧匠，本书在第 2 版内容基础上，结合光伏产业发展新形势、新技术和广大读者学习需求，及时充实和更新相关知识，大幅提升和改动相关内容。本书在简要介绍太阳能光伏产业的发展及分布式光伏发电系统的应用，光伏发电系统原理与构成、投资收益、新技术展望等内容的基础上，结合实际，利用三章的篇幅，对光伏发电的项目申报及现场勘测、系统集成设计、并网接入设计、系统配置、设备部件选型及设计等内容进行了详细介绍，并给出了一些实用的设计方法和计算公式；用一章的篇幅对光伏发电储能系统的原理构成及应用做了专门介绍；接着用两章的篇幅对分布式光伏发电系统的安装施工、检测调试、运行维护与故障排除等内容进行了详细介绍；最后一章以几个不同形式的分布式光伏发电系统（站）实际工程为例，对分布式光伏发电项目的整体设计思路、系统配置和构成等内容进行了梳理和介绍，使读者能更系统地理解和借鉴；附录部分提供了一些实用的技术资料。

本书作者结合自己多年从事相关工作的实践经验以及长期积累的数据资料，从实用的角度出发，紧随光伏行业发展步伐，及时更新相关内容，力求做到内容翔实、图文并茂、通俗易懂，方便读者在实际工作中学以致用。本书是一本关于分布式太阳能光伏发电实际应用方面的知识性、技术性和资料性的图书，主要供从事太阳能光伏发电系统设计、施工、运行、维护及应用方面的工程技术人员以及光伏发电设备、部件生产方面的相关人员阅读，也适合大专院校相关专业学生及教师学习参考，还可供对太阳能光伏发电感兴趣的各界人士阅读和参考使用。

本书在编写过程中，参阅和学习了光伏专家同仁的部分著作及光伏公众号中相关内容，汲取了营养，借鉴了精华，在此向各位致以敬意和由衷的感谢。

本书由李钟实编写，山西国际机场有限责任公司张涛、任辉先生，民航机场规划设计研究总院有限公司华北分公司彭兴华先生，山西伏源利仁电力工程有限公司王志建先生，山西三晋阳光太阳能科技有限公司王君、张慧斌、张旭峰、苗中元、刘健先生，山西能源学院王康民老师，山西中电科新能源技术有限公司彭昊工程师等为本书的编写提供了宝贵资料和有力支持，并参与了部分内容的讨论和整理，在此一并表示感谢。

由于作者水平有限，书中难免存在不妥之处，恳请广大读者予以指正。

作　者

第 2 版前言

太阳能分布式光伏发电系统是指在用户场地附近建设，以用户侧自发自用为主、多余电量并入电网，并能适应电网特性的光伏发电设施。

十几年来，在国家光伏发电产业相关政策的有力推动下，我国光伏产业发展变化巨大，全产业链的产品产能、质量和技术都有了长足的发展和进步，系统成本逐年下降，应用领域持续扩大。在大型地面光伏电站为国内的光伏发电带来令人瞩目的装机容量和市场地位的同时，分布式光伏发电在各地的安装和应用也遍地开花、如火如荼。从 2015 年起，我国光伏并网累计装机容量已经连续四年位居全球首位。政府和城乡居民都在利用太阳能光伏发电积极开展光伏农业、光伏扶贫、光伏养老、家庭及工商业屋顶发电等多种形式的推广和应用，广大用户对太阳能光伏发电这一绿色能源从逐步认识了解到接触认可，再到纷纷拥有自己的各类太阳能光伏电站，既是传统电力的消费者，又是新能源电力的生产者。这些践行者不仅感受到了太阳能光伏发电带来的投资回报和稳定收益，更重要的是他们以实际行动参与到了清洁能源的利用和绿色环保的社会生活中，在享受最时尚的绿色生活的同时，为保护环境、建设绿水青山做出了贡献。

针对太阳能光伏发电产业突飞猛进的发展和新能源光伏发电的大面积推广应用，为使广大读者能全面了解和参与到太阳能光伏发电的实际工作中，尽快成为行家里手，本书在简要介绍太阳能光伏产业的发展及分布式光伏发电的推广应用、光伏发电系统原理与构成、投资收益、新技术展望等内容的基础上，结合实际，利用四章的篇幅，对分布式光伏发电的项目申报及站址勘察、系统容量设计、并网接入设计、系统整体配置、设备部件选型及设计等内容进行了详细介绍，并给出了一些实用的设计方法和计算公式；接着用两章对分布式光伏发电系统的安装施工、检测调试、运行维护与故障检修等内容进行了详细介绍；最后一章以几个不同形式、不同容量规模的分布式光伏发电系统（站）实际工程为例，对分布式光伏发电项目的整体设计思路、系统配置和构成等内容进行了梳理和介绍，使读者能更系统地理解和借鉴；附录部分提供了一些实用的技术资料。

本书作者结合了自己多年从事相关工作的实践经验以及长期积累的数据资料，从实用的角度出发，力求做到内容翔实、图文并茂、通俗易懂，方便读者在实际工作中应用。本书是一本关于太阳能分布式光伏发电实际应用方面的知识性、技术性和资料性的图书，主要供从事太阳能光伏发电系统设计、施工、运行、维护及应用方面的工程技术人员以及光伏发电设备、部件生产方面的相关人员阅读，也适合大专院校相关专业学生及教师学习参考，还可供对太阳能光伏发电感兴趣的各界人士阅读。

本书在编写过程中，参阅了光伏同仁们的部分有关著作及各光伏网站、微信公众号中的相关资料，汲取了营养，借鉴了精华，在此向各位同仁致以崇高的敬意和由衷的感谢。

本书主要由李钟实编写，李皓、王志建、王君、张慧斌、苗中元、张旭峰、王龙光、刘建、苗润平、段仁东、肖勇波、李彦材等为本书提供了许多宝贵资料，并参与了部分章节的整理工作。山西三晋阳光太阳能科技有限公司董事长张慧斌、总经理王君，山西伏源利仁电力工程有限公司总经理王志建对本书的编写给予了方方面面的支持和帮助，在此一并表示感谢。

　　由于作者水平有限，书中难免存在不妥之处，恳请广大读者予以指正。

作　者

目　录

第 **1** 章

太阳能光伏发电——新能源电力的主力军

本章在简要介绍我国太阳能光伏产业发展状况及分布式光伏发电推广应用的基础上，重点介绍了光伏发电系统的分类、构成、工作原理及光伏发电新技术应用等内容，以便读者对光伏发电的方方面面有一个大致的了解。

1.1 我国太阳能光伏产业历史回顾与展望

1.1.1 光伏产业的兴起与基本形成

在我国，光伏发电是从 20 世纪 50 年代才开始有萌芽的。为了卫星能够早日上天，我国从 1958 年开始研制太阳电池，1959 年第一块有实用价值的太阳电池诞生。1968 年中国科学院半导体研究所开始为实践一号卫星研制和生产硅太阳电池，1969 年电子工业部（现中国电子科技集团）第 18 研究所继续为东方红二号、三号、四号系列地球同步轨道卫星研制生产太阳电池。1971 年 3 月，我国首次应用太阳电池作为科学试验卫星的电源，开始了太阳电池在空间的应用实验，到 1975 年，太阳电池主要还是以在空间的应用为主。1973 年，我国首次在天津塘沽海港浮标灯上进行太阳电池供电应用实验，从此也拉开了太阳电池在地面应用的帷幕。

20 世纪 70 年代，随着现代工业的发展，全球能源危机和大气污染问题日益突出，传统的燃料能源正在一天天减少，特别是中东战争的爆发使原油价格暴涨，全世界都把目光投向了太阳能这一新型能源。许多国家开始将太阳能视为"近期急需的补充能源"与"未来能源结构的基础"，太阳能的研究与发展进入了快车道。美国、日本政府相继制定了各自的太阳能研究、开发计划。1975 年 7 月，国家计划委员会（现国家发展和改革委员会）和中国科学院在河南安阳组织召开了全国太阳能利用经验交流会，太阳能研究和推广工作被纳入中国政府计划，并获得了专项经费和物资支持。同年在宁波、开封先后开始成立太阳电池厂，电池制造工艺模仿早期生产空间电池的工艺，太阳电池的应用开始从空间落到地面。太阳电池开始有了少量的商业化应用以及政府政策支持的局部离网光伏发电项目应用。

20 世纪 80 年代，石油价格回落，核电快速发展，许多国家相继大幅削减太阳能研究经费，太阳能光伏产业开始落潮。到 80 年代中后期，我国政府除了帮助宁波和开封引进了关键太阳电池生产设备，形成生产能力外，还为秦皇岛华美光电设备总公司和云南半导体厂分别引进全新和二手的全套太阳电池生产线，为哈尔滨克罗拉公司和深圳宇康公司分别引进非晶硅太阳电池生产线，形成了 4.5MW/年的太阳电池生产能力，我国的太阳电池产业初步形成。

我国老百姓最早能享受到光伏发电为生活照明供电，也是在这个年代初开始的。1983年，在离甘肃兰州市区 40km 的园子岔乡，建设了国内第一个在当时看来较大规模的太阳能光伏电站，当时的建设规模是 10kW。建设这个电站用的是日本京瓷公司制造的单晶硅电池组件，那个年代，由于基础设施很不完善，榆中地区许多偏远乡村还没有通电，就是这个光伏电站给当地各家各户的老百姓带来了光明。1988年，国家计划委员会拨款 100 万元支持在西藏阿里地区革吉县建设了一座 10kW 的光伏电站，这座电站的建设历尽艰辛，于 1990年 5 月正式启用。这座电站的成功实施，为我国边远地区光伏电站的建设和应用开了先河，也为后来的"西藏阳光计划""西藏无电县建设""西藏阿里地区光明工程""送电到乡"等项目的实施提供了宝贵经验。

20 世纪 90 年代，石油价格再次暴涨，全球环境污染和生态破坏日趋严重，发展太阳能再次回归到各国政府的视野，光伏发电越来越受到各国政府的重视。1992年，日本重新制定"新阳光计划"，到 2003 年，日本光伏组件产量已经占全球的 50%，世界前十大厂商有 4家在日本；美国是最早制定光伏发电发展规划的国家，1997年，美国又提出了"百万太阳能屋顶计划"；德国制定了新的《可再生能源法》，规定了光伏发电上网电价，也大大推动了光伏市场和产业发展，使德国成为继日本之后世界光伏发电发展最快的国家。其他一些国家如法国、西班牙、意大利、瑞士、芬兰等，也纷纷制定光伏发展计划，并投入巨资进行技术开发，加速了其工业化进程。1996 年在津巴布韦召开了"世界太阳能高峰会议"，会议提出在全球无电地区推行"光明工程"的倡议，我国政府积极响应，开始进一步关注太阳能发电，并为实施具体项目做准备。1998年，我国政府决定建设第一套 3MW 的多晶硅电池及应用系统示范项目。同时，我国太阳电池生产在经过引进、消化、吸收和再创新的发展过程后，生产技术和生产工艺得到了稳步发展和提高，太阳电池和光伏组件的产量逐年增长，基本满足了当时国内市场的需求并有极少量的出口，我国的太阳能光伏产业进入了稳步发展时期。

进入 21 世纪，随着全球太阳能光伏产业的快速增长，我国光伏产业也进入了快速发展的时代。从 2001 年开始，保定天威英利公司在原有单晶硅和非晶硅电池生产的基础上，筹建了 3MW 多晶硅电池生产线；无锡尚德建设了 10MW 太阳电池生产线。这些在 21 世纪初创立的光伏电池生产企业，带动了我国光伏电池的工业化生产并取得了骄人的成绩。这些企业的成功给予了中国光伏产业很大的刺激，再加上当时欧洲国家大力补贴支持光伏发电产业的大背景，越来越多的资本开始涌向光伏产业，越来越多的企业开始参与或进入到光伏行业。

2006 年底，我国太阳电池和光伏组件的生产能力均超过 1GW，同时，一个从原材料生产到光伏发电系统建设的、围绕太阳电池片和光伏组件生产以及光伏市场应用等多个环节的、比较完整的光伏产业链也逐步形成，图 1-1 所示为光伏产业全产业链示意图。到 2007年年底，我国光伏发电系统的累计装机容量达到 100MW，从事太阳电池生产的企业达到 50余家，太阳电池生产能力达到 2900MW，实际年产量达到 1188MW，超过了日本和欧洲。到 2008 年，我国的太阳电池产量占到了全球总量的 26%，成为世界太阳电池产量第一大国。

在光伏发电应用方面，从 20 世纪 90 年代以后，随着我国光伏产业的初步形成和太阳电池成本逐渐降低，太阳能光伏发电应用开始向工业领域和农村供电应用方向发展。光伏发电

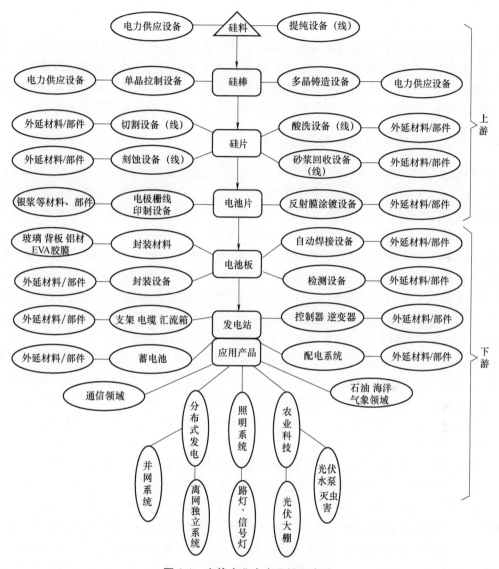

图 1-1　光伏产业全产业链示意图

市场逐步扩大，光伏产业也被逐步列入国家和各地政府计划。

1989—2001 年在海拔 4500m 以上的西藏地区先后建设了 25~100kW 的县级太阳能光伏电站 7 座，总功率达 420kW；2000 年开始，国家发展计划委员会启动"光明工程"先导项目，为西藏、内蒙古和甘肃地区提供户用系统和建设村落电站；2002 年，国家发展计划委员会启动了"西部省区无电乡通电计划"，通过建立小型的光伏和风力电站，解决新疆、西藏、甘肃、四川、青海、陕西、内蒙古西部七省区的 780 个无电乡的用电问题，总功率约 20MW。工业应用方面，在横贯塔克拉玛干沙漠的输油输气管线上建设管道阴极保护光伏电源系统 7 座，总功率为 40kW；在气象条件极其恶劣的兰西拉光缆通信工程中建设了光伏电源系统 26 座，总功率 100kW 以上。

2000—2007 年，除上述一些项目外，还有全球环境基金/世界银行中国可再生能源发展项目、中国-荷兰"丝绸之路光明工程"、中国-德国"中德财政合作西部太阳能项目"、中国-加拿大"太阳能农村通电项目"等，通过建立村落电站、示范电站，提供光伏户用系统等手段为我国西部地区的几千万无电人口解决了基本生活用电问题。这些项目的实施，通过开发利用太阳能、风能等新能源，以新的发电方式为那些远离电网的无电地区提供电力，为改变当地贫穷落后的面貌提供了条件，对改善我国边远无电地区人民生活条件，促进当地经济文化建设起到了非常重要的作用，也为维护和促进光伏产业的发展奠定了基础。

1.1.2 光伏产业的跌宕起伏与迅猛发展

在2000—2010年的这一阶段，虽然我国的光伏产业飞速发展，但国内光伏应用市场却依然相对滞后，95%以上的太阳电池和光伏组件等光伏产品要出口海外，形成了原材料（主要是多晶硅原料和部分光伏组件的封装材料）靠进口，产品靠出口的"两头在外"的市场格局。整个光伏产业受制于以欧盟、美国、日本为主的国际市场，市场风险很大，国际光伏市场的风吹草动，对国内整个光伏产业的兴衰都有着直接的影响。这种状况，也引起了我国政府的高度重视，并通过各种政策和措施拉动内需，促进光伏产业国内应用市场的发展。2006年国家正式实施《可再生能源法》，并在《中国国民经济和社会发展"十一五"规划纲要》和《国家可再生能源中长期发展规划》中第一次规划了可再生能源发电的目标，这些规划和目标要求都对我国可再生能源发电的发展起到了指导和推进作用。

同时，我国政府还通过各种途径和形式对光伏产业的技术研发和产业化发展给予了大量的支持，其中包括：光伏发电技术产业化关键技术攻关计划、产业化计划、技术示范及试点等。先后在上海、北京、南京、深圳等地进行了路灯照明、屋顶计划等技术示范工作，并结合北京奥运会、上海世博会等大型活动，推广光伏发电技术及应用示范。一些地方城市，如山东德州、河北保定还发起了建设太阳能城市的活动。

2008年亚洲金融危机的出现，是对我国光伏产业的一次很大的冲击，使光伏组件的海外市场受到很大影响，也给我国发展光伏产业提出了新的思考，并意识到"两头在外"的市场格局是制约我国光伏产业发展、导致我国光伏产业缺乏抗市场风险能力的重要因素。为解决我国光伏产业在金融危机下的产品积压困局，促进光伏产业技术进步和规模化发展，2009年上半年国家又先后颁布了多项政策，来刺激国内市场的启动，这一年也成为启动我国光伏市场的开端之年。

2009年3月财政部联合住房和城乡建设部发布了《关于加速推进太阳能光电建筑应用的实施意见》和《太阳能光电建筑应用财政补助资金管理暂行办法》，支持开展光电建筑应用示范工程，实施"太阳能屋顶计划"，对城市光电建筑一体化应用和农村及偏远地区建筑光电利用等给予定额补贴。2009年补助标准为，光伏组件作为建材或建筑构件时，补贴不超过20元/W；与屋顶或墙面结合时，补贴不超过15元/W；2010年分别降至17元/W和13元/W；2012年又一次调整分别降至9元/W和7.5元/W。

2009年7月，财政部、科技部和国家能源局联合发布了《关于实施金太阳示范工程的通知》和《金太阳示范工程财政补助资金管理暂行办法》，宣布了"金太阳示范工程"的正式启动，并计划在2~3年内，采取财政补贴方式支持光伏发电示范项目。通过综合采取财政补贴、科技支持和市场拉动方式，加快国内光伏发电的产业化和规模化发展。该办法对装机容量大于300kW的并网光伏电站及配套输配电工程按总投资的50%给予补贴，上网电价按当地脱硫标杆电价执行，对偏远无电地区的独立光伏发电系统按总投资的 70%给予补贴等。具体的补贴范围和金额在 2009—2012 年逐年进行了调整。此外，中央财政还从可再生能源专项资金中安排一定资金，支持光伏发电技术在各类领域的示范应用以及关键技术的产业化。尽管在金太阳示范工程的实施过程中由于事先补贴的方式，出现了个别骗取补贴、以小充大、以次充好等现象，但金太阳示范工程的实施是我国促进光伏发电产业技术进步和规模化发展、培育战略性新兴产业、支持光伏发电技术在各类领域的示范应用及关键技术产业化的具体行动，对开拓我国尚处于萌芽期的光伏市场，加速我国光伏产业的发展，有着不可估量的推动和促进作用。

在这一时期，德国、意大利等国因金融危机和光伏发电补贴力度预期消减等因素，导致光伏产品价格下跌，爆发了抢装热潮，光伏市场迅速回暖。与此同时，我国政府出台了 4 万亿救市政策，光伏产业获得战略性新兴产业的定位，催生了新一轮的光伏产业投资热潮。

针对大型光伏电站，国家实施了特许权招标方式，在 2009 年进行了首批特许权光伏电站招标（甘肃敦煌 2×10MW，电价为 1.09 元/kW·h），1.09 元/kW·h 电价的落定，标志着该上网电价不仅将成为国内后续并网光伏发电的重要基准参考价，同时也是国内光伏发电补贴政策出台及国家大规模推广并网光伏发电可参照的重要依据。2010 年国家开展了第二批特许权招标项目（陕西、青海、甘肃、内蒙古、宁夏和新疆 13 个项目共 280MW，中标电价介于 0.7288~0.9907 元/kW·h 之间）。

但是，天有不测风云，从 2010 年开始，由于美欧债务危机、国际金融和经济危机引发了全球经济衰退，使全球光伏产业发展大受影响。尤其是 2011 年下半年，全球光伏产业在经济衰退和产能过剩的双重打击下遭到了巨大的冲击。全球光伏市场萎靡不振，多晶硅、光伏电池和组件生产厂大量关闭。我国光伏产业在全球经济危机和产能过剩的冲击下，自然也逃脱不了厄运，先是欧洲取消政府光伏补贴，后是美国对中国的光伏进行"反补贴、反倾销"的双反调查，整个光伏产业进入低迷状态，大量中小光伏企业陷入了困境，纷纷倒闭关门或改弦易辙，一些知名的大型光伏企业也被迫停产、关闭、甚至破产倒闭，原本风光无限的光伏企业集体进入"寒冬"，开始进入"抱团取暖"共渡难关的艰辛历程。整个光伏产业在经历了"十一五"末期的高速发展之后，开始步入了调整期。通过调整，将使过去过度依靠国外市场的不利局面逐步改善，产业规模逐步扩大，国际化程度愈加增强。但由于我国光伏产业的自身发展也面临着产能过剩、供需严重失衡、行业竞争激烈，国外市场萎缩以及美国贸易保护性"双反"调查等问题，使光伏行业的优胜劣汰、调整、整合不可避免。

面对这种形势，2011 年以来，我国政府为了挽救和支持民族光伏产业，出台了一系列优惠和扶持政策，下大力气支持光伏产业的发展。特别是 2010 年两批特许权招标项目之后，业内呼吁光伏标杆上网电价政策出台的呼声很高。2011 年 7 月，国家发展和改革委员会发布了《国家发展改革委关于完善太阳能光伏发电上网电价政策的通知》，制定了全国统一的太阳能光伏发电标杆上网电价，规定 2011 年 7 月 1 日以前核准建设、2011 年 12 月 31 日建成投产、尚未核定价格的光伏发电项目，上网电价统一核定为 1.15 元/kW·h；2011 年 7 月 1 日以后核准的太阳能光伏发电项目，以及 2011 年 7 月 1 日之前核准但截至 2011 年 12 月 31 日仍未建成投产的太阳能光伏发电项目，除西藏执行 1.15 元/kW·h 的上网电价外，其余省（区、市）上网电价均按 1 元/kW·h 执行。

2012 年 9 月，国家能源局印发《太阳能发电发展 "十二五" 规划》，目标是到 2015 年中国光伏发电装机容量达到 21GW 以上，其中分布式发电占据 10GW。接着，国家能源局继续印发《关于申报分布式光伏发电规模化应用示范区的通知》，要求每个省市首批可以申报 3 个不超过 500MW 的示范区。分布式发电规划规模的变相提高，反映出了当时国家有关部门在支持和帮扶光伏产业时的矛盾心理。如果严格按照 "十二五" 规划执行，到 2015 年，10GW 的分布式光伏发电装机容量无法缓解现有危机，如果一味地帮扶，装机量大幅扩大则财政吃紧，也无法从根本上解决光伏产业的市场化问题。总之在当时那种变幻莫测的形势下，国家层面的救助也是根据市场而动，摸着石头过河。

2012 年 10 月，国家电网公司发布《关于做好分布式发电并网服务工作的意见（暂行）》文件，并召开加强分布式光伏发电并网服务新闻发布会，提出未来将对符合条件的分布式光伏项目提高系统方案制订、并网检测、调试等全过程服务，且不收取费用；支持分布式光伏发电分散接入低压配电网，富余电力全额收购；为并网工程开辟绿色通道等措施。并于当年 11 月 1 日起正式实施。国家电网公司的这一表态和措施实施，是对分布式光伏发电的启动性支持，对整个光伏行业也具有建设性的意义。

2012 年 12 月，国务院下发了促进光伏产业健康发展的五条措施：①加快产业结构调整和技术进步；②规范产业发展秩序；③积极开拓国内规范应用市场；④完善支持政策；⑤充分发挥市场机制作用，减少政府干预，禁止地方保护等多方面扶植光伏产业发展。2013 年 8 月，作为 "国五条" 的细化配套政策，《关于发挥价格杠杆作用促进光伏产业健康发展的通知》正式下发，实行三类资源区光伏上网电价及分布式光伏度电补贴，由此正式催生了我国光伏应用市场的 "黄金时代"。

2015 年底，《国家发展改革委关于完善陆上风电、光伏发电上网标杆电价政策的通知》指出，实行风电、光伏上网标杆电价随发展规模逐步降低的价格政策，并予以实施。截至 2019 年 5 月，三类资源区光伏标杆上网电价和自发自用、余电上网类分布式光伏发电项目补贴根据市场发展多次下调，具体情况见表 1-1。

表 1-1　光伏标杆上网电价调整表 　　　　　　　　（单位：元/kW·h）

年份	光伏标杆上网电价			分布式光伏补贴
	一类资源区	二类资源区	三类资源区	
2013—2015	0.9	0.95	1.00	0.42
2016	0.8	0.88	0.98	0.42
2017	0.65	0.75	0.85	0.42
2018 年上半年	0.55	0.65	0.75	0.37
2018 年下半年	0.50（未执行）	0.60（未执行）	0.70（未执行）	0.32（未执行）
2019 年 7 月	0.40（指导价）集中式电站及工商业全额上网分布式竞价排序不超过指导价，补贴不超过 0.10	0.45（指导价）集中式电站及工商业全额上网分布式竞价排序不超过指导价，补贴不超过 0.10	0.55（指导价）集中式电站及工商业全额上网分布式竞价排序不超过指导价，补贴不超过 0.10	户用 0.18（补贴规模内）工商业自发自用分布式 0.10（补贴规模内）

2017年1月，国家发展和改革委员会和国家能源局正式印发《能源发展"十三五"规划》。规划指出，在太阳能领域，应坚持技术进步、降低成本、扩大市场、完善体系。优化太阳能开发布局，优先发展分布式光伏发电，扩大"光伏+"多元化利用，促进光伏规模化发展。

同时，国家能源局组织编制了《能源技术创新"十三五"规划》，分析了能源科技发展趋势，以深入推进能源技术革命为宗旨，聚焦于清洁能源技术的发展。在清洁能源当中，把太阳能发电技术又作为重中之重来发展，在规划中也看到了太阳能光伏发电技术未来良好的发展前景。

2017年2月5日，中共中央、国务院公开发布《中共中央　国务院关于深入推进农业供给侧结构性改革加快培育农业农村发展新动能的若干意见》，光伏发电不仅首次被列入中央一号文件，还对通过光伏扶贫、"光伏+农业"等模式的发展应用予以肯定，明确了国家鼓励光伏发电在新农村建设和光伏扶贫的方向政策，为新一轮的光伏应用打开了新天地。

1.1.3　光伏产业的政策调整与完善

2018年5月31日，国家发展改革委、财政部、国家能源局联合印发了《国家发展改革委　财政部　国家能源局关于2018年光伏发电有关事项的通知》，该通知称：随着我国光伏发电建设规模不断扩大，技术进步和成本下降速度明显加快。为促进光伏行业健康可持续发展，提高发展质量，加快补贴退坡，暂不安排2018年普通光伏电站建设规模，仅安排10GW容量的分布式光伏建设规模，进一步降低光伏发电的补贴力度。此外，为完善光伏发电电价机制，加快光伏发电电价退坡，将标杆上网电价及分布式度电补贴下调了0.05元/kW·h。并明确各地5月31日（含）前并网的分布式光伏发电项目纳入国家认可的规模管理范围，未纳入国家认可规模管理范围的项目，由地方依法予以支持。

这个通知，因降补贴、限规模，力度超出预期，被称为"史上最严光伏新政"。光伏行业在经历了2014—2018年上半年的高歌猛进之后，由于"531政策"的"急刹车"，使国内应用市场快速下滑、产品价格快速下降、企业盈利能力持续位于低位，行业发展热度骤降，整个行业进入了长达1年的休整期。

2018年11月2日，国家能源局召开座谈会，商讨"十三五"光伏行业的发展规划调整，包括：2022年前光伏都有补贴，补贴退坡不会一刀切；"十三五"光伏装机目标有望调整至超过250GW，甚至达到270GW；国家能源局将重点加快研究制定并出台2019年的光伏行业相关政策，对市场的稳定发展提供保障；进一步引导和支持户用分布式光伏的有序发展。

2019年4月12日，国家能源局综合司发布《关于2019年风电、光伏发电建设管理有关要求的通知（征求意见稿）》，是国家能源局通过多种形式的座谈会，听取各方意见后，对绝大部分光伏企业关注的问题，提出了明确的指导意见。

2019年4月28日，国家发展改革委发布了《国家发展改革委关于完善光伏发电上网电价机制有关问题的通知》文件，在这个文件中，将2019年的光伏发电项目分为光伏扶贫项目、户用光伏、普通光伏电站、工商业分布式光伏电站、国家组织实施的专项工程或示范项目等5类进行分类管理，并对各类光伏发电项目的上网电价机制进行了明确。

2019年5月28日，光伏产业内外翘首以盼的政策文件《国家能源局关于2019年风电、光伏发电项目建设有关事项的通知》终于出台。新政策的总体思路是稳中求进，鼓励平价项目优先，竞价补贴项目随后；并对各类项目进行分类管理，形成不同的补贴和竞价机制；适当控制补贴规模，减少和改善过去拖欠补贴的现象。这一政策的出台，对发挥市场在资源配置中的决定性作用，加速降低度电补贴强度，推进光伏产业健康持续发展将有着划时代的作用。

随着光伏产业政策的不断调整与完善，光伏产业会越来越趋于市场化驱动。目前虽然光伏发电度电成本逐年下降，但光伏电站建设仍然还需要政府的补贴扶持。从近几年政府颁布的政策来看，一方面在不断下调标杆上网电价，减少补贴，倒逼企业由粗放式发展向精细化发展转变，由拼规模、拼速度、拼价格向拼质量、拼技术、拼效益转变，通过技术研发和创新来降低发电成本，一些规模小、技术水平低下、创新能力不足、融资能力差的企业将会被迫退出市场；另一方面鼓励企业使用高效产品，如"领跑者""超级领跑者"计划等，通过各种政策手段不断促进整个行业进行技术创新以提高发电效率。光伏行业的发展动力已经从过去的"补贴驱动"逐步过渡到"市场化驱动"，通过技术产品的创新与规模化应用所带来的"降本提效"来实现平价上网。同时隔墙售电、可再生能源配额制等政策的逐步实施，也会使光伏产业的市场运营管理模式发生根本的改变。

当然，在光伏产业产能和装机规模的快速增长过程中，也面临着一些问题、困难和挑战。主要有以下几个方面。

1）弃光问题依然存在，电网对新能源电力的容纳能力和传输能力不足，充分发挥系统的灵活性、调度性，提高可再生能源利用水平的任务还有待加强。

2）尽管到2020年，光伏装机容量的目标能够提前实现，但要实现2020年光伏发电与电网销售电价相当的发展目标还有一定差距。

3）产业创新活力仍有待进一步发掘，高端装备和关键技术亟待突破，需要进一步促进技术发展，降低发电成本。

4）补贴机制仍有待优化，全面推动新能源发电成本下降，加速平价上网的步伐还需要进一步努力。

针对光伏产业面临的这些问题，国家有关部门也在积极研究和制定相关政策以指导和支持光伏产业的持续健康发展。其中，科技部会同有关部门正在推动科技创新，把支撑大规模可再生能源的全额消纳确定为2030年智能电网专项课题的目标之一，从而解决饱受行业诟病的弃光问题。此外，在科技部组织的"十三五"国家重点研发计划、可再生能源和氢能技术专项中，在光伏技术领域方面进一步强化了光伏电池、光伏系统及部件、太阳能热利用、可再生能源耦合与系统集成等重点任务的部署。

工业和信息化部在研究制定智能光伏产业发展行动计划，增强产业创新能力，统筹利用多种资源渠道，持续支持光伏企业开展关键工艺技术创新和前瞻性技术研究，加快智能制造改造升级，强化标准、检测和认证体系建设，提升产业发展质量和效益。同时，提升光伏发电在工业园区、民用设施、城市交通等多个领域的应用水平，进一步推动光伏+应用模式创新，加速突破市场发展瓶颈。

国家能源局将着力解决弃风弃光问题，通过实施可再生能源配额制，明确地方政府和相关企业消纳可再生能源的目标任务，通过完善价格政策和市场交易机制，调动各类市场主体消纳可再生能源的积极性，通过加强输电通道建设，落实可再生能源全额收购和优先调度制度，加强风电调峰能力建设等措施，提高电力系统消纳可再生能源的能力。同时，健全光伏行业管理制度，尽快制定出台光伏扶贫、光伏领跑者计划、分布式光伏发电等管理办法，实现光伏发电产业规范化、制度化管理。国家能源局还会同相关部门统筹完善光伏补贴政策，通盘考虑补贴逐步下调机制，确立光伏补贴分类型、分领域、分区域逐步退出的基本思路和退坡机制。

1.2　光伏产业发展的新机遇——分布式光伏发电

1.2.1　分布式光伏发电的政策推动

2013年7月，国务院发布了具有里程碑意义的文件《国务院关于促进光伏产业健康发展的若干意见》，提出要大力开拓分布式光伏发电市场，有序推进光伏电站建设。这个文件的发布，为我国分布式光伏发电的发展吹响了冲锋号。

同年8月，国家发展和改革委员会出台了《国家发展改革委关于发挥价格杠杆作用促进光伏产业健康发展的通知》，并明确规定：根据各地太阳能资源条件和建设成本的不同，将全国分为三类资源区，分别执行0.9元/kW·h、0.95元/kW·h、1元/kW·h的上网标杆电价。对分布式光伏发电项目，实行按照发电量进行电价补贴的政策，电价补贴标准为0.42元/kW·h。

为了进一步推动分布式光伏发电的应用，2013年11月，国家能源局印发《分布式光伏发电项目暂行管理办法》，要求分布式光伏发电实行"自发自用、余电上网、就近消纳、电网调节"的运营模式。2014年1月，国家能源局出台《国家能源局关于下达2014年光伏发电年度新增建设规模的通知》，根据通知要求，从2014年起，光伏发电实行年度指导规模管理，国家能源局按照"光伏电站"和"分布式"分别给出了各省的规模控制指标，并鼓励分布式光伏发电项目建设。

随着太阳能光伏发电技术的进步和国内光伏发电规模的提高，2015年12月，国家发展和改革委员会出台《国家发展改革委关于完善陆上风电光伏发电上网标杆电价政策的通知》文件，再次调低上网标杆电价。将全国光伏上网标杆电价调整为：一类资源地区0.8元/kW·h，二类资源地区0.88元/kW·h，三类资源地区0.98元/kW·h，鼓励各地通过招标形式确定上网电价。提出利用建筑物屋顶及附属场所建设的分布式光伏发电项目，在项目备案时可以选择"自发自用，余电上网"或"全额上网"中的一种模式，其中"全额上网"项目的发电量由单位企业按照当地光伏电站上网标杆电价收购，完善了分布式光伏发电的发展模式，极大地促进了分布式光伏发电项目的发展。

2013年、2014年和2015年我国的分布式光伏发电累计装机容量分别为3.1GW、4.67GW和6.06GW。到2016年，我国光伏发电累计装机容量为77.42GW，其中分布式光伏发电累计装机容量为10.3GW，占到了光伏发电累计装机容量的13.3%。

虽然我国已经成为全球光伏发电装机容量最大的国家，但是我国分布式光伏发电的占比与德国、日本等成熟光伏市场相比还有较大差距。《能源发展"十三五"规划》提出，到2020年，太阳能光伏发电规模要达到105GW以上，其中分布式光伏装机容量要达到60GW。未来几年，分布式光伏将拥有至少近50GW的市场空间。

总之，从2017—2020年是分布式光伏发电的爆发式增长期，分布式光伏时代的到来，对新能源企业的业务布局和市场格局将产生颠覆性的影响。首先，业务形态、市场机遇、融资渠道等更加多样化和碎片化。其次，政府在新能源发展中的角色也将发生重大变化，要从政策主导者和资源分配者，转变为市场监督者和配套服务者。最后，分布式的电力交易结构也将进一步推动整个电力交易市场的改革，通过合同能源管理、竞价上网、隔墙售电等多种形式，实现新能源电力的价值回报。

1.2.2　分布式光伏发电的爆发式增长

在过去的几年里，集中式地面光伏电站为国内的光伏发电带来了令人瞩目的装机容量和市场地位。2015年，我国太阳能光伏发电新增并网装机容量达到15.13GW，约占全球新增装机容量的30%。累计并网容量达到43.18GW，首次超过德国成为世界光伏装机第一大国。其中，地面光伏电站为37.12GW，分布式光伏电站为6.06GW。2016年，全国新增装机容量为34.54GW，累计并网装机容量达到77.42GW，其中，集中式地面光伏电站新增装机容量为30.31GW，分布式光伏发电的新增装机容量为4.23GW。从上述数据看，2015年和2016年分布式光伏发电在新增装机容量中的占比依然很小。而集中式地面光伏电站通过几年的急速发展和过渡开发建设暴露出了诸多问题，首先是弃光、限电、补贴及融资的问题尚未解决，质量、土地等新问题又接踵而来。集中式光伏电站在经历了几年的大发展后，俨然进入了瓶颈期，而分布式光伏则迎来了新的发展机遇。

分布式光伏发电具有靠近用户侧，建设规模灵活、安装简单、适用范围广等特点。提高大用电量区域对太阳能的利用率，自发自用余电上网的形式符合太阳能本身分布式的特点，因此，分布式光伏发电也是光伏发电产业发展与推进的必然趋势。为推进分布式光伏发电的发展，国家能源主管部门针对分布式光伏发电发展中存在的问题，在分布式发电上网模式选择、电网接入规范、电力交易、应用形式等方面适时出台了一系列的政策。特别是在新出台的"十三五"规划中，对光伏市场的装机容量做了明确说明，发展重心明显向分布式光伏发电转移。在规划的105GW装机容量中，分布式光伏电站目标为60GW，集中式地面电站目标为45GW，占比过半。同时，国家能源局在2016年12月发布的《太阳能发展"十三五"规划》中提出：继续开展分布式光伏发电应用示范区建设，到2020年建成100个分布式光伏应用示范区，园区内80%的新建筑屋顶、50%的已有建筑屋顶安装光伏发电。

此外，各级地方政府为了推广分布式光伏发电，也都在国家度电补贴的基础上，陆续发布相应的补贴政策，实行地方区域的度电补贴或装机补贴。随着光伏发电成本的快速下降，分布式发电项目投资收益率将明显提高，广大老百姓和工商业用户已经在政策补贴、环保意识及良好的投资收益驱动下，对分布式光伏发电从感兴趣，想了解到纷纷投资建设，方兴未艾，如火如荼。大大小小的光伏企业也纷纷进入分布式光伏的安装推广领域，利用各种创新模式，八仙过海各显神通，力求分得一块蛋糕。各金融机构也通过提供灵活的融资租赁服务，为分布式光伏推广助力。我国中东部地区的浙江省、江苏省、安徽省、山东省等已经成为分布式光伏发电规模较大、增长快速的地区，光伏项目从资源更好的西北地区向中东部转移，说明电网消纳和政策环境已经成为影响投资决策的更重要因素，也就是说，电力需求规模越大，电力供给缺口越大，工商业电价越高，太阳能资源越丰富，太阳能产业基础越雄厚，对分布式光伏发电项目的需求就越大。根据上述规律，对我国部分省市分布式光伏发电市场的划分见表 1-2。

表 1-2　我国部分省市分布式光伏发电市场划分

市场顺序	区域特征	部分省市
第一 开发区域	太阳能资源匮乏，但电力消耗大，电力供给缺口大，工商业电价高、产业实力强	江苏、广东、浙江、山东、河北
第二 开发区域	太阳能资源、产业基础一般，但电力供给缺口大、工商业电价高	河南、上海、辽宁、北京、福建、江西
第三 开发区域	太阳能资源丰富，电力需求小，产业实力弱	四川、湖南、重庆、天津、湖北、广西、吉林、黑龙江、新疆、甘肃、陕西、安徽、青海、宁夏、山西、海南、云南、内蒙古、西藏、贵州

可以预测，未来 3~5 年，我国的分布式光伏市场，特别是户用分布式光伏市场一定将呈现持续爆发状态。2017 年更被业内称为户用分布式爆发元年。在整个光伏发展规模上，各省距离"十三五"规划目标都还有很大差距，未来市场的发展将会呈现直线上升的趋势。

在国外，分布式光伏在整个光伏能源中的构成占比很大，应用很广泛，据相关资料显示，截至 2015 年底全球 230GW 光伏发电项目中，分布式占比为 54%，各主要应用国家（如德国、日本、美国）的分布式光伏占比分别达到了 74%、86% 和 42%，而我国分布式光伏占比只有 10% 左右，远远低于国际平均水平。所以，从规划和目标角度看，分布式光伏装机缺口依然很大，其发展空间不言而喻。2017—2020 年，分布式光伏发电将成为光伏产业新一轮的增长点，2017 年光伏发电新增装机 53.06GW，其中分布式光伏装机 19.44GW；2018 年光伏发电新增装机 44.26GW，其中分布式光伏装机 20.96GW；2019 年光伏发电新增装机 30.11GW，其中分布式光伏装机 12.2GW；2020 年光伏发电新增装机 48.2GW，其中分布式光伏装机完成了 15.52GW。全国光伏发电累计装机容量达 253.43GW，其中分布式光伏累计装机容量达到 78.15GW，占到总装机容量的 30.8% 左右，分布式光伏装机容量占比明显提高（1GW = 100 万 kW）。

1.3　双碳目标——新时代光伏产业大发展的冲锋号

2020 年 9 月，中国在第 75 届联合国大会上向全世界承诺，将提高国家自主贡献力度，采取更加有力的政策和措施，二氧化碳排放力争于 2030 年前达到峰值，不再增长，并逐渐下降，实现碳达峰的目标。努力争取在 2060 年前，通过植树造林、发展清洁能源、产业调整、节能减排、清洁采暖等形式，抵消自身产生的二氧化碳排放，实现碳中和的目标。

2020 年 12 月，国家主席习近平在气候雄心峰会上宣布，到 2030 年我国风电、太阳能发电装机总容量将超 1200GW。这充分说明了我国政府对应对气候变化，发展清洁能源的坚定信心和支持力度。这些目标的确立，为光伏、风电等新能源产业的大发展吹响了冲锋号。

1.3.1　政府部门积极响应，相关政策密集出台

2021 年 12 月 24 日在北京召开的 2022 年全国能源工作会议提出，加快实施可再生能源

替代行动，推进东中南部地区风电光伏就近开发消纳；积极推进"三北"地区沙漠、戈壁、荒漠风电光伏基地建设；启动实施"千乡万村驭风行动"和"千家万户沐光行动"。

2021年12月，工业和信息化部、住房和城乡建设部、交通运输部、农业农村部、国家能源局五部委发布《智能光伏产业创新发展行动计划（2021—2025年）》部署发展智能光伏建筑、智能光伏农业、智能光伏乡村建设。

2021年12月，国家能源局、农业农村部、国家乡村振兴局《加快农村能源转型发展助力乡村振兴的实施意见》提出，巩固光伏扶贫工程成效；推动千村万户电力自发自用，利用农户闲置土地和农房屋顶建设分布式风电和光伏发电；鼓励建设光伏+现代农业，在林区、牧区合理布局林光互补、牧光互补等项目，打造发电、牧草、种养殖一体化生态复合工程等。

2022年1月，《国务院关于印发"十四五"现代综合交通运输体系发展规划的通知》及交通运输部《绿色交通"十四五"发展规划》鼓励在交通枢纽场站以及公路、铁路等沿线合理布局光伏发电和储能设施。

2021年6月，《国家能源局综合司关于报送整县（市、区）屋顶分布式光伏开发试点方案的通知》要求党政机关建筑屋顶总面积可安装光伏发电比例不低于50%；学校、医院、村委会等公共建筑总面积可安装光伏发电比例不低于40%；工商业厂房屋顶总面积可安装光伏发电比例不低于30%；农村居民屋顶总面积可安装光伏发电比例不低于20%，并在全国设定676个县（市、区）屋顶分布式光伏开发进行试点。

2022年5月，国务院办公厅转发国家发展改革委、国家能源局《关于促进新时代新能源高质量发展的实施方案》，提出了七个方面21条举措。该实施方案坚持目标导向和问题导向，锚定到2030年我国风电、太阳能发电总装机容量达到1200GW以上的目标，重点针对影响以风电、光伏为主的新能源大规模、高比例发展的关键性、要害性、实质性、核心性政策堵点、痛点、空白点，提出切实可行、具备可操作性的政策措施，保障新能源电力"发得出、送得走、用得了"。这七个方面主要精髓是：

1) 创新新能源开发利用模式。推动分布式和集中式并举。

2) 加快构建适应新能源占比逐渐提高的新型电力系统。着力提高配电网接纳新能源的能力。

3) 深化新能源领域"放管服"改革。提高项目审批效率，简化项目建设管理程序。

4) 支持引导新能源产业健康有序发展。推进科技创新与产业升级。

5) 保障新能源发展合理空间需求。充分利用沙漠、戈壁、荒漠；推广应用节地技术和节地模式；开发海域资源，提高利用效率。

6) 充分发挥新能源的生态环境保护效益。利用新能源修复生态，改善农村人居环境，促进农村清洁取暖、清洁生产。

7) 完善支持新能源发展的财政金融政策。强化征收可再生能源发展基金；完善金融支持措施；丰富绿色金融产品服务。

2022年8月，工业和信息化部等七部门《关于信息通信行业绿色低碳发展行动计划（2022—2025）》鼓励企业在自有场所建设绿色能源设施，就近消纳；有序推广锂电池，探索氢燃料电池；推进新型储能与供配电技术融合应用；支持智能光伏在信息通信领域应用。

2023年1月，在国新办新闻发布会上，国家能源局相关领导表示，光伏、风电将成为新增装机、新增发电量主体（2022 年风电光伏新增装机占全国新增装机的 78%，新增发电量占全国新增发电量 55% 以上）；风电光伏发电保供作用越来越明显。

2023 年 4 月，国家能源局发布《2023 年能源工作指导意见》中提出大力发展风电太阳能光伏发电，推动第一批沙漠、戈壁、荒漠地区为重点的大型风电光伏基地并网投产，陆续建设第二批、第三批项目；稳妥建设海上风电基地，谋划启动建设海上光伏；实施风电"千乡万村驭风行动"和光伏"千家万户沐光行动"；稳步推进整县屋顶分布式光伏开发试点。

同时，各地政府也相继出台各种配套政策和措施，利用多种支持和补贴方式，大力推进当地分布式光伏项目、电力储能项目及绿色建筑项目的发展。

1.3.2　分布式光伏与大型光伏电站将同步发展

根据国家新时代新能源高质量发展的实施方案，结合国家电网超高压及直流电力输送技术及大容量储能技术的应用，与过去相比，西电东输的能力大幅度提高，过去西部地区弃光、弃风现象得以较好改善，为西部地区大规模光伏、风电基地建设奠定了基础。

首先在经济发展迅猛、用电量巨大的我国东中南部地区，继续利用各种优质屋顶资源、水面资源大力发展分布式光伏。充分发挥分布式光伏发电就近发电、就近消纳的优势，缓解这一地区电力供应持续紧张的状态。

民用建筑、大学、政府机关、医院、商场、市场等商业建筑屋顶产权清晰、运营稳定，投资风险小，易于大面积推广，是分布式光伏发电建设的主要场所。

工业厂房一般耗能较高，能源需求量大，建筑密集，也十分适合发展分布式光伏，可以实现高比例就地消纳，避免长距离传输。因此工业厂房屋顶也是建造光伏发电的良好场所。

2022 年 8 月，工业和信息化部、国家发展改革委、生态环境部在《工业领域碳达峰实施方案》通知中提出，鼓励企业、园区就近利用清洁能源，支持具备条件的企业开展"光伏+储能"等自备电厂、自备电源建设。提升消纳绿色电力比例，优化电力资源配置。

其次我国西部地区广袤的荒漠戈壁可以为大型光伏电站的建设提供广阔的发展空间。西部地区的太阳能资源和土地资源都非常丰富，适合建成新能源为主体的电力供应大基地。

西部地区电价便宜、地广人稀，将会迎来新的工业投资高潮，沿海发达地区产业结构转型也决定了一些企业，特别是高耗能企业将会向西部转移，西部电力就地消纳的矛盾会逐步缓解。

国家电网的建设和完善，超高压及直流电力输送技术及大容量储能技术的应用，缓解了西部电力东送的困难，为西部地区大规模发展光伏、风电奠定了基础。目前第一批在西部地区建设的以沙漠、戈壁、荒漠为重点的大型风电光伏基地已经陆续并网投产，第二批、第三批项目正在紧锣密鼓地规划、推进和建设中。

表 1-3 列出了近十年来（2013—2023 年）我国光伏发电装机并网容量，既反映了光伏产业的发展成果，也可以看出分布式光伏发电在整个光伏并网容量中的比重在逐年增加。特别是 2023 年光伏总装机容量达到 216.88GW，相当于 2019~2022 四年的总和。

表 1-3　2013—2023 年我国光伏发电装机（并网）容量统计表

年份	新增装机容量/GW	新增分布式容量/GW	当年分布式与总容量占比（%）	累计总装机容量/GW	备注
2013 年	12.92	0.80	6.19	19.42	
2014 年	10.60	2.05	19.34	28.05	
2015 年	15.13	1.39	9.19	43.18	超过德国，全球装机第一
2016 年	34.54	4.23	12.25	77.42	全球装机第一
2017 年	52.78	19.34	36.64	130.48	分布式光伏元年
2018 年	44.26	20.96	47.36	174.63	全球装机第一
2019 年	30.11	12.2	40.52	204.30	全球装机第一
2020 年	48.20	15.52	32.20	253.43	全球装机第一
2021 年	52.97	29.28	55.28	306.40	总并网容量，全球第一
2022 年	87.41	51.11	58.47	392.61	总并网容量
2023 年	216.30	96.29	44.50	608.92	总并网容量（总装机216.88GW）

1.3.3　光伏产业的多元化发展与展望

1）光伏发电的多元化应用空间非常广阔。光伏+储能、光伏+建筑、光伏+物业、光伏+环保、光伏+交通、光伏+通信、光伏+绿色生活、光伏治沙、光伏制氢、光伏直供、农光互补、牧光互补、林光互补、渔光互补等多元化的应用已经逐步展开，初见成效。

2）多能互补的微电网发展将为光伏电力提供更多的消纳空间。

3）光伏、风力发电将成为未来能源结构中的主力电源，也将是全球绝大多数地区最经济的电力能源。

4）抽水储能、压缩空气储能、重力储能、飞轮储能等各种机械储能及各种形式电化学储能的应用，以及被誉为"移动充电宝"的数以亿计的电动汽车移动储能的技术进步，在能源互联网和智能电网的加持下，可以实现电力智能调度及互联共享。

5）能源互联网以特高压电网为骨干网络的智能电网，是清洁能源大规模开发、配置、利用的基础平台，可以简单概括为"特高压电网+智能电网+清洁能源"。能源互联网可以对光伏发电的信息化系统进行深度开发，通过对光伏发电系统的设计、运行数据进行采集，并与天气、地理数据整合形成大数据，并在此基础上进行负荷预测、发电预测和运行控制，优化能源生产和消费端的运行效率。光伏电量不但能实现远距离的输送，而且在能源互联的智能运营下，将能最大程度实现就地消纳。

6）未来新能源将逐步实现从"补充能源"向"替代能源"的角色转变。在不久的将来，当新能源电力得到更大规模应用时，完全可以利用廉价的新能源电力进行大规模的电力制氢、海水淡化、沙漠灌溉，逐步提高植被覆盖率，使更多的荒漠变为绿洲。利用新能源修复生态、治理环境，更多地吸收人类活动造成的所有碳排放，一定能完成"碳达峰、碳中和"的目标，并有望努力实现负碳发展。

7）高比例可再生能源的发电和消纳将对我国的电网运行能力和调度水平带来严峻考

验。新型储能是构建新型电力系统的重要技术和基础装备，是实现"碳达峰、碳中和"目标的重要支撑。储能作为优质灵活性资源，可在发电、输电、配电及用户侧发挥重要作用，是实现"碳中和"目标及多元融合高弹性电网的核心调节手段之一。构建适应高比例大规模可再生能源发展的新能源为主体的新型电力系统，从"源-网-荷"到"源-网-荷-储"，储能将成为新型电力系统的第四大基本要素。

到 2030 年，非化石能源消费比重将达到 25%左右，风电、太阳能发电装机规模达1200GW 以上；到 2060 年，非化石能源消费比重要达到 80%以上，因此，发展光伏、风电的新能源产业，依然任重道远，大有可为。

1.4　太阳能光伏发电与分布式光伏发电

1.4.1　什么是太阳能光伏发电

1. 太阳能光伏发电基本原理

太阳能光伏发电的基本原理是利用太阳电池的光生伏打效应直接把太阳的辐射能转变为电能的一种发电方式。太阳能光伏发电的能量转换器就是太阳电池，也叫光伏电池。光伏电池实际上是一块大面积的硅半导体器件。纯净的硅半导体晶体结构如图 1-2 所示，图中正电荷表示硅原子，负电荷表示围绕在硅原子周围的 4 个电子，当将硼或磷的杂质（元素）掺入到半导体硅晶体中时，因为硼原子周围只有 3 个电子，磷原子周围有 5 个电子，所以会产生如图 1-3 所示的带有空穴的晶体结构和带有多余电子的晶体结构，形成 P 型或 N 型半导体。

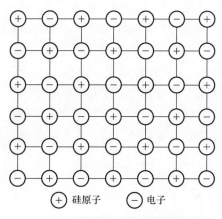

⊕ 硅原子　⊖ 电子

图 1-2　纯净的硅半导体晶体结构排列

由于 P 型半导体中含有较多的空穴，N 型半导体中含有较多的电子，当 P 型和 N 型半导体结合在一起时，在两种半导体的交界面区域会形成一个特殊的薄层，薄层的 P 型一侧带负电，N 型一侧带正电，如图 1-4 所示，形成了 PN 结。

由于 PN 结两边的电子和空穴的浓度不同，电子就要从 N 区向 P 区扩散，空穴要向相反的方向扩散，这两种电荷的移动在半导体内部形成了一个内建电场，这个电场在 PN 结处又形成一个内部电位差，促使电子和空穴进一步扩散。包含这两种电荷层的区域为空间电荷

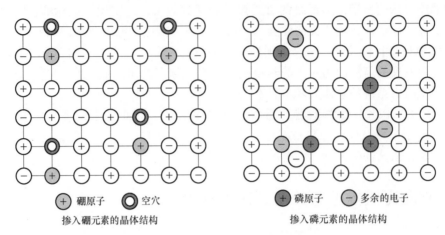

$$\oplus\ 硼原子\quad \bigodot\ 空穴\qquad\qquad\oplus\ 磷原子\quad \ominus\ 多余的电子$$

掺入硼元素的晶体结构　　　　　　掺入磷元素的晶体结构

图1-3　掺入杂质的硅半导体晶体结构排列

区，电子和空穴的扩散通过空间电荷区的作用达到 PN 结内部的平衡状态。所以，光伏电池在无光线照射时，呈现的是硅二极管的特性。

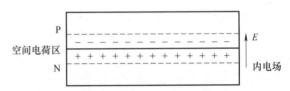

图1-4　平衡的 PN 结示意图

　　当太阳光照射在光伏电池上时，其中一部分光线被反射，一部分光线被吸收，还有一部分光线透过电池片。被吸收的光能激发被束缚的高能级状态下的电子，产生电子-空穴对，在 PN 结的内建电场作用下，电子、空穴相互运动（见图1-5），N 区的空穴向 P 区运动，P 区的电子向 N 区运动，使太阳电池的受光面有大量负电荷（电子）积累，而在太阳电池的背光面有大量正电荷（空穴）积累。若在电池两端接上负载，负载上就有电流通过，当光线一直照射时，负载上将有源源不断的电流流过。单片太阳电池就是一个薄片状的半导体 PN 结，在标准光照条件下，额定输出电压为 0.55~0.6V。为了获得较高的输出电压和较大的功率容量，在实际应用中往往要把多片太阳电池连接在一起构成电池组件，或者用更多的电池组件构成光伏方阵，如图1-6所示。太阳电池的输出功率是随机的，不同时间、不同地点、不同光照强度、不同安装方式下，同一块太阳电池的输出功率也是不同的。

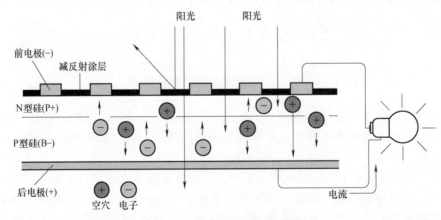

图1-5　太阳能光伏电池发电原理

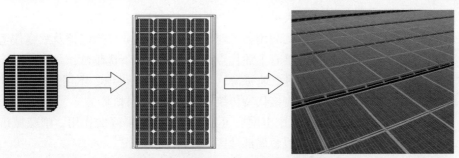

图1-6 从电池片、电池组件到光伏方阵

2. 太阳能光伏发电的优点

太阳能光伏发电过程简单,没有机械传动部件,不消耗燃料,不排放包括温室气体在内的任何物质,无噪声,无污染,太阳能资源分布广泛且取之不尽、用之不竭。因此,与风力发电和生物质能发电等新型发电技术相比,太阳能光伏发电是一种最具可持续发展理想特征(最丰富的资源和最洁净的发电过程)的可再生能源发电技术,其主要优点如下:

1)太阳能资源取之不尽、用之不竭,照射到地球上的太阳能要比人类目前消耗的能量大6000倍,而且太阳能在地球上分布广泛,只要有光照的地方就可以使用光伏发电系统,不受地域、海拔等因素的限制。

2)虽然在地球表面,由于纬度的不同以及气候条件的差异等因素会造成太阳能辐射的不均匀,但由于太阳能资源随处可得,可就近解决发电、供电和用电,不必长距离输送,避免了长距离输电线路投资及电能损失。

3)光伏发电是直接从光能到电能的转换,没有中间过程(如热能转换为机械能、机械能转换为电磁能等)和机械运动,不存在机械磨损。根据热力学分析,光伏发电具有很高的理论发电效率,可达80%以上,技术开发潜力巨大。

4)光伏发电本身不用燃料,温室气体和其他废气物质的排放几乎为零,不产生噪声,也不会对空气和水产生污染,对环境友好。不会遭受能源危机或燃料市场不稳定的冲击,太阳能是真正绿色环保的可再生能源。

5)光伏发电过程不需要冷却水,发电装置可以安装在没有水的荒漠、戈壁中。通过在沙漠、荒漠、戈壁上建造大规模光伏发电基地,可以直接降低沙漠地带直射到地表的太阳辐射,有效降低地表温度,减少水分蒸发,蓄水保墒,使绿植的自然生长、种植和存活成为可能,并通过铺设沙障、外围防护等措施,起到光伏治沙的作用。光伏发电还可以很方便地与建筑物的屋顶、墙面结合,构成屋顶分布式或光伏建筑一体化发电系统,不需要单独占用土地,可节省宝贵的土地资源。

6)光伏发电无机械传动部件,操作、维护简单,运行稳定可靠。一套光伏发电系统只要有太阳,光伏组件就能发电,加之自动控制技术的广泛采用,基本上可实现无人值守,维护成本低。

7)光伏发电系统工作性能稳定可靠,使用寿命长(30年以上),晶体硅太阳电池的寿命可长达25~35年。在光伏发电系统中,只要设计合理、选型适当,蓄电池的寿命也可长达10~15年。

8)太阳电池组件结构简单、体积小、重量轻,且便于运输和安装。光伏发电系统建设

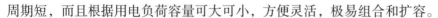

周期短，而且根据用电负荷容量可大可小，方便灵活，极易组合和扩容。

此外，近几年来应用最为广泛的利用各种建筑物屋顶和农业设施屋顶及家庭住宅屋顶建设的分布式光伏发电系统，除同样具有上述优点外，还具有以下优越性：

1）分布式光伏发电基本不占用土地资源，可就近发电、供电，不用或少用输电线路，降低了输电成本。光伏组件还可以直接代替传统的墙面和屋顶材料。

2）分布式光伏发电系统在接入配电网后可以有效地起到平峰的作用，削减城市昂贵的高峰供电负荷，能够在一定程度上缓解局部地区的用电紧张状况。

3. 太阳能光伏发电的缺点

当然，太阳能光伏发电也有它的不足和缺点，归纳起来有以下几点：

1）能量密度低。尽管太阳投向地球的能量总和极其巨大，但由于地球表面积也很大，而且地球表面大部分被海洋覆盖，真正能够到达陆地表面的太阳能只有到达地球范围辐射能量的10%左右，致使在陆地单位面积上能够直接获得的太阳能量较少，通常以太阳辐照度来表示，地球表面最高值约为 $1.2\mathrm{kW\cdot h/m^2}$，且绝大多数地区和大多数的日照时间内都低于 $1\mathrm{kW\cdot h/m^2}$。太阳能的利用实际上是低密度能量的收集、利用。

2）占地面积大。由于太阳能能量密度低，使得光伏发电系统的占地面积会很大，每10kW 光伏发电功率占地需 $50\sim70\mathrm{m^2}$，平均每平方米面积发电功率为 200W 左右。随着分布式光伏发电的推广以及光伏建筑一体化发电技术的成熟和发展，越来越多的光伏发电系统可以利用建筑物、构筑物的屋顶和立面，逐步改善了光伏发电系统占地面积大的不足。

3）转换效率较低。光伏发电的最基本单元是太阳电池组件。光伏发电的转换效率指的是光能转换为电能的比率。目前晶体硅光伏电池的最高转换效率在24%左右，做成的光伏组件转换效率为19%~22%，非晶硅光伏组件的转换效率最高超不过15%。由于光电转换效率较低，使得光伏发电系统功率密度低，难以形成高功率发电系统。

4）间歇性工作。在地球表面，光伏发电系统只能在白天发电，晚上则不能发电，这与人们的用电方式和习惯不符。除非在太空中没有昼夜之分的情况下，太阳电池才可以连续发电。

5）受自然条件和气候环境因素影响大。太阳能光伏发电的能源直接来源于太阳光的照射，而地球表面上的太阳光照射受自然条件和气候的影响很大，一年四季、昼夜交替、纬度和海拔等自然条件以及阴晴、雨雪、雾天甚至云层的变化都会严重影响系统的发电状态。另外，环境因素的影响也很大，特别是空气中的颗粒物（如灰尘等）降落在光伏组件表面，也会阻挡部分光线的照射，使光伏组件转换效率降低，发电量减少。

6）地域依赖性强。不同的地理位置和气候，使各地区的日照资源相差很大。光伏发电系统只有在太阳能资源丰富的地区应用效果才更好，投资收益率才更高。

7）系统成本高。由于太阳能光伏发电的效率较低，到目前为止，光伏发电的成本仍然比其他常规发电方式（火力和水力发电等）要高。这也是制约其广泛应用的主要因素之一。但是也应看到，随着太阳电池产能的不断扩大及电池片光电转换效率的不断提高，光伏发电系统成本下降得也非常快，光伏电池组件的价格已经从前几年的每瓦十几元下降至目前的2元/W左右。

8）晶体硅电池的制造过程高污染、高能耗。晶体硅电池的主要原料是纯净的硅。硅是地球上含量仅次于氧的元素，主要存在形式是沙子（二氧化硅）。从沙子变成含量为99.9999%以上纯的晶体硅，期间要经过多道化学和物理工序的处理，不仅要消耗大量能源，还会造成一定的环境污染。

尽管太阳能光伏发电有上述不足和缺点，但是随着全球化石能源的逐渐枯竭以及因化石能源过度消耗而引发的全球变暖和生态环境恶化，已经给人类带来了很大的生存威胁，因此大力开发可再生能源是解决这个问题的主要措施之一。

1.4.2　什么是分布式光伏发电

1. 分布式发电与分布式光伏发电

当前，新能源和可再生能源的开发利用已经成为保证国民经济可持续发展，解决能源短缺，降低煤炭发电比例和减少环境污染的重要途径，新能源和可再生能源既是我国近期重要的补充能源，也是未来能源结构的基础和重要组成部分。由于可再生能源的分散性、多样性和随机性，分布式发电系统，特别是单机容量较低的光伏发电系统，将成为可再生能源发电的必然网络结构和组成部分。因此，以可再生能源为主的分布式发电技术凭借其投资节省、发电方式灵活、与环境兼容等优点而得到了快速发展。

分布式发电系统是指发电功率为数千瓦到几十兆瓦的小型模块化、分散式、布置在用户现场或用户附近的高效、可靠的，与环境兼容的发电系统。分布式发电的特点是电力就地产生、就地消纳，可与大电网并网运行，还可以和大电网互为备用，即节省输变电投资，也使供电可靠性得以改善。分布式发电系统电源位置灵活、分散、多样的特点极好地适应了分散的电力需求和资源分布。目前分布式发电大多采用天然气、沼气、太阳能、生物质能、风能（小风电）、水能（小水电）等。分布式发电技术主要包括光伏发电技术、风力发电技术、燃料电池发电技术、燃气轮机/内燃机发电技术、生物质能发电技术以及分布式发电的储能技术等。

分布式光伏发电是指通过采用光伏电池组件，将太阳能直接转化为电能并在用户端直接并网发电的方式。分布式光伏发电是分布式发电系统中的重要组成部分，也是适合我国国情的解决能源危机和环境污染、优化能源结构、保障能源安全、改善生态环境、转变城乡用能方式的重要途径。我国是太阳能资源比较丰富的国家，分布式光伏发电遵循因地制宜、清洁高效、分散布局、就近利用的原则，可充分利用当地太阳能资源，替代和减少化石能源消费，是一种新型的、适合国情的、具有广阔发展前景的发电和能源综合利用方式。分布式光伏发电应用范围广，在城乡建筑、工业、农业、交通、公共设施等领域有着广阔的应用前景，既是推动能源生产和消费变革的重要力量，也是促进"稳增长、促改革、调结构、惠民生"的重要举措。

近几年，国家和政府相继出台了多个支持和鼓励分布式光伏发电发展和建设的政策性和指导性文件，对分布式光伏发电系统的开发和应用起到了积极的推动和促进作用，分布式光伏电站在各地的安装和应用遍地开花、如火如荼，政府和城乡居民都在利用分布式光伏发电积极开展光伏农业、家庭发电、光伏扶贫、光伏养老等多种形式的推广应用，金融业也纷纷推出各种光伏贷产品来支持和服务用户，可以说分布式光伏发电的大面积推广应用，标志着全民光伏时代的到来，也是光伏产业发展过程的又一个里程碑。

2. 分布式光伏发电系统

分布式光伏发电系统主要是指在用户的场地或场地附近建设和并网运行的，不以大规模远距离输送为目的，所生产的电力以用户自用及就近利用为主，多余电量上网，支持现有电网运行，且在配电网系统平衡调节为特征的光伏发电设施。

分布式光伏发电系统一般接入 35kV 以下电网，单个并网点总装机容量不超过 6MW。以 220V 电压等级接入的系统，单个并网点总装机容量不超过 8kW。

在《国家能源局关于进一步落实分布式光伏发电有关政策的通知》（国能综新能〔2014〕406 号）文件中，又对分布式光伏发电的定义扩展为：利用建筑屋顶及附属场地建设的分布式光伏发电项目，在项目备案时可选择"自发自用、余电上网"或"全额上网"中的一种模式。在地面或利用农业大棚等无电力消费设施建设、以 35kV 及以下电压等级接入电网（东北地区 66kV 及以下）、单个项目容量不超过 2 万 kW（20MW）且所发电量主要在并网点变电台区消纳的光伏电站项目，可纳入分布式光伏发电规模指标管理。

文件指出，国家鼓励开展多种形式的分布式光伏发电应用。充分利用具备条件的建筑屋顶（含附属空闲场地）资源，鼓励屋顶面积大、用电负荷大、电网供电价格高的开发区和大型工商企业率先开展光伏发电应用。鼓励各级地方政府在国家补贴基础上制定配套财政补贴政策，并且对公共机构、保障性住房和农村适当加大支持力度。鼓励在火车站（含高铁站）、高速公路服务区、飞机场航站楼、大型综合交通枢纽建筑、大型体育场馆和停车场等公共设施系统推广光伏发电，在相关建筑等设施的规划和设计中将光伏发电应用作为重要元素，鼓励大型企业集团对下属企业统一组织建设分布式光伏发电工程。因地制宜利用废弃土地、荒山荒坡、农业大棚、滩涂、鱼塘、湖泊等建设就地消纳的分布式光伏电站。鼓励分布式光伏发电与农户扶贫、新农村建设、农业设施相结合，促进农村居民生活改善和农村农业发展。

分布式光伏发电倡导就近发电、就近并网、就近转换、就近使用的原则，不仅能够有效提高同等规模光伏电站的发电量，同时还有效解决了电力在升压及长途输送中的损耗问题。其能源利用率高，建设方式灵活，将成为我国光伏应用的主要方向。目前应用最为广泛的分布式光伏发电系统，是建设在各种建筑物屋顶和农业设施屋顶及家庭住宅屋顶的光伏发电项目。对这些项目应用的要求是必须接入公共电网，或与公共电网一起为附近的用户供电，所发电力一般直接馈入低压配电网或 35kV 及以下中高压电网中。

1.4.3　分布式光伏发电的特点及应用场合

1. 分布式光伏发电的特点

1）输出功率相对较小，投资收益率不低。一般单个分布式光伏发电系统项目的容量在几千瓦到几百千瓦。光伏发电系统容量的大小对发电效率的影响很小，因此对其经济性的影响也很小，也就是说，小型光伏发电系统的投资收益率并不比大型光伏电站低。

2）分布式光伏发电基本不占用土地资源，可就近发电、供电，不用或少用输电线路，降低了输电成本。光伏组件还可以直接代替传统的墙面和屋顶材料。

3）污染小，环境友好，环保效益突出。分布式光伏发电系统在发电过程中，不消耗燃料，不排放包括温室气体在内的任何物质，没有噪声，也不会对空气和水产生污染。

4）分布式光伏发电系统在接入配电网中是发电用电并存，且在电网供电处于高峰期发电，可以有效得起到平峰的作用，削减城市昂贵的高峰供电负荷，能够在一定程度上缓解局部地区的用电紧张状况。

5）分布式光伏发电系统拥有与智能电网和微电网的有效接口，运行灵活，适当条件下还可以实现局部离网供电运行。

2. 分布式光伏发电的应用场合

（1）工业园区厂房屋顶及物流园屋顶

这些场合屋顶集中，用电量比较大、用电价格高，但屋顶面积都很大，屋顶开阔平整，可建设规模大，如图 1-7 所示。这些场合一般用电负荷较大、稳定，而且用电负荷曲线与光伏发电出力的特点相匹配，可实现自发自用为主，基本就地消纳。充分利用工业厂房屋顶和物流园屋顶建设分布式光伏发电项目，既可以满足用户的电力需求，特别是为高耗能企业及冷库、粮仓等提供生产用电，即减少了企业的能源消耗，又充分利用了闲置的屋顶资源，起到了节能减排的作用，可为企业带来巨大的经济效益和环境效益。

图 1-7　工业园区厂房、物流园屋顶应用

（2）车站、机场等交通枢纽屋顶及高速公路应用

光伏+交通开发的项目形式多种多样，高铁、轨道交通车站、机场航站楼、高速公路沿线及服务区等分布式光伏项目的实施，实现了光伏发电与交通运输的有机融合，如图 1-8 所示。

图 1-8　交通枢纽及高速公路应用

（3）商业建筑屋顶

商业建筑多为水泥屋顶，有利于安装光伏方阵，但是由于对建筑的美观性有要求，而且这类屋顶上的构筑物一般比较多，周围高大建筑物也比较多，对阳光有遮挡，使屋顶可利用面积变少。按照商厦、写字楼、酒店、会议中心、度假村等服务业的特点，用电负荷特性一般表现为白天较高，夜间较低，能够较好地与光伏发电特性匹配，实现自发自用为主。对于一些高楼大厦的商业建筑，除了利用屋顶外，还可以利用外墙立面构成光伏幕墙，既增加光

伏发电的容量，又可以使建筑物成为"超凡脱俗"的"高大上"建筑。

（4）市政公共建筑屋顶

政府办公楼、学校、医院等市政公共建筑屋顶，管理统一规范，屋顶利用相对容易协调。用户用电负荷稳定，且用电负荷特性与光伏发电特性相匹配。不足之处是可利用单体面积小，装机容量有限，节假日用电负荷低，余电上网量大，当自用电价较低时，适合全额上网。市政公共建筑屋顶也适合分布式光伏发电系统的集中连片建设。

（5）家庭住宅屋顶

别墅、农村和乡镇居民的家庭住宅屋顶量大、面广，只要是可以长时间接受阳光照射的地方，如屋顶、阳台、院落地面、车棚顶等位置都可以加以利用。能够满足载荷要求的混凝土、彩钢瓦、传统瓦片、沥青瓦等屋顶也可以安装光伏屋顶电站。家庭住宅屋顶的利用比较容易协调，部分农村住宅屋顶还能享受"光伏扶贫""乡村振兴"等政策的补助。在实际应用中，城市居民住宅屋顶的利用往往存在产权不明晰，异形结构屋顶多的不足；而农村屋顶又存在单体可利用面积小，屋顶承载力不强或不明确的现象。目前，家庭屋顶光伏电站依然是分布式光伏的核心市场。

（6）农村及农业设施

农村有大量的可用屋顶，包括自有住宅、农业大棚、鱼塘、养殖基地等，还有荒山荒坡等非耕用地，可以因地制宜实施农光互补、渔光互补等各种光伏农业项目。农村往往处在公共电网的末梢，电能质量较差，在农村建设分布式光伏发电系统可提高当地用户的用电保障和电能质量，如图1-9所示。

图1-9　农村及农业设施应用

当然，利用农业设施建设分布式光伏项目，不仅仅是将光伏发电与农业设施的简单叠加，更是近年来兴起的"光伏农业"新型产业模式。通过在农业设施棚顶安装光伏发电设施，在棚下开展农业生产的形式，最大化地吸收和引进最新的光伏与农业技术，促进两个产业的高度融合、健康发展与技术进步，达到"1+1>2"的产业融合效果，最大限度地利用土地资源，增加生态效益和社会效益，提高农民收入，带动地方经济的发展。

（7）边远农牧区及海岛

由于距离电网遥远，我国西藏、青海、新疆、内蒙古、甘肃、四川等省份的边远农牧区以及我国沿海岛屿还有数百万居民处于无电或少电状态，分布式离网光伏发电系统或与其他能源互补的微电网系统非常适合在这些地区应用。另外，离网光伏发电系统还可以应用于野外施工、野外养殖、野外种植等场合。

（8）大型停车场及光伏车棚充电站

随着各种电动交通工具的越来越多，各种光伏车棚及充电站也应运而生，遍地开花，与普通充电站相比，光伏充电站具有设施简单、设置灵活，占地面积小，建设周期短的优势，可以克服目前中心城区土地资源紧张、电网审批手续冗繁、接电成本高等限制，同时光伏储能、放能技术的应用，可以有效缓解高峰时段的电力负荷，达到削峰填谷的效果。

光伏充电站依靠太阳能发电，存入充电桩后为电动车提供充电电力，通过能量存储和转换，将间歇的、不稳定的太阳能资源在用电低谷时储存起来，然后在用电高峰将电输送出去，可达到充电站的最经济运行，如图 1-10 所示。

图 1-10　光伏车棚应用

（9）自来水厂和污水处理厂

自来水厂和污水处理厂有着大面积的水处理水池，污水处理厂在处理污水过程中耗电量也比较大，是耗能大户，一般都是 24h 连续运转，负荷稳定，光伏发电量基本可以自发自用，全部消纳。利用污水处理厂的屋顶、沉淀池、生化池和接触池等处安装光伏发电系统，可以充分利用空间，等于对占用土地进行了二次开发利用，起到集约化原地，对土地进行综合利用的效果，如图 1-11 所示。

图 1-11　自来水厂和污水处理厂应用

1.4.4　分布式光伏发电的投资与收益

随着分布式光伏发电的政策支持和推广应用，许多居民和企事业单位也越来越看好这一项目，但分布式光伏发电项目前期投资大，回收周期长，影响投资收益的因素比较多，又会使大家驻足观望，不敢贸然投资，那么分布式光伏发电投资收益到底如何呢？

1. 影响分布式光伏发电收益的因素

（1）发电量

发电量是影响分布式光伏发电收益最直接、最重要的因素之一。发电量的大小直接影响光伏发电系统的收益，主要因素有：

1）太阳辐照度直接决定发电量，光照越强发电量越大。当光伏发电系统的安装地点确定后，就要通过当地的太阳辐照度来估算发电量了。

2）光伏方阵的安装形式。如光伏方阵的倾斜角、方位角，组件的平铺及不同朝向，使用自动跟踪支架等。

3）阴影遮挡将对发电量产生影响。如雾霾、灰尘、落叶、鸟粪等。

4）系统设计的合理性能够减少发电量的损失。

5）系统整体效率影响发电量。

6）光伏组件的功率衰减影响发电量。

7）设备故障率、电站运行稳定性等影响发电量。

8）运营维护合理，故障处理及时，组件清洗及时等都与发电量有直接关系。

因此，在光伏发电系统建设的项目选址、安装形式的确定、设计的优化等方面要提前进行考量和优化。一般预估分布式光伏发电系统的系统效率在80%左右，这个数值越高，说明每瓦光伏装机产生的电量越多，自然电费收益越高。

（2）系统并网模式

分布式光伏发电系统的并网模式分为全部自发自用模式、自发自用余电上网模式和全额上网模式，不同并网模式下各自的收益是不同的。

1）全部自发自用模式。这种模式简单地理解就是用户的光伏系统所发电量能够全部自己消耗掉，用户自己的用电量能持续的大于光伏系统的发电量，即便是用电负荷小，有多余发电量的情况下也不能够将多余电量送入电网的模式。

全部自发自用模式的收益＝当地标杆电价×全部发电量

如果用户无法确保自身用电量能够持续消耗光伏系统的发电量，则最好不要采取这种模式，或者要认真计算发电量与用电量的消纳比例，将光伏发电量调整为实际用电量70%～80%的比例。

2）自发自用，余电上网模式。用户的光伏系统所发电量首先自己使用，再将多余的电量卖到电网。这种模式是当下分布式光伏应用最多并广为用户所接受的模式，也是各地积极推广的模式。

**自发自用余电上网模式总收益＝（自发自用的电量×当地用电电价－当地燃煤基准电价）＋
上网电量×当地燃煤基准电价**

3）全部上网模式。用户的光伏系统所发电量全部卖给电网。

全部上网模式总收益＝全部发电量×当地燃煤基准电价

（3）建设成本（包括土地或屋顶的租赁费用）

随着光伏产业的快速发展和装机规模的不断扩大，带动了光伏发电的技术进步和材料价格下降，也带来了光伏装机和发电成本的下降，使我国的光伏发电由最初的主要依赖政策补贴转变为逐渐走向市场化平价上网。

投资光伏发电系统是一次性固定资产投入较大，后期缓慢收回的过程。光伏发电系统建设投资构成主要有光伏组件、并网逆变器、光伏支架、高低压配电设备、线缆及桥架、建设安装施工费用、屋顶或土地租赁费用等，其中光伏组件投资成本约占总投资的 40% ~ 50%。如果屋顶和土地是租赁使用的，则租赁费用也是建设成本中所含的一部分，例如目前相当一部分项目是由投资方租赁第三方的屋顶或土地建设分布式光伏发电项目，租赁费用的支付可分为两种方式，一种方式是在 25 年内的运营期内以固定的价格按占用面积支付租金，租金没有统一的标准，一般根据地域辐照资源、补贴政策及业主条件不同在 5 ~ 20 元/(m² · 年) 不等，通常可占到电站年平均收益的 5% 以内。另一种方式是投资方与场地业主采取能源管理合同的方式，给予用电电价折扣优惠，这种方式适用于用电量较大的场地业主。由于各个区域、行业或企业的电价不同，电价折扣也与相关业主企业的基础电价及投资方的标准等有关，一般是在供电公司用电电价的基础上享受 7 ~ 9 折不等。因此，不论是场地租金还是电价折扣，都是在分布式光伏电站运营期内的持续支出。

总之，光伏发电系统单位投资建设成本越大，成本回收周期将越长，收益越低。伴随着光伏组件效率的不断提高，光伏组件和逆变器的价格将呈持续下降的趋势，加上未来不断的技术创新、发展模式创新、更大的规模效应等因素，分布式光伏发电系统的建设成本会持续下降。

（4）运营和维护费用

在光伏发电的运营和维护方面，投资人会越来越重视对光伏电站的运营和维护。因为通过对光伏电站的运营维护，可以利用较少的运营费用支出，换取更大的光伏发电收益。光伏电站的运营维护正朝着智能化运维、大数据分析管理的方向迅速发展。通过有效的运营维护，降低电站故障率，延长电站平均无故障时间，提高电站发电量从而获得更高的收益。目前一般电站普遍采用无人值守、定期巡检清洁、远程监控、大数据分析管理等模式以降低人工劳务成本。对于高压并网的电站，往往要配备 24h 的现场值班人员。另外设备的检修与更换，特别是一些电气设备，在 25 年的电站运营期内至少需要更换一次。不同的光伏电站系统运维条件千差万别，但在 25 年的运营期内预计会有每年 0.04 元/W 左右的投入。

（5）融资成本

融资成本是财务成本的主要组成部分，对于容量大一些的光伏发电系统（电站），投资方往往要通过融资来投资建设，投资方的能力背景不同，融资渠道和融资成本也会有极大差异，一般的融资方式有银行贷款、融资租赁、基金以及众筹等。国家的金融政策对融资成本也有极大影响。光伏电站的电费及补贴收入，除了要收回本金，还要支付运行维护费用、税费、利息等，所以融资成本也是影响光伏发电收益的重要因素。

（6）当地燃煤脱硫标杆电价及售电电价

光伏发电项目所在地的燃煤脱硫标杆电价是无法就地消纳的上网发电量计价的基础，而被就地消纳的自用电量相当于抵消了电量使用者从电网公司购买电量的电费，因此不同地区的燃煤脱硫电价及售电电价也是光伏发电系统收益的影响因素之一。为方便计算，表 1-4 列出了目前部分地区燃煤发电脱硫标杆电价。

表1-4　部分地区燃煤发电脱硫标杆电价表　　　　　［单位：元/kW·h（含税）］

北京	0.3598	天津	0.3655	河北（北）	0.372	河北（南）	0.3644
山西	0.332	山东	0.3949	内蒙古（西）	0.2829	内蒙古（东）	0.3035
辽宁	0.3749	吉林	0.3731	黑龙江	0.374	上海	0.4155
江苏	0.391	浙江	0.4153	安徽	0.3844	福建	0.3932
湖北	0.4161	湖南	0.450	河南	0.3779	四川	0.4012
重庆	0.3964	江西	0.4143	陕西	0.3545	甘肃	0.3078
青海	0.3247	宁夏	0.2595	广东	0.453	广西	0.4207
云南	0.3358	贵州	0.3515	海南	0.4298	新疆	0.25
西藏	0.4993						

注：自2017年7月1日以后，脱硫标杆电价有浮动，本表整理于2021年12月。

2. 初始投资与回收周期分析

光伏发电系统投资回收期一般在5~8年，下面通过两个案例进行分析。

1）以家庭分布式光伏发电系统为例，2021年河北某户用20kW电站，投资6.8万元（3.4元/W），当地年有效小时为1450h，当地燃煤脱硫电价为0.372元/（kW·h），国家补贴为0.03元/（kW·h）。

$$年发电量 = 20kW \times 1450h = 29000kW·h$$
$$年收益 = 29000kW·h \times (0.372+0.03) = 11658 元$$
$$回收周期 = 6.8 万 \div 1.1658 万 \approx 5.83 年$$

假设再考虑0.1元的地方补贴：年收益 = 29000×（0.372+0.03+0.1）= 14558元，回收周期≈4.67年。

按照光伏电站25年的寿命周期计算，后19年基本是净收益。扣除各种损失因素，即光伏组件每年1%左右的衰减，国家补贴的持续性以及地方政府补贴的时间性，运行维护的投入，投资利率的损失，每年也还有1万元的稳定收益。

通过上述案例可以看出，投资光伏发电系统的收益远远大于银行储蓄利息：

6.8万元投资光伏，25年除去本金的总收益是11658元×19年 = 22.15万元，扣除各种费用及衰减至少也有19万元的纯收益。

6.8万元存入银行，按5年期定期利率3.05%，平均每年收益约2074元，25年总收益大致为5万多元。

2）以2022年山西某大酒店彩钢瓦850kW屋顶电站为例，承包价为3.85元/W，总投资327.25万元，当地年有效小时为1341h，当地燃煤脱硫电价为0.332元/（kW·h），当地商业用电价为0.75元/（kW·h），按照每天50%自发自用比例计算：

$$平均年发电量 = 850kW \times 1341h = 1139850kW·h \approx 114 万 kW·h$$
$$全年节省的电费 = 57 万 kW·h \times (0.75-0.332) 元/（kW·h） = 23.83 万元$$
$$全年上网买电收益 = 57 万 kW·h \times 0.332 元/（kW·h） = 18.92 万元$$
$$全年总收益 = 23.83 万元 + 18.92 万元 = 42.75 万元$$
$$投资回收年限 = 327.25 万元 \div 42.75 万元/年 \approx 7.65 年$$

按照光伏电站25年的寿命周期计算，后17年总收益约为740万元。扣除各种衰减及运维费用，资金费用等，净利润在 700 万元左右。

对于工商业光伏电站，自发自用比例越大，投资回收年限越短，收益越大。

3. 三种不同投资方式的收益对比

用户安装光伏电站根据自身资金状况，可以选择不同的投资方式，分别是自有资金建设、贷款建设和不做投资，只租赁屋顶。这三种投资方式的收益差距不小，下面分别进行分析。

（1）自有资金建设

这种方式主要针对的是对光伏电站有一定了解且资金充裕的用户，一次性出资购买成套光伏电站，拥有完整的产权并享有电站产生的全部收益。通过上述两个案例可以看出，初期投资基本上在 5~8 年就可以收回，25 年内获得的收益回报接近初期投资的 2 倍多。而且用户每年都收回了很多成本，使得投资回报率和回本年限都处于一个较好的水平。

（2）贷款建设

这种方式适合手头资金并不充裕的用户。用户以自己的名义申请一笔贷款，完成电站的开发建设，然后每月按揭还贷，这种方式在还款过程的某个阶段，往往会出现电站实际获得的现金收益不足以支付应还的本息的情况，用户需要另外支付一小部分费用去垫付本息还款的不足部分。

贷款建设虽然极大地降低了用户安装电站的资金门槛，但是要让用户在贷款期间内往外贴钱，推广起来会受到限制，如果想要用户在整个贷款期间内都不用往外贴钱，则可以采取延长贷款年限和降低贷款利率的方式。

（3）屋顶租赁

屋顶租赁是用户不用支出一分钱，只要将自己适合建设光伏电站的屋顶出租，便可分享光伏电站的收益，一般按照屋顶面积或可安装组件的数量收取屋顶租赁费，10 年或 15 年后产权归用户所有的方式。屋顶租赁是目前许多光伏生产企业开发分布式光伏发电项目的热点之一。

光伏电站出资自建收益高且回本年限短，但是初始投资较高，适合愿意持有电站资产和了解比较深入的用户。屋顶租赁方式的优势在于零成本，也能实现一定的收益，特别适合前期尝鲜体验的用户。贷款自建则更像是一种折中的方案，兼顾收益与投资之间的平衡。总之三种方式各有利弊，用户可以根据自身的实际承受能力选择最适合自己的投资安装方案。

4. 分布式光伏电站的环境效益

安装分布式光伏电站，不仅要算经济账，还要算环保账，具体环保效益是这样的。按一户家庭安装 5kW 光伏发电系统为例计算，年总发电量 7000kW·h 左右，25 年可以累计发电 17.5 万 kW·h，相当于节约标准煤约 53.4t，减少二氧化碳排放 142.45t，减少二氧化硫排放 1.085t，减少氮氧化物 0.37t。

5. 提高光伏电站收益的方法

（1）保证光伏电站的质量

光伏电站质量的好坏直接关系到收益的多少。光伏组件和光伏逆变器是光伏电站的核心设备，也是高消费产品，因此，延长这些设备的使用寿命就可以给光伏电站收益带来保证。延长光伏电站各部件寿命的方法有以下几种：

1）选择安装知名品牌厂家或商家的光伏产品，并要求厂商出具权威性的产品检测和认证报告，以确保光伏产品符合要求。

2）在安装光伏电站时，要有具体的安装设计和建设施工方案，为了确保安装质量，可以委托有资质、有经验的第三方对工程设计、施工安装、项目验收等进行全过程审查和监管。

3）安装结束后，要确保享有售后服务的权利，按要求及时保养和维护光伏电站。

（2）重视光伏电站安全运行，避免出现灾难性事故

安全是最大的效益，光伏电站也不例外，因此，光伏电站要保证对大风、暴雨、雷电等自然灾害有基本的防御能力。同时，还要保证光伏电站各个设备及部件的安全运行，例如光伏线缆、线缆连接器等是最容易引起火灾的环节，要格外重视。

1.5 分布式光伏发电系统的分类、构成与工作原理

1.5.1 光伏发电系统的分类与构成

1. 光伏发电系统的分类

分布式光伏发电系统按大类可分为离网（独立）光伏发电系统和并网光伏发电系统两种，如图1-12所示。

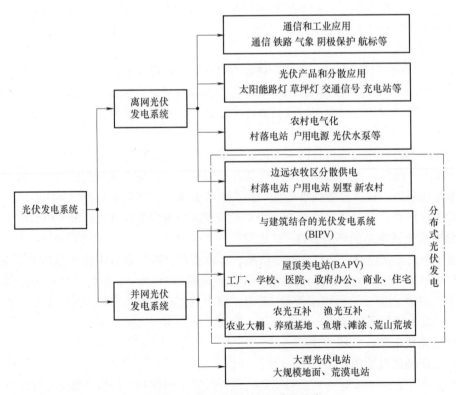

图1-12 分布式光伏发电系统的分类

离网光伏发电系统主要是指分散式的不与电网连接的独立发电供电系统，其主要有两种

运行方式：

1）系统独立运行向附近用户的供电；

2）系统独立运行，但在光伏发电系统与当地电网之间有保障供电的自动切换装置。

并网光伏发电系统主要是指与公共电网连接的各种形式的并网光伏发电系统。按运行方式可分为 3 种：

1）系统与电网系统并联运行，但光伏发电系统对当地电网无电能输出（无逆流）；

2）系统与电网系统并联运行，且能向当地电网输出电能（有逆流）；

3）系统与电网系统并联运行，并带有储能装置，可根据需要切换成局部用户独立供电系统，也可以构成局部区域或用户的"微电网"运行方式。

按接入并网点的不同可分为用户侧并网和电网侧并网两种模式，其中用户侧并网又分为可逆流向电网供电和不可逆流向电网供电两种模式。

按发电利用形式不同可分为完全自发自用、自发自用+余电上网和全额上网三种模式。

根据《光伏系统并网技术要求》（GB/T 19939—2005）相关要求，光伏系统按接入电压等级不同可分为小型光伏发电系统（<1MW，并网电压 0.4kV）；中型光伏发电系统（1～30MW，并网电压 10～35kV）；大型光伏发电系统（>30MW，并网电压≥66kV）。

另外根据国家能源局有关文件精神，光伏发电系统按照项目类别不同，可分为普通（地面）光伏电站、工商业分布式光伏发电项目、户用光伏系统、光伏扶贫项目等。其中普通（地面）光伏电站按总装机容量可分为小型光伏电站（<50MW），中型光伏电站（50～500MW）和大型光伏电站（>500MW）。工商业分布式光伏系统的并网容量原则上应>50kW 且≤6MW，户用光伏系统的用户侧单点并网容量≤50kW。

2. 光伏发电系统的构成

光伏发电系统主要由光伏电池组件、光伏逆变器、直流汇流箱、直流配电柜、交流汇流箱或配电柜、升压变压器、光伏支架以及一些测试、监控、防护等附属设施构成。部分系统还有储能蓄电池、光伏控制器等。

（1）光伏电池组件

光伏电池组件也叫光伏电池板，是光伏发电系统中实现光电转换的核心部件，也是光伏发电系统中价值最高的部分。其作用是将太阳光的辐射能量转换为直流电能，并通过光伏逆变器转换为交流电为用户供电或并网发电。当发电容量较大时，就需要用多块光伏组件串、并联后构成光伏方阵。目前应用的光伏电池组件主要分为晶硅组件和薄膜组件。晶硅组件分为单晶硅组件、多晶硅组件；薄膜组件包括非晶硅组件、微晶硅组件、铜铟镓硒（CIGS）组件和碲化镉（CdTe）组件等。

（2）光伏逆变器

光伏逆变器的主要功能是把光伏组件输出的直流电能尽可能多地转换成交流电能，提供给电网或者用户使用。光伏逆变器按运行方式不同，可分为并网逆变器和离网逆变器。由于在一定的工作条件下，光伏组件的功率输出将随着光伏组件两端输出电压的变化而变化，并且在某个电压值时组件的功率输出最大，因此逆变器一般都具有最大功率跟踪（MPPT）功能，即逆变器能够调整组件两端的电压使得组件的功率输出最大。

（3）直流汇流箱与配电柜

直流汇流箱主要应用在采用集中式逆变器的光伏发电系统中，其用途是把光伏组件方阵的多路直流输出电缆集中输入、分组连接到直流汇流箱中，并通过直流汇流箱中的光伏专用熔断器、直流断路器、电涌保护器及智能监控装置等的保护和检测后，汇流输出到光伏逆变器。直流汇流箱的使用，大大简化了光伏组件与逆变器之间的连线，提高了系统的可靠性与实用性，还便于在运行中分组维护和检修，不影响整体发电系统的连续工作，保证光伏发电系统发挥最大效能。

有些大型光伏系统，还要用直流配电柜作为光伏发电系统中二、三级汇流之用。直流配电柜主要是将各个直流汇流箱输出的直流电缆接入后再次进行汇流，然后输出再与并网逆变器连接，有利于光伏发电系统的安装、操作和维护。

（4）交流配电柜与汇流箱

交流配电柜是在光伏发电系统中连接在逆变器与交流负载或公共电网之间的电力设备，它的主要功能是对电能进行接收、调度、分配和计量，保证供电安全，显示各种电能参数和监测故障。交流汇流箱一般用在组串式逆变器系统中，主要作用是把多个逆变器输出的交流电经过二次集中汇流后送入交流配电柜中。

（5）升压变压器

升压变压器在光伏发电系统中主要用于将逆变器输出的低压交流电（0.4kV）升压到与并网电压等级相同的中高压电网中（如 10kV、35kV、110kV、220kV 等），通过高压并网实现电能的远距离传输。小型并网光伏发电系统基本都是在用户侧直接并网，自发自用、余电直接馈入 0.4kV 低压电网，故不需要升压环节。

光伏发电系统用的升压变压器主要为双绕组或双分裂，一般有干式和油浸式两种。

（6）光伏支架

光伏发电系统中使用的光伏支架主要有固定倾角支架、倾角可调支架和自动跟踪支架几种。自动跟踪支架又分为单轴跟踪支架和双轴跟踪支架。其中单轴跟踪支架又可以细分为平单轴跟踪、斜单轴跟踪和方位角单轴跟踪支架三种。目前，在分布式光伏发电系统中，以固定倾角支架和倾角可调支架的应用最为广泛。

（7）光伏发电系统附属设施

光伏发电系统的附属设施包括系统运行的监控和检测系统、防雷接地系统等。监控检测系统是全面监控光伏发电系统的运行状况，包括光伏组件的运行状况，逆变器的工作状态，光伏方阵的电压、电流数据，发电输出功率，电网电压频率以及太阳辐射数据等，并可以通过有线或无线网络的远程连接进行监控，通过计算机、手机等终端设备获得数据。

（8）储能蓄电池

储能蓄电池主要用于离网光伏发电系统和带储能装置的并网光伏发电系统中，其作用主要是存储光伏电池发出的电能，并可随时向负载供电。光伏发电系统对蓄电池的基本要求是：自放电率低，使用寿命长，充电效率高，深放电能力强，工作温度范围宽，少维护或免维护以及价格低廉。目前为光伏发电系统配套使用的主要是免维护铅酸电池、铅碳电池和磷酸铁锂电池等，当有大容量电能存储时，就需要将多只蓄电池串、并联起来构成蓄电池组。

1.5.2　并网光伏发电系统的工作原理

并网光伏发电系统适用于当地有公共电网的区域，其可将发出的电力直接送入公共电网，也可以就近送入用户的供用电系统，由用户部分或全部直接消纳，用电不足的部分可由公共电网输入补充。

图 1-13 所示为并网光伏发电系统的工作原理示意图。并网光伏发电系统由光伏电池方阵将光能转变成电能，并直接或经直流汇流箱和直流配电柜进入并网逆变器，有些类型的并网光伏发电系统还要配置储能系统储存电能。

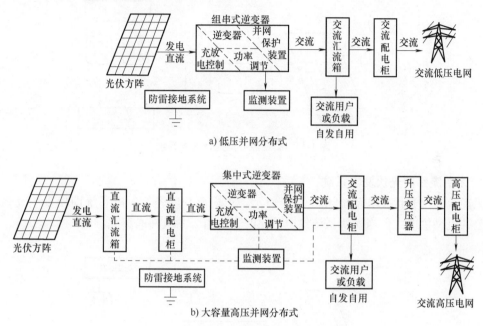

图 1-13　并网光伏发电系统工作原理示意图

并网光伏逆变器由功率调节、交流逆变、并网保护切换等部分构成。经逆变器输出的交流电通过交流配电柜后供用户或负载使用，多余的电能可通过电力变压器等设备逆流馈入公共电网（可称为卖电）。当并网光伏系统因气候原因发电不足或自身用电量偏大时，可由公共电网向用户负载补充供电（称为买电）。系统还配备有监控、测试及显示系统，用于对整个系统工作状态的监控、检测及发电量等各种数据的统计，还可以利用计算机网络系统远程传输控制和显示数据。

对于有储能系统的并网光伏发电系统，光伏逆变器中将含有充放电控制功能和交流电反向充电功能（双向逆变器），负责调节、控制和保护储能系统正常工作。

分布式并网光伏发电系统是相对集中式大型并网光伏电站而言的，集中式大型并网光伏电站是将所发电能直接输送到电网，由电网统一输送、调配向用户供电。这种电站投资大，建设周期长，占地面积大，需要复杂的控制和配电升压设备及远距离传输线路。而分布式并网光伏发电系统，特别是与建筑物相结合的屋顶光伏发电系统、光伏建筑一体化发电系统等，由于投资小、建设快、占地面积小、政策支持力度大等优点，是目前和未来并网光伏发电的主流。分布式并网光伏发电系统所发的电能直接就近分配到周围用户，多余或不足的电力通过公共电网调节，多余时向电网送电，不足时由电网供电。分布式并网光伏发电系统一般有下列几种形式。

1. 有逆流并网光伏发电系统

有逆流并网光伏发电系统如图 1-14 所示。当光伏发电系统发出的电能充裕时，可将剩余电能馈入公共电网，向电网送电（卖电）；当光伏发电系统提供的电力不足时，由电网向用户供电（买电）。由于该系统向电网送电时与由电网供电的方向相反，所以称为有逆流并网光伏发电系统。

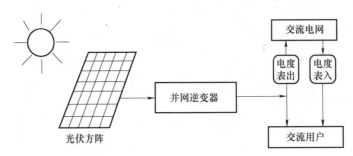

图 1-14　有逆流并网光伏发电系统

2. 无逆流并网光伏发电系统

无逆流并网光伏发电系统如图 1-15 所示。无逆流并网光伏发电系统即使发电充裕时也不向公共电网供电，但当光伏系统供电不足时，则由公共电网向负载供电。

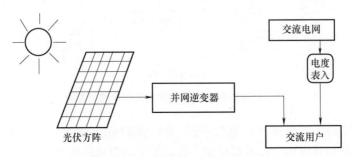

图 1-15　无逆流并网光伏发电系统

3. 有储能装置的并网光伏发电系统

有储能装置的并网光伏发电系统如图 1-16 所示，就是在上述两种并网光伏发电系统中根据需要配置储能装置。带有储能装置的光伏发电系统主动性较强，当电网出现停电、限电及故障时，可独立运行并正常向负载供电。因此，带有储能装置的并网光伏发电系统可作为

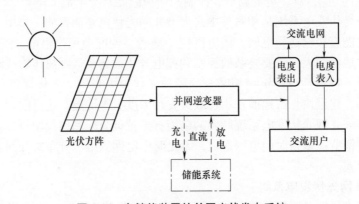

图 1-16　有储能装置的并网光伏发电系统

紧急通信电源、医疗设备、加油站、避难场所指示及照明等重要场所或应急负载的供电系统。同时，当储能系统的并网光伏发电对减少电网冲击、削峰填谷、提高用户光伏电力利用率、建立智能微电网等都具有非常重要的意义。光伏+储能也会成为今后扩大光伏发电应用的必由之路。

4. 分布式智能电网光伏发电系统

分布式智能电网光伏发电系统如图1-17所示。该发电系统利用离网光伏发电系统中的充放电控制技术和电能存储技术，克服了单纯并网光伏发电系统受自然环境条件影响使输出电压不稳、对电网冲击严重等弊端，同时能部分增加光伏发电用户的自发自用量和上网卖电量。另外，利用各自系统储能电量和用电量的不同以及时间差异化，可以使用户在不同的时间段并入电网，进一步减少对电网的冲击。

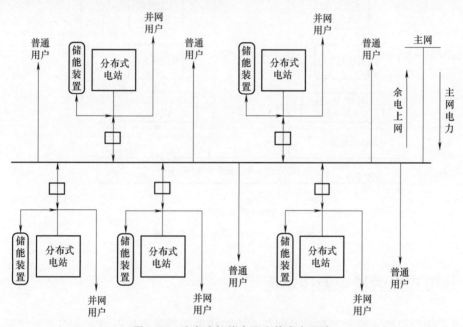

图1-17 分布式智能电网光伏发电系统

该系统中每个单元都是一个带储能装置的并网光伏发电系统，都能实现光伏并网发电和离网发电的自动切换，保证了光伏并网发电和供电的可靠性，缓解了光伏并网发电系统启停运行对公共电网的冲击，增加了用户用电的自发自用量。

分布式智能电网光伏发电系统是今后并网光伏发电应用的趋势和方向，其主要优点如下：

1）减小对电网的冲击，稳定电网电压，抵消高峰时段的用电量；
2）增加用户的自发自用量或卖电量；
3）在电网发生故障时能独立运行，解决覆盖范围的正常供电；
4）确保和增加光伏发电在整个能源系统中的占比和地位。

5. 大型并网光伏发电系统

大型并网光伏发电系统如图1-18所示，其由若干个并网光伏发电单元组合构成。每个光伏发电单元将光伏电池方阵发出的直流电经光伏并网逆变器转换成380V交流电，经升压系统变成10kV的交流高压电，再送入35kV变电系统后，并入35kV的交流高压电网。35kV

交流高压电经降压系统后变成380~400V交流电作为发电站的备用电源。

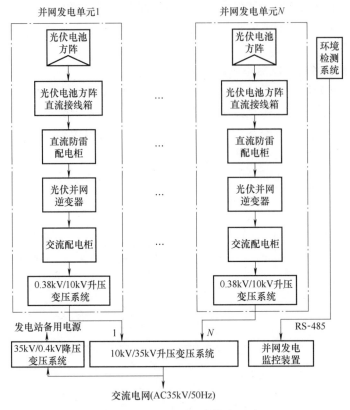

图1-18　大型并网光伏发电系统

1.6　分布式光伏发电新技术应用

随着光伏产业的不断发展和技术创新，一些相关的新技术也逐步在分布式光伏发电方面得到了推广和应用，这些技术主要有分布式光伏发电与微电网技术应用、光伏建筑一体化发电系统应用及光伏车棚与光储充一体化应用。

1.6.1　分布式光伏发电与微电网技术应用

近年来，以可再生能源为主的分布式发电技术凭借其投资节省、发电方式灵活、与环境兼容等优点而得到了快速发展，主要包括太阳能光伏发电和风力发电，还包括燃料电池发电、微型燃气轮机发电、生物质能发电、小型水力发电等。分布式发电尽管优点突出，但其接入电网所引起的众多问题往往限制了分布式发电的广泛应用。为协调大电网和分布式电源的矛盾，充分挖掘分布式发电为电网和用户带来的价值与效益，智能微电网的概念应运而生。智能微电网是指由分布式电源、储能装置、能量转换装置、配电设施、相关负荷和监测、控制、保护装置汇集而成的小型发配电系统，具备完整的分输配电功能，可以实现局部的功率平衡和能量优化。是一个能够实现自我控制、保护和管理的自治系统，既可以与外部电网并网运行，也可以在主网发生故障或其他情况下与主网断开实现孤岛独立运行。

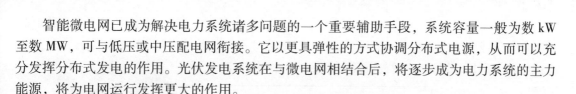

智能微电网已成为解决电力系统诸多问题的一个重要辅助手段，系统容量一般为数 kW 至数 MW，可与低压或中压配电网衔接。它以更具弹性的方式协调分布式电源，从而可以充分发挥分布式发电的作用。光伏发电系统在与微电网相结合后，将逐步成为电力系统的主力能源，将为电网运行发挥更大的作用。

1. 微电网技术及发展

为了削弱分布式电源对其的冲击和负面影响，世界各国纷纷提出微电网的观点和概念，也就是将分布式发电、用电负载、储能装置及控制装置结合在一起，形成一个单一可控的独立供电系统，也可以看成是管理局部能量关系的基于分布式发电装置的小电网。微电网技术采用了新型电力电子技术，将微型发电系统和储能装置并在一起，直接接在用户侧。对于大电网来说，微电网可被看作是电网中的一个可控单元，可以在瞬间动作以满足外部输配电网络的需求；对用户来说，微电网可以满足特定的需求，如降低馈线损耗、增加本地可靠性、维持本地自用电，保持本地电压稳定，利用剩余能量提高能量利用效率及提供不间断电源等。微电网和配电网之间可以通过公共连接点进行能量交换，双方互为备用，从而提高了供电可靠性。微电网或与配电网并网运行或孤岛运行，微电网的灵活运行方式使其不但可以避免分布式发电并网所带来的负面影响，还能对配电网起到支撑作用。另外，也使得微电网的结构、模拟、控制、保护、能量管理系统和能量存储技术等与常规分布式发电技术有较大不同。

微电网可分为并网型微电网和独立型微电网，都可以实现自我控制和自治管理。并网型微电网既可以与外部电网并网运行，也可以离网独立运行。独立型微电网不与外部电网连接，电力电量自我平衡，如图 1-19 所示，可广泛应用于岛屿、边防哨所、高原及其他偏远无电或少电场合，也可用于相对孤立的地区或大电网末梢，相对独立，供电稳定。并网型微电网同样包含多个分布式发电单元和储能系统，联合向负载供电，整个微电网对外是一个整体，通过断路器与上级电网相连。微电网中的发电单元可以是多种能源形式（光伏发电、

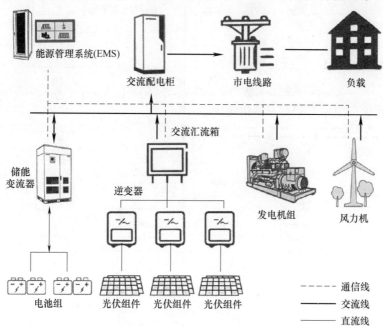

图 1-19　独立型微电网构成示意图

风力发电、柴油发电机、微型燃气轮机等），如图 1-20 所示，还可以以热电联产或冷热电联产等形式形成多能互补微电网系统，就地向用户提供热能，将多余的电能通过储冷或储热的方式储存和利用，以进一步提高能源利用效率，如图 1-21 所示。

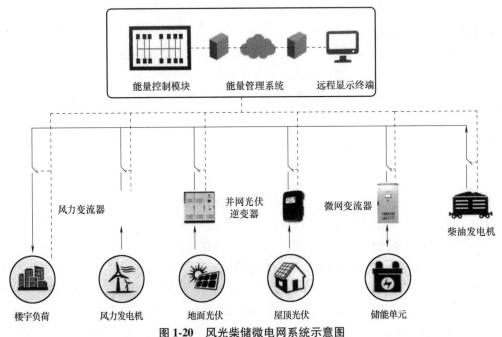

图 1-20 风光柴储微电网系统示意图

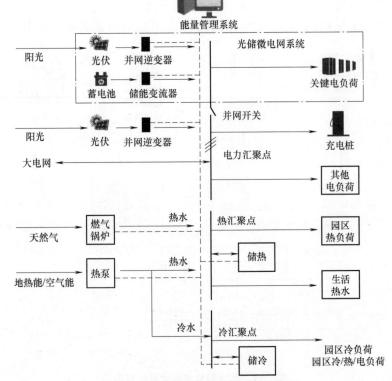

图 1-21 产业园区多能互补系统示意图

多能互补通过冷、热、电联供，不仅可以实现能源梯级利用，显著提高能源利用效率，还可以就近消纳，缩短传输距离，降低能源在传输过程中的损耗。具备储能（含冷、热）系统，有利于光伏、风力的间歇性可再生能源的更多接入。由于多能互补系统大多采用天然气、风能、太阳能、氢气或生物质能等作为能源，故可显著减少碳排放。

直流微电网系统是随着近年来光伏发电及储能系统应用提出的新说法，其实直流供电一直在纺织、造纸、半导体等工业领域以及数据中心、通信控制中心等场合应用。光伏发电及储能系统都是直流电，完全可以直接为直流负载供电，直流微电网系统可以减少大量的电能转换环节，系统效率高、线路损耗小，没有无功补偿、相位切换等问题，更易于接入储能系统。图1-22所示为含直流供电的工业园区微电网系统。

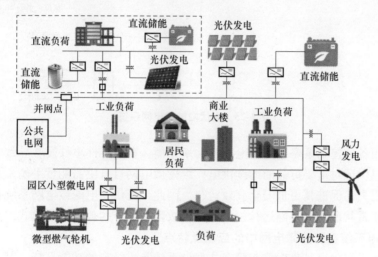

图 1-22　含直流供电的工业园区微电网系统

微电网的具体结构随负载等方面的需求而不同，但是其基本单元应包含微能源、蓄能装置、管理系统以及负载。其中大多数微电网与电网的接口都要求是基于电力电子的，以保证微电网以单个系统方式运行的柔性和可靠性。在智能电网的发展过程中，配电网需要从被动式的网络向主动式的网络转变，这种网络利于分布式发电的参与，能更有效地连接发电侧和用户侧，使得双方都能实时地参与电力系统的优化运行。

2. 光伏发电微电网系统

光伏发电微电网系统如图1-23所示。正常情况下，整个系统由其中的分布式电源提供电能，并通过微电网的调度管理系统实现微电网内部负载与电源的动态平衡。同时，微电网系统在电网中作为一个稳定的配电单元存在，由10kV配电网经变压器为低压母线上的4条支路提供部分电源。

从图1-23中可以看出，微电网通过增加调度管理系统，利用以太网、广域或局域的无线网络、电力载波、光纤等通信方式，实现对下层微电网的调度管理，并根据负载需求对各发电系统的出力进行实时控制。通过经济调度和能量优化管理等手段，可以利用微电网内各种分布式电源的互补性，更加充分合理地利用能源，最终实现光伏发电系统及其他发电系统和电网共同为所有负载提供电能，并且与电网之间的功率交换维持恒定。当电网发生故障或受到暂态扰动时，断路器可以很方便地自动切换微电网到孤岛运行模式，各分布式电源及储

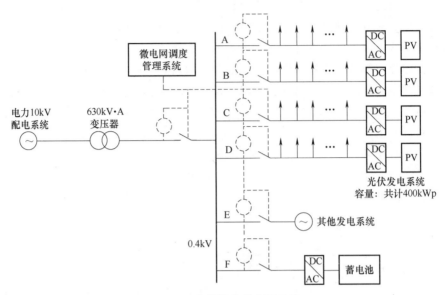

图1-23　光伏发电微电网系统

能装置可以采用各种控制策略维持微电网的功率平衡。在灾难性事件发生导致大电网瓦解的情况下，还可以保证对重要负载的继续供电，维持微电网自身供需能量平衡，并协助电网快速恢复，降低损失，促进其更加安全高效运行。因此，光伏发电的微电网系统存在两种运行模式，即电网正常状况下的并网运行模式和电网故障状况下的孤岛运行模式。

3. 光伏发电系统在智能微电网中的应用及特点

未来的电力系统将会是集中式与分布式发电系统有机结合的功能系统。其主要框架结构是由集中式发电和远距离输电骨干网、地区输配电网及以微型电网为核心的分布式发电系统相结合的统一体，能够节省投资，降低能耗，提高能效，提高电力系统可靠性、灵活性和供电质量。微电网的出现将从根本上改变传统电网应对负荷增长的方式，其在降低能耗、提高电力系统可靠性和灵活性等方面具有巨大潜力。

以最低的发展成本，实现对太阳能、风电等可再生能源的开发和接纳，发展"智能电网"是一个行之有效的选择。

智能电网的核心思想是，在开放和互联的信息模式下，通过加载数字设备和升级电网网络管理系统，实现发电、输电、供电、用电、售电、电网分级调度、综合服务等电力产业全流程的智能化、信息化、分级化互动管理。同时，再造电网的信息回路，构建用户新型的反馈方式，推动电网整体转型为节能基础设施，提高能源效率，降低客户成本，减少温室气体排放，创造电网价值的最大化。

通过分析可以看到，光伏发电系统在微电网的应用中具备其他能源无法比拟的优点。首先，光伏利用的资源非常丰富，基本无枯竭危险，无需消耗燃料，白天可以提供基本稳定的输出功率；在大电网崩溃和意外灾害出现时，由于太阳能光伏系统的稳定输出，可以支撑微电网进行孤网独立运行，保证重要用户供电不间断，并为大电网崩溃后的快速恢复提供电源支持。其次，光伏发电系统安全可靠，无噪声，无污染排放，不受地域的限制，可利用建筑屋面的优势，建设周期短，获取能源花费的时间短。再者，目前逆变器具备调节功能，通过微电网的调度管理系统控制逆变器的功率输出，来维持微电网中各发电系统的输出功率和系统中用电负荷之间的功率平衡。还有，光伏发电系统本身采用就地能源，通过合理的规划设计，可以实现分区分片灵活供电，电源和负载距离近，输配电损耗很低，降低了输配电成本，并且在运行中实现了电能的削峰填谷、舒缓高峰电力需求，解决电网峰谷供需矛盾。最后，随着光伏发电技术越来越成熟，全球光伏市场价格的不断下跌，安装成本逐年下降，微电网加大对光伏的利用力度，可以获得更大的经济效益。

1.6.2 分布式光伏发电与光伏建筑一体化应用

光伏建筑一体化是分布式光伏发电在各种建筑物上应用的主要形式，也是分布式光伏发电系统安装的主要方式。光伏建筑一体化是为了降低建筑能耗，将光伏发电系统及光伏组件与屋顶、天窗、幕墙等建筑的围护结构有机结合或融为一体，构成通过光伏发电系统提供电力的绿色建筑，产生电能供本建筑及周围用电负载使用，还可通过建筑物输电线路并网发电，向电网提供电能。由于光伏组件与建筑的结合不额外占用土地，故可广泛应用于可承载光伏发电系统的民用、工业、公共建筑、交通枢纽等各类建筑。

随着《"十四五"建筑节能与绿色建筑发展规划》、"整县推进"等国家政策相继落地，以及《建筑节能与可再生能源利用通用规范（GB 55015—2021）》等相关技术标准的不断创新，光伏建筑作为一种经济实用、灵活便捷的新能源发电形式，能够让传统建筑变成可以发电的节能建筑，正成为我国能源转型中的重要力量。

1. 光伏建筑一体化的分类及优点

光伏建筑一体化分为 BIPV（Building Intergrated Photovoltaic，集成到建筑物上的光伏发电系统）和 BAPV（Building Attached Photovoltaic，在现有建筑物上安装的光伏发电系统）两种类型。BIPV 是指与建筑物同时设计、同时施工和安装并与建筑物形成完美结合的光伏发电系统，也称为"构件型"或"建材型"太阳能光伏建筑。它作为建筑物外部结构的一部分，与建筑物同时设计，同时施工和安装，既具有发电功能，又具有建筑构件和建筑材料隔热、绝缘、防雨、抗风、透光等功能，甚至还可以提升建筑物的美感，与建筑物形成完美的统一体。其工程示例如图 1-24 所示。

图 1-24 BIPV 光伏建筑一体化工程示例

BAPV 是指通过后置方式附着在建筑物上的光伏发电系统，也称为"安装型"太阳能光伏建筑，一般都是采用特殊支架将光伏组件固定在现有建筑屋顶或墙面结构上。它的主要功能是发电，与建筑物功能不发生冲突，不破坏或削弱原有建筑物的功能，甚至有补充和提升建筑功能的作用，例如为建筑增加的遮雨棚及屋顶隔热功能等。其工程示例如图 1-25 所示。

光伏建筑一体化主要有下列优点：

1）建筑物能为光伏系统提供足够的面积，不需要额外占用土地面积。符合建设条件的建筑量大，可大规模推广应用；

2）光伏系统的支撑结构可以与建筑物结构部分结合，可降低光伏系统基础和部分基础结构的费用；

3）光伏组件安装方式较自由，系统效率较高，可实现较大规模装机；

图 1-25　BAPV 光伏建筑一体化工程示例

4）就近并网的运行方式，省去了输电费用，分散发电，减少了电力传输和电力分配的损失，降低了电力传输和分配的投资及维修成本；

5）光伏方阵可部分代替常规建筑材料，节省材料费用；

6）安装与建筑施工结合，节省安装成本；

7）可以使建筑物的外观更具魅力；

8）能有效地降低墙面及屋顶的温升，减少建筑能耗，实现建筑节能。

光伏发电与建筑相结合，使房屋建筑发展成具有独立电源、自我循环式的新型建筑，是人类进步和社会、科技发展的必然。

2. 光伏建筑一体化的安装结构类型

光伏建筑一体化的安装结构类型主要分为三大安装类型，共 8 种形式，见表 1-5，即建材型安装类型、构件型安装类型和与屋顶、墙面结合安装类型。

表 1-5　光伏建筑一体化安装结构类型

安装类型	主要形式	光伏组件	建筑要求	结合方式
建材型	光伏采光顶（天窗）	透明光伏玻璃组件	建筑效果、结构强度、采光、遮风挡雨	集成（BIPV）
	光伏屋顶	光伏屋面瓦	建筑效果、结构强度、遮风挡雨	集成（BIPV）
	透明光伏幕墙	透明光伏玻璃组件	建筑效果、结构强度、采光、遮风挡雨	集成（BIPV）
	不透明光伏幕墙	不透明光伏玻璃组件	建筑效果、结构强度、遮风挡雨	集成（BIPV）
构件型	光伏遮阳板（有采光要求）	透明光伏玻璃组件	建筑效果、结构强度、采光	集成（BIPV）
	光伏遮阳板（无采光要求）	不透明光伏玻璃组件	建筑效果、结构强度	集成（BIPV）

（续）

安装类型	主要形式	光伏组件	建筑要求	结合方式
结合型	屋顶光伏方阵	普通光伏组件	建筑效果	结合 BAPV
	墙面光伏方阵	普通光伏组件	建筑效果	结合 BAPV

（1）建材型安装类型

建材型安装是将太阳电池及组件与瓦、砖、卷材、玻璃等建筑材料复合在一起，成为不可分割的建筑构件或建筑材料，如光伏瓦、光伏外墙砖、光伏屋面卷材、光伏玻璃幕墙、光伏采光顶等。组件作为建筑物的屋面和墙面，与建筑结构浑然一体，结合程度非常高。

（2）构件型安装类型

构件型安装是与建筑构件组合在一起或独立成为建筑构件的光伏构件，如以标准光伏组件或根据建筑要求定制的光伏组件构成雨篷构件或遮阳构件等。

（3）与屋顶、墙面结合安装类型

与屋顶、墙面结合安装是在平屋顶上安装、坡屋面上顺坡架空安装以及与墙面平行安装等形式。光伏组件在平屋顶安装时，安装方式有与屋面平行安装（加彩钢瓦屋面）和固定倾斜角安装方式。

3. 光伏建筑一体化系统设计需要考虑的因素和要求

（1）对光伏方阵或组件的朝向布局要求

对于某一个具体位置的建筑来说，与光伏方阵集成或结合的屋顶和墙面，所能接收的太阳辐射是一定的。为了获得更多的太阳能，光伏方阵的布置应尽可能地朝向太阳光入射的方向，如建筑的屋顶、正南、东南、西南等，若面积有限，正东和正西也可以考虑。另外，还要考察建筑物的周边环境，尽量避开或远离遮阴物。

（2）对光伏组件的质量、透光和外观的要求

兼作建筑材料的光伏组件产品，必须通过建材行业相关测试及相关标准认证，具备建筑材料所要求的几项条件：坚固耐用、隔热保温、防水防潮、抗风抗震。例如用作光伏幕墙和光伏采光顶的光伏组件，不仅需要满足光伏组件的性能要求，同时要满足幕墙或采光顶的相关实验要求和建筑物安全性能要求，需要有更高的力学性能和采用不同的结构形式。

用于窗户、玻璃幕墙和采光屋顶的光伏组件，还必须满足建筑室内采光要求，也就是说这类光伏组件既要能发电，还要具有满足室内采光需求的透光量，避免因光伏组件安装造成采光不足而在室内设计二次照明。

在外观方面，光伏组件除了满足强度和刚度要求的同时，还要考虑装饰性、美观性要求。要考虑光伏组件的颜色与质感要与建筑物协调，尺寸和形状要与建筑物的结构相吻合，还要考虑建筑总体安全，施工简便，后续维护检修及组件清洗的便利。

（3）组件数量及排列方式的要求

设计时要根据组件面积的大小，确定每一个屋面或墙面可以安装的组件总数量及排列方式。由于每个安装面的朝向不同，一般一个安装面要对应一台或几台逆变器，设计成组串式逆变器或组件式微型逆变器的系统结构，提高逆变器的工作效率，争取最大发电量。

4. 光伏建筑一体化的设计原则与方法

（1）设计原则

光伏建筑一体化是光伏系统依赖或依附于建筑的一种新能源利用形式，其主体是建筑，客体是光伏系统。因此，光伏建筑一体化设计应以不损害和影响建筑的效果、结构安全、功能和使用寿命为基本原则，任何对建筑本身产生损坏和不良影响的设计都是不合格的设计。光伏建筑往往与人的日常活动密不可分，系统设计不能只单纯考虑系统发电量，应更多侧重考虑系统的安全性、后期的维护便利性等因素。

（2）建筑设计

光伏建筑一体化的设计应从建筑设计入手，首先对建筑物所在地的地理气候条件及太阳能资源情况进行分析，这是决定是否选用光伏建筑一体化的先决条件；其次是考虑建筑物的周边环境条件，即选用建筑部分接受太阳辐射的具体条件，如被其他建筑物遮挡，则不必考虑选用光伏建筑一体化方式；再者是与建筑物外装饰的协调，光伏组件给建筑设计带来了新的挑战与机遇，画龙点睛的设计会使建筑更富生机，环保绿色的设计理念更能体现建筑与自然的结合；最后是考虑光伏组件及系统其他部件在构造、形式、安装结构上应有利于在建筑围护结构上安装，便于维护、检修或局部更换。为此，建筑设计不仅要考虑地震、风载荷、雪载荷、冰雹等自然破坏因素，还要考虑为光伏系统的日常维护，尤其是光伏组件的安装维护、日常清洗或检修更换提供必要安全便利操作条件。平屋面应设置屋面出入口，便于安装检修人员出入，坡屋面在屋脊的适当位置预留金属钢架或吊钩，便于安装检修人员固定安全带。

建筑设计还要考虑光伏组件安装结构及吸热对建筑热环境的改变或影响，如改变了建筑内部与外部空气自然流通的气流通道及空调机组的制冷散热通道等。墙体外挂光伏组件或光伏幕墙组件都要保证满足建筑墙面整体节能保温的要求。

（3）发电系统设计

光伏建筑一体化的发电系统设计与地面光伏电站的系统设计不同，地面光伏电站一般是根据设计容量要求或可占用土地面积来确定光伏方阵大小并配套系统，光伏建筑一体化则是根据可安装光伏方阵大小与建筑采光要求来确定发电容量并配套系统。

光伏系统设计包含 3 个部分，分别为光伏方阵排布设计、光伏组件选型设计和光伏发电系统配置设计。

1）光伏方阵排布设计：在与建筑墙面结合或集成时，一方面要考虑建筑效果，如颜色与板块大小；另一方面要考虑其受光条件，如朝向与倾斜角。组件排布要结合组件尺寸、形状、功率要求等进行，还要考虑组件与建筑之间的装配安装方式，以及组件通风散热及便于组件表面清理。

2）光伏组件选型设计：主要涉及光伏组件的类型选择和形状的设计，如普通组件、双玻组件、薄膜组件、光伏墙砖、光伏瓦、轻质组件等。还要根据建筑结构设计或选择光伏组件尺寸并综合考虑外观色彩、发电量及透光率等各种因素。各种花纹、色彩的光伏墙砖外形如图 1-26 所示。

3）光伏发电系统配置设计：即确定系统类型为并网系统还是离网系统，控制器、逆变器、蓄电池等的选型，防雷、系统综合布线，监测与显示等环节设计。

（4）结构安全性与构造设计

光伏组件与建筑的结合，结构安全性涉及两方面：一是组件本身的结构安全，如高层

图 1-26 各种光伏墙砖外形图

建筑屋顶的风载荷较地面大很多，普通的光伏组件的强度能否承受，受风变形时是否会影响到电池片的正常工作等；二是固定组件的连接方式的安全性。组件的安装固定不是安装空调式的简单固定，而是需对连接件固定点进行相应的结构计算，结合当地气候条件，充分考虑在使用期内的多种最不利情况，保证在大风、地震等自然灾害发生时，不能发生光伏组件及其结构件坠落、跌落等问题。建筑的使用寿命一般在 50 年以上，光伏组件的使用寿命也在 25 年以上，所以结构安全性问题不可小视，要保证光伏系统在寿命周期内不出任何问题。

构造设计是关系到光伏组件工作状况与使用寿命的因素，普通组件的边框构造与固定方式相对单一。与建筑结合时，其工作环境与条件有变化，所以构造也需要与建筑相结合，如隐框幕墙的无边框、采光顶的排水等普通组件边框已不适用。

在构造设计时还要考虑系统运行期间的积雪、灰尘清理，组件清洗及检修维护的通道及配套设施。

（5）防火安全性设计

在光伏建筑一体化中，光伏设备作为建筑的一部分，一旦发生意外火灾，房屋建筑和人身财产安全都会受到威胁或伤害。光伏发电系统的光伏组串直流回路有 600～1000V 的直流电压，直流高压很容易因接触不良等造成拉弧，且拉弧强度很大，极易引起明火，甚至酿成火灾。一旦发生火灾，在有阳光照射时，直流侧的直流高压会一直存在，十分危险，消防人员将无法实施救火工作。为此，光伏建筑一体化系统设计时，一定要选择微型逆变器或在光伏组串中加装电弧故障断路器，实现系统发生电弧时的智能检测和快速切断，并根据相应场景安装火灾智能报警系统，配备适合电气设备使用的消防器材和设施。

5. 光伏建筑一体化不同安装类型的应用

（1）建材型安装类型的应用

作为屋面和墙面使用，组件材料应具有良好的保温、防水、隔断、隔音等功能，使建筑物达到节能、美观等要求，一般需要根据项目特点定制组件。但是在夏季温度较高的情况下，组件散热难度很大。温度过高，光伏组件的输出电压将产生随温度变化的负效应，使系统输出功率降低，光伏组件的使用寿命也会受到很大的影响。

作为屋面材料，建材型组件的边框材料多为金属材料，我国北方地区年度温差很大，热胀冷缩非常严重，长时间运行将造成防水系统破坏，出现渗漏现象。另外，北方寒冷地区建筑屋面多为平屋面或坡度较小的屋面，在冬季有积雪的情况下，这种小坡度屋面将无法自动清除积雪。有些地区还经常出现沙尘天气，在这种情况下，灰尘容易在组件表面形成堆积，这样将对光伏组件的发电效率产生很大影响。因此，建材型光伏组件结构形式不太适合在寒冷地区使用。

（2）构件型安装类型的应用

构件型安装类型适合不同地区，但是作为构件进行设计时，应充分考虑其安全性，因建筑结构的下方都是人们活动的区域，必须采取安全措施保证安全。建筑构件有特定的功能性和美观性要求，而光伏组件需要最大程度的吸收太阳能，因此光伏构件在建筑物上只能进行选择性安装，如设置在建筑物可以满足日照的立面，不适合其他立面，所以构件型安装类型应综合考虑建筑物的整体造型和功能性要求，选择合适的建筑构件，如果生搬硬套，必然会影响建筑物的整体效果。

（3）与屋顶、墙面结合安装类型的应用

与屋顶、墙面结合安装类型与建筑物的结合程度不高，可根据用户的需要灵活布置，采用常规光伏组件即可实现。对于地处寒冷地带、太阳能资源比较丰富的地域，在建筑物的结构选型方面，可结合建筑物特征优先选择与屋顶、墙面结合安装类型，其次是构件型安装类型，最后是建材型安装类型。

1.6.3　光伏车棚及光储充一体化应用

1. 光伏车棚概况

光伏车棚，顾名思义就是把光伏发电和车棚结合起来，具有停车、遮阳、避雨、发电几大功能，常常被喻为"亮点工程、便民工程、实用工程"，特别是光伏+储能+充电（简称光储充一体化）项目会逐步被大力推广。光伏车棚项目几乎没有地域限制，非常灵活方便，可以综合利用空间资源发展新能源。随着新能源电动汽车的社会保有量越来越大，充电问题也越来越突出，越来越多的加油站、高速服务区、旅游景点、社会停车场等都在利用光伏发电与充电桩结合，建设或改造光伏车棚，为新能源汽车提供便利服务。

光伏车棚可以通过提前预制的方式模块化组合、灵活布置，少则几个车位，多则几百个车位，光伏车棚立柱的间距设计一般以2~3个车位为一个跨度。

图1-27是几款为小型电动车辆充电的光伏车棚尺寸及应用图片，供大家参考。光伏车棚还可以广泛应用到公交车场站、出租车充电站、机场、物流园区、企事业单位等场合。图1-28是某机场新建成的大型电动车辆充电光伏车棚。随着实现"碳达峰、碳中和"目标的逐步推进，新能源车的市场占比会越来越大，"光伏+"的各种应用也已经渗透到社会经济生活的方方面面，光伏车棚就是把新能源光伏发电与新能源汽车充电需求相结合的完美应用之一。下一步，光伏车棚将向着可任意扩展车位的模块化设计，简便的标准化预制和装配方式，以及光储充一体化的智能化能源管理方向发展。

2. 光储充一体化应用

光储充一体化就是把光伏发电、储能和充电设施三者集成一体，形成微网结构，互相协调支撑的绿色充电模式。可根据需求与公共电网智能互动，利用光伏发电和储能设备的储

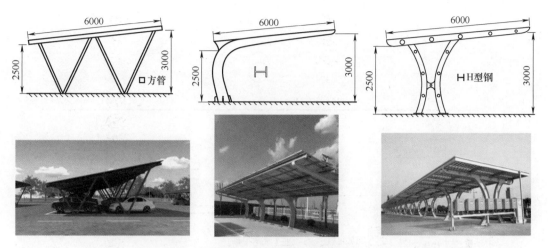

图 1-27 几款小型电动车辆光伏车棚应用图片

图 1-28 某机场大型电动车辆光伏车棚

存，共同承担供电充电任务。在用电高峰，光储充一体化电站可给电网供电；逢用电低谷，则给自身或电动汽车充电，起到削峰填谷的作用。并可实现并网、离网两种不同的运行模式，既达到利用清洁能源供电，还能缓解充电桩大电流充电时对区域电网的冲击。从本质上讲，光储充一体化也可以看作是能源网络的一部分，光伏发电是能源的供给端，而新能源汽车充电则是能源的需求端。

光储充一体化充电站可采用自发自用、余电储能的运营模式，在用电高峰期通过光伏发电供电，剩余的电力在夜间电价低谷时储能，实现削峰填谷，积极消纳新能源绿色电力。通过储能，还可以在电价较低的谷期利用储能装置储存电能，在用电高峰期使用储存的电能，避免直接大规模使用高价的电网电能，以降低运营成本，实现峰谷电价套利。

光储充一体化还可以通过接入互联网运营平台，利用云计算功能，实时共享发电、能耗大数据，实现数字化、智能化管理。通过智能充电网的建立，还可以实现以光储充为中心的直流、交流供电网，如图 1-29 所示。电动汽车等能应用直流电的设备可以直接利用光伏系统直流电力和储能系统的直流电力直接充电，无需进行直流→交流→直流之间的多次转换，降低了损耗，提高了效率。

光储充一体化适用于新能源汽车充换电站、各类停车场、工业园区等，既提高了建筑利用率，也能有效解决新能源发电间歇性、不稳定及消纳问题，让电动汽车充电更环保，余电上网还能增加经济效益，可谓一举多得。

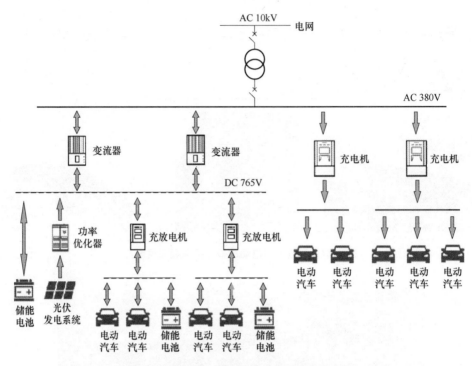

图 1-29 光储充一体化的交直流应用示意图

随着社会电动汽车保有量的不断增大，各种参与充电的电动汽车同时也是"移动储能终端"或者叫"移动充电宝"。多数电动汽车 80% 的时间都处于停泊状态，这些电动车辆都可以在充电的过程中作为储能系统参与到光储充系统或网络的运营和经营当中，为整个系统增加储能容量和放出储能容量（前提是充电桩、充电枪及充电座都具备双向充放电功能）。把电网低谷期的低成本电充到电动汽车里，在高峰期把车上富余的电卖出去，实现对电网的削峰填谷。

目前每台电动汽车平均有 60kW·h 的储能容量，平均续航 450km，假设每天平均行驶 60~80km，每天消耗 10~15kW·h，至少还有 30 多 kW·h 可以参与电网储能。据预测，到 2030 年我国电动汽车保有量将达到 1 亿辆，通过充电网链接到电网的电动汽车的总电池量将达到 60 亿 kW·h，若有 1/3 的车参与充电储能调峰，也有 20 亿 kW·h 的储能容量，等于为电网装了一个分散而且巨大的储能系统。

电动汽车的电池成为所有储能中成本最低、响应电网需求最快的储能模式。随着新能源汽车保有量、车桩比的提升以及超级快充的普及，对充电设施的供电容量要求越来越高，也给现有充电网体系带来了很大挑战。而光储充一体化恰好成为电网的有益补充，对电网起到巨大平衡调节作用。可以说，光储充一体化是促进风电、光伏的规模化发展和解决电动汽车快速充电的理想方案。光储充一体化电站也必将成为充电基础设施发展的主流方向之一。

第 2 章

分布式光伏电站的场地勘测与项目申报

分布式光伏电站在设计和施工建设前需要进行一些前期的准备和考察工作,这些工作包括光伏电站项目地址的选择,项目现场的调查与踏勘,项目相关资料的收集整理,项目前期的可行性分析和申报等。

2.1 光伏电站项目的整体要求和相关条件

选择分布式光伏电站项目建设地址应根据《可再生能源中长期发展规划》和地区经济发展规划要求,结合项目建设当地自然条件、气候条件、太阳能资源条件、接入电网条件、交通运输状况及周边规划与设施建设等因素综合考虑。

在确定建设地址前,要对拟建项目地址的土地资源性质、地形地貌状态、水文地质条件、自然灾害因素、气候条件、电网接入条件、交通运输条件、周边环境影响、土地占用拆迁等因素进行调查和踏勘。屋顶电站还要对房屋产权、屋顶建筑结构、屋顶承重载荷能力等进行调查。

2.1.1 土地资源性质

在分布式光伏发电项目如地面电站、渔光互补、农光互补、林光互补、工商业屋顶等项目建设中,往往要涉及征地、土地租赁、设施屋顶租赁、建筑屋顶租赁等事项,在开始这些工作之前,有必要对土地资源的性质做一些了解。

1) 土地根据所有权分为国家所有和集体所有两类。城市市区的土地属于国家所有。农村和城市郊区的土地,除由法律规定属于国家所有的以外,属于农民集体所有,宅基地和自留地、自留山,也属于农民集体所有。

土地根据用途不同可分为农用地、建设用地和未利用地三类。农用地是指直接用于农业生产的土地,包括耕地、林地、园地、牧草地、农田水利用地、养殖水面等;建设用地是指建造建筑物、构筑物的土地,包括城乡住宅和公共设施用地、工矿用地、能源、交通、水利、通信等基础设施用地、旅游用地、军事设施用地等。建设用地是付出一定投资(土地开发建设费用),通过工程手段,利用土地承载能力或建筑空间,为各项建设提供的土地。

未利用地是指农用地和建设用地以外的土地,主要包括荒草地、盐碱地、沼泽地、沙地、裸土地、岩石地等。

2）分布式光伏电站建设所用土地一般应该是利用建设用地，也可以因地制宜地利用各种废弃土地、荒山荒坡、荒草地、盐碱地、沼泽地、沙地、滩涂、鱼塘、湖泊、煤矿沉陷区、农业大棚等作为分布式光伏电站的建设用地和场所。在电站建设中要节约用地，不破坏原有水系，做好植被保护，尽量减少土石方开挖量，减少房屋拆迁。在选择地址时要与当地政府国土资源局、自然资源局等相关部门确认土地性质。另外，最终确定的地址范围，还需要得到当地环保部门的环境评价认可。

3）为节约土地资源，大力发展分布式光伏发电产业，国家还鼓励对具备条件的建筑屋顶（含附属空闲场地）资源，屋顶面积大、用电负荷大、电网供电价格高的开发区和大型工商企业屋顶资源，火车站（含高铁站）、高速公路服务区、飞机场航站楼、大型综合交通枢纽建筑、大型体育场馆和停车场等公共设施屋顶资源加以充分利用。当然这些建构筑物占用的土地也应该有相应的合法手续，以保证不是非法建筑。

2.1.2　地形地貌及水文地质条件

光伏电站选择站址的地形地貌主要包括地形的朝向，坡度起伏程度，沟壑及岩壁等地表形态占可选地址总面积的比例，农田、林地等非建设用地与可选地址的交错情况，有无矿产和文物压覆的情况等，其主要选择要点如下：

1）要选择在地势平坦的位置和北高南低的坡度位置，站址的东西方向坡度不宜过大。

2）站址应避免选择在林木较多、地下线路较多的地方。

3）屋顶类光伏电站的建筑，主要朝向应该是南北朝向或接近南北朝向，要避开周边障碍物对光伏组件的遮挡。

在选择站址时，还要充分考虑所选地域的水文地质条件，例如地质灾害隐患、冬季冻土深度、一定地表深度下的岩层结构及土质的化学特性以及防洪排涝状况等。

1）山区要避开有山洪、泥石流、危岩、滑坡的地段和地震断裂带等地质灾害易发区。

2）江河湖海边以及低洼地、滩涂内的光伏电站要注意有防洪设施，其堤坝高度要根据当地 30 年内历史最高水位加 0.5m 的安全超高确定。

3）容易有积水的地域，要根据积水深度加高光伏方阵支架的安装高度，使光伏方阵组件下边缘距地面高度高于当地 30 年历史最高水位 0.5m。并做好相应的排水设施，防止光伏支架和支架基础长时间在积水中浸泡。

4）当光伏电站站址选择在煤矿采空区影响范围内时，还应进行地质灾害危险性评估，综合评价地质灾害危险程度，提出评价意见，采取相应的防范措施。

5）地表形态和地表土质对光伏支架基础的形式、强度及施工方案设计都有影响。复杂的地表形态和岩层土质会造成基础土建的施工难度和成本增加。

6）北方地区存在冬季冻土的现象，冻土层的深度、上冻和解冻特点对光伏支架基础施工有直接影响。

2.1.3　气候条件

对于光伏发电系统来讲，太阳能资源、空气质量、风力和积雪等各种气候条件都会对光伏电站的发电效率有直接的影响。

1. 太阳能资源

太阳能资源的数量一般以到达地面的太阳能总辐射量来表示，太阳能资源的丰富程度对光伏电站建成后的发电效率和投资收益率有着决定性的影响，我国把可利用太阳能资源的分布划分为四类地区或者叫四个等级，见表 2-1。光伏电站的建设应在太阳能资源较丰富地区进行，即表 2-1 中的Ⅲ类地区以上。

表 2-1　我国可利用太阳能资源分布表

资源丰富程度	符号	年总辐射量		平均日辐射量	主要涵盖地区
		$MJ/(m^2 \cdot a)$	$kW \cdot h/(m^2 \cdot a)$	$kW \cdot h/(m^2 \cdot d)$	
最丰富	Ⅰ	≥ 6300	≥ 1750	≥ 4.8	青藏高原、西藏东南部、甘肃北部、宁夏北部、新疆南部、青海东部、内蒙古南部、河北西北部、山西北部、宁夏南部、甘肃中部
很丰富	Ⅱ	5040~6300	1400~1750	3.8~4.8	山东、河南、河北东南部、山西南部、新疆北部、吉林、辽宁、云南、陕西北部、甘肃东南部、广东南部、福建南部、江苏中北部和安徽北部
较丰富	Ⅲ	3780~5040	1050~1400	2.9~3.8	长江中下游、福建北部、浙江和广东的一部分地区
一般	Ⅳ	<3780	<1050	<2.9	重庆、四川中部、贵州北部、湖南西北部

注：太阳能资源不丰富的地区未在本表中列出。

另外，电站选址应尽量选择开阔无遮挡的位置，在没有选择余地时，要采取措施尽量减少遮挡并就遮挡物对太阳能资源的影响进行估算。

2. 空气质量

空气质量因素包括空气透明度、空气中的尘埃悬浮量及空气中的盐雾含量等。

当空气透明度低时，会造成太阳能辐射量因为被反射和散射而下降，从而直接影响光伏电站的发电量。

空气中的尘埃除了影响太阳能辐射量外，还会沉积在光伏组件表面，形成遮挡，严重时还会在组件表面形成难以清洗的沉积物，直接影响光伏组件的发电效率和长期的系统发电量。

空气中的盐雾一是对光伏支架有腐蚀性，日积月累，会减少光伏支架的结构强度和使用寿命，二是极易在光伏组件表面形成盐分沉积，同样造成对光伏组件发电效率的影响。盐雾在沿海地区比较常见，在此类地区进行光伏电站选址，需要考虑防盐雾措施。

3. 风力和积雪

风力和积雪都是影响光伏支架设计强度的主要因素，在有灾害性强力风力的地域，如沿海地区，要充分考虑台风的影响，不适宜建设光伏电站或增加相应的防风等级。在北方冬天有积雪的地区，特别是内蒙古东部和东北地区，要考虑光伏支架对过厚积雪的承载力。

在光伏支架的设计计算中要计算光伏支架的固定载荷、风载荷和雪载荷。固定载荷主要承受光伏组件及支架等的自身重量。风载荷主要承受从光伏支架及组件前面或后面所受的风的压力，保证光伏支架不会因风力太大而弯曲、变形、倾倒，光伏组件不被刮跑。雪载荷主要承受积雪重量对光伏支架及组件或其他构筑物的压力。

2.1.4　电网接入条件

光伏电站的站址选择应充分考虑电站达到规划容量时接入电力系统的出线条件。

1）落实当地电力系统的电力平衡情况和电网规划情况及光伏发电量的就近消纳情况，避免项目建成后的"弃光""限电"情况发生。

2）落实站址附近的接入条件，尽可能以较短的距离、合适的电压等级接入附近的变电站或高压线。并对可用于接入系统的变电站的容量、预留间隔和电压等级等进行了解。接入方式是专线接入还是 T 接方式，专线方式是否要穿过铁路、公路等。

3）一般容量大些的分布式地面电站离可以用来接入电力系统的变电站都较远，会造成输电线路造价高和输电线路损耗大，是对电站建设投资经济性产生负面影响的两个因素，而接入电力系统电压等级高低与上述因素也有直接关系。不同电压等级允许的输送容量和输送距离见表 2-2。

表 2-2　不同电压等级输送容量和输送距离表

电压等级/kV	输送容量/MW	输送距离/km
10	0.4~6	5~15
35	5~20（30）	20~50
110	30~100	50~150

4）要初步了解站址建设的施工用电和电站用电的来源、方式和路线。

2.1.5　交通运输条件

在站址选择时要充分利用现有的道路交通条件，既要考虑施工时项目大型设备（如大功率逆变器、升压变压器等）运输进场的需要，还要考虑将来运行维护、检修时的交通便利。电站站址要尽可能选择在已有或已经规划的航空、铁路、公路、河流等交通线路上，这样可以减少交通运输的困难和投资，加快建设并降低运输成本。如在荒山、荒坡等场合没有现成的道路利用或只有山间小路时，就要考虑修建道路的可行性和所需要的费用在电站整体投资中占的比重。

当光伏方阵靠近主要道路布置时，还应考虑光伏组件表面玻璃光线反射对道路行车安全的影响。

对于屋顶类项目，要考虑吊车、混凝土车等能够靠近建筑周围进行作业。

2.2　光伏电站的场地勘测与选择

近来，随着光伏产业政策的推动，分布式光伏电站的建设正处于热火朝天、方兴未艾的状态。适合建设光伏电站的土地和屋顶资源也越来越少，光伏电站的选址工作也越来越受到重视。下面是光伏电站场地勘测与选择的具体步骤和工作内容。

2.2.1　场地勘测的总体要求与步骤

光伏电站建设项目的站址踏勘，是为了查明准备建设地点的各种相关因素和条件而进行的沟通、询问、调查、观察、勘察、测量、测试、测绘、鉴定、研究和综合评价的工作。其目的是为光伏电站建设的站址选择和工程设计与施工提供科学、可靠的依据和基础资料。站址踏勘工作的深度和质量是否符合有关技术标准的要求，站址选择得是否合适，对光伏电站工程建设的质量和成本有直接影响，站址踏勘工作的总体要求如下：

1）站址踏勘是光伏电站工程建设第一位的工作，在光伏电站规划设计建设的整个过程中，必须坚持先踏勘、后设计、再施工的原则。没有符合要求的站址踏勘数据资料，就不能确定具体站址区域或位置，更不能进行设计和施工。

2）站址踏勘阶段的划分应与设计阶段相适应。各阶段的工作内容和深度要求，应按照有关规范、规程及相关技术标准的规定，结合光伏电站工程建设的特点以及拟建电站的实际情况确定。

3）站址踏勘的方法和工作量，主要应依据工程类别与规模、踏勘阶段、站址工程地质复杂程度和研究状况、工程经验、建筑物和构筑物的等级及其结构特点、地基基础设计与施工的特殊要求等加以确定。

场地勘测一般分为工作准备、现场勘测和后续确认三个步骤。

1）从开始工作到进行现场勘测之前为工作准备阶段，这一阶段的主要工作是收集已有资料，了解相关政策，与业主进行沟通，准备勘测用具，制定勘测提纲等。

2）现场勘测。由业主、建设方、设计方相关人员组成勘测小组，进行现场勘测。主要工作是现场调查、绘制草图、实景拍照、点位勘察测试、尺寸测量、大致范围确定等。

3）后续确认。主要是确定经济合理的场址方案。要以拟建电站的主要要求及技术参数为依据，进行资料分析，确定场址可用土地位置、面积和地形图，确定并网接入方案，确定运输路线，编制工程勘测图表或勘测结论报告等。

对于地理环境、地质条件比较复杂的位置，场地勘测可能需要多次反复进行。

2.2.2　地面类的场地勘测

1. 准备阶段

地面类光伏电站的场址一般都在相对偏远的地方，去一趟现场往往比较耗费时间和人力，因此，在去现场之前一定要把准备工作做好。

首先要与业主进行简单沟通，了解业主之前做了哪些工作，业主的要求和想法，并了解几个问题：

1）项目场址的具体地点，最好能有经纬度。

2）场址面积大概多大，计划做多大规模。

3）场址的大概地形地貌和水文地质条件。

4）场址附近是否有可接入的升压变电站，多大电压等级，有无间隔等。

其次要了解当地政府在站址附近的建设规划和对光伏发电项目有没有相应的鼓励和补贴政策。所在地是否有建成的光伏电站项目，收益如何，是否有在建的项目，进展到什么程度等。

如果可以的话，最好能做一个室内的宏观选址。如果业主能提供项目地点的经纬度，可利用卫星图片地图软件，看一下周边的地形地貌，对场址情况做到大概心里有数。再利用当地的太阳能资源数据，计算出拟建规模的发电量，并按大致的投资水平估算一下项目的收益情况通报业主。

最后，要准备踏勘设备、工具和软硬件。如手持 GPS 设备（见图 2-1）、装有卫星图片地图软件、高斯坐标转换软件和 CAD 的笔记本电脑、照相机等。

图 2-1 常用 GPS 定位仪

2. 现场踏勘阶段

屋顶电站和平坦地面电站的现场踏勘相对比较简单，在此主要介绍山地场址现场踏勘需要注意的几个问题：

1）观察山体的山势走向，是南北走向还是东西走向？山体应是东西走向，必须有向南的坡度。另外，周围有其他山体遮挡的不考虑。可以按两个山体距离高于山体高度 3 倍以上来粗略估计。

2）山体坡度大于 25°的一般不考虑。山体坡度太大，后续的施工难度会很大，施工机械很难上山作业，土建工作难度也大，项目造价会大大提高。另外，未来的维护（清洗、检修）难度也会大大增加。同时，在这样坡度的山体上开展大面积的土方开发（如挖电缆沟等），可能水土保持审批就过不了。

3）目测基本地质条件。虽然准确的地质条件要做地质勘探，但基本地质条件可以大概目测一下，最好目测有一定厚度的土层。也可以从一些断层或被开挖的断面，看一下土层到底有多厚，土层下面是什么情况。如果目测到土层半米以下是坚硬的石头，那将来基础的工作量就会特别大。有些情况是肉眼就可以看到的，比如有大块裸露岩石的地面一般不能用，否则平整工作量太大。

上述几个问题解决后，用 GPS 设备围着现场几个边界点打若干点，基本圈定站址范围。同时，要从各角度看一下站址内的地质情况。因为光伏站址需要面积很大，从一个边界点根本看不了全貌，很可能会忽略很多重要因素而给以后的建设施工造成麻烦。这些重要因素包括：沟壑、坟头、农民自己开荒的地、一两间快倒塌的小房子、羊圈和牛圈等使实际可利用面积变小，如图 2-2 和图 2-3 所示。

3. 后续确认阶段

1）确定站址面积。将现场打的点在卫星图片地图软件上大致落一下，看一下这个范围内及其周围的卫星照片，同时测一下面积，大概估算一下可以做的容量。一般每 1MW 占地面积为 6000~10000m² （9~15 亩），山地面积利用率更低，占地面积更大，每 1MW 占地面积甚至达到 10000~25000m² （15~38 亩）。

图 2-2　初步勘测可利用面积

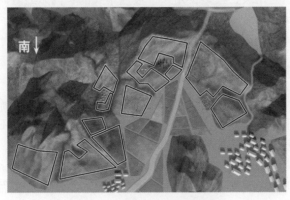

图 2-3　实际确认可利用面积

2）确定可以接入的变电站或输送线路。根据站址面积大致估计出规模以后，就要考虑用多高的电压等级送出。要调查一下，距离项目站址最近的升压变电站或输送线路的电压等级、容量，最好能调查到该变电站的电气资料，确定一下是否有剩余容量可以使用。如果可以接入，则要确定是专线接入还是 T 接方式接入。专线方式接入要考虑项目站址与变电站之间的距离以及输送路线，在输送路线中是否有铁路、高速公路、水库等影响线路输送的情况。如果采用 T 接方式，则要考察项目站址与高压输送线路之间的距离。输电线路的造价也很高，如果项目规模不大，送出距离又远，那投资收益率就可能很不理想。

3）确定站址范围土地性质。上述工作都做好以后，就要去当地国土局、林业局查一下站址范围的土地性质。这项调查是非常必要的，因为往往一块看中的站址土地哪里都好，土地性质很可能不合适。很多时候，往往看着是荒地，但在地类图里面是农田或者包含有农田。看着没有树，在地类图里面却是林地（疏林、灌木林、未成林、苗圃、无立木林）、草地。如果调查不清楚盲目开展后续工作，则会造成很多无效劳动和人力物力浪费。

除了确定土地性质，最好还要和当地政府了解一下站址周边是否有建设规划，将来对电站是否造成影响。

下面是站址踏勘中容易遇到的几个问题：

1）站址实际可利用面积太小。在站址踏勘过程中，站在山头，遥望远方，看着好像一大片地都能用，但经过深入踏勘，打坐标点，实际一算，往往可利用面积确很小，这是最容

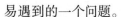
易遇到的一个问题。

2）地形地势不对。有句话叫"只缘身在此山中"。当置身山脚下时，虽然能看得清山体大致的走向，但是无法看清山体的全貌的，实际上只能看清一小部分。因此，很多时候，觉得这个山坡就是朝南的，但是用卫星图片地图软件鸟瞰一下，却发现大部分是东南、西南方向，甚至有基本朝东或朝西的。另外，用卫星图片地图软件也可以看清整地的地貌，对宏观选址是非常有用的。

另外，有时候还需要在整个打点范围看一圈，看看是不是山外有山。如果山外有山，就很容易造成山体的遮挡。

3）不合适的丘陵地。一些小丘陵地，看似很平缓了，实际全是一个个小山包，有的山包之间甚至有大沟。如果有一个5°的北向倾角，那阵列间距就要增加50%以上。因此，光伏电站项目只能用向南的山坡，最多再用一下坡度不大的、向东或者向西的山坡。如果全是一个个小山包，那光伏方阵就太分散，一分散，所有的投资都要增加。所以，建设光伏电站的场地，最好是连绵成片的山体。

2.2.3 屋顶类的场地勘测

随着分布式光伏发电市场的撬动，产权明晰的优质屋顶逐渐成为稀缺资源，越来越多的实体工商企业也开始重视自己的屋顶资源。分布式屋顶光伏电站建设不同于地面电站，前期不需要办理土地、规划等手续，但分布式屋顶电站也有其自有的特点，如何充分的利用可用屋顶，在有限的空间内实现容量、发电量、收益率的最大化，就需要认真做好前期考察，通过实地勘察、收集屋顶相关资料，为后续的方案设计及投资收益分析做基础准备。对屋顶电站的勘察主要有以下几个方面，如厂房建设年限、屋顶荷载、屋面状况、电网接入距离、用电负荷、合作模式等。

现场勘察要携带的工具有激光测距仪、水平仪、指南针或手机指南针App、10m以上钢卷尺和记录本、笔等。

1. 屋顶情况

1）要考察屋顶产权的明晰性和业主长期稳定的存续性，还要考察屋顶的设计使用寿命年限等。工厂类企业屋顶还要考察厂房的使用功能。

优先选择企业实力较强或行业发展前景好的业主进行合作，尽量避开有腐蚀性、油污气体及烟尘排放的屋顶建设，绝对不在火灾危险等级为甲、乙类的厂房、仓库等屋顶建设。

临时性的建筑物、构筑物一般都不能考虑建设光伏电站。使用寿命已经超过10年以上，并且屋顶彩钢板锈蚀严重或者防水层破坏、漏水的屋顶也应该谨慎选择或先进行加固修复处理。

另外，要询问和调查在准备安装光伏系统的建筑屋顶周围特别是南面是否有高层楼建设规划。

建筑周边环境也是需要考察的内容。例如建筑周边道路交通是否便利，是否有足够空间吊装光伏设备和浇筑混凝土基础等。

2）屋顶面积。屋顶面积直接决定光伏发电项目的容量，是最基础的元素，屋顶上是否存在附属建筑物，如风楼、风机、电梯房、女儿墙、广告牌等，设计时需要避开阴影遮挡，如有遮挡，在光伏组件排布设计时需要避开阴影遮挡的面积，设计要求是要保证冬至日的9点至15点之间，光伏方阵不被遮挡。

3）屋面朝向和角度。屋面朝向以朝南为最佳，日照时间最长，同等装机容量下，发电量最大。屋面朝向决定着光伏支架、光伏组件、光伏方阵及汇流箱等的布置原则，比如东西走向的屋面，背阴面是否安装方阵，如果安装方阵是否需要设置倾角，组件串联时阴阳两面尽量避免互连，汇流箱及逆变器直流输入尽量为同一屋面朝向的方阵。屋顶倾斜角度可以通过测量屋面宽度和房屋宽度进行计算。

4）屋顶类型。屋顶类型一般分为彩钢板、瓦片、混凝土屋顶等，其中彩钢板屋顶分为直立锁边型、咬口型（角驰式，龙骨呈菱形）、卡扣型（暗扣式）、固定件连接（明钉式，梯形凸起）型。前两种类型彩钢屋顶一般都有专用转接件做支架连接，后两种类型彩钢屋顶需要在屋顶打孔固定连接支架。考察屋顶时需要观察彩钢板的使用年限及表面锈蚀程度。

瓦片屋顶也需要使用专用支架挂钩件与屋顶支撑件固定。勘察时要对瓦片尺寸和厚度进行测量，便于决定支架系统挂钩等零件尺寸的选取。要掀开部分瓦片查看屋顶结构，注意测量记录主梁、檩条的尺寸和间距，便于确定支架挂钩的固定位置。因为瓦房顶组件支架系统的挂钩一般都是安装固定在檩条上的。

混凝土屋顶的光伏方阵一般都按照最佳倾斜角度安装，需要制作支架基础，基础与屋顶可以做成配重块形式加钢拉索结构，如风力过大地区可以考虑部分基础与屋顶采用植筋连接或结构胶连接等浇筑连接，并做好屋顶破坏面的防水处理。采用什么形式主要考虑屋顶的抗风载能力及屋顶设计荷载等因素。

5）屋顶防水。如果屋顶有渗漏现象，应在施工前先对屋顶做防水处理。

6）屋顶荷载。屋顶荷载可分为永久荷载和可变荷载。永久荷载也称恒荷载，主要是指屋顶结构的自重荷载。在项目前期考察时，需要着重查看建筑设计说明中恒荷载的设计值，或通过业主获取房屋结构图纸资料进行计算，并落实除屋顶自重外，是否额外增加其他荷载，如管道、吊置设备、屋顶附属物等，并落实恒荷载是否有余量能够安装光伏电站。光伏电站安装在屋顶后，需要运营25年，屋顶荷载是需要重点了解和确认的内容。混凝土屋顶的荷载一般都在 $200kg/m^2$，都能满足光伏系统的荷载要求，彩钢板屋顶需要根据建筑结构图重新评估或核算荷载。

可变荷载是考虑极限状况下暂时施加于屋顶的荷载，分为风荷载、雪荷载、地震荷载、活荷载等，是不可以占用的。特殊情况下，可变荷载可以作为分担光伏电站荷载的选项，但不可以占用过多，需要做具体分析。如果荷载确实不够，需要考虑屋顶的加固。

2. 建筑间距及配电并网设施

在同一个建设区域内，建筑数量越多，间距越大，意味着电气设施如电缆、逆变器、变压器等的投资要增加，要评估和考虑投资收益。

区域内现有的配电设施及高压输电线路是光伏电站选择并网方案的根据之一，主要考察内容有：区域内电力变压器容量、电压比、数量、母联、负荷比例等；区域内计量表位置、配电柜数量、母排规格、开关型号等；区域周边电网输送线路电压等级及线路接入容量等。区域内是否有独立的配电室，配电室有没有多余的空间，如没有，是否有空余房间或空地安装新增加的变配电设备。考察时优先选择现有变压器总容量大，负荷比例大的用户。

对于小型屋顶系统用户，要重点查看进户电源是单相还是三相，单相输出的光伏发电系统宜接入到三相中用电量较多的一相上。条件允许时最好用三相逆变器或三个单相逆变器并网。查看业主的进线总开关的容量，光伏发电系统的输出电流不宜大于户用开关的容量。另外在铺设线路方便节约的前提下，确定逆变器和并网配电柜的安装位置，并要考虑通风散热和防雨防晒问题。

3. 业主用电消纳情况

分布式光伏发电项目以自发自用、余电上网为核心，鼓励就地消纳。对业主来说，在现行补贴政策下，自发自用量越大，收益越大。因此需要考察业主建设区域的用电量及用电价格。例如，区域内每月、每日的平均用电量，白天用电量、用电高峰时段及比例。区域内的用电价格，白天用电加权价格或峰谷用电时间分布等，分析区域内对光伏发电所发电量的消纳能力，确定光伏发电项目的最佳收益运行模式作为光伏系统安装容量和上网方式的参考。

4. 开发建设模式

开发建设模式主要是根据上述考察内容信息，以及与屋顶业主商谈的结果，确定电站项目开发建设的具体合作方式。目前主流的开发模式主要有屋顶租赁模式、电价优惠供应模式、合资合作模式等，要通过综合考虑投资收益及业主意愿进行确定。

另外，与分布式地面电站类似，除考察上述因素外，还应考察电站建设期间设备采购运输成本、当地人工成本、运营维护难度、建设区域周边社情，有无相对便利的生活条件和设施等。

总之，光伏电站是需要长期运营的项目，项目前期开发要从长远利益考虑，需要顾及方方面面关系和项目后期运营收益的各种因素，需要把工作做到最细致处，通过数据采集，最后实现量化分析，最终确定项目是否可行。表 2-3 和表 2-4 是屋顶类光伏项目前期勘测表，供参考使用。

表 2-3　屋顶类光伏项目前期勘测表（1）

屋顶类光伏安装勘测数据表						
现场勘测时间	年　月　日		填表时间			年　月　日
现场勘测人员	部门	项目开发部门		设计部门		施工部门
	姓名					
预计开工时间	年　月　日		预计并网时间			
项目地点						
项目地经纬度	经度_____度　　纬度_____度					
用途	并网 □　离网 □					
屋顶类型	平屋顶 □		斜屋顶 □	混凝土 □		遮阳棚 □
				彩钢板 □		
				瓦屋顶 □		
建筑物高度	高____米　共____层		屋面可用面积	长____米　宽____米　面积____平方米		
平屋顶	能否上人	能 □　不能 □		屋面平整度	平 □　凹 □　凸 □	
	屋顶结构	整体现浇 □　预制装配 □　其他 □				
	四周女儿墙高度	_____m		附属建筑及物体	有 □　无 □	
	表面是否覆盖防水层	有 □　无 □		拟基础固定方式	配重基础 □　膨胀螺栓 □	

（续）

瓦屋顶	瓦片类型	琉璃瓦□　水泥瓦□　沥青瓦□　合成树脂瓦□　其他□		
	结构类型	现浇混凝土结构□　水泥梁结构□　木制梁结构□　其他结构□		
	屋顶可安装面积	长____ m　宽____ m		
	屋顶障碍物	有□　无□		
	屋面倾角	____度	屋面朝向	正南□　偏东□　偏西□
彩钢板屋顶	彩钢板形状	直立锁边型□　角弛型□　T 型□　其他□		
	屋顶的平整度：平□　凹□　凸□		彩钢板（含保温）厚度：____ cm	
	屋顶是否有弧度	有□　无□	屋顶弧度	
	屋顶可安装面积	长____ m　宽____ m		
	屋顶梁之间间隔	____ m	波峰间距	____ cm
	屋面腐蚀程度：严重□　较严重□　一般□　无□			
屋顶遮阳棚	屋顶结构	整体现浇□　预制装配□　其他□		
	混凝土楼板厚度	____ cm		
	遮阳棚高度	____ m	遮阳棚坡度	____度
	是否有防水要求	有□　无□	遮阳棚覆盖区域	长____ m　宽____ m

其他数据		
并网接入电压	220V □　380V □　10kV □	
并网接入方式	单点并网□　多点并网□　内部电路并网□　公网并网□	
防雷情况	原建筑有防雷接地□　无防雷接地□	
逆变器位置	室内□　室外□　壁挂□　落地式□	
并网箱位置	室内□　室外□　壁挂□　落地式□	
系统布线规划	直流电缆布线长度　____ m	交流电缆布线长度　____ m
线路是否通畅	屋顶到室内　是□　否□	逆变器到并网点　是□　否□

表 2-4　屋顶类光伏项目前期勘测表（2）

业主名称			项目地址	
用电性质	□大工业　□一般工商业　□居民		场区或入户电压等级	□110kV　□35kV　□10kV □380V　□220V
经纬度	经度____度　纬度____度		拟接入电压	____ V
执行电价类型	固定电价［元/（kW·h）］		_____	
	分时电价［元/（kW·h）］	峰时_____	平时_____	谷时_____
屋顶类型	□平屋顶	□整体浇筑　□预制装配　□其他		
	□瓦屋顶	□琉璃瓦　□水泥瓦　□沥青瓦　□合成树脂瓦　□其他		
	□彩钢顶	□角弛型　□T 型　□直立锁边型　□其他		
	□其他			

（续）

屋顶结构	平屋顶	女儿墙高度____cm；防水层：□有 □无；屋面平整度：□平 □不平		
	瓦屋顶	□混凝土结构 □水泥梁结构 □木制梁结构 □其他结构		
	彩钢顶	屋顶梁间距____m；波峰间距：____cm；腐蚀程度：□无 □轻 □重		
	其他			
屋面倾斜角		____度	屋面朝向	□正南 □偏东 □偏西 □东西向
组件拟铺设倾斜角		____度	屋面尺寸	长____m 宽____m
屋顶荷载估测		□需加固 □不需加固	屋面附属物	□阁楼 □热水器 □电梯间 □其他
防雷情况		□已有防雷接地 □无防雷接地	逆变器位置	□室内 □室外 □壁挂 □落地
周边遮挡		□有描述：_____ □无	配电箱位置	□室内 □室外 □壁挂 □落地

附件：建筑外观照片
　　　屋面结构照片
　　　屋顶内部结构照片
　　　配电室或电表箱位置照片
　　　屋顶附属物位置平面图

2.2.4 光伏电站的安全规划

分布式光伏电站的规划设计与大型地面光伏电站有很大不同，地面光伏电站单纯以发电为目标，仅作为发电电站运行，所发电力通过升压后直接送入到输电网。而分布式光伏发电大多是接入到配电网，发电和用电并存，并且需要尽可能地就地消纳。分布式光伏电站需要依附居民住宅、工业厂房、仓库、商业大楼、学校、市政建筑、农业大棚以及村边的空闲地面（例如光伏扶贫项目）等，这些建筑物中及附近一般都住有大量人口，还可能配装有相关的精密仪器设备或存放有易燃物质。光伏电站在这些环境中运行，首要前提就是不影响这些建筑物原有的正常生产、生活功能，对人员、生产、物资等没有安全隐患。

这些可能造成的安全隐患主要有：一是新增加的发电设备和线路对人或家畜可能造成的触电隐患；二是周边环境因素、雷电因素以及光伏发电系统自身质量引起的火灾隐患。因此，分布式光伏电站在规划设计和设备选型时，要把这些因素考虑进来。

1. 做好空间规划

分布式发电系统载体建筑大多空间资源宝贵，空间使用成本高，为防止非专业人员接触发电设备及线路，最大限度地避免安全事故发生，电站规划必须要有专门的空间区域放置光伏组件和逆变器、配电柜等发电设施，最好把所有设备都放置在一般人员无法接触到的地方，如高墙面、屋顶、原建筑的配电室等。

2. 充分利用光伏发电设备的智能化运维自检功能

分布式光伏发电系统应用于城乡环境及建筑屋顶，诸如鸟粪等自然和人为的不可预见的影响因素太多，使得光伏组件光斑高温、短路等火灾隐患出现的概率更高，分布式发电所处环境易燃物较多，一旦发生火灾，所造成的人员及财产损失不可估量。因此除了要有基本的消防安检措施外，在设备选型时，特别要选择具有自我检测、识别异常光伏组串或部位，能主动停止异常光伏组串工作的功能，降低火灾发生的可能性。现在，光伏逆变器、直流汇流箱等设备，都具备或可以加装这一智能化自检自控功能。在设备选型时，还要特别关注所选用设备的品质和产品认证情况。

2.3　分布式光伏电站的项目申报

分布式光伏电站项目因装机容量小，投资规模小，并网等级低等特点，不仅具有较大的应用市场，其申报审批手续办理也相对简单。分布式光伏发电项目也分为多种类型，其手续办理过程也有所区别。特别是国家能源局发布的相关文件，对分布式光伏发电项目做了更细致的区分，同时规定对屋顶分布式光伏发电项目及全部自发自用的地面分布式光伏发电项目不限制建设规模，各市发改部门随时受理项目备案，电网企业及时办理并网手续。

国家能源局发布的《分布式光伏发电项目管理暂行办法》中明确规定，对于分布式光伏发电项目，"免除发电业务许可、规划选址、土地预审、水土保持、环境影响评价、节能评估及社会风险评估等支持性文件"，"以 35kV 及以下电压等级接入电网的分布式光伏发电项目，由地级市或县级电网企业按照简化程序办理相关并网手续，并提供并网咨询、电能表安装、并网调试及验收等服务"。

2.3.1　分布式光伏发电项目申报流程及资料

分布式光伏发电项目并网申报的基本流程如图 2-4 所示，主要体现在投资主体的不同，

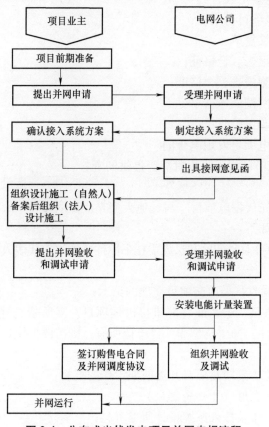

图 2-4　分布式光伏发电项目并网申报流程

分为自然人和法人，也就是说是以个人名义申报还是以单位名义申报，但总的手续大体相同。所不同的是，法人投资项目需要先立项备案，才能组织施工。自然人投资项目也需要备案，但是由电网公司统一集中代办。

1. 自然人投资项目

对于自然人利用自有宅基地及其住宅区域内建设的380/220V分布式光伏发电项目，不需要单独办理立项手续，只需要准备好支持性资料，到当地（市级）供电公司营销部（或政务大厅）提交《分布式电源项目接入申请表》，供电公司受理后，根据当地能源主管部门项目备案管理办法，按月集中代自然人项目业主向当地能源主管部门进行项目备案，并于项目竣工验收后，办理项目立户手续（银行卡），负责电费及补贴发放。

项目实施过程中涉及的资料文件主要如下：

1）项目申请人的身份证及复印件、户口本等有效身份证明；

2）房屋、场地产权证明（房产证、购房合同或屋顶租赁合同、土地证明等）；

3）对于利用公共屋顶申报光伏项目，还需要小区物业或业主委员会及同一建筑范围内（整栋楼或单元）的全体业主出具的同意建设证明，以及建筑物、设施的使用或租用证明；

4）申请人银行账户手续（新办或者确定的银行卡）；

5）用电申请书；

6）居民分布式光伏发电系统申请书；

7）分布式光伏发电电力接入系统方案；

8）低压非居民用电登记表；

9）分布式光伏发电项目备案表；

10）低压供电方案答复单；

11）光伏组件检测报告、合格证；

12）并网逆变器检测报告、合格证；

13）并网验收和并网调试申请书；

14）客户受电工程竣工验收单；

15）分布式光伏发电项目发用电合同。

其中第10~15项是项目竣工验收时需要提供的资料。

2. 法人投资项目

法人投资的分布式光伏发电项目，与其他大型光伏发电项目手续基本相同，需要先备案后施工。备案资料基本如下：

1）经办人身份证原件及复印件和法人委托书原件（或法定代表人身份证原件及复印件）；

2）董事会决议；

3）向县（区）发展改革委递交项目立项的请示；

4）企业法人营业执照、土地证（非直接占地项目，需所依托建筑的土地证）、房产证等项目合法性支持性文件；如建筑物非项目单位所有，则需要提供房屋租赁协议或合同能源管理协议；

5）领取发展改革委备案同意项目开展前期工作的批复；

6）地面类项目选址意见（土地资源局）；

7）发电项目前期工作及接入系统设计所需资料；

8）屋顶抗压、屋顶面积可行性证明；

9）项目申请报告（或可研报告）；

10）登记备案申请表；

11）分布式光伏发电电力接入系统方案；经客户确认后出具接入电网意见函；

12）自行委托有相应设计资质的单位进行接入工程设计，并将设计材料提交当地电网公司审查；

13）光伏组件检测报告、合格证；

14）并网逆变器检测报告、合格证；

15）并网验收和并网调试申请书；

16）客户受电工程竣工验收单；

17）分布式光伏发电项目发用电合同；

18）法人单位账户手续。

其中，第 13~18 项是项目竣工验收时需要提供的资料。

2.3.2　分布式光伏发电项目开展步骤与内容

1. 企业备案初步审查

1）地方发展改革委与地方供电公司确定分布式光伏项目备案初步审查制度；

2）凡是企业申请的项目，先由业主到地方发展改革委相关部门办理项目的备案初审意见，业主通过初审后将初审意见和相关的申请资料报到供电公司营业窗口，资料满足并网受理要求后供电公司受理；

3）个人居民项目由供电公司代为前往能源主管部门备案，居民直接可到营业厅申请，目前有些地方要求必须有房产证方可备案，所以无房产证的个人项目，公司会告知其补办房产证后方可受理。

2. 受理申请与现场勘查

供电公司营业厅负责受理分布式光伏项目业主提出的并网申请，协助用户填写《分布式电源项目前期申请表》，接受相关支持性文件，审核项目并网申请材料，审查合格后方可正式受理。

（1）企业项目支持性文件

1）经办人身份证原件及复印件和法人委托书原件（或法定代表人身份证原件及复印件）；

2）企业法人营业执照、土地证、房产证等项目合法性支持性文件；

3）项目地理位置图（标明方向、邻近道路、河道等）及场地租用相关协议；

4）对于合同能源管理项目，需提供项目业主和电能使用方签订的合同能源管理合作协议以及建筑物、设施的使用或租用协议；

5）地方发展改革委同意项目开展前期工作的批复；

6）其他项目前期工作相关资料。包括项目供用电情况和用户变电所电气一次主接线图等。

（2）个人项目支持性文件

1）经办人身份证、户口本原件及复印件；

2）房产证等项目合法性支持性文件；

3）对于利用居民楼宇屋顶或外墙等公共部位建筑安装分布式电源的项目，应征得物业、业主委员会或居民委员会或同一楼宇内全体业主对项目安装的书面同意意见。

（3）现场勘查配合

供电公司在正式受理申请后会组织公司经研所等有关部门开展现场勘查，为编制接入系统方案做准备，项目业主应安排相应工作人员给予配合，并提供所需的现场电气图样等。现场勘查的服务时限是自受理并网申请之日起2个工作日内完成。

3. 接入系统方案制定与审查

（1）接入系统方案制定

受理后供电公司将依据国家、行业及地方相关技术标准，结合项目现场条件等实际情况，免费编制《分布式电源项目接入系统方案》，并通过内部评审后出具《接入系统方案项目（业主）确认单》，10kV以上项目为《接入电网意见函》，连同接入系统方案送达业主，并提请业主签收盖章确认。双方各持一份，项目业主确认接入方案后，即可开展项目备案和工程建设等后续工作。供电公司对接入方案制定与审查的服务时限是自受理并网申请之日起20个工作日（多点并网的是30个工作日）内完成。

接入系统方案的主要内容包括：分布式电源项目的建设规模（本期、终期）、开工时间、投产时间、系统一次和二次方案及主设备参数、产权分界点设置、计量关口点设置、关口电能计量方案等。其中系统一次方案内容包括：并网点和并网电压等级（对于多个并网点项目，项目并网电压等级以其中的最高电压为准）、接入容量和接入方式、电气主接线图、防雷接地要求、无功补偿配置方案、互联接口设备参数等；系统二次方案内容包括：保护、自动化配置要求以及监控、通信系统要求。

（2）接入系统方案评审

制定完成接入系统方案后，还要出具接入系统方案评审意见。一般220/380V分布式电源的接入系统方案，由地市供电公司营销部（客户服务中心）负责组织相关部门进行审定并出具评审意见。10kV、35kV分布式电源（对于多点并网项目，按并网点最高电压等级确定）的接入系统方案由地市供电公司发展部负责组织相关部门进行审定，出具评审意见和接入电网意见函并转入地市供电公司营销部（客户服务中心）。接入系统方案评审和出具意见函的工作时限一般为5个工作日。

4. 并网工程设计与建设

（1）设计文件审查

对于380（220）V多点并网或10kV并网的项目，企业用户在正式开始接入系统工程建设前，需要自行委托有相应设计资质的单位进行接入系统工程设计，并将设计材料提交供电公司审查。

设计审查所需要的资料如下：

1）设计单位资质复印件；

2）接入工程初步设计报告，图样及说明书；

3）隐蔽工程设计资料；

4）高压电器装置一次、二次接线图及平面布置图；

5）主要电器设备一览表；

6）继电保护、电能计量方式等。

供电公司依据国家、行业、地方、企业标准，接受相关支持性资料文件，对企业用户的接入系统设计文件进行组织审查，出具、答复审查意见。协助用户填写《设计资料审查申请表》，出具《设计资料审查意见书》。若审查不通过的项目，由供电公司提出修改意见，若需要变更设计，应将变更后的设计文件再次送审，通过后方可实施。设计文件审查的服务时限是自收到设计文件之日起 5 个工作日完成。

（2）工程建设施工

企业用户根据接入方案答复意见和设计审查意见，自主选择具有相应资质的施工单位实施分布式光伏发电本体工程及接入系统工程。工程应满足国家、行业及地方相关施工技术及安全标准。承揽工程的施工单位应具备政府主管部门颁发的承装（修、试）电力设施许可证、建筑业企业资质证书、安全生产许可证等。

施工中接入用户内部电网的分布式项目内容，所涉及的工程由项目业主投资建设，接入引起的公共电网改造部分内容由供电企业投资建设。

电源项目接入如涉及公共电网的新建（改造）的，项目业主在启动发电项目建设后，持项目建设承包（施工）合同、主要设备的购货合同等材料联系供电公司客户经理，由客户经理组织公司相关部门实施公共电网的新建（改造）工程。

5. 并网验收与调试申请

光伏发电本体工程及接入系统工程完工后，企业用户可到供电公司营业厅提交并网验收及调试申请，供电公司将协助项目业主填写《并网验收及调试申请表》，接收并审核验收及调试所需要的相关材料，相关资料具体要求见表 2-5。

表 2-5　并网验收及调试相关资料

序号	资料名称	380V 项目	10kV 项目	35kV 项目
1	项目备案文件	要	要	要
2	施工单位资质复印件：承装（修、试）电力设施许可证；建筑企业资质证书；安全生产许可证	要	要	要
3	接入系统方案及评审意见	要	要	要
4	主要电气设备技术参数、形式认证报告或质检证书：组件、逆变器、变电设备、断路器、刀闸等设备	要	要	要
5	并网验收申请	要	要	要
6	并网前单位工程调试报告或记录，验收报告或记录	要	要	要
7	并网前设备电气试验，继电保护装置整定记录，通信设备、电能计量装置安装调试记录	要	要	要
8	并网启动调试方案	—	—	要
9	项目运行人员名单及专业资质证书复印件	—	—	要

注：光伏组件、逆变器等设备，需取得国家授权的有资质的检测机构出具的检测报告。

资料齐全后供电公司将会组织人员进行电能计量装置的安装，并与客户按照平等自愿的原则签订《发用电合同》，对项目开展验收。对于 10kV 以上的项目还需要签订《电网调度协议》，约定发电用电相关方的权利和义务。这些工作的服务时限是自受理并网验收及调试申请之日起 5 个工作日内完成。

供电公司组织相关人员为客户免费进行并网验收调试，并网验收合格的，出具《并网验收意见书》，调试后直接并网运行。对并网验收不合格的，将提出整改方案进行整改，经再次进行调试通过后，出具《并网验收意见书》，没有通过验收的项目不可并网运行。并网验收调试的服务时限是自表计安装完毕及合同、协议签署完毕之日起 10 个工作日内完成。不同省市、地区的并网流程会略有差异。

6. 合同签订

A 类，适用于接入公用电网的分布式光伏发电项目，为双方合同（常规电源）。

B 类，适用于发电项目业主与用户为同一法人，且接入高压用户内部电网的分布式光伏发电项目，为双方合同。

C 类，适用于发电项目业主与用户为同一法人，且接入低压用户内部电网的分布式光伏发电项目，为双方合同。

D 类，适用于发电项目业主与用户为不同法人，且接入高压用户内部电网的分布式光伏发电项目，为三方合同。

E 类，适用于发电项目业主与用户为不同法人，且接入低压用户内部电网的分布式光伏发电项目，为三方合同。

7. 计量与结算

（1）计量

分布式光伏项目所有的并网点以及与公共电网的连接点均应安装具有电能信息采集功能的计量装置，以分别准确计量分布式电源项目的发电量和用电客户的上、下网电量。

（2）结算

分布式光伏上、下网电量分开结算，不得互抵，电价执行国家相关政策。供电公司为享受国家电价补贴的分布式电源项目提供补贴计量和结算服务，在收到财政部门拨付的补贴资金后，按照国家政策规定，及时支付给项目业主。

在合同签订完毕正式生效且项目正式并网运行后，供电公司负责对分布式光伏发电、上网电量进行采集和计算，向分布式光伏业主发布预、终结算单，企业性质的分布式电源结算电费发票由电源业主每月按时开具并交给公司电费部门，个人性质的结算发票由公司电费部门代为开具。

8. 分布式电源接入电网系统设计要求

供电公司在编制分布式光伏接入系统方案时，要按照国家、行业、地方及企业相关技术标准，并参照《分布式电源接入配电网相关技术规范》《分布式电源接入系统典型设计》等文件制定接入方案。参考标准为：8kW 及以下光伏发电系统可接入 220V 电网；8kW ~ 400kW 光伏发电系统可接入 380V 电网；400kW ~ 6MW 光伏发电系统可接入 10kV 电网；5MW ~ 30MW 以上光伏发电系统可接入 35kV 电网。最终并网电压等级会根据电网条件，通过技术经济比选论证确定。若高低两级电压均具备接入条件，优先采用低电压等级接入。当采用 220V 单相接入时，会根据当地配电管理规定和三相不平衡测算结果确定最终接入的电源相位。

2.4 光伏电站建设用地的申请办理

2.4.1 光伏电站建设用地报批程序

分布式光伏电站也会遇到建设用地审批的问题，其申请和批复程序主要有：预审（包括选址）、农转用和征用、两公告、登记、县政府同意补偿方案批复、供地等，具体程序如图 2-5 所示。

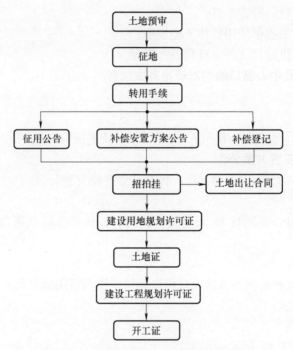

图 2-5 光伏电站建设用地报批程序示意图

1. 预审

到用地科办理，须提供下列材料：

1）用地预审申请表；

2）预审的申请报告（内容包括拟建设项目用地基本情况、拟选址情况、拟用地规模和拟用地类型、补充耕地基本方案）；

3）需审批的项目还应提供项目建议书批复文件和项目可行性研究报告（两者合一的只要可行性研究报告）；

4）规划部门选址意见；

5）标注用地范围的土地利用总体规划图；

6）企业营业执照或法人单位代码证（报省、部审批的还需要地质灾害评估报告和矿产压覆情况表）。

2. 办理征地手续

用地单位凭预审意见到征地事务所办理征地手续。

3. 办理转用手续

用地单位向规划科提出转用申请并提交下列材料：

1）建设用地预审意见；

2）征地手续；

3）立项文件；

4）建筑总平面图；

5）环评报告；

6）规划用地许可证和红线图；

7）较大和特殊项目的特定条件；

8）办理集体使用需提供使用集体土地说明；

9）违法用地需提供处罚文件、处罚补办意见。

4. 用地单位到审批中心窗口缴纳农转用有关规费

5. 上报上级审批

6. 颁布征地公告

收到省政府批文后，县府颁布征用土地公告，告知土地征用位置、范围、面积及补偿方法。

7. 颁布征地补偿安置方案公告

征地公告颁布张贴 15 天后无异议的，颁布征地补偿安置公告。

8. 补偿登记

征地补偿安置方案公告颁布 15 天后无异议的，征地事务所负责作好征地补偿登记后，发放征地费。

9. 具体项目审批

用地单位向县行政中心国土资源窗口提出具体建设项目用地申请，提交下列材料：

1）建设用地申请表；

2）用地预审意见；

3）土地评估报告文本；

4）农转用审批材料、"二公告、一登记"及征地补偿方案批复材料；

5）建筑总平面；

6）征地红线图；

7）项目批准文件；

8）初步设计批复；

9）建设用地规划许可证；

10）环评报告；

11）违法用地需再提交《处罚决定书》和上级部门同意补办意见。

10. 缴纳出让金和规费

2.4.2　单位申请土地的登记程序

1. 初始登记

1）土地登记申请书。

2）单位的营业执照或法人代码证、法定代表人身份证明和个人身份证明。委托代理人、申请人的，还应当提交授权委托书和代理人身份证明。

3）土地权属来源证明：

① 建设用地呈报表或说明书、建设用地许可证、土地出让合同或划拨土地批准书、征地协议书或征地公告等规划用地许可证、用地红线图，计划部门立项文件。房地产开发项目还需提交县土地测绘所出具的用地面积和建筑面积的证明。

② 老城拆迁：房地产开发公司土地证（未发证提交建设用地呈报表或说明书、建设用地许可证、土地出让合同或划拨土地批准书、规划用地许可证、用地红线图）。老城拆迁安置协议及定位公证书、购房发票或购房证、原土地证或土地登记注销文件。

③ 历史遗留的无用地审批文件的，应提交主管部门的证明，用地协议或村委会意见等有效证件。

④ 其他应当提交的证明。

2. 变更登记

1）因国有土地使用权类型、用途及使用年限发生变化引起的变更：县政府及土地行政主管部门批准文件、出让合同或合同变更协议、出让金缴纳凭证、原国有土地使用证。

2）企业改制变更：原企业国有土地使用证、县级以上政府批准文件、出让合同、出让金缴纳凭证、国有土地使用权转让审批表。

3）房地产转让变更：原国有土地使用证、国有土地使用权转让审批表、土地使用权转让协议。

4）因单位合并，分立及更名引起的变更：原国有土地使用证、主管部门批准文件、协议。

5）因地址名称更改引起的变更：原国有土地使用证、县地名办或民政部门批准文件。

6）因出售公房引起的变更：原国有土地使用证、公房出售批准文件、售房合同、变更后产权证、国有土地使用权转让审批表。

7）因处分抵押财产而取得土地使用权引起的变更：原国有土地使用证、法院民事裁定书和执行书、拍卖或转让协议、国有土地使用权转让审批表。

8）变更登记除提交上述有关材料外，还需提交初始登记中 1~2 项有关材料。

2.4.3　光伏电站建设用地的新政策

2023 年 3 月，自然资源部办公厅、国家林业和草原局办公室、国家能源局综合司联合发布了《关于支持光伏发电产业发展规范用地管理有关工作的通知》，这也是近年来政府相关部门对光伏电站建设用地政策的进一步调整与规范。

其主要要求是进一步做好光伏发电产业发展规划与国土空间规划的衔接，优化大型光伏基地和光伏发电项目空间布局，合理安排光伏项目新增用地规模、布局和开发建设时序。

鼓励利用未利用地和存量建设用地发展光伏发电产业。在严格保护生态前提下，鼓励在沙漠、戈壁、荒漠等区域选址建设大型光伏基地；对于油田、气田以及难以复垦或修复的采煤沉陷区，推进其中的非耕地区域规划建设光伏基地。项目选址应当避让耕地、生态保护红线、历史文化保护线、特殊自然景观价值和文化标识区域、天然林地、国家沙化土地封禁保护区（光伏发电项目输出线路允许穿越国家沙化土地封禁保护区）等；涉及自然保护地的，还应当符合自然保护地相关法规和政策要求。新建、扩建光伏发电项目，一律不得占用永久基本农田、基本草原、Ⅰ级保护林地和东北内蒙古重点国有林区。

　　对光伏发电项目用地实行分类管理。光伏发电项目用地包括光伏方阵用地（含光伏面板、采用直埋电缆敷设方式的集电线路等用地）和配套设施用地（含变电站及运行管理中心、集电线路、场内外道路等用地等）。

　　要求光伏方阵用地不得占用耕地。占用其他农用地的，应根据实际合理控制，节约集约用地，尽量避免对生态和农业生产造成影响。光伏方阵用地涉及使用林地的，须采用林光互补模式，可使用年降水量 400mm 以下区域的灌木林地以及其他区域覆盖度低于 50% 的灌木林地，不得采伐林木、割灌及破坏原有植被，不得将乔木林地、竹林地等采伐改造为灌木林地后架设光伏板；光伏支架最低点应高于灌木高度 1m 以上，每列光伏板南北方向应合理设置净间距，具体由各地结合实地确定，并采取有效水土保持措施，确保灌木覆盖度等生长状态不低于林光互补前水平。光伏方阵按规定使用灌木林地的，施工期间应办理临时使用林地手续，运营期间相关方签订协议，项目服务期满后应当恢复林地原状。光伏方阵用地涉及占用基本草原外草原的，地方林草主管部门应科学评估本地区草原资源与生态状况，合理确定项目的适建区域、建设模式与建设要求。鼓励采用"草光互补"模式。

　　另外光伏方阵用地不得改变地表形态，以第三次全国国土调查及后续开展的年度国土变更调查成果为底版，依法依规进行管理。实行用地备案，不需按非农建设用地审批。

　　对于光伏发电项目配套设施用地，要求按建设用地进行管理，依法依规办理建设用地审批手续。其中，涉及占用耕地的，按规定落实占补平衡。符合光伏用地标准，位于方阵内部和四周，直接配套光伏方阵的道路，可按农村道路用地管理，涉及占用耕地的，按规定落实进出平衡。其他道路按建设用地管理。

第 **3** 章

光伏发电系统的设备与部件

光伏发电系统设备、部件的选型设计要按照安全、可靠、经济、灵活的原则进行。安全就是所选型的设备、部件要满足光伏系统相关设计规范，保证系统操作、运行的安全可靠，对可能出现的误操作具备安全保护功能。设备要具备可靠连续运行的能力和出现故障时能够可靠断开故障的能力。设备、部件选型设计还要兼顾经济性和运行维护的方便灵活性，在保证系统质量的前提下，降低成本，减少维护成本和时间，方便后期扩建。

3.1 光伏组件——把阳光变成电流的"魔术板"

光伏组件也叫太阳能电池组件，通常还称为太阳能组件或光伏电池板，英文名称为"Solar Module"或"PV Module"。光伏组件是把多个单体的晶体硅电池片根据需要串并联起来，并使用专用材料通过专门生产工艺进行封装后的产品。

目前光伏发电系统采用的光伏组件以晶体硅电池片（单晶硅和多晶硅）制造为主，因此这里主要以晶体硅光伏组件为主介绍原理构造，光伏方阵的组合、配置和连接以及光伏组件选型等内容。

3.1.1 光伏组件的基本要求与分类

1. 光伏组件的基本要求

光伏组件在应用中要满足以下要求：①能够提供足够的机械强度，使光伏组件能经受运输、安装和使用过程中，由于冲击、震动等而产生的应力，能经受冰雹的冲击力；②具有良好的密封性，能够防风、防水、隔绝大气条件下对光伏电池片的腐蚀；③具有良好的电绝缘性能；④抗紫外线辐射能力强；⑤工作电压和输出功率可以按不同的要求进行设计，可以提供多种接线方式，满足不同的电压、电流和功率输出的要求；⑥因光伏电池片串、并联组合引起的效率损失小；⑦光伏电池片间连接可靠；⑧工作寿命长，要求光伏组件在自然条件下能够使用 25 年以上；⑨在满足前述条件下，封装成本尽可能低。

2. 光伏组件的分类

光伏组件的种类较多，根据太阳电池的类型不同可分为晶体硅（单、多晶硅）光伏组件、非晶硅薄膜光伏组件及化合物薄膜光伏组件等；按照封装材料和工艺的不同可分为单玻光伏组件和双玻光伏组件；按照用途的不同可分为普通光伏组件和建材型光伏组件，普通光伏组件包括常规光伏组件及近几年开发生产的半片光伏组件、叠瓦光伏组件、双面发电光伏组件和柔性光伏组件等。建材型光伏组件分为单玻透光型光伏组件、双玻光伏组件和中空玻璃光伏组件等。由于用晶体硅电池片制作的光伏组件应用占到市场份额的90%以上，故在此主要介绍用晶体硅电池片制作的各种光伏组件。

3.1.2 光伏组件的构成与工作原理

1. 普通型光伏组件

（1）常规光伏组件

常规光伏组件外形如图3-1所示。该类组件主要由面板玻璃、硅电池片、两层EVA胶膜、光伏背板及铝合金边框和接线盒等组成，结构如图3-2所示。面板玻璃覆盖在光伏组件的正面，构成组件的最外层，它既要透光率高，又要坚固耐用，起到长期保护电池片的作用。两层EVA胶膜夹在面板玻璃、电池片和光伏背板之间，通过熔融和凝固的工艺过程，将玻璃与电池片及背板凝接成一体。光伏背板要具有良好的耐候性能，并能与EVA胶膜牢固结合。镶嵌在光伏组件四周的铝合金边框既对组件起保护作用，又方便组件的安装固定及光伏组件方阵间的组合连接。接线盒用硅胶粘结固定在背板上，作为光伏组件引出线与外引线之间的连接部件。

图 3-1　常规光伏组件外形

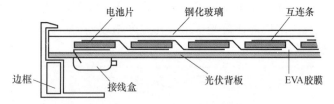

图 3-2　常规光伏组件的结构

（2）半片光伏组件

半片光伏组件是目前许多厂家研发、生产和应用的主流产品，这种组件使用成熟的红外激光切割技术将整片的电池片切成半片后一分为二，串焊成两个部分，然后在组件中间并联连接输出，外形如图3-3所示，其结构与常规光伏组件一样。

采用同一效率和尺寸的电池片，半片技术与使用整片电池片的常规组件相比，组件的输出电压基本保持不变，但由于组件内部电池片的工作电流降低了一半（电池片的输出电流与其面积成正比），故电池片间连接焊带上的热损耗也显著降低，输出功率会因为各种损耗的减少有2%以上的提升。半片组件在实际应用中还能有效降低组件工作温度以及因热斑效应造成的局部温升，降低阴影遮挡造成的功率损失，具有更好的发电性能及可靠性。

图 3-3　半片光伏组件外形

（3）叠瓦光伏组件

叠瓦光伏组件的结构与外形如图 3-4 所示，其基本结构是把单片电池片沿着主电极栅线切割成更小尺寸的 4~6 片，然后通过导电胶等特殊材料把电池片边缘栅线正负极叠加粘接串连在一起，如同瓦片铺设一样，电池片边缘一片压一片，在组件面板上看不到主栅线，组件电池片受光面没有焊带遮挡，也不需要互连条焊带。这种技术使同样的组件面积内可以多放置 13% 的电池片，提高了组件的发电效率。叠瓦光伏组件目前有一定的量产和应用，但由于专利、成本等问题使其还无法大规模生产和应用。

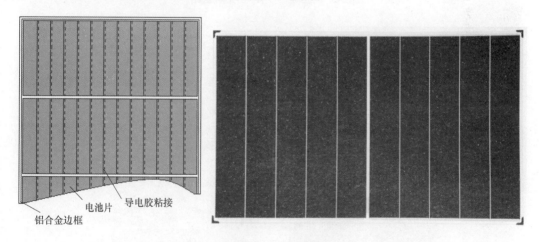

图 3-4　叠瓦光伏组件结构与外形

（4）双面发电光伏组件

双面发电组件是用双面发电电池片生产的光伏组件。采用双面光伏组件，通过适当的系统优化设计，对系统发电性能的提升效果非常显著，是今后光伏发电系统的主要应用产品。

双面发电光伏组件两面可以同时发电，从而可有效提高发电效率。按照光伏组件常规的倾斜角安装，在组件正面正常发电的同时，只要组件背面能接收到光线，就可以贡献额外的发电量。与常规组件相比，在相同的安装环境下，双面发电组件的背面发电量增益可提高 5%~30%。双面发电组件背面发电主要利用的是被周围环境反射到组件背面的地面反射光和空间散射光，如图3-5所示，双面组件背面发电增益主要受地表反射率、离地高度、方阵间距、散射光比例的影响。双面发电光伏组件同样采用了半片光伏组件的技术优势，其外形如图3-6所示。由于双面发电组件正面和背面都可以发电，所以安装方向可以任意朝向，安装倾角也可以任意设置，更适合应用于如农光互补电站、地面电站、水面电站、光伏大棚、公路铁路隔音墙、隔音屏障、光伏车棚及BIPV等场合。双面发电组件在倾斜安装时，组件背面环境场景的差异会导致组件背面受光强度不同，使得组件背面发电功率也会随之变化。通过实验，当地面为白颜色背景（白色漆或涂料涂刷）时，反射效果最好，背面发电增益最高，依次是铝箔、水泥面、黄沙、草地和水面等。

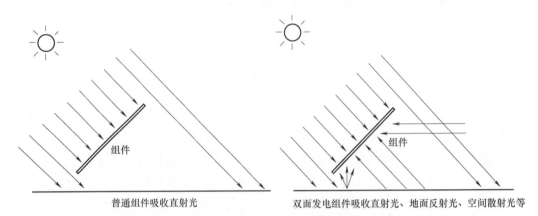

普通组件吸收直射光　　　　双面发电组件吸收直射光、地面反射光、空间散射光等

图3-5　双面发电组件受光示意图

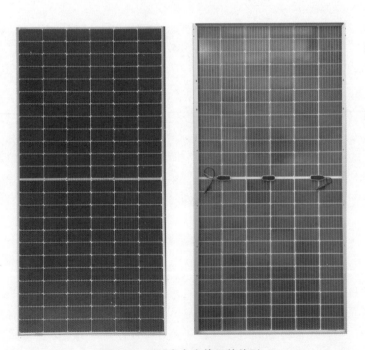

图3-6　双面发电光伏组件外形

　双面发电组件由于采用双面玻璃的结构，故可有效降低积雪、灰尘等对光线的阻挡，而

且比常规组件有着更强的可靠性、耐候性、透光性和抗 PID 能力。同时在光伏方阵的前期设计时，需要充分考虑方阵背面的光通量，尽量避免光伏支架导轨等结构件及附属设备对双面组件背面的遮挡。

（5）柔性（轻质）光伏组件

柔性（轻质）光伏组件被誉为"不挑屋顶的光伏组件"，这类组件一般采用 POE 有机高分子材料作为封装材料，具有轻质、超薄、柔韧性好的特点，如图 3-7 所示。这类组件重量轻（正常尺寸下 6kg 左右），厚度在 3mm 以内，非常适合载荷不够的屋顶项目选用。柔性光伏组件安装方式简单，一般都是用工程耐候硅胶直接粘在建筑屋顶表面。由于有较强的柔韧性，可弯曲度大，也非常适合各种弧形屋面安装。

柔性光伏组件的不足是表面不能负重，同尺寸下与其他晶硅组件相比效率较低，占用面积较大。

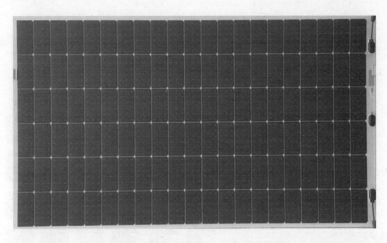

图 3-7　柔性（轻质）光伏组件外形

2. 建材型光伏组件

建材型光伏组件就是将光伏组件融入建筑材料中，或者与建筑材料紧密结合，将光伏组件作为建筑材料的一部分进行使用，可以在新建建筑物或改造建筑物的过程中一次安装完成，即可以同时完成建筑施工与光伏组件的安装施工。建材型光伏组件的应用降低了组件安装的施工费用，使光伏发电系统成本降低。建材型光伏组件具有良好的耐久性和透光性，符合建筑要求，可以与建筑完美结合，可广泛用于建筑物透光屋顶，建筑物光伏幕墙，建筑护栏、遮雨棚，农业光伏大棚，公交站台和阳光房等设施中。

常见的建材型光伏组件有双玻光伏组件和中空玻璃光伏组件等几种。它们的共同特点是既可以采光，又可以发电。设计时通过调整组件上电池片与电池片之间的间隙，就可以调整室内需要的采光量。

（1）双玻光伏组件

双玻光伏组件就是电池片夹在两层玻璃之间，组件的受光面采用低铁超白钢化玻璃，背面采用普通钢化玻璃，其用作窗户玻璃时玻璃厚度可选择 2.5mm+2.5mm、3.2mm+3.2mm 等；用作玻璃幕墙时根据单块玻璃尺寸大小，选择玻璃组合厚度为 3.2mm+5mm、4mm+5mm、5mm+5mm 等；用作玻璃屋顶时也要根据单块玻璃尺寸大小，选择玻璃组合厚度为 5mm+

5mm、5mm+8mm、8mm+8mm 等。双玻光伏组件的外形和结构分别如图 3-8 和图 3-9所示，其在光伏屋顶的应用如图 3-10 所示。图 3-11 所示为一种应用于光伏屋顶的双玻光伏组件的结构示意图。

图 3-8　双玻光伏组件的外形

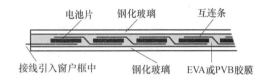

图 3-9　双玻光伏组件的结构

图 3-10　双玻光伏组件在屋顶的应用

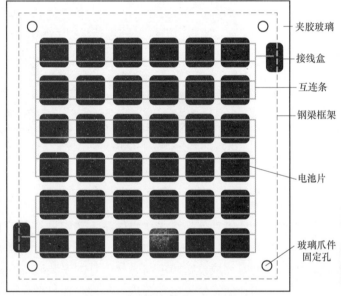

图 3-11　一种双玻光伏组件的结构

（2）中空玻璃光伏组件

中空玻璃光伏组件除了具有采光和发电的功能外，还具有隔音、隔热、保温的功能，常用于作为各种光伏建筑一体化发电系统的玻璃幕墙光伏组件，其外形如图 3-12 所示。中空玻璃光伏组件是在双玻光伏组件的基础上，再与一片玻璃组合而构成的。在组件与玻璃间用内部装有干燥剂的空心铝隔条隔离，并用丁基胶、结构胶等进行密封处理，把接线盒及正负极引线等也都用密封胶密封在前后玻璃的边缘夹层中，与组件形成一体，使组件安装和组件间线路连接都非常方便。中空玻璃光伏组件同目前广泛使用的普通中空玻璃一样，能够达到建筑安全玻璃要求，中空玻璃光伏组件的结构如图 3-13 所示。中空玻璃光伏组件在光伏幕墙上的应用如图 3-14 所示。

　　建材型光伏组件除了要满足组件本身的电气性能外，还必须符合建筑材料所要求的各种性能：①符合机械强度和耐久性要求；②符合防水性的要求；③符合防火、耐火的要求；④符合建筑色彩和建筑美观的要求。

图 3-12　中空玻璃光伏组件的外形

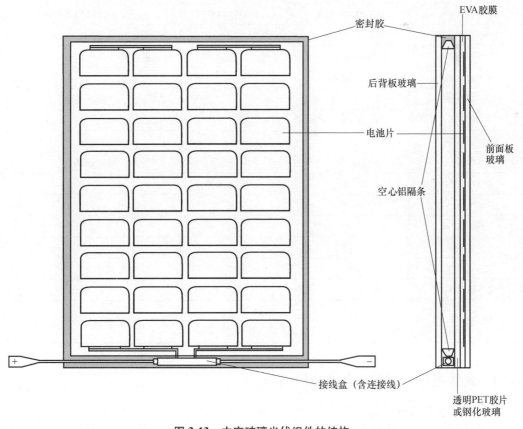

图 3-13　中空玻璃光伏组件的结构

图 3-14 中空玻璃光伏组件在光伏幕墙上的应用

表 3-1 是几款建材型光伏组件规格尺寸与技术参数，供选型设计时参考。

表 3-1 几款建材型光伏组件规格尺寸与技术参数

组件类型	双玻组件		中空玻璃组件
组件尺寸/mm	1330×1495×8.5	1330×1495×13.5	1100×1100×28
电池片及排布	单晶125 8×9		单晶125 6×6
受光面玻璃	3.2mm 超白钢化	6mm 超白钢化	
背光面玻璃	4mm 钢化	6mm 钢化	
中空层玻璃			6mm 钢化
层压胶膜	EVA	PVB	
额定功率/W	195	180	90
工作电压/V	37.6	36.8	18.5
工作电流/A	5.19	4.89	4.86
开路电压/V	44.8	44.6	22.2
短路电流/A	5.49	5.30	5.33
组件效率	9.9%	9%	7.4%
组件透光率	43%	43%	53%
组件质量/kg	42	64	60
组件用途	蔬菜大棚	各种顶棚、护栏、建筑屋顶和建筑幕墙	温室大棚、建筑屋顶、建筑幕墙

3.1.3 光伏组件的制造工艺及生产流程

光伏组件主要由电池片、钢化玻璃、EVA胶膜、光伏背板、铝合金边框、接线盒等组成，这些材料和部件对光伏组件的质量、性能和使用寿命都影响很大。另外，光伏组件在整个光伏发电系统中的成本，占到光伏发电系统建设总成本的 40% 以上，而且光伏组件的质量好坏，直接关系到整个光伏发电系统的质量、发电效率、发电量、使用寿命和收益率等。因此了解构成光伏组件的各种原材料和部件的技术特性，熟悉光伏组件的制造工艺技术和生产流程非常重要。

1. 光伏组件的主要原材料及部件

为便于大家对光伏组件有更多的了解，下面就生产制造光伏组件所需的主要原材料及部件的构成、性能参数和基本要求等分别进行介绍。

（1）电池片

电池片的基片材料是 P 型或 N 型的单晶硅或多晶硅，它是将单晶硅棒或多晶硅锭（如图 3-15 所示）通过专用切割设备切割成厚度为 $180\mu m$ 左右的硅片后，再经过一系列的加工工序制作完成的，硅电池片的生产工艺流程如图 3-16 所示。

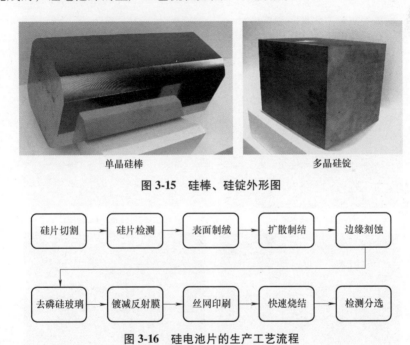

单晶硅棒　　　　　　　　　　　　　　多晶硅锭

图 3-15　硅棒、硅锭外形图

硅片切割 → 硅片检测 → 表面制绒 → 扩散制结 → 边缘刻蚀 → 去磷硅玻璃 → 镀减反射膜 → 丝网印刷 → 快速烧结 → 检测分选

图 3-16　硅电池片的生产工艺流程

1）电池片的特点。电池片是电池组件中的主要材料，外形如图 3-17 所示。合格的硅电池片应具有以下特点。

① 具有稳定高效的光电转换效率，可靠性高；

② 采用先进的扩散技术，保证片内各处转换效率的均匀性；

③ 运用先进的 PECVD 成膜技术，在电池片表面镀上深蓝色的氮化硅减反射膜，颜色均匀美观；

④ 应用高品质的银和银铝金属浆料制作背场和栅线电极，确保良好的导电性、可靠的附着力和很好的电极可焊性；

⑤ 高精度的丝网印刷图形和高平整度，使得电池片易于自动焊接和激光切割。

2）硅电池片的分类及外观结构。硅电池片按用途可分为地面用晶体硅电池、海上用晶体硅电池和空间用晶体硅电池，按基片材料晶体结构的不同分为单晶硅电池和多晶硅电池。

按基片材料 PN 特性的不同分为 P 型电池片和 N 型电池片，如图 3-18 所示。电池片常见的规格尺寸有 156mm×156mm、156.75mm×156.75mm，166mm×166mm、182mm×182mm 和 210mm×210mm 等，电池片厚度一般在 150~180μm。从图 3-17 中可以看到，电池片表面有一层蓝色的减反射膜，还有银白色的电极栅线。其中很多条细的栅线，是电池片表面电极向主栅线汇总的引线，几条宽一点的银白线就是主栅线，也叫电极线或上电极（目前有 4 条、5 条甚至 12 条主栅线的电池片在生产）。电池片的背面也有几条与正面相当应的间断银白色的主栅线，叫下电极或背电极。电池片与电池片之间的连接，就是把互连条焊接到主栅线上实现的。一般 P 型电池片正面的电极线是电池片的负极线，背面的电极线是正极线，N 型电池片正好相反。太阳电池无论面积大小（整片或切割成小片），单片的正负极间输出峰值电压都是在 0.6~0.7V 之间。而电池片的面积大小与输出电流和发电功率成正比，面积越大，输出电流和发电功率越大。

单晶硅5栅线电池片 单晶硅5栅线电池片(背面)

多晶硅5栅线电池片 多晶硅12栅线电池片

图 3-17　硅电池片的外形

　　3）单晶硅与多晶硅电池片的区别。由于单晶硅材料比多晶硅材料在前期生产过程中多了一些工序。制作成的电池片从外观到电性能都有一些区别。从外观上看：单晶硅电池片四个角呈圆弧缺角状，随着电池片制造技术的发展，目前已经有了小倒角或者是方角的单晶电池片，表面没有花纹；多晶硅电池片四个角为方角，有些电池片表面有类似冰花一样的花纹；单晶硅电池片减反射膜绒面表面颜色一般呈现为黑蓝色，多晶硅电池片减反射膜绒面表面颜色一般呈现为深蓝色。

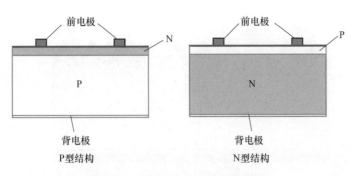

图 3-18　P 型电池片与 N 型电池片

对于使用者来说，相同转换效率的单晶硅电池和多晶硅电池是没有太大区别的。单晶硅电池和多晶硅电池的寿命和稳定性都很好，目前单晶硅电池片的转换效率范围在 20% ~ 24%，单晶组件的转换效率为 17.5% ~ 22%；多晶硅电池片的转换效率范围在 18% ~ 22%，多晶组件的转换效率为 17% ~ 19.5%。由于两种电池材料的制造工艺不同，多晶硅材料制造过程中消耗的能量要比单晶硅材料少一些，相对电池片成本也低一些，所以过去几年多晶硅电池的产量和安装应用份额很大。但随着单晶硅与多晶硅电池效率差异变大，且多晶硅电池的转换效率上升空间已经很小，单晶硅的拉晶成本和切片成本也在快速下降，单晶硅组件和多晶硅组件成本将趋于相近。过去有光伏补贴时，大家关注光伏发电系统初始投资的最小化，所以多晶硅组件是应用主流，随着光伏补贴逐步取消，及单晶硅组件比多晶硅组件的转换效率更高，大家更关注的是光伏系统在整个寿命周期的投资收益率及度电成本，所以高效率单晶硅组件逐渐成为市场主流。

高效率单晶硅组件的应用，使光伏发电系统的发电量、度电成本和发电收益率等更具优势。根据测算，按照目前行业普遍承诺的 25 年使用年限来计算，一个相同规模的光伏电站，使用更高效率单晶硅电池组件比多晶硅电池组件要多 13% 左右的发电收益。尽管目前单晶硅组件比多晶硅组件单瓦成本略高，但由于单晶硅组件发电效率高，同样的装机容量占地面积小，基础、支架、电缆等系统周边器材使用量也相应减少，故综合投入成本基本相当。有关光伏组件选型及与年发电量及投资收益率大小的分析等，请参看第 4 章中有关光伏组件选型的内容。

4）几种高效硅电池片的结构。随着电池片制造技术的发展和各种新技术的应用，硅电池片已经从最早的普通铝背场电池片结构（见图 3-19）逐步改进和升级为 PERC 电池片、双面发电电池片、MWT 背电极电池片、多晶黑硅电池片等。

① PERC 电池片。PERC 电池片是在普通电池片的铝背场与硅基体之间增加了一层由氮化硅或氮氧化硅构成的高质量钝化反射膜，如图 3-20 所示，使到达硅片背面而没有被吸收的光线重新被反射进入电池片内部，并在电池片内部形成多次反射，增加光线在电池片中的行进路程，从而激发更多光生电流的机会，提高电池效率。另外为了使背电极与硅基体之间形成通路，保证良好导通，还需要通过激光打孔或开槽的方式，将钝化层打通，使背电极金属贯穿这些孔或槽，与硅基体连接。这种连接方式与普通电池片的整个背电场接触方式相比，减少了光生载流子在背面金属与半导体接触区的复合损失，从而减少了电池片的反向饱和电流，提高了开路电压。

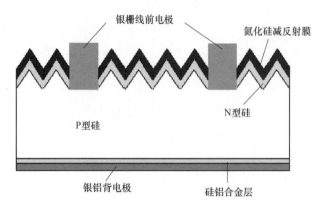

图 3-19　普通铝背场电池片结构

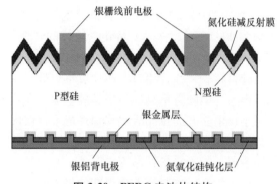

图 3-20　PERC 电池片结构

② 双面发电电池片。双面发电电池片是指在电池片的正面和反面都可以接受光照并能产生光生电压和电流的太阳电池。双面发电电池的优点是可以通过接收地面和周围物体的反射和散射光两面受光发电，从而提高发电效率。双面电池片可以用 P 型硅片制造，也可以用 N 型硅片制造，其基本结构如图 3-21 所示。

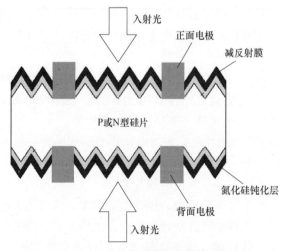

图 3-21　双面发电电池片基本结构

③ MWT 背电极电池片。MWT 背电极电池片的全称是金属穿孔卷绕太阳电池，这种电

池片在受光面只保留了细栅线，而主栅线则被制作在电池片的背面，并采用在硅片中间通过激光打孔再灌注金属浆料等方法将正面的细栅线与背面的主栅线连接起来，这种电池片由于正面没有主栅线遮挡而增加了受光面积，从而提高了电池片转换效率。MWT 电池片的结构和外形如图 3-22 所示，从外形图中可以看出，在电池片的正面，围绕导电小孔设计了放射状的细金属栅线，有利于光生电子的传导和收集。

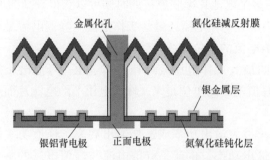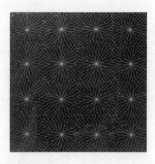

图 3-22　MWT 背电极电池片的结构与外形

④ 多晶黑硅电池片。随着多晶硅电池片制造技术的不断发展，采用黑硅技术的多晶硅电池片的转换效率已经达到 18.5%，成为高效电池片。黑硅电池片比传统的电池片效率高出 0.3%~0.7%，其技术原理就是将原有电池表面较大尺寸的凹坑经过化学刻蚀的方法处理成许多细小的小坑，即在原有电池的纳米结构上生成纳米尺寸小孔，让电池表面的反射率从原来的 15% 降到 5% 左右。对太阳光的利用率提高，电池的效率自然也就提升了。通过化学反应后得到的电池片材料在外观上呈黑色，故得名"黑硅"，该项技术也被称为黑硅技术。

5）硅电池片的等效电路分析。硅电池片的内部等效电路如图 3-23 所示。为便于理解，我们可以形象地把太阳电池的内部看成是一个光电池和一个硅二极管的复合体，既在光电池的两端并联了一个处于正偏置下的二极管，同时电池内部还有串联电阻和并联电阻的存在。由于二极管的存在，在外电压的作用下，会产生通过二极管 PN 结的漏电流 I_d，这个电流与光生电流的方向相反，因此会抵消小部分光生电流。串联电阻主要是由半导体材料本身的体电阻、扩散层横向电阻、金

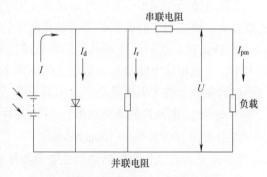

图 3-23　硅电池片的内部等效电路

属电极与电池片体的接触电阻及金属电极本身的电阻几部分组成，其中扩散层横向电阻是串联电阻的主要形式。正常电池片的串联电阻一般小于 1Ω。并联电阻又称旁路电阻，主要是由于半导体晶体缺陷引起的边缘漏电、电池表面污染等使一部分本来应该通过负载的电流短路形成电流 I_r，相当于有一个并联电阻的作用，因此在电路中等效为并联电阻，并联电阻的阻值一般为几千欧。通过分析说明，光伏电池的串联电阻越小，旁路电阻越大，就越接近于理想的电池，该电池的性能就越好。

6）硅电池片的主要性能参数。硅电池片的性能参数主要有：短路电流、开路电压、峰

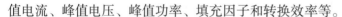

值电流、峰值电压、峰值功率、填充因子和转换效率等。

① 短路电流（I_{sc}）：当将电池片的正负极短路，使 $U=0$ 时，此时的电流就是电池片的短路电流，短路电流的单位是 A，短路电流随着光强的变化而变化。

② 开路电压（U_{oc}）：当将电池片的正负极不接负载，使 $I=0$ 时，此时太阳电池正负极间的电压就是开路电压，开路电压的单位是 V，单片太阳电池的开路电压不随电池片面积的增减而变化，一般为 0.6~0.7V，当用多个电池片串联连接的时候可以获得较高的电压。

③ 峰值电流（I_m）：峰值电流也叫最大工作电流或最佳工作电流。峰值电流是指太阳电池片输出最大功率时的工作电流，峰值电流的单位是 A。

④ 峰值电压（U_m）：峰值电压也叫最大工作电压或最佳工作电压。峰值电压是指太阳电池片输出最大功率时的工作电压，峰值电压的单位是 V。峰值电压不随电池片面积的增减而变化，一般为 0.5~0.55V。

⑤ 峰值功率（P_m）：峰值功率也叫最大输出功率或最佳输出功率。峰值功率是指太阳电池片正常工作或测试条件下的最大输出功率，也就是峰值电流与峰值电压的乘积：$P_m = I_m \times U_m$。峰值功率的单位是 W_p（峰瓦）。太阳电池的峰值功率取决于太阳辐照度、太阳光谱分布和电池片的工作温度，因此太阳电池的测量要在标准条件下进行，测量标准为欧洲委员会的 101 号标准，其条件是辐照度 $1kW/m^2$、光谱 AM1.5、测试温度 25℃。

⑥ 填充因子（FF）：填充因子也叫曲线因子，是电池片的峰值输出功率与开路电压和短路电流乘积的比值：$FF = P_m/I_{sc}U_{oc}$。填充因子是一个无单位的量，是评价和衡量电池输出特性好坏的一个重要参数，它的值越高，表明太阳电池输出特性越趋于矩形，太阳电池的光电转换效率越高。

太阳电池内部的串、并联电阻对填充因子有较大影响，太阳电池的串联电阻越小，并联电阻越大，填充因子的系数越大。填充因子的系数一般为 0.7~0.85，也可以用百分数表示。

⑦ 转换效率（η）：电池片的转换效率用来表示照射在电池表面的光能量转换成电能量的大小，一般用输出能量与入射能量的比值来表示，也就是指电池受光照时的最大输出功率与照射到电池上的太阳能量功率的比值。即

$$\eta = P_m（电池片的峰值功率）/A（电池片的面积）\times P_{in}（单位面积的入射光功率）$$

式中 $P_{in} = 1000W/m^2 = 100mW/cm^2$。

7）常见硅电池片产品的典型性能参数见表 3-2~表 3-6。

表 3-2　156.75×156.75 单晶硅电池片典型性能参数（##代表不同生产厂家的代号）

型号单晶 156	转换效率 η（%）	最大功率 P_m/W	最大工作电压 U_m/V	最大工作电流 I_m/A	开路电压 U_{oc}/V	短路电流 I_{sc}/A
##156-194	19.4	4.74	0.538	8.811	0.636	9.342
##156-195	19.5	4.76	0.540	8.815	0.637	9.349
##156-196	19.6	4.79	0.543	8.822	0.639	9.355
##156-197	19.7	4.81	0.544	8.842	0.640	9.386
##156-198	19.8	4.84	0.545	8.826	0.641	9.395
##156-199	19.9	4.86	0.547	8.885	0.642	9.410

（续）

型号单晶156	转换效率 η（%）	最大功率 P_m/W	最大工作电压 U_m/V	最大工作电流 I_m/A	开路电压 U_{oc}/V	短路电流 I_{sc}/A
##156-200	20.0	4.89	0.549	8.908	0.642	9.428
##156-201	20.1	4.91	0.550	8.928	0.642	9.439
##156-202	20.2	4.94	0.552	8.950	0.643	9.447
##156-203	20.3	4.96	0.554	8.953	0.645	9.456
##156-204	20.4	4.98	0.556	8.957	0.646	9.462
##156-205	20.5	5.01	0.558	8.979	0.647	9.473
##156-206	20.6	5.03	0.559	8.999	0.648	9.521
##156-207	20.7	5.06	0.560	9.036	0.650	9.545
##156-208	20.8	5.08	0.561	9.056	0.653	9.579
##156-209	20.9	5.11	0.562	9.093	0.655	9.605
##156-210	21.0	5.13	0.563	9.115	0.658	9.616
##156-211	21.1	5.16	0.564	9.149	0.661	9.648
##156-212	21.2	5.18	0.565	9.169	0.663	9.695
##156-213	21.3	5.20	0.567	9.172	0.665	9.719
##156-214	21.4	5.23	0.569	9.192	0.666	9.762
##156-215	21.5	5.25	0.571	9.195	0.667	9.776
##156-216	21.6	5.28	0.573	9.215	0.668	9.798

表3-3 156.75×156.75多晶硅电池片典型性能参数（##代表不同生产厂家的代号）

型号多晶156	转换效率 η（%）	最大功率 P_m/W	最大工作电压 U_m/V	最大工作电流 I_m/A	开路电压 U_{oc}/V	短路电流 I_{sc}/A
##156-181	18.1	4.45	0.534	8.333	0.633	8.880
##156-182	18.2	4.47	0.535	8.351	0.633	8.886
##156-183	18.3	4.50	0.535	8.401	0.633	8.890
##156-184	18.4	4.52	0.536	8.429	0.633	8.919
##156-185	18.5	4.55	0.538	8.450	0.634	8.942
##156-186	18.6	4.57	0.539	8.476	0.636	8.969
##156-187	18.7	4.59	0.540	8.502	0.637	8.997
##156-188	18.8	4.62	0.542	8.526	0.639	9.023
##156-189	18.9	4.64	0.543	8.555	0.640	9.052
##156-190	19.0	4.67	0.544	8.581	0.641	9.080
##156-191	19.1	4.69	0.545	8.609	0.642	9.110
##156-192	19.2	4.72	0.546	8.637	0.643	9.140

表3-4　166×166单晶硅双面电池片典型性能参数（##代表不同生产厂家的代号）

型号单晶166	转换效率 η（%）	最大功率 P_m/W	最大工作电压 U_m/V	最大工作电流 I_m/A	开路电压 U_{oc}/V	短路电流 I_{sc}/A
##166-221	22.1	6.06	0.578	10.482	0.678	11.043
##166-222	22.2	6.09	0.579	10.511	0.679	11.062
##166-223	22.3	6.11	0.580	10.541	0.680	11.080
##166-224	22.4	6.14	0.581	10.570	0.681	11.101
##166-225	22.5	6.17	0.582	10.599	0.682	11.122
##166-226	22.6	6.20	0.583	10.627	0.683	11.143
##166-227	22.7	6.22	0.584	10.656	0.684	11.164
##166-228	22.8	6.25	0.585	10.685	0.685	11.184
##166-229	22.9	6.28	0.586	10.713	0.686	11.204

表3-5　182×182单晶硅双面电池片典型性能参数（##代表不同生产厂家的代号）

型号单晶182	转换效率 η（%）	最大功率 P_m/W	最大工作电压 U_m/V	最大工作电流 I_m/A	开路电压 U_{oc}/V	短路电流 I_{sc}/A
##182-221	22.1	7.30	0.604	12.097	0.683	13.337
##182-222	22.2	7.33	0.605	12.118	0.683	13.346
##182-223	22.3	7.36	0.605	12.174	0.684	13.358
##182-224	22.4	7.40	0.606	12.214	0.685	13.388
##182-225	22.5	7.43	0.607	12.245	0.685	13.397
##182-226	22.6	7.46	0.607	12.292	0.686	13.407
##182-227	22.7	7.49	0.608	12.324	0.686	13.419
##182-228	22.8	7.53	0.610	12.350	0.687	13.449
##182-229	22.9	7.56	0.610	12.401	0.687	13.479
##182-230	23.0	7.59	0.611	12.426	0.688	13.498
##182-231	23.1	7.63	0.611	12.495	0.688	13.551
##182-232	23.2	7.66	0.612	12.526	0.689	13.568
##182-233	23.3	7.69	0.613	12.539	0.690	13.583

表3-6　210×210单晶硅双面电池片典型性能参数（##代表不同生产厂家的代号）

型号单晶210	转换效率 η（%）	最大功率 P_m/W	最大工作电压 U_m/V	最大工作电流 I_m/A	开路电压 U_{oc}/V	短路电流 I_{sc}/A
##210-215	21.5	9.48	0.564	16.810	0.662	17.781
##210-216	21.6	9.52	0.565	16.858	0.664	17.788
##210-217	21.7	9.57	0.567	16.876	0.665	17.819
##210-218	21.8	9.61	0.569	16.894	0.666	17.853

（续）

型号单晶210	转换效率 η/（%）	最大功率 P_m/W	最大工作电压 U_m/V	最大工作电流 I_m/A	开路电压 U_{oc}/V	短路电流 I_{sc}/A
##210-219	21.9	9.66	0.571	16.912	0.667	17.888
##210-220	22.0	9.70	0.572	16.960	0.667	17.945
##210-221	22.1	9.75	0.572	17.037	0.668	17.980
##210-222	22.2	9.79	0.572	17.114	0.668	18.057
##210-223	22.3	9.83	0.573	17.161	0.669	18.108
##210-224	22.4	9.88	0.573	17.238	0.672	18.108
##210-225	22.5	9.92	0.574	17.285	0.673	18.160
##210-226	22.6	9.97	0.576	17.302	0.675	18.187
##210-227	22.7	10.0	0.577	17.348	0.677	18.211

（2）面板玻璃

光伏组件采用的面板玻璃是低铁超白绒面或光面钢化玻璃。一般厚度为 2mm、3.2mm 和 4mm，建材型光伏组件有时要用到 5~10mm 厚度的钢化玻璃。无论厚薄都要求透光率在 91% 以上，光谱响应的波长范围为 320~1100nm，对波长大于 1200nm 的红外光有较高的反射率。

低铁超白就是说这种玻璃的含铁量（Fe_2O_3）比普通玻璃要低，含铁量 ≤150ppm，从而增加了玻璃的透光率。同时从玻璃边缘看，这种玻璃也比普通玻璃白（普通玻璃从边缘看是偏绿色的）。

绒面的意思就是说这种玻璃为了减少阳光的反射，在其表面通过物理和化学方法进行减反射处理，使玻璃表面成了绒毛状，从而增加了光线的入射量。有些厂家还利用溶胶凝胶纳米材料和精密涂布技术（如磁控喷溅法、双面浸泡法等技术），在玻璃表面涂布一层含纳米材料的薄膜，这种镀膜玻璃不仅可以显著增加面板玻璃的透光率 2% 以上，还可以显著减少光线反射，而且还有自洁功能，可以减少雨水、灰尘等对组件玻璃表面的污染，保持清洁，减少光衰，并提高发电率 1.5%~3%。

钢化处理是为了增加玻璃的强度，抵御风沙冰雹的冲击，起到长期保护太阳电池的作用。面板玻璃的钢化处理，是通过水平钢化炉将玻璃加热到 700℃ 左右，利用冷风将其快速均匀冷却，使其表面形成均匀的压应力，而内部则形成张应力，有效提高了玻璃的抗弯和抗冲击性能。对面板玻璃进行钢化处理后，玻璃的强度比普通玻璃可提高 4~5 倍。

（3）EVA 胶膜

EVA 胶膜是乙烯与醋酸乙烯酯的共聚物，是一种热固性的膜状热熔胶，在常温下无黏性，经过一定条件热压便发生熔融黏结与交联固化，变得完全透明，是目前光伏组件封装中普遍使用的黏结材料，EVA 胶膜的外形如图 3-24 所示。光伏组件中要加入两层 EVA 胶膜，两层 EVA 胶膜夹在面板玻璃、电池片和 TPT 背板膜之间，将玻璃、电池片和 TPT 粘接在一起。它和玻璃粘合后能提高玻璃的透光率，起到增透的作用，并对电池组件功率输出有增益作用。

EVA 胶膜具有表面平整、厚度均匀、透明度高、柔性好，热熔粘接性、熔融流动性好，

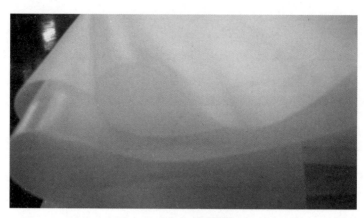

图 3-24　EVA 胶膜的外形

常温下不粘连、易切割、价格较廉等优点。EVA 胶膜内含交联剂，能在 150℃ 的固化温度下交联，采用挤压成型工艺形成稳定的胶层。其厚度一般在 0.2~0.8mm 之间，常用厚度为 0.46mm 和 0.5mm。EVA 的性能主要取决于其分子量与醋酸乙烯酯的含量，不同的温度对 EVA 的交联度有比较大的影响，而 EVA 的交联度直接影响到组件的性能和使用寿命。在熔融状态下，EVA 胶膜与太阳电池片、面板玻璃、TPT 背板材料产生黏合，此过程既有物理的黏结也有化学的键合作用。为提高 EVA 的性能，一般都要通过化学交联的方式对 EVA 进行改性处理，具体方法是在 EVA 中添加有机过氧化物交联剂，当 EVA 加热到一定温度时，交联剂分解产生自由基，引发 EVA 分子之间的结合，形成三维网状结构，导致 EVA 胶层交联固化，当交联度达到 60% 以上时能承受正常大气压的变化，同时不再发生热胀冷缩。因此 EVA 胶膜能有效地保护电池片，防止外界环境对电池片的电性能造成影响，增强光伏组件的透光性。

　　EVA 胶膜在光伏组件中不仅是起粘接密封作用，而且对太阳电池的质量与寿命起着至关重要的作用。因此用于组件封装的 EVA 胶膜必须满足以下主要性能指标。

　　1）固化条件：快速固化型胶膜，加热至 135~140℃，恒温 15~20min；常规型胶膜，加热至 145℃，恒温 30min。

　　2）透光率：大于 90%。

　　3）交联度：快速固化型胶膜大于 70%；常规型胶膜大于 75%。

　　4）剥离强度：玻璃/胶膜大于 30N/cm；TPT/胶膜大于 20N/cm。

　　5）耐温性：高温 85℃，低温 -40℃；不热胀冷缩，尺寸稳定性较好。

　　6）耐紫外光老化性能（1000h，83℃）：黄变指数小于 2，长时间紫外线照射下不龟裂、不老化、不变黄。

　　7）耐热老化性能（1000h，85℃）：黄变指数小于 3。

　　8）湿热老化性能（1000h，相对湿度 90%，85℃）：黄变指数小于 3。

　　为使 EVA 胶膜在光伏组件中充分发挥应有的作用，在使用过程中，要注意防潮防尘、避免与带色物体接触；不要将脱去外包装的整卷胶膜暴露在空气中；分切成片的胶膜如不能当天用完，应遮盖紧密。EVA 胶膜若吸潮，会影响胶膜和玻璃的黏结力；若吸尘，会影响透光率；和带色、不洁的物体接触，由于 EVA 胶膜的吸附能力强，容易被污染。

（4）背板材料

背板材料根据光伏组件使用要求的不同，有钢化玻璃和 TPT 类复合胶膜等。用钢化玻璃作为背板主要是制作双面透光光伏组件，除此以外目前使用最广的就是 TPT 复合膜。通常见到的光伏组件背面的白色覆盖物大多就是这类复合膜，外形如图 3-25 所示。背板材料分为双面含氟（如 TPT、KPK 等）与单面含氟（如 TPE、KPE 等）两种；为保证光伏组件的使用寿命要求，背板作为直接与外环境大面积接触的光伏封装材料，应具备卓越的耐长期老化（湿热、干热、紫外）、耐电气绝缘、水蒸气阻隔等性能。因此，如果背板膜在耐老化、绝缘、耐水气等方面无法满足光伏组件 25 年的环境考验，最终将导致太阳电池的可靠性、稳定性与耐久性无法得到保障，使光伏组件在普通气候环境下使用 8~10 年或在特殊环境状况下（高原、海岛、湿地）下使用 5~8 年即出现脱层、龟裂、起泡、黄变等不良状况，造成电池模块脱落、电池片移滑、电池有效输出功率降低等现象，更危险的是光伏组件会在较低电压和电流值的情况下出现电打弧现象，引起光伏组件燃烧并促发火灾，造成人员安全损害和财产损失。

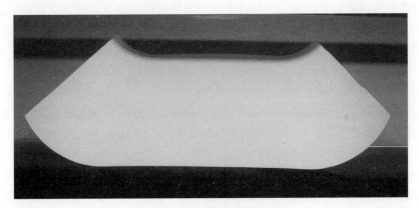

图 3-25　TPT 背板膜材料外形

背板材料根据生产工艺的不同分为覆膜型和涂覆型两大类，覆膜型背板就是将 PVF（聚氟乙烯）、PVDF（聚偏氟乙烯）、ECTFE（三氟氯乙烯-乙烯共聚物）和 THV（四氟乙烯-六氟丙烯-偏氟乙烯共聚物）等氟塑料膜通过胶黏剂与作为基材的 PET 聚酯胶膜粘接复合而成。而涂覆型背板是以含氟树脂如 PTFE（聚四氟乙烯）树脂、CTFE（三氟氯乙烯）树脂、PVDF 树脂和 FEVE（氟乙烯-乙烯基醚共聚物）为主体树脂的涂料采用涂覆方式涂覆在 PET 聚酯胶膜上复合固化而成。

（5）铝合金边框

光伏组件的边框材料主要采用铝合金，也有厂家开发出钢边框。光伏组件安装边框主要作用，一是为了保护层压后的组件玻璃边缘；二是结合硅胶打边加强了组件的密封性能；三是大大提高了光伏组件整体的机械强度；四是方便了光伏组件的运输、安装。光伏组件无论是单独安装还是组成光伏方阵都要通过边框与光伏组件支架固定。一般都是在边框适当部位打孔，同时支架的对应部位也打孔，然后通过螺栓固定连接，也有通过专用压块压在组件边框进行固定。

光伏组件铝合金边框材料一般采用国际通用牌号为 6063T6 的铝合金材料，边框的铝合

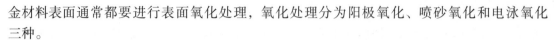

金材料表面通常都要进行表面氧化处理，氧化处理分为阳极氧化、喷砂氧化和电泳氧化三种。

阳极氧化也就是对铝合金材料的电化学氧化，是将铝合金的型材作为阳极置于相应电解液（如硫酸、铬酸、草酸等）中，在特定条件和外加电流作用下，进行电解。阳极的铝合金氧化，表面上形成氧化铝薄膜层，其厚度为 $5\sim20\mu m$，硬质阳极氧化膜可达 $60\sim200\mu m$。金属氧化物薄膜改变了铝合金型材的表面状态和性能，如改变表面着色，提高耐腐蚀性、增强耐磨性及硬度，保护金属表面等。

喷砂氧化就是将铝合金型材经喷砂处理后，表面的氧化物全被处理，并经过喷砂撞击后，表面层金属被压迫成致密排列，且金属晶体变小，在铝合金表面形成牢固致密硬度较高的氧化层。

电泳氧化就是利用电解原理在铝合金表面镀上一薄层其他金属或合金的过程。电镀时，镀层金属做阳极，被氧化成阳离子进入电镀液；待镀的铝合金制品做阴极，镀层金属的阳离子在铝合金表面被还原形成镀层。为排除其他阳离子的干扰，且使镀层均匀、牢固，需用含镀层金属阳离子的溶液做电镀液，以保持镀层金属阳离子的浓度不变。电镀的目的是在基材上镀上金属镀层，改变基材表面性质或尺寸。电镀能增强金属的抗腐蚀性（镀层金属多采用耐腐蚀的金属）、增加硬度、防止磨耗，增强了铝合金型材的润滑性、耐热性和表面美观性。

铝合金边框型材常用规格根据组件尺寸大小有 17mm、25mm、30mm、35mm、40mm、45mm、50mm 等。铝合金边框的框架四个角有两种固定方法，一种方法是在框架四个角中插入齿状角铝（俗称角码），然后用专用撞角机撞击固定或用自动组框机组合固定；另一种方法是用不锈钢螺栓对边框四角进行固定。

（6）接线盒

接线盒是光伏组件内部输出线路与外部线路连接的部件，常用接线盒外形如图 3-26 所示。从光伏组件内引出的正负极汇流条（较宽的互连条），进入接线盒内，插接或用焊锡焊接到接线盒中的相应位置，外引线也通过插接、焊接和螺丝压接等方法与接线盒连接。接线盒内还留有旁路二极管安装的位置或直接安装有旁路二极管，用以对光伏组件进行旁路保护。接线盒除了上述作用以外，还要最大限度地减少其本身对光伏组件输出功率的消耗，最大限度地减少本身发热对光伏组件转换效率造成的影响，最大限度地提高光伏组件的安全性和可靠性。

有些接线盒还直接带有输出电缆引线和电缆连接器插头，方便光伏组件或方阵的快速连接。当引线长度不够时，还可以使用带连接器插头的延长电缆进行连接。

接线盒的产品规格除了规格尺寸外都有个适用功率范围，选用时要和组件功率的大小相匹配，另外还要结合组件的引出线数量，是两条、三条或四条以及是否接旁路二极管等来确定所采用接线盒的规格尺寸和内部构造等。

（7）互连条

互连条也叫涂锡铜带、涂锡带，宽一些的互连条也叫汇流条，外形如图 3-27 所示。它是光伏组件中电池片与电池片连接的专用引线。它以纯铜铜带为基础，在铜带表面均匀的涂镀了一层焊锡。纯铜铜带是含铜量 99.99% 的无氧铜或紫铜，焊锡涂层成分分为含铅焊锡和无铅焊锡两种，焊锡单面涂层厚度为 $0.01\sim0.05mm$，熔点为 $160\sim230℃$，要求涂层均匀，表面光亮、平整。互连条的规格根据其宽度和厚度的不同有 20 多种，宽度可从 0.08mm 到 30mm，厚度可从 0.04mm 到 0.8mm。

图 3-26　常用接线盒外形图

图 3-27　互连条外形图

（8）有机硅胶

有机硅胶是一种具有特殊结构的密封胶材料，具有较好的耐老化、耐高低温、耐紫外线性能，抗氧化、抗冲击、防污防水、高绝缘。主要用于光伏组件边框的密封，接线盒与光伏组件的粘接密封，接线盒的浇注与灌封等。有机硅胶固化后将形成高强度的弹性橡胶体，在外力的作用下具有变形的能力，外力去除后又恢复原来的形状。因此光伏组件采用有机硅胶密封，将兼具有密封、缓冲和防护的功能。

用于光伏组件的有机硅胶有两种，一种是用于组件与铝型材边框及接线盒的粘接密封的中性单组分有机硅密封胶，它的主要性能特点是：①室温中性固化，深层固化速度快，使组件的表面清洗清洁工作可以在3h后进行；②密封性好，对铝材、玻璃、TPT、TPE背板材料、接线盒塑料等有良好的粘附性；③胶体耐高温、耐黄变，独特的固化体系，与各类EVA有良好的相容性；④可提高组件抗机械震动和外力冲击的能力。

另一种是用于接线盒灌封的双组分有机硅导热胶。这种硅胶是以有机硅合成的新型导热绝缘材料，其主要性能特点是：①室温固化，固化速度快，固化时不发热、无腐蚀、收缩率小；②可在很宽的温度范围（-60～200℃）内保持橡胶弹性，电性能优异，导热性能好；③防水防潮，耐化学介质，耐黄变，耐气候老化25年以上；④与大部分塑料、橡胶、尼龙等材料粘附性良好。常用的有机硅胶如图3-28所示。

2. 光伏组件生产流程和工序

光伏组件生产的内容主要是将单片电池片进行串、并互连后严密封装，以保护电池片表面、电极和互连线等不受到腐蚀，另外封装也避免了电池片的碎裂，因此光伏组件的生产过程，其实也就是电池片的焊接和封装过程，电池片焊接和封装质量的好坏决定了光伏组件的使用寿命。没有良好的生产工艺，多好的电池也生产不出好的光伏组件。

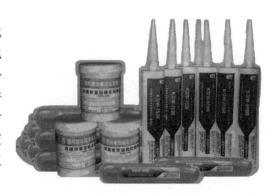

图3-28　常用有机硅胶外形图

（1）手工生产线工艺流程：电池片测试分选→激光划片（整片使用时无此步骤）→电池片单焊（正面焊接）并自检验→电池片串焊（背面串接）并自检验→中检测试→叠层敷设（玻璃清洗、材料下料切割、敷设）→层压（层压前灯检、层压后削边、清洗）→终检测试→装边框（涂胶、装镶嵌角铝、装边框、撞角或螺丝固定、擦洗余胶）→装接线盒、焊接引线→高压测试→清洗、贴标签→组件抽检测试→组件外观检验→包装入库。

（2）全自动化生产线工艺流程：自动串焊机→自动裁切铺设机→自动摆串机→人工焊汇流条→EL检测→外观检查→自动层压机→自动修边机→外观检查→自动组框机→安装接线盒→自动固化线→外观清洗→自动绝缘测试→自动IU测试→EL检测→产品外观检查→自动分档→自动化包装。

3.1.4　光伏组件的性能参数与技术要求

光伏组件的性能主要是它的电流-电压输入输出特性，将太阳的光能转换成电能的能力到底有多大，就是通过光伏组件的输入输出特性体现出来的。图3-29所示的曲线就反映了当太阳光照射到光伏组件上时，光伏组件的输出电压、输出电流及输出功率的关系，因此这条曲线也叫作光伏组件的输出特性曲线。如果用 I 表示电流，用 U 表示电压，则这条曲线也称为光伏组件的 I-U 特性曲线。在光伏组件的 I-U 特性曲线

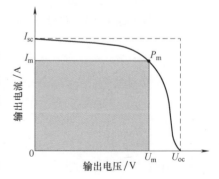

图3-29　光伏组件 I-U 特性曲线

上有3个具有重要意义的点，即峰值功率、开路电压和短路电流。

1. 光伏组件的性能参数

光伏组件的性能参数主要有：短路电流、开路电压、峰值电流、峰值电压、峰值功率和转换效率等。

1）短路电流（I_{sc}）：当将光伏组件的正负极短路，使 $U=0$ 时，此时的电流就是光伏组件的短路电流，短路电流的单位是 A，短路电流随着光强的变化而变化。

2）开路电压（U_{oc}）：当光伏组件的正负极不接负载时，组件正负极间的电压就是开路电压，开路电压的单位是 V，光伏组件的开路电压随电池片串联数量的增减而变化，一般 60 片电池片串联的组件开路电压为 35V 左右。

3）峰值电流（I_m）：峰值电流也叫最大工作电流或最佳工作电流。峰值电流是指光伏组件输出最大功率时的工作电流，峰值电流的单位是 A。

4）峰值电压（U_m）：峰值电压也叫最大工作电压或最佳工作电压。峰值电压是指电池片输出最大功率时的工作电压，峰值电压的单位是 V。组件的峰值电压随电池片串联数量的增减而变化，一般 60 片电池片串联的组件峰值电压为 30~31.5V。

5）峰值功率（P_m）：峰值功率也叫最大输出功率或最佳输出功率。峰值功率是指光伏组件在正常工作或测试条件下的最大输出功率，也就是峰值电流与峰值电压的乘积：$P_m = I_m U_m$。峰值功率的单位是 Wp（峰瓦）。光伏组件的峰值功率取决于太阳辐照度、太阳光谱分布和组件的工作温度，因此光伏组件的测量要在标准条件下进行，测量标准为欧洲委员会的 101 号标准，其条件是：辐照度，$1000W/m^2$；光谱 AM1.5；测试温度 25℃。

另外在光伏组件电性能参数中，还有一个 NOCT 状态下的测试数据，它与 STC 的区别是：STC 是一个组件输出性能的测试条件，NOCT 是一个温度值。NOTC 是指在光照强度 $800W/m^2$、光谱（大气质量）AM1.5、环境温度 20℃、风速 1m/s 的环境下，被测试光伏组件处于开路状态，组件与水平面夹角呈 45°，组件背面完全敞开状态下，组件（电池片）所达到的工作温度。这个温度一般为（45±2）℃，是反映光伏组件温度特性的参考数据，这个温度值越低，说明组件的温度特性越好。

6）转换效率（η）：转换效率是指光伏组件受光照时的最大输出功率与照射到组件上的太阳能量功率的比值。即 $\eta = P_m$（光伏组件的峰值功率）$/A$（光伏组件的有效面积）$\times P_{in}$（单位面积的入射光功率），其中 $P_{in} = 1000W/m^2 = 100mW/cm^2$。

一般光伏组件的转换效率低于所用电池片的转换效率，例如转换效率为 24% 的电池片，制作出的组件转换效率只有 22%，这是因为光伏组件的受光面积已经不是单纯的电池片面积，还有电池片的间隙、铝合金边框等占用的面积，所以转换效率变小了。

2. 影响光伏组件输出特性的主要因素

1）负载阻抗：当负载阻抗与光伏组件的输出特性（I-U 曲线）匹配得好时，光伏组件就可以输出最高功率，产生最大的效率。当负载阻抗较大或者因为某种因素增大时，光伏组件将运行在高于最大功率点的电压上，这时组件效率和输出电流都会减少。当负载阻抗较小或者因为某种因素变小时，光伏组件的输出电流将增大，光伏组件将运行在低于最大功率点的电压上，组件的运行效率同样会降低。

2）日照强度：光伏组件的输出功率与太阳辐射强度成正比，日照增强时组件输出功率也随之增强。日照强度的变化对组件 I-U 曲线的影响如图 3-30 所示。从图中可以看出，当环境温度相同时，随着日照强度的变化，光伏组件的输出电流始终随着日照强度的增长而线性增长，同时最大功率点也随之上升；而光伏组件的输出电压变化不大，说明日照强度对光伏组件的输出电压影响很小。

在实际应用中，受地域和天气的影响，光伏组件在很多时候都是在辐照度小于标准辐照度的情况下工作。因此，评价光伏组件的辐照度性能时，除了评估光伏组件在标准辐照度条件下的工作效率，还要评估其在低于标准辐照度（低辐照度）下的工作效率性能。

3）组件温度：光伏组件的温度越高时，组件的工作效率越低。随着组件温度上升，工作电压将下降，最大功率点也随着下降。环境温度每升高1℃，光伏组件中每片电池片的输出电压将下降5mV左右；随着温度的升高，输出电流略有上升。总体来说，光伏组件温度升高，其输出功率下降，光伏组件温度每升高1℃，输出功率减少0.35%。对于不同的光伏组件，其温度系数是不一样的，温度系数也是评判太阳电池及组件性能的标准之一。光伏组件的温度系数包括电流温度系数、电压温度系数和输出功率温度系数。组件温度变化与输出电压的关系曲线如图3-31所示。

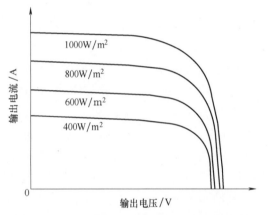

图 3-30　日照强度变化对组件 I/U 曲线的影响　　图 3-31　组件温度变化与输出电压的关系曲线图

4）热斑效应：在光伏组件或方阵中，当有阴影（例如树叶、鸟粪、污物等）对光伏组件的某一部分发生遮挡，或光伏组件内部某一电池片损坏时，局部被遮挡或损坏的电池片将被当作负载（在组件中相当于一个反向工作的二极管），其电阻和电压降都很大，消耗其他正常工作的电池片或光伏组件所产生的能量，不仅消耗功率，还产生高温发热，这种现象就叫热斑效应。热斑效应会严重地破坏光伏组件，特别是在高电压大电流的光伏方阵中，热斑效应会造成电池片碎裂、焊带脱落、封装材料烧坏，甚至引起火灾。

3. 光伏组件的其他技术参数

光伏组件除了电性能参数外，还有机械参数和工作参数等。光伏组件的机械参数主要体现了光伏组件的结构、材料和尺寸等参数，具体内容见表3-7。

表 3-7　光伏组件机械参数具体内容

电池排列	组件使用电池片的尺寸及排布方式，一般用：电池片尺寸，总片数（每列片数×每串片数）表示，如166×166，72（6×12）或182×91，144（6×24）等
接线盒	组件使用接线盒的形式、防护等级及接线盒内旁路二极管数量。如：分体式接线盒，IP68，3个二极管

（续）

输出线	组件输出线的截面积，正负极长度，如 4mm²，+400mm/−200mm
玻璃	组件使用的玻璃厚度，如单玻，3.2mm 钢化玻璃；双玻，2.0mm 钢化玻璃
边框	组件使用边框的材质，如阳极氧化铝合金
组件重量	组件的重量，单位一般用 kg 表示，如 23.5kg
组件尺寸	组件的外形尺寸，长×宽×厚，单位 mm，如 2049mm×1038mm×35mm
包装信息	一般内容是每 1 个包装（托盘）包装几块组件，集装箱及货车可运输的数量等

　　光伏组件的工作参数主要是指光伏组件的运行其他性能指标，包括工作温度、功率偏差、防火等级以及负载能力、温度系数等，具体内容见表 3-8。

表 3-8　光伏组件工作参数具体内容

工作温度	组件正常工作温度范围，一般为 −40~+85℃
功率偏差	组件输出功率偏差，一般为正公差 0~+5W
开路电压和短路电流公差	组件输出开路电压和短路电流偏差，一般为 ±3%
最大系统电压	组件绝缘能承受的最高电压，一般为 1000V、1100V、1500V 等
最大熔丝额定电流	串接在组件串中的熔丝最大额定电流，根据组件工作电流选择
标称工作温度	组件在 NOCT 测试条件下的温度，一般为（45±2）℃
安全防护等级	组件达到的防触电安全等级，一般为 ClassⅡ 等级
组件防火等级	组件达到的防火测试等级，一般为 UL Type1 或 2
负载能力	组件正面和背面能承受的最大静态载荷和抗冰雹能力，一般为正面 5400Pa；背面 2400Pa；冰雹直径 25mm，冲击速度 23m/s
温度系数	组件的主要电气参数与温度的关系，一般短路电流温度系数为 0.048~0.055（%/℃）；开路电压温度系数为 −0.27~−0.34（%/℃）；峰值功率温度系数为 −0.35~−0.38（%/℃）

4. 光伏组件的技术要求

　　合格的光伏组件应该达到一定的技术要求，相关部门也制定了光伏组件的国家标准和行业标准。下面是对晶体硅光伏组件的一些基本技术要求。

　　1）光伏组件在规定工作环境下，使用寿命应大于 25 年；

　　2）组件功率衰降在 25 年内不得低于原功率的 80%；

　　3）组件的电池上表面颜色应均匀一致，无机械损伤，焊点及互连条表面无氧化斑；

　　4）组件的每片电池与互连条应排列整齐，组件的框架应整洁，无腐蚀斑点；

　　5）组件的封装层中不允许气泡或脱层在某一片电池与组件边缘形成一个通路，气泡或脱层的几何尺寸和个数应符合相应的产品详细规范规定；

　　6）组件在正常条件下的绝缘电阻不得低于 200MΩ；

　　7）每块组件都要有包括如下内容的标签：

　　① 产品名称与型号；

　　② 主要性能参数：包括短路电流 I_{sc}，开路电压 U_{oc}，峰值工作电流 I_m，峰值工作电压

U_m，峰值功率 P_m 以及 I-U 曲线图，组件重量，测试条件，使用注意事项等；

③ 制造厂名、生产日期及品牌商标等。

5. 光伏组件的检验测试

光伏组件的各项性能测试，一般都是按照 GB/T 9535—1998《地面用晶体硅光伏组件设计鉴定与定型》中的要求和方法进行。下面是光伏组件的一些基本性能指标与检测方法。

（1）电性能测试

在规定的标准测试条件下（AM：1.5；光强辐照度 1000W/m² ；环境温度 25℃）对光伏组件的开路电压、短路电流、峰值输出功率、峰值电压、峰值电流及伏安特性曲线等进行测量。

（2）电绝缘性能测试

以 1kV 的直流电压通过组件边框与组件引出线，测量绝缘电阻，绝缘电阻要求大于 200MΩ，以确保在应用过程中组件边框无漏电现象发生。

（3）热循环实验

将组件放置于有自动温度控制、内部空气循环的气候室内，使组件在 40~85℃ 之间循环规定次数，并在极端温度下保持规定时间，监测实验过程中可能产生的短路和断路、外观缺陷、电性能衰减率、绝缘电阻等，以确定组件由于温度重复变化引起的热应变能力。

（4）湿热-湿冷实验

将组件放置于有自动温度控制、内部空气循环的气候室内，使组件在一定温度和湿度条件下往复循环，保持一定恢复时间，监测实验过程中可能产生的短路和断路、外观缺陷、电性能衰减率、绝缘电阻等，以确定组件承受高温高湿和低温低湿的能力。

（5）机械载荷实验

在组件表面逐渐加载，监测实验过程中可能产生的短路和断路、外观缺陷、电性能衰减率、绝缘电阻等，以确定组件承受风雪、冰雹等静态载荷的能力。

（6）冰雹实验

以不同直径（25mm/30mm/35mm/40mm/45mm）的钢球代替冰雹从不同角度以一定动量撞击组件，检测组件产生的外观缺陷、电性能衰减率，以确定组件抗冰雹撞击的能力。

（7）老化实验

老化实验用于检测光伏组件暴露在高湿和高紫外线辐照场地时具有有效抗衰减能力。将组件样品放在温度 65℃，光谱约 6.5 的紫外太阳下辐照，最后检测光电特性，看其下降损失。值得一提的是，在曝晒老化实验中，电性能下降是不规则的。

3.2 光伏逆变器——从涓涓细流到波涛汹涌

将直流电能变换成为交流电能的过程称为逆变，完成逆变功能的电路称为逆变电路，而实现逆变过程的装置称为逆变器或逆变设备。光伏发电系统中使用的逆变器是一种将光伏组件所产生的直流电能转换为交流电能的转换装置。它使转换后的交流电的电压、频率与电力系统交流电的电压、频率相一致，以满足为各种交流用电负载供电及并网发电的需要，图 3-32 所示为常见逆变器的外形图。

光伏发电系统对逆变器的基本要求：

图 3-32　常见逆变器的外形图

1）合理的电路结构，严格的元器件筛选，具备各种保护功能；

2）较宽的直流输入电压适应范围；

3）较少的电能变换中间环节，以节约成本、提高效率；

4）高的转换效率；

5）高可靠性，无人值守和维护；

6）输出电压、电流满足电能质量要求，谐波含量少，幅值小，功率因数高；

7）具有一定的过载能力。

3.2.1　光伏逆变器的分类、电路结构及应用特点

1. 光伏逆变器的分类

逆变器的种类很多，可以按照不同方式进行分类。

按照逆变器输出交流电的相数，可分为单相逆变器、三相逆变器和多相逆变器。

按照逆变器逆变转换电路工作频率的不同，可分为工频逆变器、中频逆变器和高频逆变器。

按照逆变器输出电压的波形不同，可分为方波逆变器、阶梯波逆变器和正弦波逆变器。

按照逆变器线路原理的不同，可分为自激振荡型逆变器、阶梯波叠加型逆变器、脉宽调制型逆变器和谐振型逆变器等。

按照逆变器主电路结构的不同，可分为单端式逆变结构、半桥式逆变结构、全桥式逆变结构、推挽式逆变结构、多电平逆变结构、正激逆变结构和反激逆变结构等。其中，小功率逆变器多采用单端式逆变结构、正激逆变结构和反激逆变结构，中功率逆变器多采用半桥式逆变结构、全桥式逆变结构等，高压大功率逆变器多采用推挽式逆变结构和多电平逆变结构。

按照逆变器隔离方式的不同，可分为带工频隔离变压器方式、带高频隔离变压器方式和不带隔离变压器方式等。

按照逆变器输出能量的去向不同，可分为有源逆变器和无源逆变器。将逆变器输出的电能向电网输送的逆变器，称为有源逆变器；将逆变器输出的电能输向用电负载的逆变器称为无源逆变器。对光伏发电系统来说，在并网光伏发电系统中需要有源逆变器，而在离网光伏发电系统中需要无源逆变器。

在光伏发电系统中还可将逆变器分为离网逆变器和并网逆变器。

在并网逆变器中，又可根据光伏组件或方阵接入方式的不同，分为集中式逆变器、组串式逆变器、微型（组件式）逆变器和双向储能逆变器等。

2. 光伏逆变器的电路结构

逆变器主要由半导体功率器件和逆变器驱动、控制电路两大部分组成。随着微电子技术与电力电子技术的迅速发展，新型大功率半导体开关器件和驱动、控制电路的出现促进了逆变器的快速发展和技术完善。目前的逆变器多数采用功率场效应晶体管（VMOSFET）、绝缘栅双极晶体管（IGBT）、门极关断（GTO）晶闸管、MOS控制晶体管（MGT）、MOS控制晶闸管（MCT）、静电感应晶体管（SIT）、静电感应晶闸管（SITH）以及智能型功率模块（IPM）等多种先进且易于控制的大功率器件，控制逆变驱动电路也从模拟集成电路发展到单片机控制，甚至采用数字信号处理器（DSP）控制，使逆变器向着高频化、节能化、全控化、集成化和多功能化方向发展。

（1）逆变器的电路结构

逆变器根据逆变转换电路工作频率的不同分为工频逆变器和高频逆变器；根据内部有没有隔离变压器，分为隔离型逆变器和非隔离型逆变器。

工频隔离型逆变器（见图3-33）首先把光伏组件或方阵输出的直流电逆变成工频低压交流电，再通过工频变压器升压成220V/50Hz或380V/50Hz的交流电供负载使用，工频变压器既可以轻松实现与电网电压的匹配，又可以起到DC-AC的隔离作用。工频隔离逆变器的优点是结构简单、有电气隔离、各种保护功能均可在较低电压下实现，因其逆变电源与负载之间有工频变压器存在，故逆变器运行稳定、可靠，过载能力和抗冲击能力强，并能够抑制波形中的高次谐波成分。但是工频变压器存在笨重和价格高的问题，而且其效率也比较低，一般不会超过90%，同时因为工频变压器在满载和轻载下运行时铁损基本不变，所以在轻载运行时空载损耗较大，效率也较低。

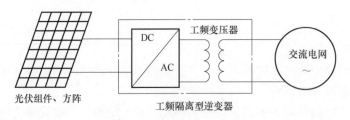

图3-33　工频隔离型逆变器结构

高频隔离型逆变器首先通过高频DC-DC变换技术，将低压直流电逆变为高频低压交流电，然后经过高频变压器升压，再经过高频整流滤波电路整流成360V左右的高压直流电，最后通过工频逆变电路得到220V或380V的工频交流电供负载使用，结构如图3-34所示。高频逆变器使用高频电子开关电路可以显著减小逆变器的体积和重量。这种开关结构类型由一个将直流电压升压到300多伏的直流变换器和由IGBT构成的桥式逆变电路组成。由于高频逆变器采用的是体积小、重量轻的高频磁性材料做隔离变压器，因而大大提高了电路的功率密度，使逆变电源的空载损耗很小，逆变效率较高。高频变压器比工频变压器体积、重量都小许多，如一个2.5kW逆变器的工频变压器重量约为20kg，而相同功率逆变器的高频逆变器只有约 0.5kg。这种结构类型的缺点是高频开关电路及部件（如 IGBT 模块等）的成本较高，甚至还要依赖进口。但总体衡量成本劣势并不明显，特别是大功率应用有相对较好的经济性。

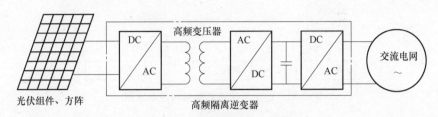

图 3-34　高频隔离逆变器结构

无隔离逆变器分为无隔离工频（直接耦合）逆变器和无隔离高频逆变器。这种开关结构类型因为减小了变压器环节带来的损耗，因而有相对高的转换效率。无隔离工频逆变器将光伏组件或方阵的直流输出电压直接变换为与电网电压同幅值、同相位、同频率的正弦交流电，如图 3-35 所示。

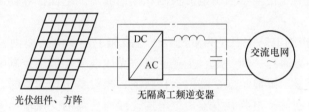

图 3-35　无隔离工频逆变器结构

无隔离高频逆变器则是先对光伏组件或方阵输出的直流电进行直流升压，然后逆变成交流电并入电网，具体结构如图 3-36 所示。无隔离逆变器结构简单、质量小、成本低、效率高；但因为没有隔离变压器，电路缺少电气隔离，对系统的抗干扰、绝缘性能和安全性能要求较高。

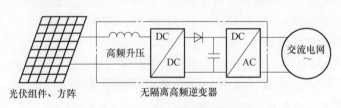

图 3-36　无隔离高频逆变器结构

（2）逆变器的基本电路构成

逆变器的基本电路构成如图 3-37 所示。由输入升压电路、主逆变转换电路（简称主逆变电路）、输出电路、控制电路、辅助电路和保护电路等构成。各电路作用如下：

1）输入升压电路。输入升压电路的主要作用就是为主逆变电路提供可确保其正常工作的直流工作电压。光伏发电的直流电能经过输入电路滤波后进入升压电路，带 MPPT 功能的输入电路将保证光伏组件或方阵产生的直流电能能最大程度的被逆变器所使用。输入电路同时为逆变器提供绝缘阻抗、输入电流、输入电压的检测装置。升压电路通过半导体开关器件的导通与关断完成升压过程，由控制电路提供脉冲控制信号。

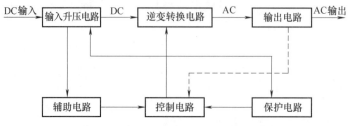

图 3-37　逆变器的基本电路构成示意图

2）逆变转换电路。逆变转换电路是逆变器的核心，它的主要作用是通过半导体开关器件的导通和关断完成逆变的功能，把升压后的直流电压转换成交流电压和电流。逆变电路分为隔离式和非隔离式两大类。

3）输出电路。输出电路主要是对主逆变电路输出的交流电的波形、频率、电压、电流的幅值和相位等进行修正、补偿、调理，再经过滤波后，将符合要求的交流电馈入电网。输出电路同时含有电网电压检测、输出电流检测、接地故障漏电保护和输出隔离继电器等电路装置。

4）控制电路。控制电路主要是为直流升压电路和主逆变电路提供一系列的控制脉冲来控制逆变开关器件的导通与关断，配合主逆变电路完成逆变功能。控制电路控制逆变器的运行还通过显示电路及显示屏显示逆变器的运行状况，当设备出现异常时，显示屏显示故障代码，同时根据需要控制保护电路触发输出继电器，使逆变器的交流输出安全脱离电网，保护逆变器内部元器件免受损坏。

5）辅助电路。辅助电路主要是将输入电压变换成适合控制电路工作的直流电压。辅助电路还包含了多种检测电路。

6）保护电路。保护电路主要用于监测逆变器运行状态，并在出现异常时，触发内部保护元件实施保护。保护电路包括输入过电压、欠电压保护，输入过电流保护，输出过电压、欠电压保护，过载保护，过电流和短路保护，过热保护，输出限流保护，电网电压保护，电网频率保护，防孤岛保护，防雷保护，对地绝缘保护，漏电流保护等。

3. 光伏逆变器的应用特点

在并网光伏发电系统中，根据光伏组件或方阵接入方式的不同，将并网逆变器大致分为集中式逆变器、组串式逆变器（含双向储能型逆变器）和微型（组件式）逆变器 3 类。图 3-38 是各种并网逆变器的接入方式示意图。

（1）集中式逆变器

集中式逆变器的特点就如其名字一样，是把多路光伏组件串构成的方阵集中接入到一台大型的逆变器中。一般是先把若干个光伏组件串联在一起构成一个组串，然后再把所有组串通过直流汇流箱汇流，并通过直流汇流箱集中输出一路或几路后输入到集中式逆变器中，如图 3-38a 所示，当一次汇流达不到逆变器的输入特性和输入路数的要求时，还要通过直流配电柜进行二次汇流。这类并网逆变器容量一般为 500~3125kW。

集中式逆变器的主要特点如下：

1）由于光伏方阵要经过一次或二次汇流后输入并网逆变器，该逆变器的最大功率跟踪

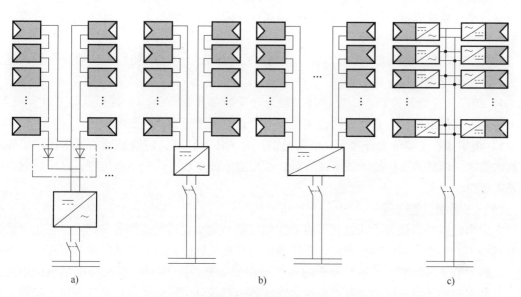

图 3-38　各种并网逆变器的接入方式示意图

（MPPT）系统不可能监控到每一路光伏组串的工作状态和运行情况，也就是说不可能使每一组串都同时达到各自的 MPPT 模式，所以当光伏方阵因照射不均匀、部分遮挡等原因使部分组串工作状况不良时，会影响到所有组串及整个系统的逆变效率。

2）集中式逆变器系统无冗余能力，整个系统的可靠性完全受限于逆变器本身，如其出现故障将导致整个系统瘫痪，并且系统修复只能在现场进行，修复时间较长。

3）集中式逆变器通常为大功率逆变器，其相关安全技术花费较大。

4）集中式逆变器一般都体积较大，重量较重，安装时需要动用专用工具、专业机械和吊装设备，逆变器也需要安装在专门的配电室内。

5）集中式逆变器直流侧连接需要较多的直流线缆，其线缆成本和线缆电能损耗相对较大。

6）采用集中式逆变器的发电系统可以集中并网，便于管理。在理想状态下，集中式逆变器还能在相对较低的投入成本下提供较高的效率。

（2）组串式逆变器

组串式逆变器最初是基于模块化的概念，早期为分布式光伏系统应用而开发的，即把光伏方阵中每一组或两组光伏组串输入到一台指定的逆变器中，多个光伏组串和逆变器又模块化的组合在一起，所有逆变器在交流输出端并联并网，如图 3-38b 所示。这类逆变器容量一般为 5~20kW。

组串式逆变器的主要特点如下：

1）每路组串的逆变器都有各自的 MPPT 功能和孤岛保护电路，不受组串间光伏组件性能差异和局部遮影的影响，可以处理不同朝向和不同型号的光伏组件，也可以避免部分光伏组件上有阴影时造成巨大的电量损失，提高了发电系统的整体效率，非常适合在分布式光伏发电系统中应用。

2）组串式逆变器系统具有一定的冗余运行功能，即使某个光伏组串或某台逆变器出现故障也只是使系统容量减小，可有效减小因局部故障而导致的整个系统停止工作所造成的电量损失，提高了系统的稳定性。

3）组串式逆变器系统可以分散就近并网，减少了直流电缆的使用，从而减少了系统线缆成本及线缆电能损耗。

4）组串式逆变器体积小、重量轻，搬运和安装都非常方便，不需要专业工具和设备，也不需要专门的配电室。直流线路连接也不需要直流汇流箱和直流配电柜等。

5）组串式逆变器分散分布于光伏系统中，为了便于管理，对信息通信技术提出了相对较高的要求，但随着通信技术的不断发展，新型通信技术和方式的不断出现，这个问题也已经基本解决。

（3）多组串式逆变器

多组串式逆变器是为了同时获得组串式逆变器和集中式逆变器的各自优点，在组串式逆变器基础上，形成多组串输入方式，系统将使与其相关联的几组组串共同参与工作且互不影响，从而生产更多的电能。这种形式的多组串逆变器是借助 DC-DC 变换器把很多组串连接在一个共有的逆变器系统上，并仍然可以完成各组串或若干组串各自单独的 MPPT 功能，从而提供了一种完整的比普通组串逆变系统模式更经济的方案。

多组串逆变器系统方案不仅使逆变器应用数量减少，还可以使不同额定值的光伏组串（如不同的额定功率、不同的尺寸、不同厂家和每组串不同的组件数量）、不同朝向的组串、不同倾斜角和不同阴影遮挡的组串连接在一个共同的逆变器上，同时每一组串都工作在它们各自的最大功率峰值点上，使因组串间的差异而引起的发电量损失减到最小，整个系统工作在最佳效率状态上。

多组串式逆变器容量一般在 25~315kW。无论是组串逆变器还是多组串逆变器，在业内都统称为组串式逆变器。

（4）微型逆变器

微型逆变器也叫组件式逆变器，其外形如图 3-39 所示，接入方式如图 3-38c 所示。微型逆变器其实就是一台具有独立的 DC-AC 逆变功能和 MPPT 功能的小功率逆变器。微型逆变器可以直接固定在组件背后，一台逆变器根据容量不同可连接 1~6 块光伏组件，并形成多路独立 MPPT 输入，最大交流输出功率可达 3.5kW，可输出 220V 或三相 380V 交流电压，可广泛应用在各种分布式光伏发电系统中。用微型逆变器构成的光伏发电系统更为高效、可靠、智能、安全。

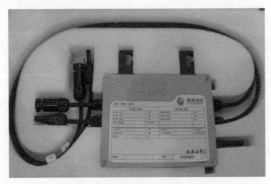

图 3-39　微型逆变器外形图

微型逆变器有效地克服了集中式逆变器的缺陷以及组串式逆变器的不足，并具有下列一些特点：

　　1）发电量最大化。微型逆变器针对每个单独组件做 MPPT，可以从各组件分别获得最高功率，发电总量最多可提高 25%。

　　2）对应用环境适应性强。微型逆变器对光伏组件的一致性要求较低，实际应用中诸如出现阴影遮挡、云雾变化、污垢积累、组件温度不一致、组件安装倾斜角度不一致、组件安装方位不一致、组件细小裂缝和组件效率衰减不均等内外部不理想条件时，问题组件不会影响其他组件，从而不会显著降低整个系统的整体发电效率。

　　3）能快速诊断和解决问题。用微型逆变器构成的光伏发电系统采用电力载波技术，可以实时监控光伏发电系统中每一块组件的工作状况和发电性能。

　　4）几乎不用直流电缆，但交流侧需要较多的布线成本和费用。

　　5）施工安装快捷、简便、安全。微型逆变器的应用使光伏发电系统摆脱了危险的高压直流电路，安装时组件性能不必完全一致，因而不用对光伏组件挑选匹配，使安装时间和成本都降低 15%~25%，还可以随时对系统做灵活变更和扩容。

　　6）微型逆变器内部主电路采用了谐振式软开关技术，开关频率最高达几百千赫，开关损耗小，变换效率高。同时采用体积小、重量轻的高频变压器实现电气隔离及功率变换，功率密度高。实现了高效率、高功率密度和高可靠性的需要。

　　（5）双向储能逆变器

　　双向储能逆变器又叫双向并网逆变器或双向储能变流器。既能实现离网和并网发电功能，又能实现电能的双向流动控制，可以将交流电变换成直流电，也可以将直流电变换成交流电。白天光伏组件所发的电力可通过双向储能逆变器给本地负载供电或并入电网，同时还可以用来给储能系统充电；晚上根据需要可以把储能系统中的电能释放出来供负载使用。此外电网也可通过逆变器给储能设备充电。双向储能逆变器可以应用到有电能存储要求的并网发电系统中，又可以和组串式逆变器结合构成独立运行的光伏发电系统，原理如图 3-40 所示。

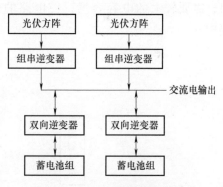

图 3-40　双向储能逆变器的原理

　　双向储能逆变器由蓄电池组供电，将直流电变换为交流电，在交流总线上建立起电网。组串式逆变器自动检测光伏方阵是否有足够能量，检测交流电网是否满足并网发电条件，当条件满足后进入并网发电模式，向交流总线馈电，系统启动完成。系统正常工作后，双向储能逆变器检测负载用电情况，组串式逆变器馈入电网的电能首先供负载使用。如果有剩余的电能，双向储能逆变器将其变换为直流电给蓄电池组充电；如果组串式逆变器馈入的电能不够负载使用，双向储能逆变器又将蓄电池组供给的直流电变换为交流电馈入交流总线供负载使用。以此为基本单元组成的模块化结构的分散式独立供电系统还可与其他电网并网。

　　在电网实行峰谷电价的地区，利用双向储能逆变器可以把光伏发电的多余电能存储在蓄电系统中，供晚上使用，最大化的提高光伏发电系统的自发自用量，也可以利用便宜的夜间谷价电力给蓄电系统充电，用光伏发电满足白天的用电，存储的电力在傍晚至夜间用电高峰时使用，从而减少用户电费支出。

双向储能逆变器作为应用于储能、微电网系统的关键设备，将会广泛应用到分布式光伏发电系统中，并逐步形成智能微电网的新能源电力结构。

3.2.2 光伏逆变器的电路原理

1. 单相逆变器的电路原理

逆变器的工作原理是通过功率半导体开关器件的导通和关断作用，把直流电能变换成交流电能的。单相逆变器的基本电路有半桥式和全桥式等。在电路中使用具有开关特性的半导体功率器件，由控制电路周期性地对功率器件发出开关脉冲控制信号，控制各个功率器件轮流导通和关断，再经过变压器耦合升压或降压后，整形滤波输出符合要求的交流电。

（1）半桥式逆变电路

半桥式逆变电路原理如图 3-41 所示。该电路由两只功率开关管、两只储能电容器和耦合变压器等组成。该电路将两只串联电容的中点作为参考点，当功率开关管 VT1 在控制电路的作用下导通时，电容 C1 上的能量通过变压器一次侧释放，当功率开关管 VT2 导通时，电容 C2 上的能量通过变压器一次侧释放，VT1 和 VT2 的轮流导通，在变压器二次侧获得了交流电能。半桥式逆变电路结构简单，由于两只串联电容的作用，不会产生磁偏或直流分量，非常适合后级带动变压器负载。当该电路工作在工频（50Hz 或者 60Hz）时，需要较大的电容容量，使电路的成本上升，因此该电路更适合用于高频逆变器电路中。

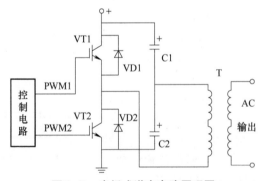

图 3-41 半桥式逆变电路原理图

（2）全桥式逆变电路

全桥式逆变电路原理图和等效电路如图 3-42 所示。该电路由 4 只功率开关管和变压器等组成。该电路克服了半桥式逆变电路的缺点，功率开关管 VT1、VT4 和 VT2、VT3 反相，VT1、VT3 和 VT2、VT4 轮流导通，使负载两端得到交流电能。为便于大家理解，用图 3-42b 所示等效电路对全桥式逆变电路原理进行介绍。图中 E 为输入的直流电压，R 为逆变器的纯电阻性负载，开关 S1~S4 等效于图 3-42a 中的 VT1~VT4。当开关 S1、S3 接通时，电流流过 S1、R、S3，负载 R 上的电压极性是左正右负；当开关 S1、S3 断开，S2、S4 接通时，电流流过 S2、R 和 S4，负载 R 上的电压极性相反。若两组开关 S1、S3 和 S2、S4 以某一频率交替切换工作时，负载 R 上便可得到这一频率的交变电压。

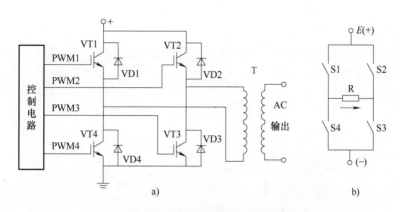

图 3-42　全桥式逆变电路原理图和等效电路

上述电路是逆变器的最基本电路，在实际应用中，除了小功率光伏逆变器主电路采用这种单级的（DC-AC）变换电路外，中、大功率逆变器主电路都采用两级（DC-DC-AC）或 3级（DC-AC-DC-AC）的电路结构形式。一般来说，中、小功率光伏系统的光伏组件或方阵输出的直流电压都不太高，而且功率开关管的额定耐电压值也都比较低，因此逆变电压也比较低，要得到 220V 或者 380V 的交流电，无论是半桥式还是全桥式的逆变电路，其输出都必须加工频升压变压器，由于工频变压器体积大、效率低、重量大，因此只能在小功率场合应用。

随着电力电子技术的发展，新型光伏逆变器电路都采用高频开关技术和软开关技术实现高功率密度的多级逆变。这种逆变电路的前级升压电路采用半桥逆变电路结构，但工作频率都在 20kHz 以上，升压变压器采用高频磁性材料做铁心，因而体积小、重量轻。低电压直流电经过高频逆变后变成了高频高压交流电，又经过高频整流滤波电路后得到高压直流电（一般均在 300V 以上），再通过工频逆变电路实现逆变得到 220V或者 380V 的交流电，整个系统的逆变效率可达到 90% 以上，目前大多数正弦波光伏逆变器都是采用这种 3 级的电路结构，如图 3-43 所示。其具体工作过程：首先将光伏方阵输出的直流电（如 500V、800V、1000V 等）通过高频逆变电路逆变为波形为方波的交流电，逆变频率一般在几千赫兹到几十千赫兹，然后通过高频升压变压器整流滤波后变为高压直流电，最后经过第 3 级 DC-AC 逆变为所需要的 220V 或 380V 工频交流电。

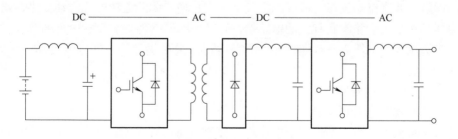

图 3-43　逆变器的 3 级电路结构原理示意图

图 3-44 所示为逆变器将直流电转换成交流电的转换过程示意图，以帮助大家加深对逆变器工作原理的理解。半导体功率开关器件在控制电路的作用下以 1/100s 的速度开关，将直流切断，并将其中一半的波形反向而得到矩形的交流波形，然后通过整形电路使矩形的交流波形平滑，得到正弦交流波形。

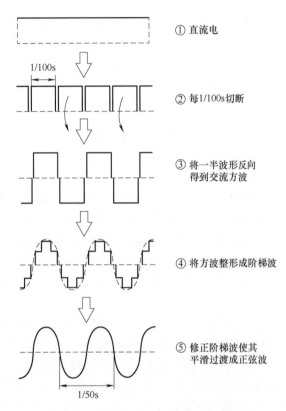

① 直流电

② 每1/100s切断

③ 将一半波形反向得到交流方波

④ 将方波整形成阶梯波

⑤ 修正阶梯波使其平滑过渡成正弦波

图 3-44　逆变器波形转换过程示意图

2. 三相逆变器的电路原理

单相逆变器电路由于受到功率开关器件的容量、零线（中性线）电流、电网负载平衡要求和用电负载性质等的限制，容量一般都在10kV·A以下,大容量的逆变电路大多采用三相形式。三相逆变器按照直流电源侧滤波器形式的不同，分为电压型逆变器和电流型逆变器。电压型逆变器在其直流侧并联有大电容器，这个大电容器既能抑制直流电压的波纹，减小直流电源的内阻，使直流侧近似为恒压源，又可为来自逆变侧的无功电流流动提供通路。而电流型逆变器是在其直流侧串联有大的电感器，这个电感器既能抑制直流电流的纹波，使直流侧近似一个恒流源，又能为来自逆变侧的无功电压分量提供支撑，维持电路间电压的平衡，保证无功功率的交换。

（1）三相电压型逆变器

电压型逆变器就是逆变电路中的输入直流能量由一个稳定的电压源提供，其特点是逆变器在脉宽调制时输出电压的幅值等于电压源的幅值，而电流波形取决于实际的负载阻抗。三相电压型逆变器的基本电路如图 3-45 所示。该电路主要由 6 只功率开关器件和 6 只续流二极管以及带中性点的直流电源构成。图中负载 L 和 R 表示三相负载各路的相电感和相电阻。

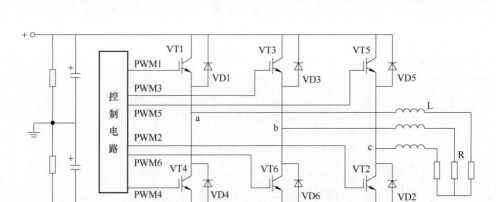

图 3-45　三相电压型逆变器电路原理图

功率开关器件 VT1 ~ VT6 在控制电路的作用下，当控制信号为三相互差 120° 的脉冲信号时，可以控制每个功率开关器件导通 180° 或 120°，相邻两个开关器件的导通时间互差 60°。逆变器 3 个桥臂中上部和下部开关器件以 180° 间隔交替导通和关断，VT1 ~ VT6 以 60° 的相位差依次导通和关断，在逆变器输出端形成 a、b、c 三相电压。

控制电路输出的开关控制信号可以是方波、阶梯波、脉宽调制方波、脉宽调制三角波和锯齿波等，其中后三种脉宽调制的波形都是以基础波作为载波，正弦波作为调制波，最后输出正弦波波形。普通方波和被正弦波调制的方波的区别如图 3-46 所示。与普通方波信号相比，被调制的方波信号是按照正弦波规律变化的系列方波信号，即普通方波信号是连续导通的，而被调制的方波信号要在正弦波调制的周期内导通和关断 N 次。

（2）三相电流型逆变器

电流型逆变器的直流输入电源是一个恒定的直流电流源，需要调制的是电流，若一个矩形电流注入负载，电压波形则是在负载阻抗的作用下生成的。在电流型逆变器中，有两种不同的方法控制基波电流的幅值。一种方法是直流电流源的幅值变化法，这种方法使得交流电输出侧的电流控制比较简单；另一种方法是用脉宽调制来控制基波电流。三相电流型逆变器的基本电路如

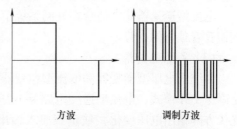

图 3-46　普通方波与被正弦波
调制的方波波形示意图

图 3-47 所示。该电路由 6 只功率开关器件和 6 只阻断二极管以及直流恒流电源、浪涌吸收电容等构成，R 为用电负载。

电流型逆变器的特点是在直流电输入侧串接了较大的滤波电感，当负载功率因数变化时，交流输出电流的波形不变，即交流输出电流波形与负载无关。从电路结构上与电压型逆变器不同的是，电压型逆变器在每个功率开关器件上并联了一只续流二极管，而电流型逆变器则是在每个功率开关器件上串联了一只反向阻断二极管。

与三相电压型逆变器电路一样，三相电流型逆变器也是由 3 组上下一对的功率开关器件构成的，但开关动作的方法与电压型的不同。由于在直流输入侧串联了大电感 L，直流电流 I_{dc} 的波动变化较小，当功率开关器件开关动作和切换时，都能保持电流的稳定性和连续性。因此 3 个桥臂中上边开关器件 VT1、VT3、VT5 中的一个和下边开关器件 VT2、VT4、VT6

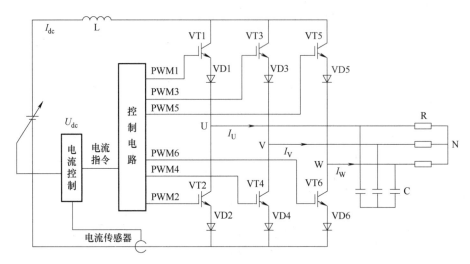

图3-47　三相电流型逆变器电路原理图

中的一个，均可按每隔1/3周期（间隔120°）分别流过I_{dc}，输出的电流波形是高度为I_{dc}的120°通电期间的方波。另外，为防止连接感性负载时电流急剧变化而产生浪涌电压，在逆变器的输出端并联了浪涌吸收电容C。

三相电流型逆变器的直流电源即直流电流源是利用可变电压的电源通过电流反馈控制来实现的。但是，仅用电流反馈，不能减少因开关动作形成的逆变器输入电压的波动而使电流随着波动，所以在电源输入端串入了大电感（电抗器）L。

电流型逆变器非常适合在并网系统中应用，特别是在太阳能光伏发电系统中，电流型逆变器有着独特的优势。

（3）Z源逆变器

传统的电压型逆变器和电流型逆变器，其输出特性都有一定的局限性，电压型逆变电路是降压工作模式，电流型逆变电路是升压工作模式，当逆变器直流侧电压变化范围大（如光伏方阵输出电压变化）或负载要求输出范围比较宽的场合，单一的电压型或电流型逆变电路也许不能满足逆变需要，必须通过增加一级功率变换电路来实现，这样会带来电路复杂、效率降低的问题，Z源逆变器电路结合了电压型和电流型逆变电路的特点，是一种新型的逆变电路，其典型拓扑结构如图3-48所示。Z源逆变器用独特的包含电感器L1、L2和电容器C1、C2构成的X型L、C网络代替了传统的电压型逆变器中的电容器和电流型逆变器中的电感器，因而Z源逆变器的直流输入端可以是电压源形式也可以是电流源形式，并能通过特殊的控制方式使得系统工作在升压或降压模式，实现逆变器输出电压高于或低于直流输入电压，且不需要中间变换电路。在光伏发电系统中，使用Z源逆变器取代传统的电压型逆变器，利用Z源逆变器独特的升压、降压功能，可以放宽太阳能电池方阵的电压输入范围，非常适合因光照强度的强烈变化而导致电池方阵输出电压大范围波动的情况。

3. 双向储能逆变器（变流器）电路原理

双向储能逆变器的基本电路原理如图3-49所示，电路中由L1、VT1、VT2、VD1、VD2、C1等构成双向升降压电路（Buck/Boost电路），由VT3～VT6、VD3～VD6及L2、C2等构成双向全桥DC/AC变换电路。该拓扑结构能够实现升压与逆变、降压与整流的解耦控

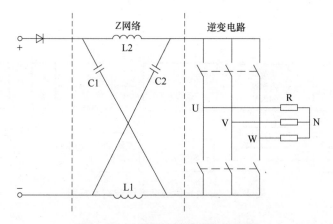

图 3-48　Z 源逆变器的拓扑结构图

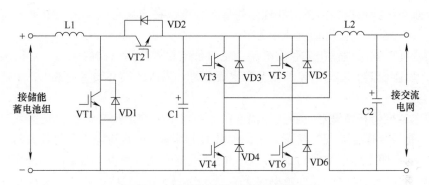

图 3-49　双向储能逆变器电路原理图

制，电路结构简单，控制容易实现。当储能蓄电池处于放电运行状态时，前级的双向升降压电路将工作于 Boost 升压模式，后级的全桥变换器工作于逆变模式，其工作原理与普通逆变器一样。当储能蓄电池处于充电运行状态时，前级的双向升降压电路将工作于 Buck 降压模式，后级的全桥变换器将构成全桥整流电路，通过 PWM 控制将电网交流电通过整流、降压后为储能蓄电池充电。双向储能逆变系统根据光伏发电系统的运行状况，可分为下列几种充放电模式：

1）并网充电模式：在并网运行状态下，当蓄电池容量不足时，通过市电为蓄电池充电。

2）离网充电模式：在离网运行状态下，当蓄电池容量不足时，且光伏发电系统有多余电量时，通过光伏发电多余电量为蓄电池充电。

3）离网独立放电模式：在离网运行状态下，当光伏发电系统停止发电时，蓄电池放电为负载继续提供所需用电。

4）离网辅助放电模式：在离网运行状态下，当光伏发电系统的发电量不能满足负载用电需要时，蓄电池同时辅助放电，维持用电负载的正常工作。

4. 并网型逆变器的控制技术及电路原理

并网逆变器是并网光伏发电系统的核心部件，不仅要将光伏组件发出的直流电转换为交流电，还要对交流电的电压、电流、频率、相位与同步等进行控制，也要解决对电网的电磁干扰、自我保护、单独运行和孤岛效应以及最大功率跟踪等技术问题，因此对并网型逆变器要有更高的技术要求。图 3-50 所示为并网光伏逆变系统结构示意图。

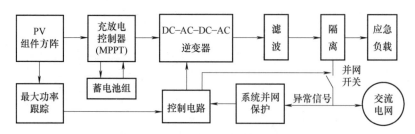

图 3-50　并网光伏逆变系统结构示意图

（1）并网逆变器的技术要求

光伏发电系统的并网运行，对逆变器提出了较高的技术要求，这些要求如下。

1）要求系统能根据日照情况和规定的日照强度，在光伏方阵发出的电力能有效利用的限制条件下，对系统进行自动启动和关闭。

2）要求逆变器必须输出正弦波电流。光伏系统馈入公用电网的电力，必须满足电网规定的指标，如逆变器的输出电流不能含有直流分量，高次谐波必须尽量减少，不能对电网造成谐波污染。

3）要求逆变器在负载和日照变化幅度较大的情况下均能高效运行。光伏系统的能量来自太阳能，而日照强度随着气候而变化，所以工作时输入的直流电压变化较大，这就要求逆变器在不同的日照条件下都能高效运行。同时要求逆变器本身也要有较高的逆变效率，一般中、小功率逆变器满载时的逆变效率要求达到 90%~95%，大功率逆变器满载时的逆变效率要求达到 97%~99%。

4）要求逆变器能使光伏方阵始终工作在最大功率点状态。光伏组件的输出功率与日照强度、环境温度的变化有关，即其输出特性具有非线性关系。这就要求逆变器具有最大功率点跟踪控制（MPPT）功能，即不论日照、温度等如何变化，都能通过逆变器的自动调节实现光伏组件方阵的最大功率输出，这是保证太阳能光伏发电系统高效率工作的重要环节。

5）要求具有较高的可靠性。许多光伏发电系统处在边远地区和无人值守与维护的状态，这就要求逆变器具有合理的电路结构和设计，具备一定的抗干扰能力、环境适应能力、瞬时过载保护能力以及各种保护功能，如输入直流极性接反保护、交流输出短路保护、过热保护、过载保护等。

6）要求有较宽的直流电压输入适应范围。光伏组件及方阵的输出电压会随着日照强度、气候条件的变化而变化。对于接入蓄电池的并网光伏系统，虽然蓄电池对光伏组件输出电压具有一定的钳位作用，但由于蓄电池本身电压也随着蓄电池的剩余电量和内阻的变化而波动，特别是不接蓄电池的光伏系统或蓄电池老化时的光伏系统，其端电压的变化范围很大。例如，一个接 12V 蓄电池的光伏系统，它的端电压会在 11~17V 之间变化。这就要求逆变器必须在较宽的直流电压输入范围内都能正常工作，并保证交流输出电压的稳定。

7）要求逆变器具有电网检测及自动并网功能。并网逆变器在并网发电之前，需要从电网上取电，检测电网的电压、频率、相序等参数，然后调整自身发电的参数，与电网的参数保持同步、一致，然后才会进入并网发电状态。

8）要求在电力系统发生停电时，并网光伏系统即能独立运行，又能防止孤岛效应，能快速检测并切断向公用电网的供电，防止触电事故的发生。待公用电网恢复供电后，逆变器能自动恢复并网供电。

9）要求具有零（低）电压穿越功能。当电网系统发生事故或扰动现象，引起光伏发电系统并网点电压出现电压暂降时，在一定的电压跌落范围内和时间间隔内，逆变器要能够保证不脱网连续运行，甚至需要逆变器向电网注入适量的无功功率以帮助电网尽快恢复稳定，如图 3-51 所示。根据 GB/T 19964—2012 的具体要求为：

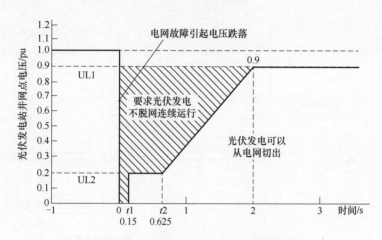

图 3-51　逆变器零（低）电压穿越功能

① 当并网点电压在≥0.85 或 0.9 倍≤1.1 倍的曲线区域时，光伏电站应保持并网运行。

② 当并网点运行电压>1.1 倍<1.2 倍的电网额定电压时，逆变器应至少持续运行 10s；当并网点运行电压≥1.2 倍≤1.3 倍的电网额定电压时，逆变器应至少持续运行 0.5s；具体运行状态由逆变器的性能及电站要求确定。

③ UL1 为正常运行的最低电压限值，一般取 0.85~0.9 倍电网额定电压。

④ UL2 宜取 0.2 倍额定电压。

⑤ $t1$ 为电压跌落到 0 时需要保持并网的时间。

⑥ $t2$ 为电压跌落到 UL2 时需要保持并网的时间。

10）要求具有数据采集功能。主要采集光伏逆变器和光伏汇流箱等设备的实时运行数据，并对系统运行状态进行实时记录。数据采集和监测系统一般要求具备以下功能：

① 相关范围光伏发电系统输出的电压、电流、频率、总功率值等，三相电压的不平衡度，逆变器的各种工作状态、故障信息，各接入光伏方阵的输出电压、电流。

② 能够执行按指定地址切断逆变器的输出，切断光伏方阵的输出等操作指令。

③ 能够将采集的系统数据和故障信息进行存储，可进行人工查阅，并能以数据报表的形式进行打印。

（2）并网逆变器的控制电路原理

1）三相并网型逆变器的控制电路原理。三相并网型逆变器的输出电压一般为交流 380V 或更高电压，频率为 50 Hz /60Hz，其中 50Hz 为中国和欧洲标准，60Hz 为美国和日本标准。

三相并网型逆变器多用于容量较大的光伏发电系统，输出波形为标准正弦波，功率因数接近 1.0。

三相并网逆变器的控制电路原理如图 3-52 所示，分为主电路和微处理器电路两个部分。其中，主电路主要完成 DC-DC-AC 的变换和逆变过程。

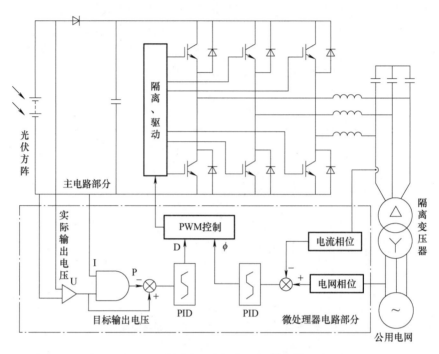

图 3-52　三相并网逆变器的控制电路原理示意图

微处理器电路部分主要完成系统并网的控制过程。系统并网控制的目的是使逆变器输出的交流电压值、波形、相位等维持在规定的范围内，因此，微处理器控制电路要完成电网、相位实时检测，电流相位反馈控制，光伏方阵最大功率跟踪以及实时正弦波脉宽调制信号发生等内容，其具体工作过程：公用电网的电压和相位经过霍尔电压传感器送给微处理器的A/D 转换器，微处理器将回馈电流的相位与公用电网的电压相位做比较，其误差信号通过PID 运算器运算调节后送给脉宽调制器（PWM），这就完成了功率因数为 1 的电能回馈过程。微处理器完成的另一项主要工作是实现光伏方阵的最大功率输出。光伏方阵的输出电压和电流分别由电压、电流传感器检测并相乘，得到方阵的输出功率，然后调节 PWM 输出占空比。这个占空比的调节实质上就是调节回馈电压值的大小，从而实现最大功率寻优。当 U 的幅值变化时，回馈电流与电网电压之间的相位角 ϕ 也将有一定的变化。由于电流相位已实现了反馈控制，因此自然实现了相位有幅值的解耦控制，使微处理器的处理过程更简便。

2）单相并网型逆变器的控制电路原理。单相并网型逆变器的输出电压为交流 220V 或110V 等，频率为 50Hz，波形为正弦波，多用于小型的户用系统。单相并网型逆变器的控制电路原理如图 3-53 所示。其逆变和控制过程与三相并网型逆变器基本类似。

3）并网逆变器孤岛运行的检测与防止。在光伏并网发电过程中，由于光伏发电系统与电力系统并网运行，光伏发电系统不仅向本地负载供电，还要将剩余的电力输送到电网。当

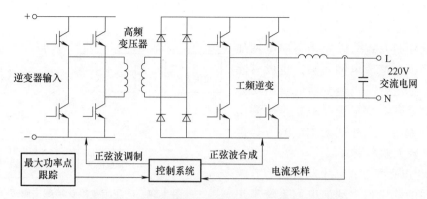

图 3-53　单相并网型逆变器的控制电路原理示意图

电网系统由于电气故障、人为或自然因素等原因发生异常而中断供电时，如果光伏发电系统不能随之停止工作或与电网系统脱开，则会向电网输电线路继续供电，这种运行状态被形象地称为"孤岛运行"。特别是当光伏发电系统的发电功率与负载用电功率平衡时，即使电网系统断电，光伏发电系统输出端的电压和频率等参数也不会快速随之变化，使光伏发电系统无法正确判断电网系统是否发生故障或中断供电，因而极易导致孤岛运行现象的发生。

　　孤岛运行会产生严重的后果。当电网发生故障或中断供电后，由于光伏发电系统仍然继续给电网供电，会威胁到电力供电线路的修复及维修作业人员和设备的安全，造成触电事故。不仅妨碍了停电故障的检修和正常运行的尽快恢复，而且会因为电网不能控制孤岛供电系统的电压和频率，使电压幅值的变化及频率的漂移给配电系统及一些负载设备造成损害。因此为了确保维修作业人员的安全和电力供电的及时恢复，当电力系统停电时，必须使光伏发电系统停止运行或与电力系统自动分离（某些光伏发电系统可以自动切换成独立供电系统继续运行，为一些应急负载和必要负载供电）。当越来越多的光伏发电系统并于电网时，发生孤岛运行的概率就越高，所以必须有相应的对策来解决孤岛运行的问题。

　　在逆变器电路中，检测出光伏系统孤岛运行状态的功能称为孤岛运行检测。检测出孤岛运行状态，并使光伏发电系统停止运行或与电力系统自动分离的功能就叫孤岛运行停止或孤岛运行防止。

　　孤岛运行检测功能分为被动式检测和主动式检测两种方式。

　　① 被动式检测方式。当电网发生故障而断电时，逆变器的输出电压、输出频率、电压相位和谐波都会发生变化，被动式检测方式就是通过实时监视电网系统的电压、频率、相位和谐波的变化，检测因电网电力系统停电使逆变器向孤岛运行过渡时的电压波动、相位跳动、频率变化和谐波变化等参数变化，检测出孤岛运行状态的方法。

　　被动式检测方式有电压相位跳跃检测法、频率变化率检测法、电压谐波检测法、输出功率变化率检测法等，其中电压相位跳跃检测法较为常用。

　　电压相位跳跃检测法的检测原理如图 3-54 所示，其检测过程：周期性的测出逆变器的交流电压的周期，如果周期的偏移超过某设定值时，则可判定为孤岛运行状态。此时使逆变器停止运行或脱离电网运行。通常与电力系统并网的逆变器是在功率因数为 1（即电力系统电压与逆变器的输出电流同相）的情况下运行，逆变器不向负载供给无功功率，而由电力系统供给无功功率。但孤岛运行时电力系统无法供给无功功率，逆变器不得不向负载供给无功功率，其结果是使电压的相位发生骤变。检测电路检测出电压相位的变化，判定光伏发电系统处于孤岛运行状态。

　　被动式检测方式的优点是不向电网加干扰信号，不会造成电网污染，也没有能量损耗。不足之处是当逆变器的输出功率正好与局部负载功率平衡时就很难检测出孤岛运行的发生，因此被动式检测方式存在局限性和较大的检测盲区。

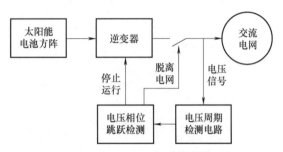

图 3-54　电压相位跳跃检测法原理图

　　② 主动式检测方式。主动式检测方式是由逆变器的输出端主动向电网系统发出电压、频率或输出功率等变化量的扰动信号，并观察电网是否受到影响，根据参数变化检测出是否处于孤岛运行状态。在电网正常工作时，由于电网是一个很大的电压源，对扰动信号具有平衡和吸收作用，检测不到这些扰动信号，当电网发生故障时，逆变器输出的扰动信号就会形成超标的频率和电压信号而被检测到。

　　主动式检测方式有频率偏移方式、有功功率变动方式、无功功率变动方式以及负载变动方式等，较常用的是频率偏移方式。

　　根据 GB/T 19939—2005《光伏系统并网技术要求》中的规定，光伏发电系统并网运行时应与电网同步运行，电网额定频率为 50Hz，光伏发电系统并网后的频率允许偏差为 ±0.5Hz，当超出频率范围时，必须在 0.2s 内动作，将光伏发电系统与电网断开。

　　频率偏移方式的工作原理如图 3-55 所示，该方式是根据"孤岛运行"中的负载状况，使光伏发电系统输出的交流电频率在允许的变化范围内变化，根据系统是否跟随其变化来判断光伏发电系统是否处于孤岛运行状态。例如，使逆变器的输出频率相对于系统频率做 ±0.1Hz 的波动，在与系统并网时，此频率的波动会被系统吸收，所以系统的频率不会改变。当系统处于孤岛运行状态时，此频率的波动会引起系统频率的变化，根据检测出的频率可以判断为孤岛运行。一般当频率波动持续 0.2s 以上时，则逆变器会停止运行或与电力电网脱离。

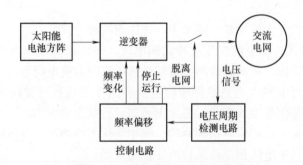

图 3-55　频率偏移方式的工作原理图

　　主动式检测方式精度高，检测盲区小，但是控制复杂，而且降低了逆变器输出电能的质量。目前更先进的检测方式是采用被动式检测方式与一种主动式检测方式相结合的组合检测方式。

3.2.3　光伏逆变器的性能特点与技术参数

掌握和了解光伏逆变器的性能特点和技术参数，对于考察、评价和选用光伏逆变器有着积极的意义。

1. 光伏逆变器的主要性能特点

1）功率开关器件采用新型 IPM，大大提高了系统效率；

2）采用 MPPT 自寻优技术实现光伏组件最大功率跟踪功能，最大限度地提高系统的发电量；

3）液晶显示各种运行参数，人性化界面，可通过按键灵活设置各种运行参数；

4）设置有多种通信接口可以选择，可方便地实现上位机监控（上位机是指人可以直接发出操控命令的计算机，屏幕上显示各种信号变化，如电压、电流、水位、温度、光伏发电量等）；

5）具有完善的保护电路，系统可靠性高；

6）具有较宽的直流电压输入范围；

7）可实现多台逆变器并联组合运行，简化光伏发电站设计，使系统能够平滑扩容；

8）具有电网保护装置，具有防孤岛保护功能；

9）具有较好的启动性能。启动性能是指逆变器的带负载启动能力和动态工作时的性能。在正常工作条件下，无论逆变器满载还是空载运行，均能满足连续 5 次以上的正常启动。

2. 光伏逆变器的主要技术参数

（1）直流输入侧技术参数

1）最大直流输入功率：最大直流输入功率是指允许逆变器接入的所有光伏组串的最大总功率。在设计光伏组串的输入功率时，要根据项目地的光照条件、环境温度和光伏方阵是否为最佳倾斜角等条件，确定光伏组串输入功率与逆变器额定交流输出功率的配比，尽量使逆变器处于满负荷工作状态，具体容配比的设计将在第 4 章中介绍。

2）最高直流输入电压：最高直流输入电压是指光伏发电系统中逆变器能承受的最高直流电压，也就是逆变器的耐压，并网逆变器的最高输入电压有 600V、800V、1000V 和 1100V 等。

3）启动电压：启动电压是指并网逆变器检测到光伏组串输出电压达到一定值时，能够启动工作时的电压。

4）直流电压输入范围和 MPPT 工作电压范围：并网逆变器直流电压输入范围都比较宽，一般最高不超出最高直流输入电压值，最低不低于逆变器的启动电压，例如 160～800V、200～1000V 等，并网逆变器还有一个 MPPT 工作电压范围，低于最高直流电压输入范围，一般也在 120～600V、180～800V、200～1000V 等。

5）额定输入电压：某些品牌逆变器还有额定输入电压这个参数，是指逆变器能够工作在最高效率状态时的电压，该电压值一般在 MPPT 工作电压范围的中间值附近，例如某品牌逆变器的 MPPT 工作电压范围为 160～1000V，其额定输入电压为 600V。较宽的 MPPT 工作电压范围就是使 MPPT 电路有较大的调整空间，通过不断调整使光伏组串输出电压始终保持在额定输入电压值附近。

6）各组串最大输入电流：组串最大直流输入电流是指逆变器能承受的光伏组串输入的直流工作电流。设计选型时要保证每路光伏组串的工作电流小于逆变器的最大直流输入电流。

7）直流输入路数/MPPT 数量：直流输入路数是指逆变器有几路直流输入端口，可以接几组光伏组串，而 MPPT 数量是指逆变器内部具有几组最大功率点跟踪处理电路，如图 3-56 所示。一般每一组 MPPT 电路可以接两路直流输入，例如某逆变器有 8 路直流输入端子，每 2 路输入 1 组 MPPT 电路中，这个逆变器的 MPPT 数量是 4 组。

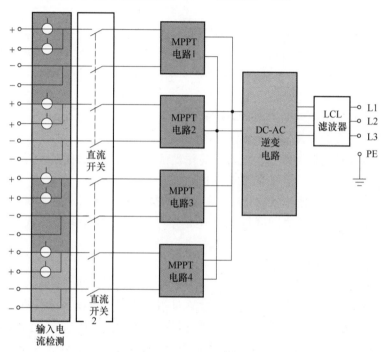

图 3-56　直流输入路数与 MPPT 数量示意图

（2）交流输出侧技术参数

1）额定输出电压：光伏逆变器在规定的输入直流电压允许的波动范围内，应能输出额定的电压值，一般在额定输出电压为单相 220V 和三相 380V 时，电压波动偏差有如下规定：

① 在稳定状态运行时，一般要求电压波动偏差不超过额定值的 ±5%；

② 在负载突变时，电压偏差不超过额定值的 ±10%；

③ 在正常工作条件下，逆变器输出的三相电压不平衡度不应超过 8%；

④ 三相输出的电压波形（正弦波）失真度一般要求不超过 5%，单相输出不超过 10%；

⑤ 逆变器输出交流电压的频率在正常工作条件下其偏差应在 1% 以内。国家标准 GB/T 19064—2003《家用太阳能光伏电源系统技术条件和试验方法》中规定的输出电压频率应为 49~51Hz。

2）负载功率因数：负载功率因数的大小表示了逆变器带感性负载或容性负载的能力，在正弦波条件下负载功率因数为 0.7~0.9，额定值为 0.9。在负载功率一定的情况下，如果逆变器的功率因数较低，则所需逆变器的容量就要增大，导致成本增加，同时光伏系统交流回路的视在功率增大，回路电流增大，损耗必然增加，系统效率也会降低。

3）额定输出电流和额定输出容量：额定输出电流是指在规定的负载功率因数范围内逆变器的额定输出电流，单位为 A；额定输出容量是指当输出功率因数为 1（即纯电阻性负载）时，逆变器额定输出电压和额定输出电流的乘积，单位是 kV·A 或 kW。

（3）工作效率

1）额定输出效率：额定输出效率是指在规定的工作条件下，输出功率与输入功率之比，以百分数表示。一般情况下，光伏逆变器的标称效率是指纯电阻性负载、80%负载情况下的效率。逆变器的效率会随着负载的大小而改变，当负载率低于 20%和高于 80%时，效率要低一些。标准规定逆变器的输出功率在额定功率的 75%及以上时，效率应不低于90%。目前主流逆变器的标称效率在 95%~99%之间。在光伏发电系统设计中，不但要选择高效率的逆变器，同时还应通过系统合理配置，尽量使光伏系统负载工作在最佳效率点附近。

2）欧洲效率和最高效率：欧洲效率是根据欧洲光照条件，给出一个有标准配置阵列的光伏逆变器，在不同功率点的权值，用来估算逆变器的总体效率。具体是指逆变器在不同负荷条件下的效率乘以概率加权系数的和，具体公式为

欧洲效率 = 0.03η×5% + 0.06η×10% + 0.13η×20% + 0.1η×30% + 0.48η×50% + 0.2η×100%

可以看到，六个系数的和是 1，每个系数反映了欧洲光照条件下逆变器在各自功率点工作的概率，总体就反映了逆变器的效率。

逆变器的最高效率是指逆变器能达到的最高效率。

3）中国效率：中国效率是按照划分的太阳能资源四类地区，在每一类地区中选取代表性区域，统计逆变器不同功率区间的年累计发电量，参照欧洲效率计算取值原则，分为 7档，计算出每段功率档上年发电量的权重占比，具体取值见表 3-9。

表 3-9 我国不同太阳能资源区逆变器加权效率的权重系数

逆变器负载率		5%	10%	20%	30%	50%	75%	100%
加权值	1 类地区	0.01	0.02	0.04	0.12	0.30	0.43	0.08
	2 类地区	0.01	0.03	0.07	0.16	0.35	0.34	0.04
	3 类地区	0.02	0.05	0.09	0.20	0.34	0.28	0.02
	4 类地区	0.03	0.06	0.12	0.22	0.33	0.22	0.02

4）最大效率：逆变器的最大效率是指逆变器在瞬时能达到的最高效率。

（4）过载能力

过载能力是要求逆变器在特定的输出功率条件下能持续工作一定的时间，其标准规定如下：

1）输入电压与输出功率为额定值时，逆变器应连续可靠工作 4h 以上；

2）输入电压与输出功率为额定值的 125%时，逆变器应连续可靠工作 1min 以上；

3）输入电压与输出功率为额定值的 150%时，逆变器应连续可靠工作 10s 以上。

（5）使用环境条件

1）工作温度：逆变器功率器件的工作温度直接影响到逆变器的输出电压、波形、频率、相位等许多重要特性，而工作温度又与环境温度、海拔、相对湿度以及工作状态有关。

2）工作环境：对于高频高压型逆变器，其工作特性与工作环境、工作状态有关。在高

海拔地区，空气稀薄，容易出现电路极间放电，影响工作。在高湿度地区则容易结露，造成局部短路。因此逆变器都规定了适用的工作范围。

光伏逆变器的正常使用条件为：环境温度-20~50℃，海拔≤5500m，相对湿度≤93%，且无凝露。当工作环境和工作温度超出上述范围时，要考虑降低容量使用或重新设计定制。

（6）电磁干扰和噪声

逆变器中的开关电路极容易产生电磁干扰，容易在铁心变压器上因振动而产生噪声。因而在设计和制造中都必须控制电磁干扰和噪声指标，使之满足有关标准和用户的要求。其噪声要求：当输入电压为额定值时，在设备高度的1/2、正面距离为3m处用声级计分别测量50%额定负载和满载时的噪声声压级，应不超过65dB（A）。

（7）保护功能

光伏发电系统应该具有较高的可靠性和安全性，作为光伏发电系统重要组成部分的逆变器应具有如下保护功能。

1）输入欠电压保护：当输入电压低于规定的欠电压断开（LVD）值时，即低于额定电压的85%时，逆变器应能自动关机保护和做出相应的显示。

2）输入过电压保护：当输入电压高于规定的过电压断开（HVD）值时，即高于额定电压的130%时，逆变器应能自动关机保护和做出相应的显示。

3）过电流保护：逆变器的过电流保护，应能保证在负载发生短路或电流超过允许值时及时动作，使其免受浪涌电流的损伤。当工作电流超过额定值的150%时，逆变器应能自动保护。当电流恢复正常后，设备又能正常工作。

4）短路保护：当逆变器输出短路时，应具有短路保护措施。逆变器短路保护动作时间应不超过0.5s。短路故障排除后，设备应能正常工作。

5）极性反接保护：逆变器的正极输入端与负极输入端反接时，逆变器应能自动保护。待极性正接后，设备应能正常工作。

6）防雷保护：逆变器应具有防雷保护功能，其防雷器件的技术指标应能保证吸收预期的冲击能量。

7）防孤岛保护：当电网停电失压时，逆变器因失压而同时停止工作，具有防止孤岛效应发生的功能。

（8）安全性能要求

1）绝缘电阻：逆变器直流输入与机壳间的绝缘电阻应不小于50MΩ，逆变器交流输出与机壳间的绝缘电阻也应不小于50MΩ。

2）绝缘强度：逆变器的直流输入与机壳间应能承受频率为50Hz、正弦波交流电压为500V、历时1min的绝缘强度试验，无击穿或飞弧现象。逆变器交流输出与机壳间应能承受频率为50Hz、正弦波交流电压为1500V、历时1min的绝缘强度试验，无击穿或飞弧现象。

3.2.4　光伏逆变器发展趋势

随着新技术、新产品的应用，也不断促进了光伏逆变器技术的进步，使光伏电站的设计更加精细化、系统集成度也进一步提高。光伏逆变器的发展趋势主要体现在大功率、高效率、智能化以及适应性等方面，产品形式也更加多样化，以适应不同应用场景的需求。对于大型地面电站，集中式逆变器一直是主流解决方案，更低的初始投资，更友好的电网接入，更低成本的后期运维是选择集中式逆变器的主要依据。多项实际运行数据表明，在平坦无遮挡的应用场合，集中式逆变器与组串式逆变器发电量基本持平。且集中式逆变器的单机容量在不断增大，1MW 以上的系统单元会越来越多。组串式逆变器作为分布式光伏系统应用主力，单机容量也越来越大，230kW、315kW 等更大功率的组串式逆变器既吸取了集中式逆变器的优点又保留了组串式逆变器的特性，其单机容量小，MPPT 数量多，配置灵活，安装方便，适应各种场景，已经逐步成为市场主流。

光伏逆变器的发展趋势，主要表现在下列几个方面：

（1）逆变器硬件技术快速提高

SiC、CAN、性能优异的 DSP 等新型器件和新型拓扑的应用，促使逆变器的效率不断提高，目前逆变器的最大效率已经达到 99%，下一个目标是 99.5%。

（2）集中式逆变器功率加大，效率提高，电压等级升高

目前已经开发出单机容量 2.5MW、3.125kW 的逆变器，与 1MW 单元系统相比，2.5MW 的单元系统应用可降低成本约 0.1 元/W，即 100MW 的电站可降低 1000 万元的初始投资。同时 1500V 系统电压也是目前及今后大型电站降低成本，提高效率的主要应用趋势。

（3）组串式逆变器单机功率不断提高，功率密度加大

组串式逆变器的功率不断加大，目前最大功率已经做到 315kW，功率密度也在不断提高，重量不断降低，以适应安装维护困难的复杂应用环境。高功率、高效率、高功率密度是逆变器未来发展的方向，也意味着逆变器单瓦成本的逐步降低。

（4）电网适应性不断增高，各种保护功能更加完善

随着技术的发展，逆变器对电网的适应能力进一步加强，漏电流保护、SVG 无功补偿功能、LVRT 低（零）电压穿越功能、直流分量保护、绝缘电阻检测保护、PID 保护、防雷保护、光伏组件正负极接反保护等不断完善的保护功能，使光伏系统的运行更加安全可靠。特别是部分组串式逆变器具有的 20% 左右的 SVG 调节能力和集中式逆变器集成的 SVG 等功能，减少了 SVG 等设备的额外投入。

（5）逆变器的环境适应能力不断提高

随着沿海、沙漠、高原等各种恶劣环境下的光伏电站应用增多，逆变器的抗腐蚀性、抗风沙等环境适应性能不断提高，确保了恶劣环境下的高可靠性。实现恶劣环境下设备故障最少化和平均无故障时间最大化。

（6）"光伏+互联网"实现光伏系统数字化

光伏逆变器的智能化将成为"光伏+互联网"应用的桥梁和纽带。在今后的光伏发电系统中，基于云存储和计算的电站管理平台将广泛应用，成为主流。通过云计算、大数据平台对光伏电站进行实时全面掌控，自动化运维，持续优化，实现光伏电站的智慧化运营和运维管理，使电站的运营管理更加直观和智能化，电站的资产价值进一步提升。

（7）"光伏+储能"的组合将成为削峰填谷，平滑输出，增加新能源发电占比和构建智慧微电网系统的重要环节

储能逆变器（变流器）把光伏和储能组合了起来。"光伏+储能"对减小电网冲击、提高电能质量，逐步扩大光伏、风电等新能源电力在整个能源结构中的占比，以及能源互联网的建立等都能起到积极的推动作用。储能系统还可以用于电网的调峰调频、微电网的建立以及户用系统余电的存储等，应用前景非常广阔。

3.3　汇流箱与配电柜——能量汇集与分配的枢纽

3.3.1　直流汇流箱与汇流柜的原理结构

1. 直流汇流箱

直流汇流箱也叫光伏直流汇流箱或光伏防雷汇流箱，主要用在使用集中式逆变器的中、大型光伏发电系统中，用于把光伏组件方阵的多路组串集中输入到汇流箱后合成一路输出，使组串分组连接、接线井然有序，便于分组检查、维护，当光伏组件方阵局部发生故障时，可以局部分离检修，不影响整体发电系统的连续工作。再大型的光伏发电系统，除了采用许多个直流汇流箱外，还要用若干个直流配电柜作为光伏发电系统中二、三级汇流之用。直流汇流柜主要是将各个直流汇流箱输出的直流电缆接入后再次进行汇流，然后再与集中式逆变器连接，方便安装、操作和维护。

图 3-57 所示为直流汇流箱的电路原理图，它们由光伏直流熔断器、直流断路器、直流防雷器件、接线端子等构成，有些直流汇流箱还把防反充二极管、智能监测模块、数据无线传输扩展模块等也放在其中，形成了汇流+防雷、汇流+防雷+智能监测等各种配置的系列产品供用户选择。另外，根据输入到直流汇流箱的光伏组串的路数可以将直流汇流箱分为 8 路、12 路、16 路、20 路、24 路等几种类型。根据汇流箱是否带智能监测功能可以将汇流箱分为普通汇流箱和智能汇流箱。普通汇流箱一般只具有"汇流+防雷"的功能，智能汇流箱则还能监测光伏组串的运行状态，检测光伏组串发电电流、电压，防雷浪涌器工作状态，箱体内温度状态等信息。另外，光伏汇流箱一般都标配有 RS485 接口和无线通信 ZigBee 接口，可以把测量和采集到的数据通过有线或无线组网的方式上传到监控系统。图 3-58 所示为一款 16 路输入直流汇流箱内部结构图和元器件排列图，供读者选型和自行设计时参考。

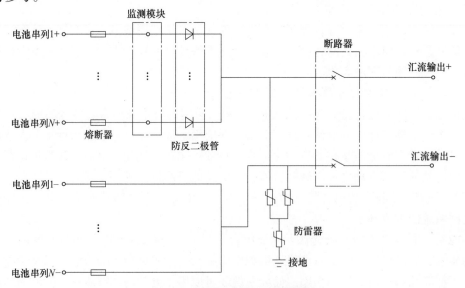

图 3-57　直流汇流箱电路原理图

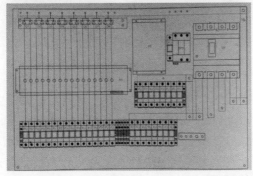

图 3-58　16 路输入直流汇流箱内部结构图和元器件排列图

2. 直流汇流柜

　　直流汇流柜主要用来连接汇流箱与逆变器，将直流汇流箱输出的直流电流进行二次汇流并输入到集中式逆变器，并提供防雷及过电流保护，监测光伏方阵的电流、电压及防雷器状态等，具有 RS485 等通信接口。直流汇流柜与直流汇流箱一样，也要配备分路断路器、主断路器、防雷浪涌器件、接线端子、直流熔断器等，面板上还要有显示各直流回路的直流电压、直流电流指示表，显示屏等，其电路原理如图 3-59 所示。图 3-60 所示为光伏发电系统

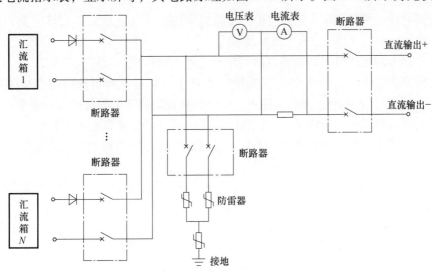

图 3-59　直流汇流柜电路原理图

直流汇流柜的局部连接实体图。

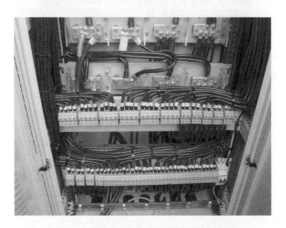

图 3-60　直流汇流柜局部连接实体图

直流汇流柜可根据需要在每个输入端或输出端配置直流电流传感器，用于监视和测量输入输出端电流；汇流输出端配置电压变送器，可监测光伏输出电压，还能监视输入输出断路器的工作状况。可配置绝缘监视模块，监测输入输出回路的绝缘情况，确保系统安全稳定运行。上述所有监视和测量的数据可通过 RS485 通信接口传至后台监控系统。

3.3.2　直流汇流箱的设计选型与部件要求

1. 直流汇流箱的设计选型

直流汇流箱和直流汇流柜一般都由专业厂家生产并提供成型产品。选用时主要考虑根据光伏方阵的输出路数、最大工作电流和最大输出功率等参数以及所需要的配置。直流汇流箱的主要技术参数和性能要求如下：

1）机箱的防护等级要达到 IP65，要具有防水、防灰、防锈、防晒、防盐雾性能，满足室外安装使用的要求。

2）可同时接入 8~24 路的光伏组串，每路组串的允许输入最大电流可根据不同光伏组串的输出电流选 10A、15A、20A、25A 或 30A。

3）每路接入的光伏组串的最大开路电压可达到 1000V 或 1500V。

4）每路光伏组串的正负极都配有光伏专用直流熔断器，对组件串出现故障时进行保护，熔断器配有配套的底座，方便维修人员检修，有效保护维修人员的人身安全。

5）直流输入端要配置直流输入断路器、直流输出端要配置直流输出断路器。

6）采用光伏专用高压防雷器对汇流后的母线正极对地、负极对地进行保护，持续工作电压（U_c）要达到 DC1000V 或 1500V。

7）对于智能型直流汇流箱，内部装有汇流检测模块，能监测每路电池组串输入的电流、汇总输出的电压、箱体内的温度及防雷器状态、断路器状态等。

8）智能型直流汇流箱还具备 RS485/MODBUS-RTU、无线通信 ZigBee 接口等数据通信串口。

9）直流汇流箱输入端口有防水端口和 MC4 连接器端口两种，如图 3-61 所示，可根据实际需要选用。

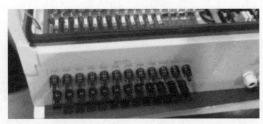

图 3-61　直流汇流箱的输入端口

直流汇流柜的造型也可以参考上述要求进行。

表 3-10 和表 3-11 分别是某品牌直流汇流箱和直流汇流柜的规格参数表,供选型时参考。

表 3-10　某品牌直流汇流箱规格参数表

规格型号	方阵系统电压/V	输入路数	单路最大电流/A	最大输出电流/A	标准配置	可选配置	防护等级	环境条件
HLX-PVZ8		8 回路		120		◇防反二极管		
HLX-PVZ12		12 回路		180		◇电流检测		温度:−25~70℃
HLX-PVZ16		16 回路		240	◎正极熔断器	◇电压检测		湿度:
HLX-PVZ18	DC1500	18 回路	10/15/25/30 可选	270	◎负极熔断器 ◎输出断路器 ◎防雷模块 ◎电缆防水锁头	◇断路器状态检测	IP65	0~95%
HLX-PVZ20		20 回路		300		◇防雷器状态检测		海拔:≤2000/4000m
HLX-PVZ22		22 回路		330		◇无线路由扩展		
HLX-PVZ24		24 回路		360				

表 3-11　某品牌直流汇流柜规格参数表

型号	规格	额定电压/V	额定电流/A	防护等级	环境温度	空气湿度	防反装置	智能监控	绝缘监测
KBT-PVG	Z63	DC 500/750/1000/1500	DC63	IP30	−25~45℃	小于95%	选配	选配	选配
	Z100		DC100						
	Z250		DC250						
	Z400		DC400						
	Z630		DC630						
	Z1000		DC1000						
	Z1250		DC1250						
	Z1600		DC1600						
	Z2000		DC2000						

2. 直流汇流箱的部件要求

直流汇流箱由箱体、分路断路器、总断路器、防浪涌保护器件、防逆流二极管、端子板、直流熔断器等构成,其各部件具体要求如下:

(1) 机箱箱体

机箱箱体的大小根据所有内部器件数量及排列所占用的位置确定,还要考虑布线排列整齐规范,开关操作方便,不宜太拥挤。箱体根据使用场合的不同分为室内型和室外型,根据材料的不同分为冷轧钢喷塑、热镀锌、不锈钢和工程塑料制作。金属制机箱使用板材厚度一般为 1.0~1.6mm。要求箱体结构安全、可靠，具有足够的机械强度，保证各电气元件安装后及操作时不摇晃、不变形。

（2）分路断路器和总断路器

断路器根据工作电流大小，可分为微型断路器、塑壳断路器和框架断路器（万能断路器）。微型断路器工作电流一般不超过 63A，塑壳断路器一般不超过 600A，框架断路器不超过 4000A。

在光伏发电系统的直流侧使用的断路器，要选用直流专用的断路器，这种断路器也可称为光伏断路器。目前已经有部分电气元件生产厂家开始生产光伏专用的各种直流电气开关产品。如光伏专用小型直流断路器、塑壳直流断路器、直流隔离开关、直流转换开关等，这些光伏专用直流断路器的额定工作电压可达到 DC600V、DC800V、DC1000V、DC1200V、DC1500V 等，具有直流逆电流保护、交流反馈电流保护、直流负荷隔离开关、远程脱扣和报警等功能。这类直流断路器采用特殊的灭弧、限流系统，可以迅速断开直流配电系统的故障电流，保护光伏组件免受高直流反向电流和因逆变器故障导致的交流反馈电流的危害，保证光伏发电系统的可靠运行。图 3-62 所示为直流断路器在不同额定直流电压状态下应用的接线示意图。

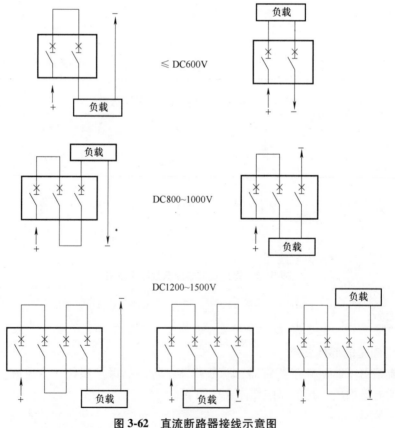

图 3-62　直流断路器接线示意图

无论是分路断路器还是总断路器，都要采用能满足各自光伏方阵最大直流工作电压和通过电流的断路器，所选断路器的额定工作电流要大于等于回路的最大工作电流，额定工作电压要大于等于回路的最高工作电压。

（3）防浪涌保护器件

防浪涌保护器件是防止雷电浪涌侵入到光伏方阵、光伏设备及交流负载或电网的保护装置。在直流汇流箱（柜）内，直流输出电路母线都配备安装光伏专用直流防雷浪涌器件，使正极对地、负极对地、正负极之间都有良好的防浪涌保护功能。浪涌保护器件接地侧的接线可以一并接到汇流箱的主接地端子上。

关于防浪涌保护器件及安装使用的具体内容，将在 3.9 节防雷接地系统的设计一节中详细介绍。

（4）直流熔断器

直流熔断器主要用于汇流箱中对光伏组串可能产生的线路过载及短路电流的分断保护，一般在组串的正负极输入端都要安装。直流熔断器的外形分圆管和方管，如图 3-63 所示，内部是由银带或纯铜带制成的变截面导体，封装于耐高温、高强度的陶瓷管中，瓷管中填充足够的高硅石英砂作为填料，起灭弧作用。直流熔断器的规格参数：额定电压为 DC1000V 和 DC1500V，额定电流圆柱形为 1~63A，方管形为 32~630A。

图 3-63　直流熔断器的外形

直流熔断器的使用不能简单地照搬交流熔断器的电气规格和结构尺寸，因为两者之间有许多不同的技术规范要求和设计理念，这些都关乎能否安全可靠分断故障电流和保证不发生意外事故的综合考量。这是因为在相同的额定电压下，直流电弧产生的燃弧能量是交流电燃弧能量的 2 倍以上，由于直流电流没有电流的过零点，因此在开断故障电流时，只能依靠电弧在石英砂填料强迫冷却的作用下，自行迅速熄灭进行关断，比关断交流电弧要困难许多，熔片的合理设计与焊接方式，石英砂的纯度与粒度配比、熔点高低、固化方式等因素，都决定着对直流电弧强迫熄灭的效能和作用。

选用直流熔断器时，额定电压一般不应低于相应的系统最大工作电压，额定电流不应小于该路所接光伏组串最大短路电流的 1.5 倍。表 3-12 是常用直流熔断器规格参数表，供选用时参考。

表 3-12　常用直流熔断器规格参数表

产品型号	安装类型	规格尺寸/mm	额定电流/A	额定电压/V
CF-10PV	圆柱形熔断器	直径 10×长度 38	1~32	DC1000
CF-11PV		直径 10×长度 65	1~25	DC1500
CF-12PV		直径 10×长度 85	2~32	DC1500
CF-13PV		直径 14×长度 51	15~50	DC1000
CF-14PV		直径 14×长度 51	2~32	DC1500
CF-16PV		直径 14×长度 85	2~50	DC1500
CF-17PV		直径 22×长度 58	2~63	DC1500

（续）

产品型号	安装类型	规格尺寸/mm	额定电流/A	额定电压/V
CFH-00	方管刀形触头插入式熔断器	NH00	32~80	DC1000
CFH-0		NH0	32~100	DC1000
CFH-1		NH1	50~160	DC1000
CFH-2		NH2	125~250	DC1000
CFH-3		NH3	250~400	DC1000
CFH-11		NH11	80~250	DC1000
			100~200	DC1500
CFH-12		NH12	125~400	DC1000
			80~250	DC1500
CFH-13		NH13	315~630	DC1000
			250~400	DC1500

3.3.3　交流汇流箱与配电柜的原理结构

1. 交流汇流箱

光伏交流汇流箱一般用于组串式光伏发电系统中，它是承接组串逆变器与交流配电柜或升压变压器的重要组成部分，可以把多路逆变器输出的交流电汇集后再输出，大大简化组串式逆变器与交流配电柜或升压变压器之间的连接线。交流汇流箱的接入，作为逆变器的输出断开点，还可以保护逆变器免受来自交流电网的危害，提高系统的安全性，保护安装维护人员安全。

交流汇流箱有常规汇流箱和智能汇流箱两类，交流汇流箱的电路原理及内部结构如图3-64所示。交流汇流箱一般为2~8路输入，每路输入都通过断路器控制，经母线汇流和二级防雷保护后，通过断路器或隔离开关输出。系统额定电压最高为AC400V、AC690V和AC1000V，防护等级为IP65，可满足室外安装防水、防尘、防紫外线、防盐雾腐蚀的要求。

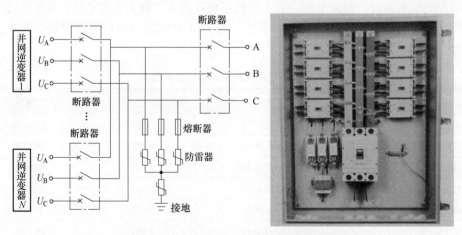

图3-64　交流汇流箱电路原理及内部结构图

智能汇流箱在常规汇流箱的基础上，增加了可检测电压、电流、功率、频率等电气参数的检测装置，和可以监测箱体内温度、烟雾、断路器通短状态等内容的装置，并可以通过RS485 通信接口输出检测数据。

在此以图 3-64 中 8 汇 1 交流汇流箱（接 25kW/380V 逆变器 8 台）为例介绍各部件的作用：

1）输入断路器。断路器可以迅速切断故障电流。8 台逆变器的输出端直接与断路器的输入端连接，该逆变器的最大输出电流为 40A，断路器选用规格按照逆变器最大输出电流的1.25 倍确定，选用 50A 的塑壳断路器。

2）汇流输出断路器。汇流输出选用额定电流为 400A 的塑壳断路器，输入断路器与输出断路器之间通过汇流铜排连接，输出线缆线径为 $3 \times 185 mm^2$。

3）在防雷浪涌保护器前端接有熔断器，熔断器选用 100A。当防雷浪涌保护器击穿失效时，熔断器熔丝熔断，起到过电流保护作用。

4）浪涌保护器用于抑制瞬态冲击过电压，泻放电涌能量，从而保护系统电路及设备。此处选用 $U_c = 750V$；$I_{max} = 40kA$；$I_n = 20kA$；$U_p \leqslant 2.6kV$。浪涌保护器下端要可靠接地。

2. 交流配电柜

交流配电柜是光伏发电系统中连接在逆变器（或交流汇流箱）与交流负载或升压变压器之间的接受、调度和分配电能的电力设备，它的主要功能与普通交流配电柜基本一致，电路原理如图 3-65 所示。

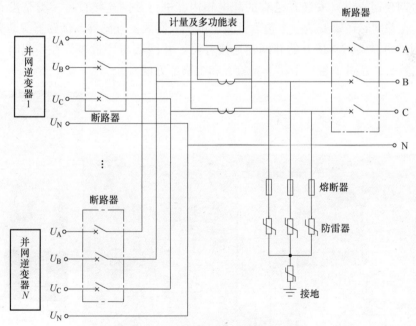

图 3-65　光伏交流配电柜电路原理图

交流配电柜主要由开关类电器（如断路器、切换开关、交流接触器等）、保护类电器（如熔断器、防雷器、漏电保护器等）、测量类电器（如电压表、电流表、电度表、交流互感器等）以及指示灯、母线排等组成。交流配电柜按照负载功率大小，分为大型配电柜和小型配电柜；按照使用场所的不同，分为户内型配电柜和户外型配电柜；按照电压等级不同，分为低压配电柜和高压配电柜；按照结构形式不同，可分为装配式配电柜和成套式配电柜。

中小型光伏发电系统一般采用低压供电和输送方式，选用低压配电柜就可以满足输送和电力分配的需要。大型光伏发电系统大都采用高压配供电装置和设施输送电力，并入电网，因此要选用符合大型发电系统需要的高压配电柜和升、降压变压器等配电设施。

3.3.4　光伏并网箱（柜）

光伏并网箱和并网柜主要用于400kW以下的分布式光伏发电系统与交流电网的并网连接和控制，最大限度地保护系统安全运行，确保逆变器与市电电网的安全协调，提高系统可靠性，满足电能计量的需要。光伏并网箱具有隔离保护、过载保护、短路保护、浪涌保护、漏电保护、过/欠电压保护及恢复后自动重合闸、发电用电电能计量等功能。光伏发电系统对并网断路点有以下要求：

1) 分布式电源并网点应安装易操作、具有明显开断指示、具备开断故障电流能力的断路器。断路器可选用微型、塑壳型或万能断路器，要根据短路电流水平选择设备开断能力，并应留有一定余量。

2) 分布式电源以380/220V电压等级接入电网时，并网点和公共连接点的断路器应具备短路速断、延时保护功能和分励脱扣、失压跳闸及低压闭锁合闸等功能，同时应配置剩余电流保护功能。

光伏并网箱一般有两类，如图3-66所示，一类是带电能表位置的并网箱，可以直接将电能表（电网公司提供）安装在已有的配电箱内，进行并网连接；另一类是没有电能计量表位置的，在并网时还要安装一个包含计量电能表及必要的互感器、断路器等装置的计量配电箱（电网公司提供）与现有的并网箱连接并网。并网箱与计量表放在一起时，接线距离短，线损比较少，还可节省一个箱子，检查和维修都方便。

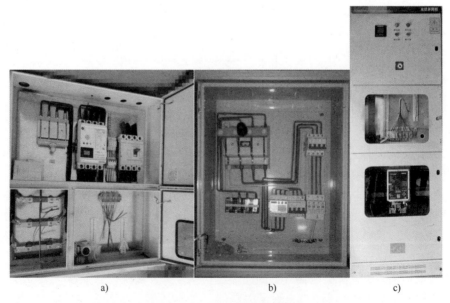

a)　　　　　　　　　　　　　　b)　　　　　　　　　　　　　c)

图3-66　光伏并网箱实体构造图

a) 带电能表位置并网箱　b) 无电能表位置并网箱　c) 光伏并网柜

光伏并网箱的主要功能有：

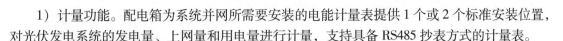

1）计量功能。配电箱为系统并网所需要安装的电能计量表提供 1 个或 2 个标准安装位置，对光伏发电系统的发电量、上网量和用电量进行计量，支持具备 RS485 抄表方式的计量表。

2）分合闸功能。用于电网电源与光伏系统电源之间的连通与断开，并可根据并网要求配置过/欠电压脱扣保护器以满足电力公司的并网要求。

3）浪涌保护。在交流输出端口安装浪涌保护器，防止雷电及过电压对光伏系统和家用电器等家庭电器设备造成损害。

4）接地保护。对交流配电箱提供有效接地位置，提高系统的可靠性和安全性。

并网配电箱主要由配电箱箱体、刀闸（隔离）开关、自复式过/欠电压保护器、断路器、浪涌保护器后备断路器、浪涌保护器和接地端子等组成。

（1）箱体

并网箱箱体尽量选用金属箱体。在金属箱体中，镀锌板喷塑箱体性价比较高，喷塑有二次防腐的功能，不锈钢箱体性能最好。光伏配电箱户外安装要达到 IP65 等级，室内安装要达到 IP21 等级，如果是在海边或者盐雾环境比较恶劣的地区，最好选用不锈钢箱体。电表视窗的透明板采用高强度、高透明、耐候性好的 PVC 材料。

（2）刀闸（隔离）开关

刀闸开关外形如图 3-67 所示，主要作为手动接通和分断交流电路，在电路中起隔离作用。刀闸（隔离）开关在分断时，触头间有符合规定要求的绝缘距离和明显的断开点，能起到安全提示的作用。

根据光伏并网相关要求，并网配电箱内必须要有一个物理隔离器件，使电路有明显断开点，以便在检修和维护的情况下，保证操作人员的安全。这个器件叫隔离开关，一般选用刀闸开关。断路器（空气开关）虽然也能起到隔离作用，但由于结构的原因有可能被击穿或失灵，因此不宜在此使用。只有刀闸开关和隔离开关，才能明显直观地彻底断开回路。

图 3-67　刀闸开关外形

由于刀闸开关没有灭弧能力，只能在电路没有负荷电流的情况下分、合电路，所以在送电操作时，要先合刀闸开关，后合同一回路的断路器或负荷类开关；在断电操作时，要先断开断路器或负荷类开关，后断开隔离开关。

在刀闸开关的设计选型时，一般额定电流要≥同回路主断路器额定电流，或大于回路最大负载电流的 150%。额定电压要大于回路标称电压的 1.1 倍。

（3）自复式过/欠电压保护器

自复式过/欠电压保护器如图 3-68 所示，是常用的一种保护开关，主要应用于低压配电系统中，当线路中过电压和欠电压超过规定值时能自动断开，并能自动检测线路电压，当线路中电压恢复正常时能自动闭合。自复式过/欠电压保护器和逆变器自动过/欠电电压保护功能形成双层防孤岛保护，选型时要求自复式过/欠电压保护器额定电流≥主断路器额定电流。

（4）断路器

断路器（俗称空开）在线路中主要起到过载、短路保护作用，同时起到正常情况下不频繁开断线路的作用。主要技术参数是额定电流和额定电压，额定电流取逆变器交流侧最大输出电流的 1.2~1.5 倍，常见规格有 16A、25A、32A、40A、50A 和 63A 等。额定电压有单

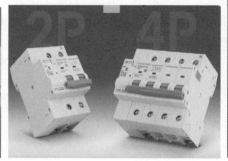

a)　　　　　　　　　　　b)　　　　　　　　　　　c)

图 3-68　各种过/欠电压保护开关

a）自复式过/欠电压保护器（25~63A）　b）自动重合闸断路器（30~125A）　c）自动重合闸漏电保护器（80~630A）

相 230V 和三相 400V 等。

（5）防浪涌保护器

又称防雷器，当电气回路或者通信线路中因为外界的干扰突然产生尖峰电流或者电压时，浪涌保护器能在极短的时间内导通分流，从而避免浪涌对回路中其他设备的损害。选型规则，最大运行电压 $U_c > 1.15U_0$，U_0 是低压系统相线对中性线的标称电压，即相电压 220V。单相一般选择 275V，三相一般选择 440V，标称放电电流选 $I_n = 20\text{kA}$（$I_{max} = 40\text{kA}$）。

（6）浪涌保护断路器

当通过浪涌保护器的涌流大于其 I_{max} 时，浪涌保护器将被击穿而失效，从而造成回路的短路故障，为切断短路故障，需要在浪涌保护器上端加装断路器或熔断器。断路器或熔断器的电流根据浪涌保护器的最大电流选择，一般 $I_{max} < 40\text{kA}$ 的宜选 20~32A 的，$I_{max} > 40\text{kA}$ 的宜选 40~63A 的。

浪涌保护器上端的保护器件可选用熔断器和断路器。熔断器的特点是有反时限特性的长延时和瞬时电流两段保护功能，分别作为过载和短路防护用，就是因雷击保护熔断后必须更换熔断体。用断路器的特点是有瞬时电流保护和过载热保护，因雷击保护断开后，可以手动复位，不必更换器件。常用并网箱电路原理如图 3-69 所示。

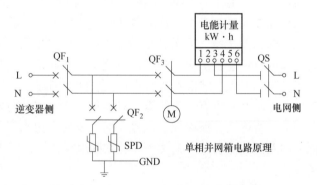

单相并网箱电路原理

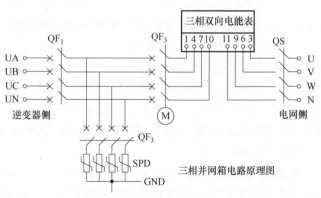

三相并网箱电路原理图

图 3-69　常用并网箱电路原理图

3.4　升压变压器与箱式变电站——能量变换的利器

　　小容量的分布式光伏发电系统一般都是采用用户侧直接并网的方式，接入电压等级为0.4kV 的低压电网，以自发自用为主，不向中高压电网馈电。容量几百千瓦以上的分布式光伏发电站往往都需要并入中高压电网，逆变器输出的电压必须升高到跟所并电网的电压一致，才能实现并网和电能的远距离传输。实现这一功能的升压设备主要是升压变压器以及由升压变压器和高低压配电系统组合而成的箱式变电站。

3.4.1　升压变压器与箱式变电站的原理结构

1. 升压变压器

　　光伏电站使用的升压变压器是将逆变器输出的低压交流电升压到并网点处高压交流电的升压设备。升压变压器从结构上可分为双绕组、三绕组和多绕组变压器；从容量大小上可分为小型（630kV·A 及以下）、中型（800~6300kV·A）、大型（8000~63000kV·A）和特大型（90000kV·A 及以上）变压器；从冷却方式上可分为干式和油浸式变压器（见图 3-70），也就是说两者的冷却介质不同，后者是以变压器油作为冷却及绝缘介质，前者是以空气作为冷却介质。油浸式变压器是把由铁心及绕组组成的器身置于一个盛满变压器油的油箱中。干式变压器是把铁心和绕组用环氧树脂浇注包封起来，也有一种现在用得多的是非包封式的，绕组用特殊的绝缘纸再浸渍专用绝缘漆等，起到防止绕组或铁心受潮。

图 3-70　干式和油浸式升压变压器外形图

　　干式变压器因为没有变压器油，相对轻便，易搬运，大多应用在需要防火防爆的场所，如大型建筑、高层建筑等场所，可安装在负荷中心区，以减少电压损失和电能损耗。但干式变压器价格高，体积大，防潮防尘性差，而且噪声大。

　　油浸式变压器造价低、维护方便，具有容量大、负载能力强和输出稳定的优势，但是油冷系统有可燃、可爆风险，万一发生事故会造成变压器油泄露、着火等，大多应用在室外场合。

　　油浸式升压变压器一般为整体密封结构，没有储油柜。变压器在封装时采用真空注油工艺，完全去除了变压器中的潮气，运行时变压器油不与大气接触，有效地防止空气和水分浸入变压器而使变压器绝缘性能下降或变压器油老化，变压器箱体要具有良好的防腐能力，要能有效地防止风沙和沿海盐雾的侵蚀。变压器器身与冷却油箱为紧密配合，并有固定装置。高低压引线全部采用软连接，分接引线与无载分接开关之间采用冷压焊接并用螺栓紧固，其他所有连接（线圈与后备熔断器、插入式熔断器、负荷开关等）都采用冷压焊接，紧固部分带有自锁防松措施，变压器能够承受长途运输的震动和颠簸，到用户安装现场后无需进行常规的吊芯检查。

光伏发电升压站主升压变压器选型时要优先选用能够自然冷却的干式、低损耗、无励磁调压型电力变压器，当无励磁调压电力变压器不能满足电力系统调压要求时，要选用有载调压电力变压器。主变压器容量要根据光伏电站的最大连续输出容量确定，就近选用标准容量产品。

就地升压变压器也要优先选用自然冷却、低损耗的无励磁调压型电力变压器，容量要根据光伏方阵单元接入的最大输出功率确定。就地升压变压器可根据需要选择双绕组或双分裂变压器，升压变压器的变压比需要与逆变器交流输出电压相匹配，具体选择方法可参看4.3.5节中光伏逆变器选型相关内容。

升压变压器低压侧一般采用断路器自带保护，高压侧一般采用负荷开关加熔断器，作为过载及短路保护。图 3-71 所示为一台 35kV 变 110kV 的升压变压器外形图。

2. 高压配电系统与箱式变电站

高压配电系统是指在高压电网中，用来接受电力和分配电力的电气设备的总称，是变电站电气主线路中的开关电器、保护电器、测量电器、母线装置和辅助设备按主线路要求构成的配电总体。其作用一是在正常情况下用来交换功率和接受、分配电能；发生事故时迅速切除故障部分，恢复正常运行；二是在个别设备检修时隔离检修设备，不影响其他设备的运行。其中开关电器包括断路器、负荷开关、隔离开关等；保护电器包括熔断器、继电器、避雷器等；测量电器包括互感器、电压表、电流表等。

图 3-71　35kV 变 110kV 的升压变压器外形图

箱式变电站也叫组合式变电站、预装式变电站和落地式变电站等，主要由高压配电室、升压变压器室和操作室（低压配电室）三部分组成，是一种把高压开关设备，配电变压器，低压开关设备，电能计量设备和无功补偿装置等按一定的接线方案组合在一个或几个箱体内的紧凑型成套配电装置，结构如图 3-72 所示。箱式变电站通常分为欧式箱变和美式箱变，也有在欧式箱变外观和结构基础上改进后称为中式箱变。欧式箱变在外表看不到设备或部件，造价也较高，一般用在人员较多，考虑美观性和安全性的场合；美式箱变结构紧凑、成本较低，往往会有部分变压器设备露在外面，一般适合用在环境偏僻，人员稀少的场合。图 3-73 就是一款 10kV 美式箱变电站实体图。

箱式变电站是一个防潮、防锈、防尘、防鼠、防火、防盗、保温、隔热、全封闭、可移动的箱式电力设备，具有低压配电、变压器升压、高压输出的功能，一般可安装 2000kV·A

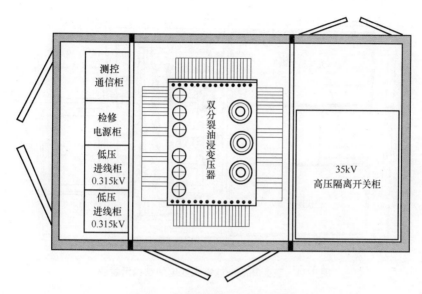

图 3-72　箱式变电站结构示意图

及以下容量的变压器。箱式变电站有无焊接拼装式、集装箱式结构和框架焊接式结构等，具有占地面积小、选址灵活、施工周期短、能深入场站中心等优点。

图 3-74 所示为一款逆变升压一体箱式变电站结构示意图，供选型或设计时参考。这种逆变升压一体变电站方式，将逆变升压、中压配电及监控系统高度集成，采用集装箱形式设计，方便运输安装和维护，可缩短施工周期，降低施工费用，提高系统效率，单台系统容量最大可达 2.5MW。

图 3-73　10kV 美式箱变电站实体图

3. 开关柜

开关柜又叫成套开关或成套配电装置，是高低压电力系统的主要电力控制设备，也是箱式变电站中的主要配套设备。开关柜根据工作电压等级分为低压开关柜（3kV 以下）、中压开关柜（3~35kV）和高压开关柜（35kV 以上），开关柜将光伏发电系统有关的高低压电器，包括控制电器、保护电器、测量电器以及母线、绝缘子、载流导体等装配在封闭的或敞开的金属柜体内，在发电、输电、配电、电能转换和消耗中起通断、控制和保护作用。当光伏发电系统正常运行时，通过开关柜能切断和接通线路及各种电气设备的负载电流；当系统发生故障时，它能和继电保护配合，迅速切除故障电流，以防止事故范围扩大。

4. SVG 无功补偿柜

SVG 无功补偿柜可以根据电网系统变化和控制目标要求，在很短的时间内动态连续调节无功输出，对电网系统进行补偿。SVG 是电压源变流器，通过变压器或者电抗器并联到

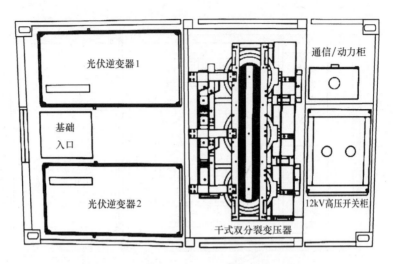

图 3-74 逆变升压一体箱式变电站结构示意图

电网上，通过调节电压源变流器交流侧输出电压的幅值和相位就可以使变流器输出连续变化的容性或者感性无功电流。SVG 工作原理示意如图 3-75 所示。

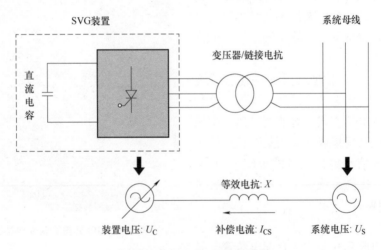

图 3-75 SVG 工作原理示意图

3.4.2 配电柜的结构设计与位置确定

光伏电站的配电（室）要合理布局，安排好控制器和逆变器及交、直流配电柜的位置，做到布局合理、接线可靠、测量方便。如果是并网系统，还要考虑电网连接位置及进出线方式等。在利用现有配电室或配电系统进行并网时，考虑到配电系统安全和成本，在满足电力系统接入要求的前提下，尽量不改造原有的配电系统。

对于重要的和比较复杂的光伏发电系统，应当画出系统结构的平面或立体布置图。MW级以上的分布式发电系统一般都采用分单元、模块化的布置方式，单元模块的容量需结合逆变器和升压变压器的配置选取，一般选择 1MW（2 个 500kW 逆变器+1 个分裂升压变压器）

为一个模块单元，最多不宜超过 2MW。逆变升压配电室一般都是就地布置在整个光伏方阵单元模块的中部，如图 3-76 所示，并且要靠近主要通道处。逆变升压配电室布置在光伏方阵单元模块中部是为了尽量缩短光伏方阵汇流直流线缆的敷设长度，进而降低直流线损、减少投资。靠近主要通道是为了方便设备安装及检修。

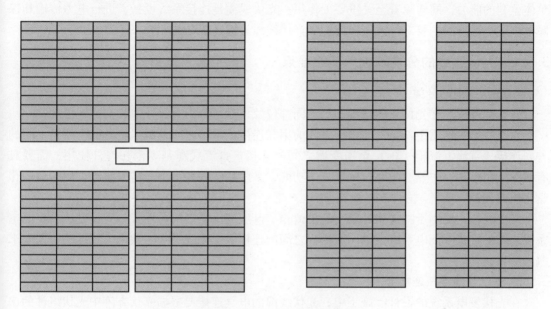

图 3-76 逆变升压配电柜位置

3.4.3 并网变压器的容量确定

光伏发电并网，有通过现有公共变压器并网和使用专用变压器并网两种方案，如果通过现有的公共降压变压器并网，根据国家电网公司《光伏电站接入电网技术规定》中相关要求，光伏电站总容量不宜超过上一级变压器供电区域内的最大负荷的 25%，这主要是从电网安全角度考虑的。因为光伏发电受天气和环境影响，输出功率不稳定，需要电网提供强大的平衡能量，而这些能量需要变压器高低压绕组的电磁交换来提供，25% 这个比例是一个比较保守的安全值。在 2018 年 3 月实施的国家标准 GB/T 33342—2016《户用分布式光伏发电并网接口技术规范》中，取消了不高于接入变压器容量 25% 的规定。新标准虽然放宽了对接入变压器容量的限制，但不等于是可以无限制的接入，为保证电网安全稳定运行，建议不超过变压器容量的 80%。另外在农村地区，单相并网比较多，要尽量均衡每一相的并网功率容量，保持三相平衡。

如果通过光伏专用变压器并网，变压器没有别的负载，主要考虑的因素就是逆变器的额定输出功率不能超过变压器的容量。而逆变器额定输出功率又与光伏方阵的容量、安装倾角和方位角，以及天气条件，逆变器安装场所等多种因素有关，光伏逆变器额定输出功率一般是光伏方阵容量的 90% 左右，变压器的功率因数一般在 0.9 左右，所以确定变压器容量时，一般要求是变压器容量与相对应的逆变器额定输出功率的 1.0∶0.9 或 1∶1 配置。

3.5　光伏线缆——输送能量的血脉

在光伏发电系统中，配套连接的光伏线缆材料对光伏电站系统运行的安全性、高效性及整体盈利的能力，同样起着至关重要的作用。光伏线缆是连接系统设备、进行电力传输和保障系统安全运行的主要部件，所以我们称光伏线缆为输送能量的血脉。

3.5.1　光伏线缆的分类及电气连接要点

1. 光伏线缆的分类

光伏线缆按照在光伏发电系统中的不同部位及用途可分为直流线缆和交流线缆。

直流线缆主要用于：组件与组件之间的串联连接；组串之间及组串至直流汇流箱之间的并联连接；直流汇流箱（柜）至逆变器之间的连接。直流线缆基本都在户外使用，需要具有耐潮、耐暴晒、耐热、耐寒、抗紫外线功能，某些特殊的环境下还需要耐油、耐酸碱等化学物质的侵蚀。

交流线缆主要用于：逆变器至交流汇流箱、升压变压器之间的连接；升压变压器至配电系统之间的连接；配电系统至电网或用户之间的连接。交流线缆与一般电力线缆的使用要求基本一致。

2. 光伏线缆电气连接要点

在光伏发电系统的设计、施工中，光伏线缆的电气连接要根据光伏方阵中光伏组件的串并联要求，确定光伏组件的连接方式，合理安排组件连接线路的走向，确定直流汇流箱各分箱和总箱的位置及连接方式，尽量采用最经济、最合理的连接途径。

在光伏线缆选型上，要根据光伏发电系统各部分的工作电压和工作电流，选择合适的连接电缆电线及附件。

对于比较重要的或大型的工程，要画出电气连接原理与结构示意图，以便在安装施工及以后的运行维护和故障检修时参考。

3.5.2　光伏线缆和连接器的选型

1. 认识直流线缆

光伏系统使用的直流线缆，是专为光伏发电直流配电系统设计的单芯、双芯多股软线缆。由于光伏发电系统的发电效率不是很高，在实际应用时又会有不少的电能损耗在输电线路上，不能使光伏发电得到最大化的利用，因此，直流线缆的合理选用对提高光伏发电利用率，减少线路损耗至关重要。光伏直流线缆使用双层绝缘外皮，其绝缘层及护套均使用辐照交联聚烯烃材料，导体采用多股绞合镀锡软铜线，其耐压等级为1000V，最高允许电压为1800V，常规截面积有 $1.5mm^2$、$2.5mm^2$、$4.0mm^2$、$6.0mm^2$、$10mm^2$、$16mm^2$、$25mm^2$、$35mm^2$、$50mm^2$、$70mm^2$、$2×35mm^2$、$2×50mm^2$、$2×70mm^2$、$2×95mm^2$ 等，外形如图 3-77 所示，要求能承载超强的机械负荷，具有良好的耐磨、耐高温、耐候特征，具有超常的使用寿命。直流线缆的基本特性有：

1）使用温度 $-40 \sim +90℃$；

2）参考短路允许温度可达 $5s+200℃$；

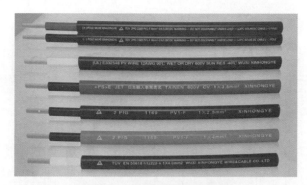

图 3-77　光伏直流线缆外形图

3）绝缘及护套交联材料高温下使用不融化、不流动；

4）耐热、耐寒、耐磨、抗紫外线、耐臭氧、耐水解；

5）有较高的机械强度，防水、耐油、耐化学药品；

6）柔软易脱皮、高阻燃。此外，选用的光伏线缆还应通过 TUV、UL 等的产品质量认证。

2. 光伏线缆的选型

光伏发电系统中使用的线缆，因为使用环境和技术要求的不同，对不同部件的连接有不同的要求，总体要考虑的因素有线缆的导电性能、绝缘性能、耐热阻燃性能、抗老化抗辐射性能及线径规格（截面积）及线路损耗等。同时在系统设计安装过程中，还应优化设计，采用合理的电路分布结构，使线缆走向尽量短且直，最大限度地降低线路损耗电压，实现光伏发电电能的最大利用率，具体要求如下：

1）首先线缆的耐压值选择要大于系统的最高电压。如 380V 输出的交流线缆，就要选择 450/750V 耐压值的线缆。直流系统一般要选择耐压 1000V 或 1500V 的线缆。

2）组件与组件之间的连接线缆，一般使用组件接线盒附带的连接线缆直接连接，长度不够时还可以使用延长线缆连接，如图 3-78 所示，延长线缆的截面积一般与组件自带线缆的截面积相同即可，如果是两串及多串光伏组串的并联后延长，则线缆截面积要根据实际载流量相应加大。依据组件功率大小（最大短路电流）的不同，该类连接线缆截面积有 $2.5mm^2$、$4.0mm^2$、$6.0mm^2$ 三种规格。

3）光伏组串或方阵与直流汇流箱之间的连接线缆，也要使用通过 UL 测试或 TUV 认证的直流线缆，截面积将根据方阵输出的最大短路电流而定。

4）在有二次汇流的光伏发电系统中，直流汇流箱到直流汇流柜之间的直流线缆，其截面积一般根据直流汇流箱的汇集路数和每一路的最大短路电流乘积的 1.25 倍确定。

5）在有储能蓄电池的系统中，蓄电池与控制器或逆变器之间的连接线缆，要求使用通过 UL 测试或 TUV 认证的多股软线，尽量就近连接。选择短而粗的线缆可使系统减小损耗，提高效率，增强可靠性。

6）交流线缆可按照一般交流电力线缆的选型要求选择。重点注意在光伏发电系统中存在不同的电压接入等级，一般有 0.4kV、0.5kV、10kV、35kV、110kV 等，需根据不同的电压接入等级，选择相应电压等级的线缆。对同一电压等级的线缆，应根据流过电流的大小选择不同载流量的电缆。另外在线缆选型时，还要依据线缆的敷设方式进行选择。例如在 10kV 及以上电压等级中，依据是否架空、是否地埋、是否走桥架、敷设距离远近等具体情

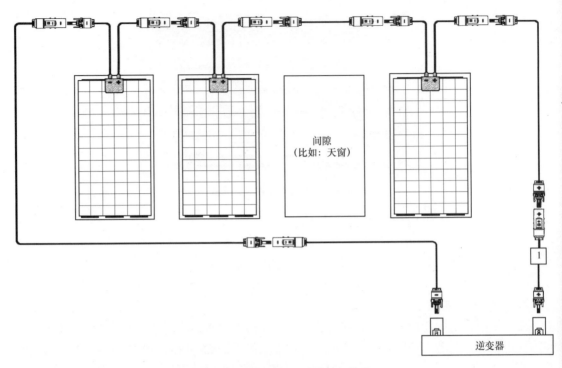

图 3-78　组件延长线缆使用示意图

况，考虑选择铜芯还是铝芯线缆，带铠甲还是不带铠甲线缆等。

表 3-13 是 10~400kW 光伏发电系统系统不同功率交流线缆和开关配置表，供设计时参考。

表 3-13　10~400kW 光伏发电系统系统不同功率交流线缆和开关配置表

逆变器功率、数量	交流电缆	交流开关	逆变器功率、数量	交流电缆	交流开关
10kW、1 台	2.5mm²	20A	12kW、1 台	2.5mm²	20A
15kW、1 台	2.5mm²	25A	20kW、1 台	4mm²	32A
25kW、1 台	6mm²	40A	30kW、1 台	10mm²	50A
33kW、1 台	10mm²	63A	40kW、1 台	16mm²	80A
50kW、1 台	25mm²	100A	60kW、1 台	35mm²	100A
70kW、1 台	50mm²	120A	80kW、1 台	50mm²	160A
85kW、1 台	50mm²	160A	90kW、1 台	50mm²	200A
80kW、2 台	120mm²	315A	160kW、1 台	120mm²	315A
200kW、1 台	150mm²	350A	215kW、1 台	150mm²	350A
80kW、3 台	70mm²×2	400A	100kW、3 台	120mm²×2	500A
80kW、5 台	150mm²×2	630A	215kW、2 台	150mm²×2	630A

目前，市场上出现了一种采用铝合金材料的新型电力线缆，这种线缆具有良好的机械性能、电性能和经济性，是高电压、大截面、大跨度架空输电的必选材料，这种线缆在截面积提高到铜线缆截面积的 150% 时，其电气性能与铜线缆基本一致，而且相同载流量的铝合金线缆，成本比铜线缆节省约 2/3。因此可以考虑在光伏发电系统交流线缆选型时使用。表 3-14 是铜线缆、铝合金线缆和铝线缆接入不同功率逆变器时的推荐线径，供交流线缆选型时参考。

表 3-14　铜线缆、铝合金线缆和铝线缆选用推荐表

逆变器功率/kW	铜线缆（3 芯或 3+1 芯）/mm²		铝合金线缆（3 芯或 3+1 芯）/mm²		铝线缆（3 芯或 3+1 芯）/mm²	
	长度 0~100m	长度 100~200m	长度 0~100m	长度 100~200m	长度 0~100m	长度 100~200m
20	10	16	10	16	16	25
25	16	25	16	25	25	35
30	16	25	16	25	25	35
36	16	25	16	25	25	35~50
50	35	50	35	50	50	70
60	35	50	50	70	70	95
70	35	50	50	70	70	95
80	35	50	50	70	70	95
100	95	120	120	150	150	185~240

注：线缆选型还要结合现场敷设方式、敷设距离、是否汇流等实际情况综合考虑。

选择光伏线缆既要考虑经济性，又要考虑安全性，主要基于线缆的载流量和传输距离对压降、线损的要求。线缆截面积偏大，线损就偏小，但会增加线路投资；线缆截面积偏小，线损就偏大，满足不了载流需要，而且安全系数也小。在光伏线缆的选型中，最好的办法就是按照线缆的经济电流密度来选择电缆的截面积。

各部位光伏线缆截面积依据下列原则和计算方法确定。

组件与组件之间的连接线缆、蓄电池与蓄电池之间的连接线缆、交流负载的连接线缆，一般选取的线缆额定电流为各线缆中最大连续工作电流的 1.25 倍；光伏方阵与方阵之间的连接线缆、汇流箱与逆变器之间的连接线缆，一般选取的线缆额定电流为各线缆中最大连续工作电流的 1.5 倍。另外，考虑温度对线缆性能的影响，线缆工作温度不宜超过 30℃，线路的电压降不宜超过 2%。线缆的截面积一般可用以下方法计算：

$$S = \rho L I / 0.02U$$

式中，S 为线缆截面积，单位是 m²；ρ 为电阻率，铜的电阻率 = 0.0176×10^{-6} Ω·m/m²（20℃），铝的电阻率 = 0.0283×10^{-6} Ω·m/m²（20℃）；L 为线缆的长度，单位是 m；I 为通过线缆的最大额定电流，单位是 A；$0.02U$ 为线缆的电压降，U 为额定工作电压。

表 3-15 是符合 TUV 和 UL 认证要求的光伏线缆性能参数表。

表 3-15 符合 TUV 和 UL 认证要求的光伏线缆性能参数表

性能参数	TUV	UL
额定电压	$U_0/U=600/1000\text{V AC}$，1800V DC	$U=600\text{V}$、1000V 及 2000V AC
成品电压测试	6.5kV AC，15kV DC，5min	$U=600\text{V}$ 18~10 AWG $U_0=3000\text{V}$，50Hz，1min 8~2 AWG $U_0=3500\text{V}$，50Hz，1min 1~4/0 AWG $U_0=4000\text{V}$，50Hz，1min $U=1000\text{V}$，2000V 18~10 AWG $U_0=6000\text{V}$，50Hz，1min 8~2 AWG $U_0=7500\text{V}$，50Hz，1min 1~4/0 AWG $U_0=9000\text{V}$，50Hz，1min
环境温度	−40~+90℃	−40~+90℃
导体最高温度	+120℃	/
使用寿命	≥25 年（−40~+90℃）	/
参考短路允许温度	200℃ 5s	/
耐酸碱测试	EN60811-2-1	UL854
冷弯实验	EN60811-1-4	UL854
耐日光测试	HD605/A1	UL2556
成品耐臭氧测试	EN50396	/
阻燃测试	EN60332-1-2	UL1581VW-1

表 3-16 是某品牌光伏线缆产品的技术参数与规格尺寸，供线缆选型时参考。

表 3-16 某品牌光伏线缆产品技术参数与规格尺寸

TUV 认证产品					
产品编号	导线截面积/ mm^2	导体结构/ (n/mm)	导体绞合 外径/mm	成品外径/mm	导体直流电阻 AT20℃/(Ω/km)	载流量 AT60℃/A
TUV150	1.5	30/0.25	1.58	4.90	13.7	30
TUV250	2.5	49/0.25	2.02	5.45	8.21	41
TUV400	4.0	56/0.30	2.60	6.10	5.09	55
TUA400	4.0	52/0.30	2.50	4.60	5.09	55
TUV600	6.0	84/0.30	3.20	7.20	3.39	70
TUVA10	10	84/0.40	4.60	9.00	1.95	98
TUVA16	16	128/0.40	5.60	10.20	1.24	132
TUVA25	25	192/0.40	6.95	12.00	0.795	176
TUVA35	35	276/0.40	8.30	13.80	0.565	218

（续）

UL 认证产品					
线规 AWG	标称截面/mm²	导体结构/ （n/mm）	600V 成品 线缆外径/mm	1000V 及 2000V 线缆外径/mm	导体直流电阻 AT20℃/（Ω/km）
18	0.823	16/0.254	4.25	5.00	23.2
16	1.31	26/0.254	4.55	5.30	14.6
14	2.08	41/0.254	4.95	5.70	8.96
12	3.31	65/0.254	5.40	6.20	5.64
10	5.261	105/0.254	6.20	6.90	3.546
8	8.367	168/0.254	7.90	8.40	2.23
6	13.3	266/0.254	9.80	10.30	1.403
4	21.15	420/0.254	11.70	11.70	0.882
2	33.62	665/0.254	13.30	13.40	0.5548
1	42.41	836/0.254	15.20	16.10	0.4398
1/0	53.49	1045/0.254	17.00	17.10	0.3487
2/0	67.43	1330/0.254	18.30	18.80	0.2766
3/0	85.01	1672/0.254	19.80	20.40	0.2194
4/0	107.20	2109/0.254	21.50	22.10	0.1722

表 3-17 是光伏系统接地专用线的技术参数与规格尺寸。

表 3-17　光伏系统接地专用线技术参数与规格尺寸

导线截 面积/mm²	外皮 颜色	导体结构 （n/d）	成品外径/mm	导体直流电阻 AT20℃/（Ω/km）	载流量 AT60℃/A	重量 /（kg/km）
0.5	黄绿	1/0.8	2.0	36.0	12	8.3
0.75	黄绿	1/0.97	2.17	24.5	15	10.87
1.0	黄绿	1/1.13	2.53	18.1	19	14.76
1.5	黄绿	1/1.38	2.78	12.1	22	19.94
2.5	黄绿	1/1.78	3.38	7.41	30	31.55
4.0	黄绿	1/2.25	3.85	4.61	39	46.50
6.0	黄绿	1/2.75	4.35	3.08	50	65.80
10	黄绿	7/1.34	6.05	1.83	70	116.77
16	黄绿	7/1.68	7.10	1.15	94	175.77
25	黄绿	7/2.14	8.85	0.727	124	281.25
35	黄绿	7/2.52	9.96	0.524	154	379.29

另外，线缆外皮的颜色表明了它的不同功能。设计施工要了解和遵守常规线缆的色彩标记规则，确保安装使用的正确，同时便于以后的运行维护和故障排除。常用线缆的色彩标记

规则见表3-18。

表3-18 常用线缆的色彩标记规则

直流线缆		交流线缆	
颜色	用途	颜色	用途
棕色	正极	黄、绿、红色	相线（A、B、C）
蓝色	负极	淡蓝色	中性线（零线）
黄绿色	安全接地	黄绿色	安全接地
		黑色	设备内部布线

3. 光伏连接器

光伏连接器是光伏方阵线路连接的一个很重要的部件，这种连接器不仅应用到接线盒上，在光伏电站中很多需要接口的地方都会大量使用到连接器，如组件接线盒输出引线接口、延长电缆接口、汇流箱输入输出接口、逆变器直流输入接口等，光伏连接器外形如图3-79所示。每个接线盒用一对连接器，每个汇流箱根据设计一般用8~16甚至24对连接器，而逆变器也会用到2~4对或者更多，组件方阵组合用延长电缆也会用到一定数量的连接器，一般1MW的光伏发电系统，大约会用到3000套连接器。

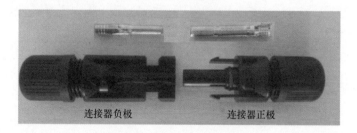

连接器负极　　　　连接器正极

图3-79 光伏连接器外形图

光伏连接器的主要特性有：①简单、安全的安装方式；②良好的抗机械冲击性能；③大电流、高电压承载能力；④较低的接触电阻；⑤卓越的高低温、防火、防紫外线等性能；⑥强力的自锁功能，满足拔脱力的要求；⑦优异的密封设计，防尘防水等级达到IP67；⑧选用优良的树脂材料，能满足UL94-V0阻燃等级。

在光伏组件生产过程中，连接器是一个很小的部件，成本占比也很小（<0.5%），特别是在整个光伏电站建设中，连接器更是一个不引人关注的小细节，甚至大家都认为，连接器就是一对插头插座，能通电就行。但在近几年的电站建设中却因为连接器引发了很多问题，如：接触电阻变大、连接器发热、寿命缩短、接头起火、连接器烧断、组件串断电、接线盒失效、组件漏电等，轻则影响发电效率，增加维护工作量，重则造成工程返工、组件更换，甚至酿成火灾。

为此在光伏组件的制造过程中和光伏电站的设计施工过程中，要重视接线盒及连接器的选择，优先选用国内外知名品牌和有各种检测认证的产品，并要考虑和其他设备连接器的兼容问题，最好都统一使用同一品牌型号的连接器产品，否则会因为不同厂家的连接器生产技术和产品材料的差异、生产过程控制和质量标准的差异、公差配合和原材料的差异等造成温度升高、接触电阻变化、接触不良、密封不严、拉拔力不够及IP防护等级无法保证等潜在隐患，严重时可能会导致起火，直接影响光伏系统的安全和发电效率，甚至影响到投资回报率。因此，UL1703 和 IEC 62548 标准都明确规定，不同厂商的连接器不允许互插。

评价连接器好坏的核心指标是公母连接器对插之后的接触电阻，一个高质量的连接器必须具有很低的接触电阻，同时能够长期保持接触电阻性能稳定不变。根据光伏连接器最新国际标准 IEC 62852 要求，公母对插后的接触电阻不能大于 $5m\Omega$，这个数据为最低标准，不同品牌连接器的接触电阻值取决于厂商的生产技术水平。瑞士公司 Multi-Contact 是光伏连接器的开拓者之一，其产品 MC3 和 MC4 光伏连接器几乎成了国内企业模仿的样板。而该公司连接器真正的核心技术是使用 Multilam 技术对连接器中的公针和母针之间进行气密性连接。铜合金接触带由无数个 Multilam 叶片组成，通过恒定的弹性压力和专利设计，导电触点的多点接触使每个 Multilam 叶片形成一个独立、弹簧式功率桥，以改善电连接和能量传输质量，使连接器具备持续低的接触电阻，确保光伏发电系统安全和长期稳定运行。

劣质的连接器往往用回收材料制作，一是缺乏抗紫外线和环境气候变化能力，使用寿命不能和光伏组件相辅相成；二是接触电阻大，会降低发电效率，消耗电能。过高的接触电阻可能导致连接器过热而融化、燃烧甚至引发火灾。另外在施工现场进行线缆压接时，一定要使用连接器专用压接钳，并且规范化操作，保证线缆压接牢固可靠、接触良好。

典型的光伏连接器主要技术参数为

额定电压：1000V DC	额定电流：30A
接触电阻：$\leq 1m\Omega$	安全等级：class II
温度范围：$-40 \sim +85℃$	防护等级：IP67
线缆范围：2.5mm^2 4mm^2	主要材料：PPE、PC/PA
导体材料：紫铜镀锡	阻燃等级：UL94-V0

3.6 系统监测装置——光伏发电的守护神

光伏发电系统的监控测量装置是光伏发电系统的管理服务平台，可对光伏组件方阵、直流/交流汇流箱、逆变器、交直流配电柜、升压变压器等各种设备及电站周边环境、气象状况等进行实时监测和控制。系统监测装置通过各种样式的图表及数据快速掌握光伏系统的运行情况，用友好的用户界面、强大的分析功能、完善的故障报警确保光伏发电系统的安全可靠和稳定运行。小型并网光伏发电系统可配合逆变器对系统进行实时持续的监视记录和控制、系统故障记录与报警以及各种参数的设置，还可通过有线或无线网络进行远程监控和数据传输。中大型并网光伏发电系统的管理平台则要通过现代化物联网技术、人工智能及云端大数据分析技术等实现光伏发电系统的智能化数据监测和运维管理。

3.6.1 系统监测装置的主要功能

光伏发电系统监测装置一般都具有下列功能。

1. 实时监测功能

1）可实时采集、监测并显示光伏发电系统的当前发电总功率、日总发电量、累计总发电量、累计 CO_2 总减排量等数据。

2）可实时采集、查看并显示每台逆变器的运行参数，如逆变器直流侧的直流电压、电流和功率；交流侧的交流电压、电流、功率和频率；交流侧的有功功率、无功功率、视在功率及功率因素的大小；单台逆变器的日发电量、累计发电量、累计 CO_2 减排量、日运行时间、总运行时间、每日发电功率曲线等。

3）通过光伏电站配备的环境检测系统，可实时采集和显示环境温度、环境湿度、超声波风向风速、组件温度、太阳辐射强度等参数。

4）可实时采集并显示智能直流汇流箱工作状态及输入到汇流箱的各光伏组串支路的输入电流。

5）可对箱式变压器及电能质量监测仪的运行数据进行查询和显示。

2. 故障信息的存储和查看功能

当光伏发电系统出现故障时，监控测量系统可存储和查看发生故障的相关信息、发生故障的原因及发生故障的时间。可存储和查看的故障信息主要有：电网电压过高或过低；电网频率过高或过低；直流侧电压过高或过低；逆变器过载、过温或短路；逆变器风扇故障及散热器过热、逆变器"孤岛运行"、逆变器软启动故障等；系统紧急停机、通信失败、环境温度过高等。

3. 历史数据查询功能

如气象仪数据查询、逆变器数据查询、汇流箱数据查询、箱式变压器数据查询、开关柜数据查询、电能质量监测仪数据查询、智能电表数据查询等。

4. 日常报表的统计

通过监测系统可以获得发电量报表、逆变器运行日报表、周报表、月报表等。

5. 运行图表分析

通过监测系统可以进行发电量与辐射量对比分析图表、光伏方阵输出功率与太阳辐射强度对比图表、日负荷曲线图表等。

常见的监测系统运行显示界面如图 3-80 所示，上级管理或运维中心的大屏幕显示界面如图 3-81 所示。光伏发电系统的各种运行数据通过 RS485 接口等与监控测量系统主机中的数据采集器连接。

图 3-80　光伏发电监控测量系统显示界面

图 3-81　管理或运维中心大屏幕显示界面

3.6.2　系统监测装置的应用

1. 户用及小型工商业光伏发电系统的应用

目前，用于分布式光伏发电系统的并网逆变器也都自带了监控测量系统，以监控棒或监控盒的形式直接连接到逆变器主机上，并可通过 CAN、RS485、WiFi 及 GPRS 等多种通信方式进行数据传输，其中 WiFi 及 GPRS 监控软件可通过电脑软件，也可在手机 APP 中下载，通过电脑或手机就可以随时随地直接查看光伏发电系统的发电状况，进行实时监控。

图 3-82 所示为一种能直接插接到逆变器的 WiFi 或 GPRS 数据采集及无线通信模块外形图。

图 3-82　监控数据采集器外形图

图 3-83 所示为分布式光伏发电系统的几种监控方式示意图。其中以太网监控方式就是通过网线将逆变器和路由器连接起来，逆变器通过路由器所连接的互联网络数据上传到服务器，然后通过电脑或者手机查看逆变器的运行状态，读取发电数据。WiFi 监控方式是通过无线网络将逆变器和无线路由器连接起来，逆变器通过路由器所连接的互联网将数据上传到服务器。GPRS 监控方式就是通过 GPRS 模块内置的 GSM 卡，连接移动或联通的通信基站，通过基站网络将数据上传到服务器，实现实时的监控逆变器运行状态。

在这几种监控方式中，以太网方式需要铺设网线，增加施工内容；WiFi 方式虽然采用无线连接，但距离较远或者隔墙时网络信号会不稳定，甚至短时间中断，不仅影响监测，还

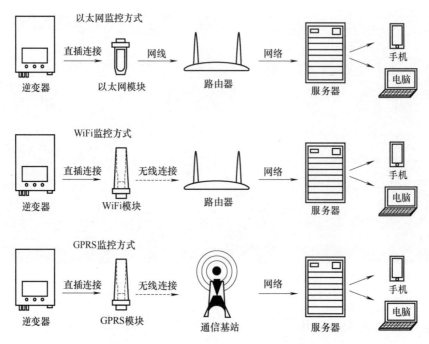

图 3-83　分布式光伏发电系统几种监控方式示意图

会造成一些虚假故障，给经销商的售后运维带来麻烦。GPRS 方式是在只要有 2G 以上手机信号覆盖的地方，GPRS 模块就能通过手机信号上传逆变器数据。GPRS 通信仅仅依靠 2G 网络就可以实现，应用场合基本不受限制，但 GPRS 每个月会产生少量的流量费用。在实际使用中，究竟采用哪一种监控方式，还是要根据现场实际环境和设施，因地制宜，合理选择。

2. 大容量光伏电站的应用

在一些较大容量的分布式光伏电站、农村乡镇光伏扶贫电站及大型地面电站等，将通过如图 3-84 和图 3-85 所示的智能管理平台进行系统的监控测量和运维管理。在智能管理平台中，数据采集主要通过逆变器、直流汇流箱、直流、交流配电柜、计量电表、环境检测仪等，通过数据通信协议，以有线或无线的方式将数据传输到数据采集器，然后通过网络接口存入大数据平台。数据存储服务器通过实时计算和离线计算，实时发出异常告警信息和分析历史数据，统一监控、管理电站和设备的运行状态和指标。异常告警信息及通过 web 系统、邮件、短信等方式实时提醒；指标分析和图文报表都可以在电脑、手机等终端进行及时查看。在运营管理中心还可以通过大屏幕实时监控电站运营情况。

当这些大容量光伏电站需要和第三方的集控平台通信时，光伏设备数据采集需要采用有线通信方式通过数据采集设备集中进行采集，原则上不允许使用 GPRS、4G 或 WiFi 等无线传输方式进行传输。光伏设备可以通过串口或以太网采用通用通信协议和数据采集设备通信。其中逆变器不仅可以使用 RS485 串口通信，也可以使用电力线载波通信（PLC 通信），目前 PLC 通信已经成为光伏电站的主流通信方式。经过数据采集设备的数据通过光纤上传至变电站或升压站的光纤环网总交换机，并通过通信管理机等网络设备送至监控系统。当光伏数据需要上传至集控中心时，一般通过远传通信管理机将数据送至集控中心前端数据接入服务器，前端数据接入服务器经过横向隔离、防火墙等网络安全设备后传输至后端数据发布

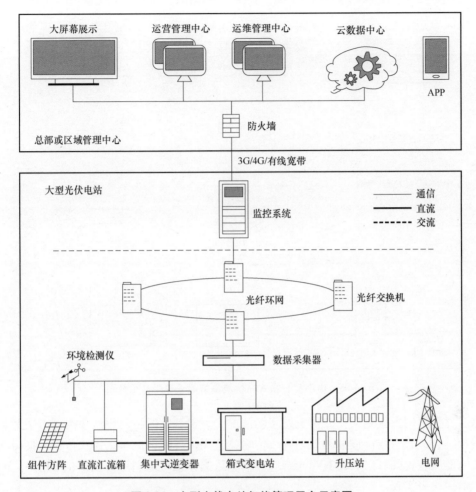

图 3-84　大型光伏电站智能管理平台示意图

服务器，最后经公网传输至集控中心服务器。

3. 测系统装置的组网方案及通信方式

在光伏发电监测装置中，根据不同的应用场合，按照监测装置通信组网方案的不同可以分为有线通信组网方案、无线通信组网方案和综合通信组网方案。

其中有线通信组网方案主要是将光伏电站相关设备的运行状态信息和测试数据信息通过 RS485 串口通信的方式传送到本地的数据采集器（或通信管理机），由数据采集器和环网交换机系统构成网络通信系统通过有线网络将数据传入本地监控系统计算机及服务器，进行数据信息的存储、处理和显示，并下发控制命令。同时本地监控系统服务器通过有线网络将汇总信息上传至远程的总部或区域管理中心的监控系统中。有线通信组网方案一般用在较大型的地面光伏电站系统中。

无线通信组网方案同有线通信组网方案不同的主要是本地监控系统服务器汇总信息要通过 3G/4G/GPRS 等无线通信网，传输至远程的总部或区域管理中心监控系统中。无线通信组网方案一般用在中小型分布式光伏电站系统中，尤其是一些光纤安装比较困难的、分布比较分散的山地、屋顶类光伏电站中。

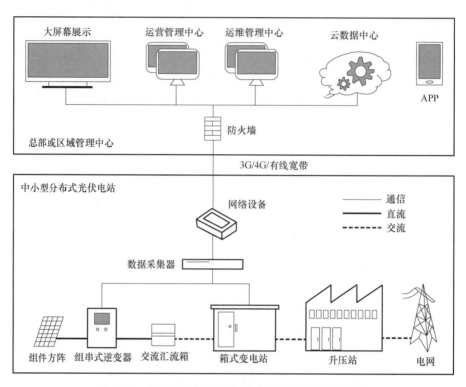

图 3-85　中小型分布式光伏电站智能管理平台示意图

综合通信组网方案是根据光伏电站现场情况，因地制宜的将利用有线组网方案和无线组网方案相结合，宜有线传输的区域则有线传输，宜无线传输的区域则无线传输，使得光伏发电系统的监测装置既可以利用有线光纤传输信息数据，也可以利用移动通信 GPRS、WiFi 等无线传输模块来实现。

目前常用的通信传输方式主要分为有线通信传输方式和无线通信传输方式两类。用电线或者光缆作为通信传导的通信方式叫作有线通信，如光纤通信、RS485 总线通信、电力线载波通信等。利用无线电波进行通信传导的通信方式叫作无线通信，如 WiFi、3G/4G 移动通信 GPRS、蓝牙等，具体介绍如下：

1）光纤通信。光纤通信是一种以光波作为信息载体，以光导纤维作为传输介质的先进的通信方式。

2）RS485 总线通信。总线传输方式是连接智能设备和自动化系统的数字化双向传输、多分支结构的通信网络，一对数据线可以连接多台设备，使通信简单化。RS485 串行接口最多可支持 64~256 个发送/接收器，最远传输距离为 2.3km，最高传输速率为 2.4Mbit/s。监控系统通过 RS485 总线进行数据采集后，与本地主控计算机直接通信，本地主控计算机又接入互联网，从而实现异地的监控。RS485 总线传输方式适用于项目容量大，逆变器数量多的系统中。

3）电力载波通信。电力载波通信就是利用原有电力传输电缆进行通信数据和指令的传输，不用另外设置专用线路，其基本原理是将信号和指令调制为高频信号并加载在电力传输中。而在接收端通过信号采集设备及滤波装置等将信号及指令解调并发送至信号处理或指令执行单元。

电力载波通信在光伏发电监测系统应用中，相比其他通信方式，能有效降低系统通信的复杂程度、减少线缆铺设成本和后期运维投入，应用比较广泛。但电力线载波通信数据传输速率较低，容易受到非线性失真、信道间交叉调制等各种干扰的影响。

4）GPRS 通信。GPRS 通信主要借助微波站或人造卫星的中继传输技术。如申请移动通信 GSM/GPRS 的数据通信流量卡，利用移动通信基站专用的通信信号频段进行信号传输。利用 3G 以上的移动通信技术，无线远程监控不仅传输稳定，还可以实现音频和视频数据的海量传输。

5）WiFi 通信。在小型光伏发电系统中，逆变器数量较少，逆变器可以通过 WiFi 模块进行数据传输，目前 WiFi 已经走进千家万户，利用场区或客户已有的 WiFi 完成通信，快捷方便，没有流量费用。

表 3-19 是各种通信方式的优点及适用场景对比，供大家参考。

表 3-19　各种通信方式的优点及适用场景对比表

序号	通信方式	配件或设备	优点	适用场景	成本
1	WiFi	WiFi 模块	无需布线	逆变器数量较少的有网络场区	没有其他费用
2	蓝牙	蓝牙模块	无需布线 无需搭建网络	可以实现无显示屏逆变器通过手机本地查看	没有其他费用
3	GPRS/4G	GPRS 模块	无需布线 无需搭建网络	场区位置偏远或布线不方便	后期 GPRS 流量费用
		4G 模块	无需布线 信号稳定	场区位置偏远或布线不方便	后期 4G 流量费用
4	RS485	数据采集器	信号稳定 配置简单	逆变器数量多，易于布线的项目	数据采集器和 RS485 线缆
		网络交换机	信号稳定 配置简单 无信号串扰	逆变器数量多，易于布线的项目	网络交换机和 RS485 线缆
5	PLC	PLC 通信机+光纤通信机	无需布 RS485 线缆，配置简单	适用于升压并网的地面电站和工商业电站	PLC 通信机+光纤通信机
6	PLC+4G LTE	PCL 通信机	无需布 RS485 线缆和光纤环网	适用于升压并网的地面电站和工商业电站	PLC 通信机+4G CPE

3.7　光伏方阵基础——坚如磐石的保证

3.7.1　方阵基础类型

光伏方阵基础主要有混凝土浇筑独立基础、混凝土浇筑配重块基础、混凝土浇筑条形基础、金属螺旋地桩基础、微孔灌注钢管基础、灌注桩基础及预制桩基础等几类，如图3-86所示。这几种基础都具有稳固、可靠的优点，可以根据电站设计安装要求及建设场地地质土壤情况等选择应用，表3-20列出了各种岩土条件下的适用基础一览表，供设计选型时参考。图3-87所示为几种光伏方阵基础的实体应用图。

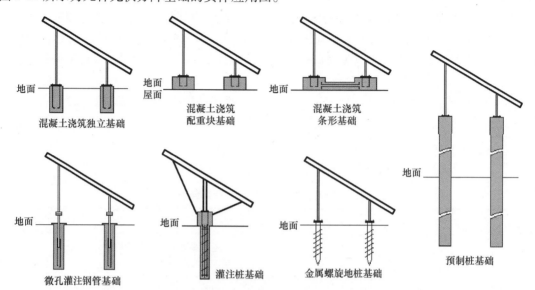

图 3-86　光伏方阵基础类型

表 3-20　各种岩土条件下适用基础一览表

岩土条件		钢管螺旋桩	型钢桩	混凝土预制桩	预应力混凝土桩	灌注桩	混凝土独立基础	混凝土条形基础	岩石植筋锚杆
岩石	残积土	○	○	△	△	△	△	△	×
	全风化	○	○	△	△	△	△	△	×
	强风化	×	×	×	×	○	△	△	×
	中等风化~未风化	×	×	×	×	○	×	×	○
碎石土	漂石、块石	×	×	×	×	○	△	△	×
	卵石、碎石	△	△	×	×	○	△	△	×
	圆砾、角砾	○	○	△	△	△	△	△	×
砂土	密实程度 松散~稍密	○	○	○	×	△	△	△	×
	中密~密实	○	○	×	△	△	△	△	×
粉土	稍密~密实	○	○	△	△	△	△	△	×
黏土	流塑~软塑	△	△	○	○	×	×	×	×
	可塑~坚硬	○	○	△	△	△	△	△	×
地下水	有	—	—	—	—	×	×	×	×
	无	—	—	—	—	○	○	○	○

注：1. 表中符号○表示适用；△表示可以采用；×表示不适用；—表示此项无影响；
　　2. 表中桩基础指的是微型短桩，其他桩基础应按现行行业标准《建筑桩基技术规范》JGJ 94 的相关规定进行选择。

混凝土浇筑条形桩基础　　　　金属螺旋地桩基础　　　　微孔灌注钢管基础

混凝土浇筑独立基础　　　　预制桩基础　　　　混凝土浇筑配重块基础

图 3-87　几种光伏方阵基础实体应用图

1. 混凝土浇筑独立基础

混凝土浇筑独立基础是适用范围较广的一种基础形式，也是光伏方阵最早采用的传统基础形式，它是在光伏支架前后固定立柱下分别设置的独立基础，通过用混凝土现场浇筑，将预埋件钢板或预埋螺栓浇筑在其中。这种基础的横断面可以做成正方形、圆形等。

混凝土浇筑独立基础的优点是适用范围广，受力可靠，无需专用机械施工等，缺点是土方开挖和回填工程量大，施工周期长，破坏周围环境，未来在土地中会留下大量的废弃物和建筑垃圾。

当混凝土浇筑独立基础在建筑屋顶利用时，如果是新建屋顶，则可以在建屋顶的同时，将基础预埋件与屋顶主体结构的钢筋牢固焊接或连接，并统一做好防水处理。如果是已经投入使用的屋顶，则需要将原屋顶的防水层局部切割掉，刨出屋顶的结构层，然后将基础预埋件与屋顶主体结构的钢筋牢固焊接或通过化学植筋等方法进行连接，再进行基础制作，完成后将切割过防水层的部位重新进行修复处理，做到与原屋顶防水层浑然一体，保证防水效果。通过钢筋与屋顶的连接，基础比较牢固，可以承受较大的风力载荷。

2. 混凝土浇筑条形基础

采用条形基础是为了解决电站场地表层土承载力低的问题，如图 3-87 中左上图所示。通过在光伏支架前后立柱之间设置基础梁，可以将基础重心转移至前、后立柱之间，增大了基础的抗倾覆能力。条形基础适用于场地较为平坦、地下水位较低的地区。条形基础的厚度一般为立柱距离的 1/4~1/8，最少也要大于 200mm。由于基础表面积相对较大，一般埋深 200~300mm 即可，可以大大减少土方开挖量。

3. 混凝土浇筑配重块基础

当屋顶受到结构限制无法采用混凝土浇筑基础时，可采取混凝土配重块基础方式，通过重力和加大基础与屋顶的附着力来抵御风载荷。混凝土浇筑配重块基础其实就是尺寸较小的浇筑独立基础或条形基础在屋顶光伏发电系统建设或改造中的应用，通过配重块的形式安装固定光伏支架，施工周期短，可以避免或减少对屋顶结构或防水层的破坏。这种配重块基础的质量和排布要充分考虑抗风载荷及方阵受风时整体支架结构的稳定性，要采取前后支架整体连接、增加支架背拉杆、以及通过钢丝绳拉拽等方法加强固定。混凝土配重块分为方墩和圆墩，产品外形如图 3-88 所示。

图 3-88　混凝土配重块基础外形图

4. 金属螺旋桩基础

金属螺旋桩基础是近年来日益广泛使用的光伏支架基础形式，金属螺旋桩采用带有螺旋状叶片的热镀锌钢管造成，其叶片可大可小，可连续可间断，螺旋叶片与钢管之间采用连续焊接。常见的金属螺旋桩如图 3-89 所示，其长度有 0.55m、0.7m、1.0m、1.2m、1.6m、1.8m、2.0m、2.7m 等多种规格，直径有 60mm、65mm、76mm、89mm、114mm、168mm、219mm 等规格，顶部有管状、法兰盘状、U 形叉状、方筒状、圆筒状等，可根据需要选择。金属螺旋桩基础上部露出地面，可随地势调节支架高度，与支架立柱之间通过螺栓连接。螺旋桩的施工工具有手持电动打桩机，施工机械有螺旋地桩钻机，如图 3-90 所示。

图 3-89　常见金属螺旋桩的外形

图 3-90　螺旋地桩钻机的外形

金属螺旋桩是一种新型的基础施工方法。该方法无需挖掘土地和预制灌注混凝土，只需要用专用工具或专用机械直接夯入或钻入地下，相比传统的混凝土基础，具有安装简单、方便快捷，省时省力省料的特点，使基础安装时间缩短、施工费用降低，并且可以随时随地移动和循环使用，能最大限度地保护场地植被，对土地和环境无污染，系统寿命期满拆除后，基础可一并快速拆除，土地中无弃留物，场地易恢复原貌。

5. 微孔灌注钢管基础

微孔灌注钢管基础施工是通过现场挖孔然后浇筑施工。施工时需要使用开孔机在现场开孔并灌注混凝土，在灌注混凝土的同时将钢管预制件直接插入孔中。在夯实混凝土的同时，根据需要调整钢管预制件端面的高度及在孔中心的位置，确保钢管中心与孔中心重合，同时所有基础端面距地面高度一致。微孔灌注钢管基础虽然施工过程简单，但与螺旋地桩相比有施工速度慢，施工周期较长的不足，由于微孔灌注钢管基础对混凝土强度等级要求不高，所以造价较低。

微孔灌注钢管基础桩柱对周边土壤无挤压作用，对现场土壤的自立性要求较高，所以是否采用微孔灌注钢管基础需要进行前期的地质勘测试验，松散的沙性土层和土质坚硬的碎石、卵石土层都不适用于微孔灌注钢管基础施工。松散的沙性土层容易造成塌孔，土质坚硬的碎石、卵石土层会造成开孔困难。

6. 灌注桩基础

灌注桩基础主要用于单立柱光伏方阵场合，其结构及施工与微孔灌注基础类似。灌注桩基础与微孔灌注基础相比，孔径更大，深度更深，露出地面部分的基础更高，基础预埋件也相应地结构更复杂、更牢固。

7. 混凝土预制桩基础

混凝土预制桩基础一般由专业厂家制作，其截面尺寸一般为 200mm×200mm 的方形或 ϕ300mm 的圆形，长度有 3m、4m、6m 等，顶部预留了钢板或螺栓，方便与支架立柱连接，基础整体做成锥形或底部做成尖形，方便施工时打入或压入土层中。混凝土预制桩具有桩体规整，桩身质量好，抗腐蚀能力强，施工简单、快捷的优点，主要用于农光互补、牧光互补、渔光互补等需要光伏方阵离地面更高的场合。

混凝土预制桩基础由于底面积与侧面积相对较大，在相同的地质条件下容易获得较大的结构抗力，且成本也略低于螺旋桩基础，只是在施工过程中，桩顶标高不容易控制，对施工技术要求较高。

3.7.2　方阵基础相关设计

1. 混凝土浇筑类基础设计

混凝土浇筑类基础一般包括混凝土独立基础、配重块基础和条形基础。常见的混凝土预埋件基础的尺寸示意如图 3-91 所示。对于一般土质，每个基础地面以下部分根据方阵大小一般选择 200mm×200mm、250mm×250mm、300mm×300mm、350mm×350mm（长×宽）等几种规格的方形基础或 ϕ200~350mm 的圆形基础，高度根据方阵大小及土质情况在 400~900mm 间选择，见表 3-21。

对于在比较松散的土质地面做基础时，基础部分的长宽尺寸要适当放大，高度要加高，或者制作成长条型基础，由于长条形基础可以通过较大的基础底面积获得足够的抗水平载荷的能力，一般选择埋深为 200~300mm，不需要埋的太深。对于大型分布式光伏发电系统的混凝土基础要根据 GB 5007—2011《建筑地基基础设计规范》中的相关要求进行勘察设计。

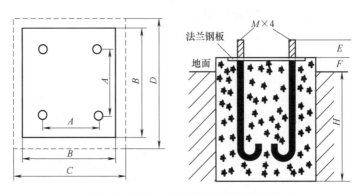

图 3-91　混凝土预埋件基础尺寸示意图

表 3-21　钢板预埋件基础尺寸表

螺距尺寸 A×A/mm	法兰盘尺寸 B×B/mm	基础尺寸 C×D/mm	E/mm	F/mm	H/mm	M/mm
160×160	200×200	300×300	40		≥400	14
180×180	250×250	350×350	40		≥600	16
210×210	300×300	400×400	50	50~400	≥700	18
250×250	350×350	450×450	60		≥800	20
300×300	400×400	500×500	80		≥1000	22

注：A 为预埋件螺杆中心距离；B 为法兰盘边缘尺寸；C、D 为基础平面尺寸；E 为露出基础面的螺纹高度；F 为基础高出地面高度；H 为基础深度；M 为螺纹直径。

　　用于屋顶类光伏系统的混凝土配重块基础，有圆形和方形两种，可以按照表 3-22 中尺寸设计制作。

表 3-22　配重块基础尺寸表

圆形基础（直径×高）/mm		方形基础（边长×边长×高）/mm	
300×300	400×300	300×300×300	300×300×600
400×360	400×400	400×400×250	400×400×300
500×300	500×360	400×400×350	400×400×400
500×400	500×500	500×500×300	500×500×350
600×300	600×400	500×500×400	500×500×450
700×400			

2. 混凝土基础制作的基本技术要求

1）基础混凝土水泥、砂石混合比例一般为 1：2。

2）基础上表面要平整光滑，同一支架的所有基础上表面要在同一水平面上。

3）基础预埋螺杆要保证垂直并在正确位置，单螺杆或预埋件要位于基础中央，不要倾斜。

4）基础预埋件螺杆高出混凝土基础表面部分的螺纹在施工时要进行保护，防止受损。施工后要保持螺纹部分干净，如粘有混凝土要及时擦干净。

5）在土质松散的沙土、软土等位置做基础时，要适当加大基础尺寸。对于太松软的土质，要先进行土质处理或重新选择位置。

3. 微孔灌注基础设计

微孔灌注基础形式及应用如图 3-92 所示，基础钢管桩长度一般为 1.5~1.7m，桩身上段为外径 76mm 钢管，长度 600~800mm，壁厚 4mm，桩身顶端设置有与支架固定的对穿孔和焊接有螺母的固定孔。在钢管下端焊接 3 根直径为 10mm 竖向钢筋，钢筋与钢管搭接长度一般为 75~100mm，钢管与钢筋的搭接采用双面焊接，钢筋另一端要直角弯折，弯折长度不小于 40mm。有些桩基设计要求在竖向钢筋外设置箍筋，箍筋外径为 6mm。

4. 灌注桩基础设计

灌注桩基础构成如图 3-93 所示，整个桩体呈圆柱体，直径一般为 200~400mm。桩身长度在 1.8~2.2m，根据上部支架荷载、岩土层分布、桩侧岩土层摩擦阻力、冻土层厚度等确定，一般露出地面部分高度为 300~500mm。地笼主钢筋选用 $\phi12mm$HRB400 型钢筋 8 根均匀分布，长度比桩身长度少 0.3m 左右。地笼箍筋选用 $\phi6mm$HRB300 型钢筋，箍筋间距 200~300mm 为宜。

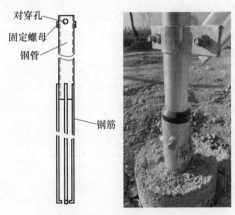

图 3-92　微孔灌注基础形式及应用

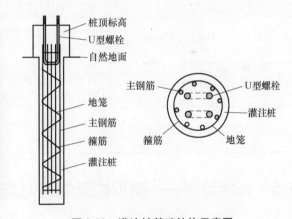

图 3-93　灌注桩基础结构示意图

5. 金属螺旋桩基础的应用设计要求

金属螺旋桩可根据施工现场地质条件选用图 3-88 中的多种形式，其应用设计应满足下列要求。

1）依据 GB 50797—2012《光伏发电站设计规范》附录 C 的要求，金属螺旋桩基础应满足光伏发电站 25 年的设计使用年限要求。

2）螺旋桩钢管壁厚不应小于 4mm；螺旋叶片外伸宽度≥20mm 时，叶片厚度应>5mm；螺旋叶片外伸宽度<20mm 时，叶片厚度应>2mm；螺旋叶片与钢管之间应采用连续焊接，焊接高度不应小于焊接工件的最小壁厚。

3）螺旋叶片的外伸宽度与叶片厚度之比不应>30。

4）螺旋桩基础与支架连接节点在保证满足设计要求的承载力基础上，在高度方向上应具有可调节功能。

5）螺旋桩的防腐设计应满足电站使用年限的要求。由于螺旋电站埋入地下，腐蚀性相对较大，而且在打桩过程中，热镀锌层会有一定的破坏，因此要求螺旋地桩的外表热镀锌层厚度应≥100μm。

6）带法兰盘的螺旋地桩可用于单柱安装或双柱安装，而不带法兰盘的螺旋地桩一般只用于双柱安装。

7）宽叶片间隔形螺旋地桩的抗拉拔性要好于连续窄叶片型螺旋地桩，在风力较大的地区应优先考虑选用宽叶片间隔形螺旋桩。

不同的土壤级别对金属螺旋桩施工的要求见表3-23。

表3-23　土壤级别对金属螺旋桩施工的要求

土壤等级	土壤性质	土壤成分	螺旋桩施工
1等	表层土壤	砂土、沙砾、泥沙	可行
2等	流质土壤	液体和糊状地下水	可行，但土壤缺乏强度
3等	松散土壤	松散砂土、沙砾，或者二者混合物	可行，有少许阻力
4等	有黏度的松散土壤	砂土、沙砾、泥沙和黏土，至少有15%粒度<0.06mm；直径<63mm（2.5英寸）、体积<0.01m³的岩石少于30%	可行，有少许阻力
5等	有石块的土壤	直径>63mm（2.5英寸）、体积为0.01m³的岩石多于30%	可行，阻力大
6等	可移动的石质土	带岩石、紧密连接、易碎、板岩、经风化的土壤	需要预先钻锤螺旋洞
7等	可移动的硬质岩石	具有结构强度的小岩石、风化泥岩、矿渣、铁矿石等	需要预先钻锤螺旋洞

3.8　光伏支架——获取能量的有力支撑

3.8.1　光伏支架的分类

光伏支架是指根据光伏发电系统建设的具体地理位置、气候及太阳能资源条件，将光伏组件以一定的朝向和角度排列并固定间距的支撑结构。光伏支架作为光伏发电系统重要的组成部分，直接影响着光伏组件的运行安全、破损率及建设投资。选择合适的光伏支架不但能降低工程造价，还能减少后期养护成本。光伏支架可分为固定式、倾角可调式和自动跟踪式三类，其连接方式一般有焊接和组装两种形式。其中固定式支架又可分为屋顶类支架、地面类支架、水面类支架和柔性支架。自动跟踪式支架分为单轴跟踪支架和双轴跟踪支架。光伏支架的具体分类如图3-94所示。

1. 固定式支架

固定式支架也叫固定倾角支架，支架安装完成后组件倾角和方位都不能调整。固定式支架分为屋顶类、地面类和水面类等几种。

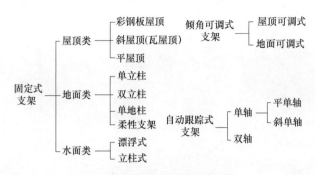

图 3-94　光伏支架的具体分类

（1）屋顶类支架

屋顶类支架一般分为彩钢板屋顶支架、瓦屋顶支架和平屋顶支架三类。

1）彩钢板屋顶支架。彩钢板屋顶一般有角驰型、明钉型（梯形）、直立锁边型、波浪形等几种形式，如图 3-95 所示。彩钢板屋顶支架主要由不同形式的彩钢板夹具或固定件、铝合金横梁（导轨）、组件压块、导轨连接件、螺栓垫圈、塑翼螺母等组成，如图 3-96 所示。

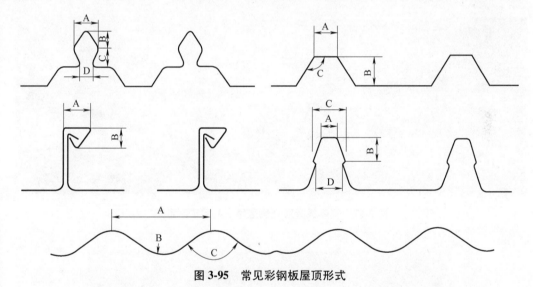

图 3-95　常见彩钢板屋顶形式

彩钢板屋顶支架的安装固定如图 3-97 所示，首先将符合彩钢瓦形状和尺寸的夹具或固定件，按照设计要求位置固定在彩钢瓦上，然后在夹具上安装导轨，最后在导轨上固定光伏组件。

2）瓦屋顶支架。瓦屋顶支架主要由屋顶固定挂钩、导轨（横梁）、组件压块、导轨连接件、螺栓垫圈、螺母滑块等组成，图 3-98 是瓦屋顶支架常用固定件的外形结构。

瓦屋顶安装支架，首先要选择尺寸合适的固定挂钩，在设计安装位置揭开瓦片，找到木质横梁或混凝土屋面，将挂钩用木螺丝或膨胀螺栓固定，然后再安装导轨横梁，如图 3-99 所示。图 3-100 是瓦屋顶光伏组件安装固定示意图。

3）平屋顶支架。常见的平屋顶支架结构如图 3-101 所示。这种支架属于拼装类支架，在地面类光伏发电系统广泛应用。一般以混凝土基础或混凝土配重块作为支架基础，基础与支架立柱的连接通过地脚螺栓预埋件与支架底座固定。这种支架在平屋顶应用时，不破坏屋

导轨（横梁）　　　　　　夹具　　　　　　　　中压块

边压块　　　　螺栓　　　　平垫、弹垫　　　塑翼螺母

图 3-96　彩钢板屋顶支架主要配件

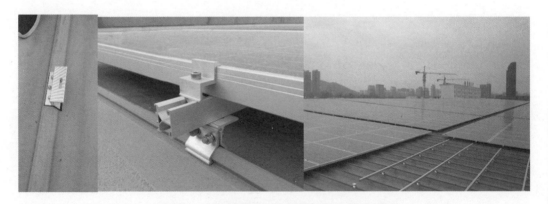

图 3-97　彩钢板屋顶光伏组件安装固定示意图

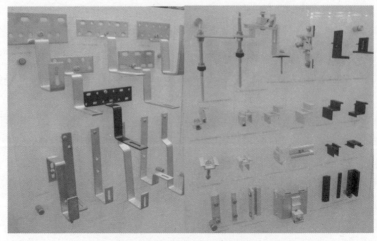

图 3-98　瓦屋顶支架常用固定件的外形

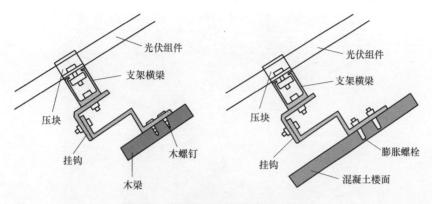

图 3-99　瓦屋顶支架连接固定示意图

图 3-100　瓦房屋顶光伏组件安装固定示意图

图 3-101　平屋顶支架结构示意图

顶面防水层，具有结构灵活，安装便捷、可靠性强的特点。图 3-102 所示为平屋顶光伏支架安装实体图。

图 3-102 平屋顶支架安装实体图

（2）地面类支架

地面类支架分为单立柱支架、双立柱支架、单地柱支架和柔性支架四类。

1）单立柱支架。单立柱支架也就是支架靠单排立柱支撑，每个单元只有单排支架基础。单立柱支架主要由立柱、斜支撑、导轨（横梁）、组件压块、导轨连接件、螺栓垫圈、螺母滑块等组成，如图 3-103 所示立柱采用 C 型钢、H 型钢或方钢管等材料。单立柱支架可以减少土地施工量，适用于地形地势复杂地区。

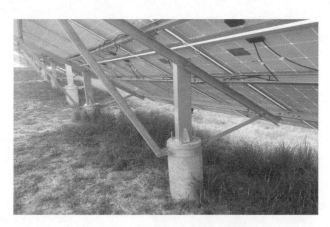

图 3-103 单立柱支架结构示意图

2）双立柱支架。双立柱支架为前后立柱形式，主要由前立柱、后立柱、斜支撑、导轨（横梁）、后支撑、组件压块、导轨连接件、螺栓垫圈、螺母滑块等组成，立柱根据方阵大小采用 C 形钢、H 形钢、方钢管、圆钢管等材料制作，其他部件根据需要采用 C 形钢、铝合金、不锈钢等材料。双立柱支架受力均匀、加工制作简单，适用于地势较为平坦的地区。

3）单地柱支架。单地柱支架就是指一个方阵单元支架只有一个立柱的支架形式，主要用于小容量光伏系统因地面空间有限需要架空，或者是一些双轴跟踪支架应用的场合，如图 3-104 所示。由于整个方阵只有一个立柱，单套支架上可以布置的光伏组件数量有限，一般有 8 块、12 块、16 块等。单地柱支架主要由立柱、纵梁、导轨（横梁）、组件压块、导轨连接件、螺栓垫圈、螺母滑块等组成，立柱可采用钢管、预制水泥管等，纵梁、横梁由于悬挑较多，一般采用方钢管，导轨采用 C 型钢或铝合金。这种支架适用于地下水位较高和地面植被较丰富的地区。

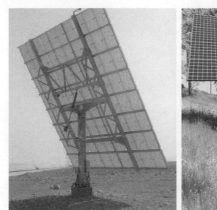

图 3-104　单地柱支架的应用示意图

4）柔性支架。柔性支架是一种两端固定，由预应力柔性索结构形成的大跨度光伏组件支撑结构，具有大跨度、多连跨、高容量、高净空、低用钢量的特点。其跨度长 20~40m，甚至可以更长，净空高度 2~20m，具有组件下方净空高，桩基数量少的优势，适用于任何地形，能够实现复杂地形的组件布置，应用于任何需要跨越的空间，如坡度大于 30°的山地、荒坡、污水处理厂、鱼塘、水库、农业大棚、部分林草地、停车场等大跨度应用场合。柔性支架从结构上有单层索、双层索、索网结构等，其支撑结构及安装应用如图 3-105所示。

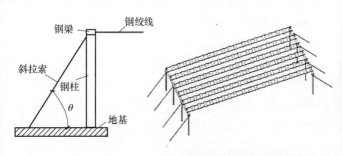

图 3-105　柔性支架支撑结构及安装应用示意图

柔性支架采用钢索滑移法施工，使用专用连接件，具有整体用钢量少、施工周期短、节省建设用地、提高发电量等优势。

（3）水面类支架

随着分布式光伏发电项目的不断推进，充分利用海面、湖泊、河流等水面资源安装分布式光伏电站，实施渔光互补等新的光伏农业形式，是解决光伏发电受限于土地资源的又一途径。水面类支架一般有漂浮式和立柱式两种，如图 3-106 所示。立柱式支架和地面类支架结构大同小异，以预制桩为基础，单立柱支架的立柱预制桩更长，立柱式支架一般光伏组件可以最佳倾斜角方式安装，保证支架露出水面，同时立柱材料要选择能承受长期在水中浸泡的抗腐蚀能力。漂浮式支架由浮筒和支架两部分造成，如图 3-107 所示，浮筒采用高强度材料制作并进行连体设计，稳定性好，抗冲击能力强，可有效地防止各种水流和大风造成光伏组件的损坏。支架一般采用不锈钢、铝合金等抗腐蚀能力强的材料制作。

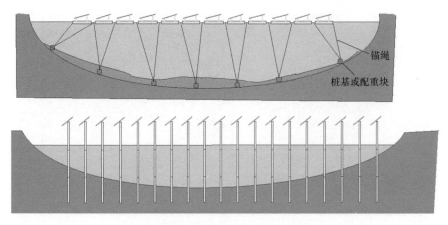

图 3-106　水面类光伏支架示意图

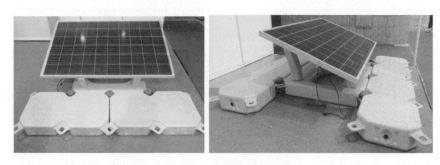

图 3-107　水面漂浮式支架

2. 倾角可调式支架

倾角可调式支架结构与固定式支架类似，比固定式支架多了一个调节机构，可调节机构有分档式和连续可调式，使支架的倾角可以通过手动及电动方式进行调节，分档式一般设为 2~3 档，一年按季节调整 2~3 次；连续可调式则可以根据需要经常调整。为了便于倾角调整，单个支架上安装的组件不宜太多，通常安装的组件数量要正好构成一个或两个组串。倾角可调式支架有推拉杆式、圆弧式、千斤顶式和液压杆式等，图 3-108 所示为几种倾角调节机构实体图。

3. 自动跟踪式支架

光伏方阵采用固定式支架安装时，光伏方阵不能随着太阳位置的变化而移动，无法提高光伏系统的发电效率。而自动跟踪支架可以使光伏组件始终保持与太阳光线垂直，使光伏组件接收到更多的光能量，从而提高发电量。自动跟踪支架分为单轴式跟踪和双轴式跟踪，其共同点是使光伏方阵表面法线依照太阳的运动规律做相应的运动，使太阳光的入射角减小。通过自动跟踪，一方面可以提高太阳辐射能的利用率，使发电系统转换效率提高；另一方面在获取相同的发电量时可以减少光伏组件的使用量，使系统的建造成本降低。同等条件下，采

图 3-108　几种倾角调节机构实体图

用自动跟踪支架的发电量要比用固定式支架的发电量提高 15%~30%（单轴跟踪）和 25%~40%（双轴跟踪），这是经过多次工程验证得出的结论，也是被光伏业界普遍认可的数据。当然，近几年来，随着光伏组件发电效率的不断提高和组件成本的直线下降，高跟踪精度、高能耗、高成本的自动跟踪类支架优势已经不在。新的自动跟踪类支架利用直流电机、液压或气压传动等新技术和新方法，向着低功耗、低跟踪精度、低成本、传动机构简化的方向发展。

　　自动跟踪支架一般分为单轴跟踪支架和双轴跟踪支架两大类，其中，单轴跟踪支架又分为水平单轴和斜单轴跟踪，水平单轴跟踪适用于小于 30° 的低纬度地区，斜单轴跟踪适用于 30° 以上的中、高纬度地区；双轴跟踪适用于任何纬度地区和聚光光伏系统。

　　水平单轴跟踪就是让支架围绕一根水平方向的轴跟踪太阳进行旋转，通过从东到西跟踪太阳的高度角来提高太阳光线在光伏组件面板的垂直分量，提高发电量，具体应用如图 3-109 所示。

图 3-109　水平单轴自动跟踪支架

　　斜单轴跟踪就是让支架围绕一根南北方向倾斜的轴跟踪太阳进行旋转，通过转轴的倾斜角补偿纬度角，然后在转轴方向跟踪太阳高度角，以更好地增大光伏发电量，具体应用如图 3-110 所示。

　　双轴自动跟踪系统可以使支架同时沿两个独立的轴进行旋转，一个轴可以使支架沿方位角方向自由旋转，另一个轴可以使支架沿倾角方向自由旋转，如同向日葵一样，使光伏方阵平面始终与太阳光线保持垂直，以获得最大的发电量。双轴自动跟踪系统的应用如图 3-111 所示。

图 3-110　斜单轴自动跟踪支架

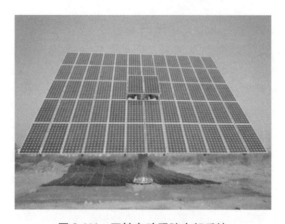

图 3-111　双轴自动跟踪支架系统

3.8.2　光伏支架的选型

　　光伏支架成本虽然在整个光伏发电系统总成本中占比不大，只有百分之几，但选型确很重要，主要考虑因素之一就是耐候性。光伏支架在 25 年的寿命周期内必须保证结构牢固可靠，能承受环境侵蚀和风、雪载荷。还要考虑安装的安全可靠，能以最小的安装成本达到最优的使用效果。另外，后期是否能够免维护，有没有可靠的维修保证以及支架寿命周期结束以后是否可回收等都是需要考虑的重要因素。在设计和建设光伏电站时，选择固定式支架、倾角可调式支架还是自动跟踪式支架，需要因地制宜综合考虑，因为各种方式毕竟各有利弊，都在探索和完善之中，不同类型光伏支架的特点见表 3-24。

表 3-24　不同类型光伏支架的特点

项目	类型				
	固定式	倾角可调式	平单轴跟踪	斜单轴跟踪	双轴跟踪
适用纬度	任何纬度		低纬度	中高纬度	任何纬度
发电量增益	无	固定式的 1.1~1.15 倍	固定式的 1.1~1.2 倍	固定式的 1.2~1.25 倍	固定式的 1.3~1.4 倍
占地面积	最少	固定式的 1~1.05 倍	固定式的 1.1~1.2 倍	固定式的 1.4~1.5 倍	固定式的 1.8~2.5 倍

（续）

项目	类型				
	固定式	倾角可调式	平单轴跟踪	斜单轴跟踪	双轴跟踪
太阳能资源条件	无限制		更适合直接辐射较强地区		
参考成本 （不含基础）	0.2~0.3 元/W	0.25~0.35 元/W	0.5~0.8 元/W	1.4~1.7 元/W	2.6~3.2 元/W
可靠性	好		较好	较差	差

固定倾角支架是在大多数场合下最经常使用的结构，安装简单，成本低，安全性较高，可以承受高风速和地震状况。支架在整个寿命周期内几乎无需维护，运维费用低，唯一的不足是在高纬度地区使用时功率输出偏低。

倾角可调式支架与固定支架相比，将全年分成几个时间段，使方阵在每个时间段都能获得平均最佳倾角条件，以此来获得优于固定支架的全年太阳能辐射量，其发电量可比固定支架提高5%左右。与自动跟踪式支架的技术不完善，投资成本高，故障率高，运维费用高等缺点相比，优势也很明显，是一种具有实际应用意义和经济价值的方式。

单轴跟踪支架具有更好的产能表现，与固定式支架相比，平单轴支架在低纬度地区使用可提高发电量20%~25%，在其他地区使用也可提高发电量12%~15%。斜单轴支架在不同地区使用则可提高发电量20%~30%。

双轴跟踪支架理论上具有最高的产能率，凭借双轴跟踪来调整支架倾角和方位，可以准确捕捉光照方向，比固定支架可提高发电量30%~40%。但是复杂的跟踪控制和伺服系统，较高的基础设施成本，以及频繁的维护工作和较高故障率，往往使发电量的提高不尽如人意，甚至得不偿失。

所以，在支架选型时首先要考虑电站的地理位置、气候条件、当地日照时间、建设成本、工程质量和提高发电效率等。例如，在我国的西北沙漠地区，由于光照充足、地域宽广，就比较适合应用自动跟踪式支架，可以有效地提高发电效率。原则上讲，在高纬度地区和光照较强地区，自动跟踪支架带来的收益会比较大。

表3-25介绍了光伏电站采用自动跟踪类支架的优缺点。当确定使用自动跟踪类支架时，选择高质量的产品和供应商很重要，不仅要考虑跟踪支架的硬件参数和价格，还要考察软件结构和可靠性等因素。尽管双轴跟踪系统比单轴跟踪系统具有性能上的优势，但如果选择不好，较高的故障风险足以抵消其所带来的额外收益。就长期来看，简单的支架结构或许才是更佳的选择。

表3-25 自动跟踪类支架的优缺点

优点	缺点
1. 可以大幅提高光伏电池组件的发电效率，采用双轴跟踪，同等规模的光伏电站，年平均发电量最大可以提高35%~40%，甚至更高（纬度较高地区）	1. 电站建设投入成本更高。相对于固定安装的支架，跟踪由于需要传动、驱动和控制系统，单轴跟踪其成本要高出2~3倍，双轴跟踪更高达5倍以上。另外电缆需要量更大，线路布置更复杂，基础投入也更高
2. 减小对电网的冲击。跟踪技术的采用，可以使日发电高峰值的曲线更宽平，峰值时间段更长，减小了对电网的冲击	2. 电站运行风险加大。跟踪系统活动的结构，使得支架抗风性能降低；驱动电机和控制系统的采用，增加了机械和电子系统的故障风险

（续）

优点	缺点
3. 地形适应性更强。由于跟踪系统采用的是独立支撑，无需对地面进行平整，无论是山地、洼地，都可以直接安装	3. 电站维护费用增加，需要增加专业技术人员进行管理维护
4. 具有更强的抗震性。独立支撑对强烈地震产生的纵波和横波的抵抗性较好，保证跟踪支架不产生扭曲，电池组件不受损坏	4. 绝对意义上土地的占有量增加。跟踪由于要适时进行角度调整，在东西方向会产生巨大的阴影遮挡，需留有更大的间隔空间。一般情况下，在低纬度地区，如果从太阳高度角30°时开始跟踪，电站的土地占有量约是固定电站的2倍以上；纬度越高，由于采用跟踪在南北方向的阴影区会得到充分利用，土地占有量将越节省。通过菱形布阵，综合土地占有量也会逐渐减少。该问题需要结合采用跟踪支架后提高的发电量综合计算
5. 更好的防雪功能。暴雪时跟踪支架可以直立放置，避免电池组件表面积雪，晴天后可及时跟踪发电，避免了电池组件被积雪压损，减少了清除积雪的人工投入，延长了发电时间	
6. 减少电池组件表面灰尘。因为跟踪支架始终处于动态运行，并有大角度倾斜角，在西北沙漠地区，可以有效减少组件表面沙尘积累，减少清洁频率，间接提高电池组件发电效率	
7. 能更充分利用电站现有资源。跟踪技术的采用，峰值时间段的延长，使得汇流箱和逆变器的最大功率得到更充分的利用，基建投入也无需增加	

另外，要优先选择使用具有高耐磨、强载荷、抗腐蚀、抗 UV 老化性能的阳极氧化铝合金、超厚热镀锌以及不锈钢等材料生产的支架。

铝合金支架一般用在民用建筑屋顶上，铝合金支架具有耐腐蚀、质量轻、美观耐用的特点，但其承载力低，无法应用在大型光伏电站上，且价格稍高于热镀锌钢材。

热镀锌钢材支架具有性能稳定，制造工艺成熟，承载力强，安装简便的特点，可广泛应用于民用、工商业等各种光伏电站中。

铝合金支架与热镀锌钢材支架的性能对比见表 3-26。

表 3-26　铝合金支架与热镀锌钢材支架性能对比表

支架性能	铝合金支架	热镀锌钢材支架
材料类别	6063 T6 合金	Q235B 钢材
防腐性能	一般采用阳极氧化（>15μm），后期使用中不需要防腐维护，防腐性能好	一般采用热浸镀锌（>65μm），后期使用中需要防腐维护，防腐性能较差
机械强度	铝合金型材的变形量约是钢材的2.9倍	钢材强度约是铝合金的1.5倍
材料重量	$2.70\sim2.72\text{t/m}^3$	$7.8\sim7.85\text{t/m}^3$
材料价格	约为热镀锌钢材价格的3倍	
适用项目	对承重有要求的家庭屋顶电站；对抗腐蚀性有要求的工业厂房屋顶电站	强风地区，跨度比较大等对强度有要求的电站

3.9 防雷接地系统——光伏发电的"保护伞"

由于光伏发电系统的主要部分都安装在露天状态下，且分布的面积较大，因此存在着受直接和间接雷击的危害。同时，光伏发电系统与相关电气设备及建筑物有着直接的连接，因此对光伏系统的雷击还会涉及相关的设备和建筑物及用电负载等。为了避免雷击对光伏发电系统的损害，就需要设置防雷与接地系统进行防护。

3.9.1 雷电对光伏发电系统的危害

1. 关于雷电及开关浪涌的有关知识

雷电是一种大气中的放电现象。在云雨形成的过程中，它的某些部分积聚起正电荷，另一部分积聚起负电荷，当这些电荷积聚到一定程度时，就会产生云层与云层之间或云层与地之间的放电现象，形成雷电。这种自然放电过程将产生强烈的闪光和巨大的声响，能在短时间内释放出大量的电荷并产生很强的冲击电压和很高的电弧温度。

雷电对光伏发电系统的危害分为直击雷、感应雷。直击雷是指带电云层与地面目标之间的强烈放电。直击雷的电压峰值通常可达几万伏甚至几百万伏，电流峰值可达几十千安到几百千安，雷电云层所蕴藏的巨大能量要在几微秒到几百微秒的极短时间内释放出来，瞬间功率十分巨大，破坏性很强。在太阳能光伏发电系统中，直击雷的侵入途径有两条：一条是雷电直接落到光伏方阵、直流配电系统、电气设备及其配线等处，以及近旁周围，使大部分高能雷电流被引入到建筑物或设备、线路上；另一条是雷电直接通过避雷针接地体等可以直接传输雷电流入地的装置放电，产生放射状的电位分布，使得地电位瞬时升高，一大部分雷电流通过保护接地线反串入到设备、线路上，这种现象也叫作地电位反击。

感应雷也叫雷电感应或感应过电压，它分为静电感应雷和电磁感应雷。感应雷是指当雷云来临时地面上的一切物体，尤其是导体，由于静电感应，都聚集起大量的与雷电极性相反的束缚电荷，在雷云对地或对另一雷云闪击放电后，云层中的电荷就变成了自由电荷，从而产生出很高的静电电压（感应电压），其电压幅度值可达到几万到几十万伏，这种过电压往往会造成建筑物内的导线、接地不良的金属导体和大型的金属设备放电而引起电火花，从而引起火灾、爆炸、危及人身安全或对供电系统造成危害。一般来说，感应雷没有直击雷那么猛烈，但发生的概率比直击雷高得多。在太阳能光伏发电系统中，感应雷会引起相关建筑物、设备和线路的过电压，这个浪涌过电压通过静电感应或电磁感应的形式串入到相关电子设备和线路上，对设备、线路造成危害。

除了雷电能够产生浪涌电压和电流外，在大功率电路的闭合与断开的瞬间、感性负载和容性负载的接通或断开的瞬间、大型用电系统或变压器等断开等也都会产生较大的开关浪涌电压和电流，也会对相关设备、线路等造成危害。在并网系统中，电网的瞬间电压波动也能够在光伏发电系统内部产生过电压，同样会对相关设备、线路等造成危害。

2. 雷击对光伏发电系统的危害

1）对光伏组件的危害。光伏组件是光伏发电系统中的核心部分，其大多安装在室外屋顶或是空旷的地方，这些位置极易遭受具有强大的脉冲电流、炽热的高温、猛烈的电动力的直击雷的冲击而导致光伏组件接线盒内部旁路二极管击穿、电池片击穿、线路烧断等故障，使部分方阵无法发电或整个发电系统瘫痪。

2）对光伏储能系统的危害。当系统遭受到雷击使过电压入侵到储能系统时，轻则损害电池组和相关设备，缩短电池使用寿命或导致系统设备损坏，重则导致蓄电池爆炸，引起严重的系统故障和人员伤亡。

3）对逆变器的危害。如果逆变器遭受雷击损坏将会出现以下情况：

① 用户负载无电压输入，用电设备无法工作。

② 逆变器无法将电压逆变，导致光伏组件产生的直流电压直接供负载使用，如果光伏组件串电压过高将直接烧毁用电设备。

4）对各种汇流、配电设备的损坏。光伏系统中的各种直流、交流汇流箱和配电柜都是容易遭受雷击的设备，一旦损坏，轻者系统停止工作，影响发电量，重者会造成汇流、配电设备烧毁，甚至引起火灾。

3. 雷电侵入光伏发电系统的途径

1）地电位反击电压通过接地体入侵。雷电击中避雷针时，在避雷针接地体附近将产生放射状的电位分布，对靠近它的电子设备接地体地电位反击，入侵电压可高达数万伏。

2）由光伏方阵的直流输入线路入侵。这种入侵分为以下两种情况：

① 当光伏方阵遭到直击雷打击时，强雷电电压将邻近土壤击穿或直流输入线路电缆外皮击穿，使雷电脉冲侵入光伏系统。

② 带电荷的云对地面放电时，整个光伏方阵像一个大型无数环形天线一样感应出上千伏的过电压，通过直流输入线路引入，击坏与线路相连的光伏系统设备。

3）由光伏系统的输出并网线路入侵。供电设备及并网电网线路遭受雷击时，在电网线路上会出现的雷电过电压平均可达上万伏，并且电网线路还是引入远处感应雷的主要因素。雷电脉冲沿电网线路侵入光伏微电子设备及系统，可对系统设备造成毁灭性的打击。

3.9.2　防雷接地系统的设计

防雷是通过防雷系统防止雷电雷击造成损害。接地是通过接地装置将雷电或漏电导入地下，保证用电设备的正常工作和人身用电安全。

防雷接地是一个系统工程，一套完整的防雷体系包括直击雷防护、等电位连接措施、屏蔽措施、规范的综合布线、电涌保护器防护和完善合理的共用接地系统六个部分组成，这是现代防雷新理念，叫综合防雷。在防雷接地系统的设计中，一个环节考虑不周，不但起不到防雷作用，还有可能引雷入室而损坏设备。

1. 光伏发电系统的防雷措施和设计要求

光伏发电系统的主要防雷措施主要有接地系统、均压和等电位联结、线缆屏蔽及浪涌保护等内容，如图3-112所示。其中接地系统由避雷针（接闪器）、引下线和接地体构成，其作用是把雷电流尽快地散泄到大地中，对光伏发电系统接地系统的要求是要有足够小的接地电阻和合理的布局。

光伏发电系统防雷设计的主要要求如下：

1）光伏发电系统或发电站建设地址的选择，要尽量避免放置在容易遭受雷击的位置和场合。

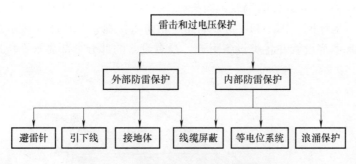

图 3-112　光伏发电系统的主要防雷措施

2）避雷针的布置既要考虑光伏系统设备在保护范围内，又要尽量避免避雷针的投影落在光伏方阵组件上。

3）根据现场状况，可采用避雷针、避雷带和避雷网等不同防护措施对直击雷进行防护，减少雷击概率。无论是地面还是屋顶光伏发电系统，系统的组件方阵都要在防雷装置的保护范围之内，一般安装在建筑物屋顶的光伏方阵，可尽量利用原有建筑物的外部防雷系统。如果原建筑物没有接地装置或接地装置不符合光伏发电系统的要求时，就需要重新设置避雷针及接地系统。光伏组件的边框及光伏支架都要与避雷针及接地系统做可靠的等电位联结，并与原建筑物的接地系统相连。

4）尽量采用多根均匀布置的引下线将雷击电流引入地下。多根引下线的分流作用可降低引下线的引线压降，减少侧击的危险，并使引下线泄流产生的磁场强度减小。例如占用面积比较大的发电系统场站，接地系统要采用环网接地的形式，如图 3-113 所示。环网各垂直

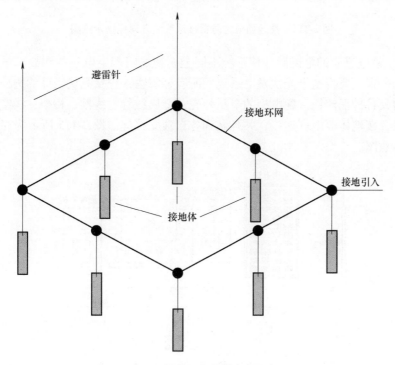

图 3-113　环网接地示意图

接地体之间用直径为 8mm 镀锌圆钢或截面积不小于 40mm² 镀锌扁钢作为水平接地体与垂直接地体连接形成接地环网。图 3-114 是某地面电站防雷接地系统环网连接示意图，该环网系统的垂直接地极基本都设置在各类设备附近，没有设备的部分全部靠水平接地极保护。

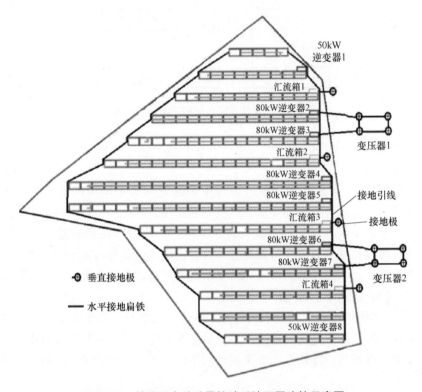

图 3-114　某地面电站防雷接地系统环网连接示意图

　　5）为防止雷电感应的电磁脉冲使系统不同金属物之间产生电位差和故障电压，而造成对系统设备的危害，要将整个光伏发电系统的所有金属物，包括光伏组件的边框、支架；逆变器、控制器及各种汇流箱、配电柜的金属外壳；金属线管、线槽、桥架；线缆的金属屏蔽层等都要与联合接地体等电位连接，并且做到各自独立接地。图 3-115 所示为光伏发电系统等电位连接示意图。

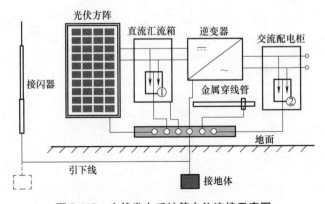

图 3-115　光伏发电系统等电位连接示意图

6）在系统回路上逐级加装防雷器件（浪涌保护器），实行多级保护，使雷击或开关浪涌电流经过多级防雷器件泄流。一般在光伏发电系统直流线路部分采用直流浪涌保护器，在逆变后的交流线路部分，使用交流防雷器。浪涌保护器在光伏发电系统中的基本应用如图 3-116 所示。

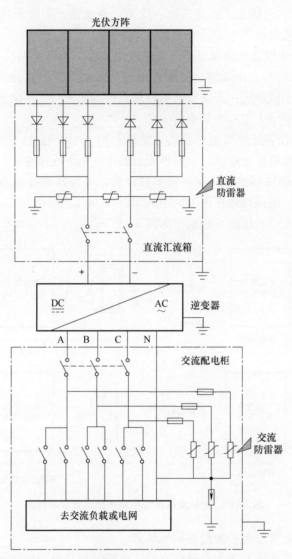

图 3-116　浪涌保护器在光伏发电系统应用示意图

7）光伏发电系统接地的主要目的如下：

① 将低压电气设备的中性点接地，以此来降低电气设备的绝缘水平要求，抑制因系统故障接地而引起的过电压；

② 防止用电设备由于绝缘老化、损坏引起触电、火灾等事故；

③ 保证防雷器件在电气设备遭受雷击时更有效的保护设备；

④ 降低系统的电磁干扰。

8）光伏发电系统的接地类型和要求主要包括以下几个方面：

① 防雷接地。包括避雷针（带）、引下线、接地体等，要求接地电阻小于10Ω，并最好考虑单独设置接地体。

② 工作接地。包括逆变器、储能系统的中性点、电压互感器和电流互感器的二次线圈等，要求接地电阻小于等于4Ω。

③ 安全保护接地。包括光伏组件外框、支架，逆变器、配电柜外壳，电缆外皮、金属穿线管外皮等，要求接地电阻小于等于4Ω。

④ 屏蔽接地。电子设备的金属屏蔽，要求接地电阻小于等于4Ω。

⑤ 当安全保护接地、工作接地、屏蔽接地和防雷接地4种接地共用一组接地装置时，其接地电阻按其中最小值确定；若防雷已单独设置接地装置时，其余3种接地宜共用一组接地装置，其接地电阻不应大于其中最小值。

⑥ 雷电引下线和设备接地线虽然最终可能汇总到一个接地点，但两者绝对不能共用导线，特别是设备接地线要单独走线，一定不能借助雷电引下线接地。

⑦ 条件许可时，防雷接地系统应尽量单独设置，不与其他接地系统共用，并保证防雷接地系统的接地体与公用接地体在地下的距离保持在3m以上。

光伏发电系统中常用的接地方法示意如图3-117所示。

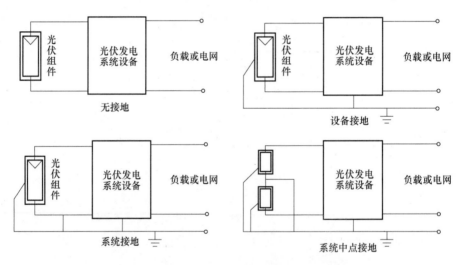

图3-117 光伏发电系统中常用接地方法示意图

其中无接地就是光伏发电系统没有接地装置。

设备接地是指将系统所有的金属箱体、盒、支架和设备外壳连接到接地基准点上，如果箱体带电时（电路漏电）可以将电流分流到大地。

系统接地是指将光伏发电系统中的一路导线（例如光伏组串负极输出引线）连接到设备接地端的接地方式。系统接地的重要作用是当系统工作正常时，它能够稳定电气系统对地的电压，还能在发生故障时，使过电流装置更容易运行。

系统中点接地是指在直流输出为三线输出时，将中性线或中心抽头接地。

当实际施工中采用系统接地方式时，二线系统中的一根导线，或三线系统中的中性线要按照下列方法牢固接地。

① 直流电路可以在光伏方阵输出电路的任意一点上接地，但接地点要尽可能靠近光伏

组件前端，在开关、熔断器、保护二极管等之前，以更好地保护系统免遭雷击引起的电压冲击。

② 当从组串或方阵中拆去任何一块组件时，系统接地、设备接地都不应该被切断。

③ 直流电路的地线和设备的地线应共用同一接地电极。如果是中性接地，要把此地线与供电设施干线的中性地线连接。直流系统与交流系统的所有地线应该是共同的。

2. 接地系统的材料选用

（1）避雷针（带）

避雷针和避雷带统称为接闪器。避雷针一般选用直径 12～20mm 的热镀锌圆钢钢管制作，针尖可采用合金钢、铜合金。如果采用避雷带，则使用直径 8mm 的圆钢或厚度 4mm 的扁钢。避雷针高出被保护物的高度应大于等于避雷针到被保护物的水平距离，避雷针越高保护范围越大，避雷针常见高度规格有 0.5m、1m、1.5m、2m、2.5m、4m、5m、6m、7m、8m、9m、10m、11m、12m。

（2）接地极

接地极分为垂直接地极和水平接地极，垂直接地极宜采用热镀锌钢材，其规格一般为：直径 50mm 钢管，壁厚不小于 3.5mm 或 50mm×50mm×5mm 角钢，长度一般为 2～2.5m。要求较高或者有更加严格的质量和寿命要求时，可以选用双金属复合的铜覆钢类接地极（见图 3-118）。这类接地极将铜和钢两种金属通过特殊工艺加工成复合导体，既有钢的高强度和韧性，又有铜金属良好的导电性能和抗腐蚀性能。

铜层
镍层
钢层

图 3-118 铜覆钢类接地极

垂直接地极的埋设深度为上端离地面 0.6～0.8m 以上，垂直接地极与引下线或水平接地极的连接可以用螺栓连接、压接或焊接的方式，无论用什么方式连接，连接部位表面都要做相应的防护处理。

为提高接地效果，也可以使用复合金属接地体（如图 3-119 所示）或非金属石墨接地体模块（如图 3-120 所示），这种模块是一种以非金属材料为主的接地体，它由导电性、稳定性较好的非金属矿物和电解物质组成，这种接地体克服了金属接地体在酸性和碱性土壤里亲和力差且易发生金属体表面锈蚀而使接地电阻变化，当土壤中有机物质过多时，容易形成金属体表面被油墨包裹的现象，导致导电性和泄流能力减弱的情况。这种接地体增大了本身的散流面积，减少了接地体与土壤之间的接触电阻，具有强吸湿保湿能力，使其周围附近的土壤电阻率降低，介电常数增大，层间接触电阻减小，耐腐蚀性增强，因而能获得较小的接地电阻和较长的使用寿命。接地体模块外形为方形，规格尺寸一般为500mm×400mm×60mm，引线电极采用90mm×40mm×4mm的镀锌扁钢。重量20kg左右。接地体可根据地质土壤状况和接地电阻需要埋入1~5块。

图3-119　复合金属接地体

水平接地极可以根据导电要求，选用40mm×4mm~60mm×6mm镀锌扁钢或镀铜钢。以保证合格的接地电阻和25年以上的使用寿命。

（3）引下线

引下线一般使用圆钢或扁钢，要优先选用圆钢，直径不小于8mm；如用扁钢，截面积应不小于40mm²；要求较高的要使用截面积25~35mm²的铜包钢接地裸绞线或相应规格的铜包钢扁钢。

图3-120　非金属石墨接地体模块外形图

（4）专用降阻剂

接地系统专用降阻剂属于物理性长效防腐环保降阻剂，是由高分子吸水材料、电子导电材料、碳基复合材料结合而成的树脂类共生物，具有无毒、无异味、无腐蚀、无污染等优点，符合国家优质土壤环境标准的要求。其导电能力不受酸、碱、盐、温度等变化的影响，具有良好的吸湿、保湿、防冻能力，不会因地下水的存在而产生流失，对土壤电阻率有长期改良作用。在接地系统中使用专用降阻剂可节约工程成本，降低土壤电阻率，使接地电阻稳定，接地系统寿命长久。

（5）接地模块与降阻剂的用量计算

根据地网土层的土壤电阻率，采用下列公式计算接地模块用量，接地模块水平埋置，单个模块接地电阻 $R = 0.068\rho / \sqrt{a \times b}$，并联后的总接地电阻 $R_n = R / (n\eta)$。

式中，ρ 为土壤电阻率，单位是 $\Omega \cdot m$；a、b 为接地模块的长、宽，单位是 m；R 为单个模块的接地电阻，单位是 Ω；R_n 为总接地电阻，单位是 Ω；n 为接地模块个数；η 为模块调整系数，一般取 $0.6 \sim 0.9$。

降阻剂的用量根据土壤的不同，在接地体上的敷设厚度应在5~15cm之间，接地体水平放置，按每0.5m 6kg左右的用量使用。

3. 防雷器的选型

防雷器也叫浪涌保护器或电涌保护器（Surge Protection Device，SPD）。光伏发电系统常用防雷器的外形如图 3-121 所示。防雷器内部主要有热感断路器和金属氧化物压敏电阻组成，另外还可以根据需要同 NPE 火花放电间隙模块配合使用。其结构示意图如图 3-122 所示。

图 3-121　光伏发电系统常用防雷器的外形

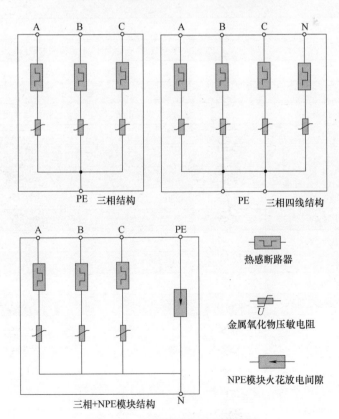

图 3-122　防雷器内部结构示意图

光伏发电系统常用防雷器品牌有 OBO、DEHN（德和盛）、CITEL（西岱尔）、WEI-DMULLER（魏德米勒）及国内的环宇电气、新驰电气等。其中常用的型号为 OBO 的 V25-B+C/3、V25-B+C/4、V25-B+C/3+NPE、V20-C/3、V20-C/3+NPE 交流电源防雷器和 V20-C/3-PH 直流电源防雷器；DEHN 的 DLG PV 1000、DG PV 500 SCP、DG PV 500 SCP FM、DG M TN275 和 DV M TNC 255；环宇电气的 HUDY1-PV-40；新驰电气的 SUP4 等。表 3-27 是 OBO 的 V25-B+C 和 V20-C 防雷器模块的技术参数，表 3-28 是环宇电气和新驰电气光伏专用浪涌保护器的主要技术参数，供选型时参考。

表 3-27　OBO 的 V25-B+C 和 V20-C 防雷器模块技术参数

模块名称	V25-B+C 单模块	
	V25-B/0-320	V25-B/0-385
标称电压（交流）/V	230	
最大交流工作电压/V	320	385
最大直流工作电压/V	410	505
防雷等级	B 级	
最大放电电流 I_n（8/20μs）/kA	60	
残压 U_{res}（kV）（当 I_s=20kA 时）	小于 1.3	小于 1.4
残压 U_{res}（kV）（当 I_s=60kA 时）	小于 1.6	小于 2.0
响应时间 t/ns	小于 25	
连接线截面积/mm²	10~25（单芯或多芯线）	
安装	防雷器底座安装于 35mm 导轨上，模块与底座间为热插拔方式	
颜色	橘黄色，RAL203	
材料	聚酰亚胺 6	
模块窗口显示	绿色代表正常，红色表示已损坏需要更换	
工作温度范围/℃	−40~+85	

模块名称	V20-C 单模块			
	V20-C/0-320	V20-C/0-385	V20-C/0-550	V20-C/0
标称电压（交流）/V	230		500	75
最大交流工作电压/V	320	385	550	75
最大直流工作电压/V	420	505	745	100
防雷等级	C 级			
额定放电电流 I_n（8/20μs）/kA	15			
最大放电电流 I_n（8/20μs）/kA	40			
残压 U_{res}（kV）（当 I_s=1kA 时）	1	1.2	1.7	0.24
残压 U_{res}（kV）（当 I_s=5kA 时）	1.2	1.4	2	0.3
残压 U_{res}（kV）（当 I_s=10kA 时）	1.4	1.7	2.3	0.35
残压 U_{res}（kV）（当 I_s=15kA 时）	1.5	1.8	2.5	0.4
残压 U_{res}（kV）（当 I_s=40kA 时）	2.1	2.3	3.5	0.55
长时间放电电流（2000μs）/A	200			

（续）

模块名称	V20-C 单模块			
	V20-C/0-320	V20-C/0-385	V20-C/0-550	V20-C/0
响应时间 t/ns	小于 25			
连接线截面积/mm²	4~16（单芯或多芯线）			
安装	防雷器底座安装于 35mm 导轨上，模块与底座间为热插拔方式			
颜色	灰色，RAL7035			
材料	聚酰亚胺 6			
模块窗口显示	绿色代表正常，红色表示已损坏需要更换			
工作温度范围/℃	−40~+85			

表 3-28　环宇电气和新驰电气光伏专用浪涌保护器主要技术参数

技术参数	型号				
	环宇电气	新驰电气			
	HUDY1-PV-40	SUP4-DC-B+C			
额定工作电压 U_n/Vdc	600	1000	500	800	1000	1200
最大持续运行电压 U_c/Vdc	670	1000	630	1000	1060	1500
标称放电电流（I_n）（8/20μs）/kA	15	15	7			
最大放电电流（I_{max}）（8/20μs）/kA	40	40	20、40、60			
保护水平 U_p/kV	2.8	4.0	≤2.8	≤3.8	≤4.5	
响应时间 t_a	≤25μs	≤25μs	—	—	—	
工作温度/℃	−40~+85					
相对湿度	≤95%（25℃）					
工作窗口指示	正常时：绿色；失效时：红色					
防护等级	IP20					
安装方式	35mm 标准导轨					
建议接线（多股）/mm²	16~25					

下面是光伏发电系统常用防雷器主要技术参数的具体说明。

1）最大持续工作电压（U_c）：该电压值表示可允许加在防雷器两端的最大工频交流电压有效值。在这个电压下，防雷器必须能够正常工作，不可出现故障。同时该电压连续加载在防雷器上，不会改变防雷器的工作特性。

2）额定电压（U_n）：防雷器正常工作下的电压。这个电压可以用直流电压表示，也可以用正弦交流电压的有效值来表示。

3）最大冲击通流量（I_{max}）：防雷器在不发生实质性破坏的前提下，每线或单模块对地通过规定次数、规定波形的最大限度的电流峰值数。最大冲击通流量一般大于额定放电电流的 2.5 倍。

4）额定放电电流（I_n）：也叫标称放电电流，是指防雷器所能承受的 8/20μs 雷电流波形的电流峰值。

5）脉冲冲击电流（I_{imp}）：在模拟自然界直接雷击的波形电流（标准的 10/350μs 雷电流模拟波形）下，防雷器能承受的雷电流的多次冲击而不发生损坏的数值。

6）残压（U_{res}）：雷电放电电流通过防雷器时，其端子间呈现出的电压值。

7）额定频率（f_n）：防雷器的正常工作频率。

在防雷器的具体选型时，除了各项技术参数要符合设计要求外，还要特别考虑下列几个参数和功能的选择。

（1）最大持续工作电压（U_c）的选择

氧化锌压敏电阻防雷器的最大持续工作电压值（U_c）是关系到防雷器运行稳定性的关键参数。在选择防雷器的最大持续工作电压值时，除了符合相关标准要求外，还应考虑到安装电网可能出现的正常波动及可能出现的最高持续故障电压。例如，在三相交流电源系统中，相线对地线的最高持续故障电压有可能达到额定交流工作电压 220V 的 1.5 倍，即有可能达到 330V。因此在电流不稳定的地方，建议选择电源防雷器的最大持续工作电压值大于 330V 的模块。

在直流电源系统中，最大持续工作电压值与正常工作电压的比例，根据经验一般取 1.5~2。

（2）残压（U_{res}）的选择

在确定选择防雷器的残压时，单纯考虑残压值越低越好并不全面，并且容易引起误导。首先不同产品标注的残压数值，必须注明测试电流的大小和波形，才能有一个共同比较的基础。一般都是以 20kA（8/20μs）的测试电流条件下记录的残压值作为防雷器的标注值，并进行比较。其次对于压敏电阻防雷器选用残压越低时，将意味着最大持续工作电压也越低。因此，过分强调低残压，需要付出降低最大持续工作电压的代价，其后果是在电压不稳定地区，防雷器容易因长时间持续过电压而频繁损坏。

在压敏电阻型防雷器中，选择最合适的最大持续工作电压和最合适的残压值，就如同天平的两侧，不可倾向任何一边。根据经验，残压在 2kV 以下（20kA、8/20μs），就能对用户设备提供足够的保护。

（3）报警功能的选择

为了监测防雷器的运行状态，当防雷器出现损坏时，能够通知用户及时更换损坏的防雷器模块，防雷器一般都附带各种方式的损坏指示和报警功能，以适应不同环境的不同要求。

1）窗口色块指示功能：该功能适合有人值守且天天巡查的场所。所谓窗口色块指示功能就是在每组防雷器上都有一个指示窗口，防雷器正常时，该窗口是绿色；当防雷器损坏时，该窗口变为红色，提示用户及时更换。

2）声光信号报警功能：该功能适合在有人值守的环境中使用。声光信号报警装置是用来检查防雷模块工作状况，并通过声光信号显示状态的。装有声光报警装置的防雷器始终处于自检测状态，防雷器模块一旦损坏，控制模块立刻发出一个高音高频报警声，监控模块上的状态显示灯由绿色变为闪烁的红灯。当将损坏的模块更换后，状态显示灯显示为绿色，表示防雷模块正常工作，同时报警声音关闭。

3）遥信报警功能：遥信报警装置主要用于对安装在无人值守或难以检查位置的防雷器进行集中监控。带遥信功能的防雷器都装有一个监控模块，持续不断检查所有被连接的防雷模块的工作状况，如果某个防雷器模块出现故障，机械装置将向监控模块发出指令，使监控模块内的常开和常闭触点分别转换为常闭和常开，并将此故障开关信息发送到远程有相应的显示或声音装置上，触发这些装置工作。

4）遥信及电压监控报警功能：遥信及电压监控报警装置除了具有上述功能外，还能在防雷器运行中对加在防雷器上的电压进行监控，当系统有任意的电源电压下降或防雷器后备保护断路器（或熔断器）动作以及防雷器模块损坏时，远距离信号系统均会立即记录并报告。该装置主要用于三相电源供电系统。

第 **4** 章

分布式光伏发电系统集成设计

分布式光伏发电系统的设计一般有两部分内容，一是系统的容量设计，主要是对光伏组件发电容量（功率）进行设计与计算；二是对系统的整体构成进行电气、机械、设备等的集成与配置选型。与集中式大型地面光伏电站相比，分布式光伏电站单体容量较小，安装场所和环境各异，不宜采用相同的设计和施工模式，而应该结合分布式光伏发电系统的特点，根据具体情况分门别类，采用"准标准化设计+根据现场条件适度调整的"模式，因地制宜进行设计、配置与选型。

分布式光伏发电系统的整体配置主要是根据需要合理地配置整个系统的构成，对系统中的电力电子设备、部件、材料进行配置选型和局部设计，对相关附属设施也要进行设计与计算，目的是根据实际情况选配合适的设备、部件和材料等，与系统容量设计的结果相匹配。图 4-1 所示为光伏发电系统的配置构成。本章将先介绍一些光伏发电系统容量设计需要了解的基本知识后，将主要介绍分布式光伏发电系统的容量设计与计算，以及光伏组件和逆变器的配置选型和电网接入的相关设计。

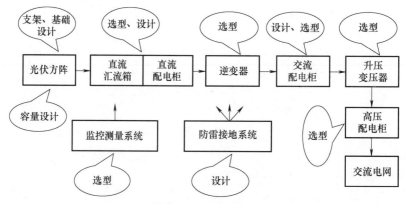

图 **4-1**　光伏发电系统配置构成示意图

4.1　系统的设计原则、步骤和内容

4.1.1　系统设计原则与依据

光伏发电系统的设计要本着合理、实用、安全、美观、高可靠和高性价比（低成本）

的原则。既能保证光伏发电系统的长期可靠运行，充分满足并入电网或用户负载的用电要求，同时又能使系统的配置最合理、最经济，在保证质量、尽量美观的前提下节省投资，达到最好的投资收益效果。

1. 系统设计原则

1）美观性。在设计光伏发电系统方阵时，要充分考虑与当地自然条件相结合，与建（构）筑物的整体构造相结合，做到协调统一，美观大方。要在不改变原有地貌环境或原有建筑风格和外观的前提下，结合能够确定的安装场地面积，选择尺寸合适的光伏组件，设计光伏方阵的结构和布局。

2）高效性。系统设计时要注重各个环节细节设计，部件配置恰当，方案设计优化，把各个环节的损耗降到最低，以保证系统整体的高效性。在确定的安装场地面积内，尽可能地选择高效光伏组件，选择合适的方阵倾斜角和方位角。地面及山坡类光伏发电系统，要尽可能地利用地理地形条件，充分利用平缓地势和各种朝向合适的缓坡，合理排布光伏方阵，提高光伏组件的利用效率，达到充分利用太阳能，提高最大发电量的目的。

3）安全性。设计的光伏系统要满足安全可靠、技术先进、经济合理和维修方便的原则，保证系统抗风、抗雪载荷的能力，屋顶类系统还要考虑屋顶的承载能力，消除各种安全隐患，保证施工过程绝对安全，保证系统安全稳定运行。不能给光伏场区或建筑物内的其他用电设备和人员带来安全隐患，不能从施工屋面掉下任何设备和器具。同时应考虑到方便施工和利于维护检修，还要逐步采用防止火灾事故的直流拉弧断电新技术和新部件。

4）经济性。在满足光伏发电系统外观效果和各项性能指标的前提下，充分考虑分布式光伏发电系统装机容量小、安装分散等特点，最大限度地优化设计方案，优化调整布局，合理选用各种设备、材料，不过度加大设计冗余，把不必要的浪费消除在设计阶段，降低工程造价，为业主节约投资。同时要兼顾选型设备、部件的长期通用性、互换性。尽可能减少整个系统寿命周期运行中的维修维护费用，尽可能提高设备更换的通用便利性。

设计中一定要避免盲目追求低成本或高可靠性的不良倾向，尤其是片面追求低成本，任意减少系统配置或选用廉价设备、部件，造成系统整体性能差，故障频发的不良后果，得不偿失。

2. 系统设计依据

1）现场勘察技术参数及业主提供技术要求；

2）分布式光伏发电系统设计与施工应用经验；

3）《光伏发电站设计规范》GB 50797—2012；

4）《光伏发电站施工规范》GB 50794—2012；

5）《太阳能光伏电站设计与施工规范》DB44/T 1508—2014；

6）《光伏发电工程验收规范》GB/T 50796—2012；

7）《光伏发电站防雷技术要求》GB/T 32512—2016；

8）《光伏发电站接入电力系统设计规范》GB/T 50866—2013；

9）《光伏发电系统接入配电网技术规定》GB/T 29319—2012；

10)《光伏发电工程施工组织设计规范》GB/T 50795—2012；

11)《建筑光伏系统应用技术标准》GB/T 51368—2019；

12)《并网光伏电站启动验收技术规范》GB/T 37658—2019；

13)《光伏发电系统效能规范》NB/T 10394—2020；

14)国家现行光伏行业相关法律、法规、标准和规范；

15)一些地方规范和标准。

4.1.2　系统设计步骤和内容

光伏发电系统的设计步骤和内容如图 4-2 所示。

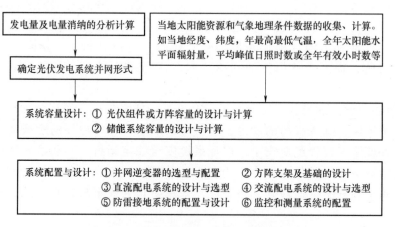

图 4-2　光伏发电系统的设计步骤和内容

更详细点讲，光伏发电系统在基本确定可安装容量的前提下，系统设计的内容主要包括下面几项：

1)项目地太阳能辐射资源评估和倾斜角的优化设计。一般项目参用现有资料数据确定倾斜角；大项目要通过逐月计算水平面和倾斜面辐射量等专业设计确定最佳倾斜角。最佳倾斜角的确定还要结合当地的气象条件如台风、积雪等综合评判。

2)光伏组件选型要对市场的主流产品大致了解，针对项目类型（如屋顶类、地面类及面积尺寸）综合分析对比组件类型、尺寸、功率、价格等因素确定。

3)光伏系统容量计算。单组串串联数、组串总串数（并联数）、直流侧总容量计算。

4)确定系统逆变器类型。选用集中式、组串式、组件式或者是集中式和组串式组合应用。

5)逆变器选型。主要考虑单机功率、品牌、交流输出电压，耐压等级等因素。

6)设计光伏方阵。确定光伏方阵组件块数，组合方式及方阵各间距计算确认。

7)直流、交流汇流箱选型。确定输入路数，最大输入、输出电流，电压等级等。

8)电缆计算选型。各级直流电缆、交流电缆的类型、载流量、长度。

9)基础与支架的选择和设计。

10)防雷接地与监控系统部件、材料选型设计。

11)电站平面分布图布置与设计。

12）其他系统选型设计（气象监测、辐照度监测、驱鸟器、视频安防监控、消防装置等）。

4.2　与设计相关的因素和技术条件

在设计光伏发电系统时，应当根据当地太阳能资源及气象地理条件，依照能量守恒的原则，综合考虑下列各种因素和技术条件。

4.2.1　太阳能辐射资源及气象地理条件

由于光伏发电系统的发电量与太阳光的辐射强度、大气层厚度（即大气质量）、所在地的地理位置、所在地的气候和气象、地形地物等因素和条件都有着直接的关系和影响，因此设计时要了解当地太阳能辐射资源及气象地理条件，太阳辐射的方位角和高度角，日照强度及辐射量、峰值日照时数、最高最低气温等。

1. 光伏组件（方阵）的方位角与倾斜角

光伏组件（方阵）的方位角与倾斜角的选定是光伏发电系统设计时最重要的因素之一。所谓方位角一般是指东西南北方向的角度。对于光伏发电系统来说，方位角以正南为 0°，由南向东向北为负角度，由南向西向北为正角度，如太阳在正东方时，方位角为 -90°，在正西方时方位角为 90°。方位角决定了阳光的入射方向，决定了各个方向的山坡或不同朝向建筑物的采光状况。倾斜角是地平面（水平面）与光伏组件之间的夹角。倾斜角为 0° 时表示光伏组件为水平设置，倾斜角为 90° 时表示光伏组件为垂直设置。

（1）光伏组件方位角的确定

光伏组件的方位角一般都选择正南方向，以使光伏组件单位容量的发电量最大。如果受光伏组件设置场所如屋顶、土坡、山地、建筑物结构及阴影等的限制时，则应考虑与它们的方位角一致，以求充分利用现有地形和有效面积，并尽量避开周围建、构筑物或树木等产生的阴影。只要在正南 ±20° 之内，都不会对发电量有太大影响，条件允许的话，应尽可能偏西南 20° 之内，使太阳能发电量的峰值出现在中午稍过后某时，这样有利用冬季多发电。有些光伏建筑一体化发电系统在设计时，当正南方向光伏组件铺设面积不够时，也可将光伏组件铺设在偏东、偏西或正东、正西方向。在不同的纬度和相应最佳倾斜角状态下，方位角偏离正南 30° 时，方阵的发电量将减少约 5%~15%，偏离正南 60° 时，方阵的发电量将减少约 15%~25%。

（2）光伏组件倾斜角的确定

并网光伏发电系统以追求全年发电量最大化来确定光伏组件或方阵的倾斜角度，也就是说，并网光伏发电系统的最佳倾斜角是系统全年发电量最大的角。理论上该倾斜角应和当地的纬度角相同，但由于部分太阳光线被大气层折射和漫散射，以及当地气象条件和现场实际情况等因素，使得光伏组件（方阵）的最佳倾斜角不一定和当地纬度角吻合。需要在满足光伏支架强度和整体稳定性的前提下，结合灰尘沉积、雨水冲刷、风力、降雪等因素做相应调整。本书附录 5 提供了各城市并网光伏发电最佳安装角度和发电量速查表，可供确定倾斜角时参考。对于因方位限制使光伏组件或方阵必须朝向东面或西面安装时，可以尽量降低安装倾斜角，以提高光伏组件或方阵的倾斜面辐照度。

综上所述，无论哪种形式的光伏发电系统，光伏组件最佳倾斜角的确定都需要结合安装现场实际情况进行考虑，例如安装地点、屋面角度及朝向、建筑物外观的限制，有利于积雪滑落等因素。因此，光伏组件的倾斜角可以根据实际需要在不使光伏发电量大幅度下降的前提下做小范围的调整。

2. 日照强度及辐射量

日照强度又叫光照强度或辐照度，表示单位面积上接收到的太阳辐射的瞬时强度，在光伏发电应用中，日照强度的单位有 kW/m^2、mW/cm^2、$J/(cm^2 \cdot min)$ 等。太阳辐射到单位面积上的辐射能量称为辐射量或辐照量，单位有 $(kW \cdot h)/m^2 \cdot$ 年、$(kW \cdot h)/m^2 \cdot$ 月或 $(kW \cdot h)/m^2 \cdot$ 日，这个物理量表示的是单位面积上接收的太阳能辐射量在一段时间里的累积值，也就是某段时间内的辐射总量。

3. 平均日照时数和峰值日照时数

要了解平均日照时数和峰值日照时数，首先要知道日照时间和日照时数的概念。

日照时间是指太阳光在一天当中从日出到日落实际的照射小时数。

日照时数是指在某个地点，一天当中太阳光达到一定的辐照度（一般以气象台测定的 $120W/m^2$ 为标准）时一直到小于此辐照度所经过的小时数。日照时数小于日照时间。

平均日照时数是指某地的一年或若干年的日照时数总和的平均值。例如，某地 2005 年到 2015 年实际测量的年平均日照时数是 2053.6h，日平均日照时数就是 5.63h。

峰值日照时数（也叫有效日照时间）是将当地的太阳辐射量，折算成标准测试条件（辐照度 $1000W/m^2$）下的小时数，如图 4-3 所示。例如，某地某天的日照时间是 8.5h，但不可能在这 8.5h 中太阳的辐照度都是 $1000W/m^2$，而是从弱到强再从强到弱变化的，若测得这天累计的太阳辐射量是 $3600W \cdot h/m^2$，则这天的峰值日照时数就是 3.6h。因此，在计算光伏发电系统的发电量时一般都采用平均峰值日照时数作为参考值。表 4-1 是年总辐射量与日平均峰值日照时数间的对应关系表。

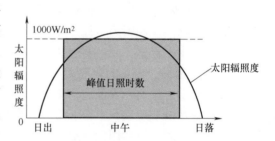

图 4-3　峰值日照时数示意图

表 4-1　年总辐射量与日平均峰值日照时数间的对应关系表

年总辐射量/(kJ/cm^2)	740	700	660	620	580	540	500	460	420
年总辐射量/$(kW \cdot h/m^2)$	2055	1945	1833	1722	1611	1500	1389	1278	1167
日平均峰值日照时数/h	5.75	5.42	5.10	4.78	4.46	4.14	3.82	3.50	3.19

4. 全年太阳能辐射总量

在设计太阳能光伏发电系统容量时，当地全年太阳能辐射总量也是一个重要的参考数据。第 2 章中表 2-1 是我国可利用太阳能资源分布表，根据不同的太阳能资源情况划分为四类地区。

获取太阳能辐射总量数据可以通过当地气象部门或资料了解，一般需要了解当地近几年的太阳能辐射总量年平均值数据。气象资料提供的都是水平面的太阳辐射量数据，是单位时间内平均的日总辐射量数据或直射+散射辐射量数据。

光伏组件（方阵）一般都是倾斜安装的，因此需要将水平面上的太阳能辐射量折算成倾斜面上的辐射量。倾斜面辐射量一般要比水平面辐射量平均高 15% 左右，纬度越高，差距越大。将水平面辐射量折算成倾斜面辐射量可利用各种光伏设计软件进行计算（如RETScreen、PVsyst 等），并通过计算分析不同倾斜面获得的辐射量来对倾斜角进行优化设计。这里也有两个计算公式供参考。

公式 1：
$$I_t = I_b \times [\sin(\alpha+\beta)/\sin\alpha] + I_d$$

公式 2：
$$I_{t直} = I_b \times \cos\alpha \quad I_{t散} = (1+\cos\beta/2)I_d$$
$$I_t = I_{t直} + I_{t散}$$

式中　I_t——光伏方阵倾斜面上太阳能总辐射量；

I_b——水平面上直接辐射量；

I_d——水平面上散射辐射量；

α——中午时分的太阳高度角；

β——光伏方阵倾角。

4.2.2　太阳能辐射能量换算及能耗数据

1. 太阳能不同单位辐射能量之间的换算

在计算光伏发电系统的容量时，有时会遇到用不同计量单位表示的太阳能辐射能量，如焦（J）、卡（cal）、千瓦（kW）等，为设计和计算方便，就需要进行单位换算。它们之间的换算关系为

$$1 \text{卡(cal)} = 4.1868 \text{焦(J)} = 1.16278 \text{毫瓦时(mW·h)}$$

$$1 \text{千瓦时(kW·h)} = 3.6 \text{兆焦(MJ)}$$

$$1 \text{千瓦时/米}^2(\text{kW·h/m}^2) = 3.6 \text{兆焦/米}^2(\text{MJ/m}^2) = 0.36 \text{千焦/厘米}^2(\text{kJ/cm}^2)$$

$$100 \text{毫瓦时/厘米}^2(\text{mW·h/cm}^2) = 85.98 \text{卡/厘米}^2(\text{cal/cm}^2)$$

$$1 \text{兆焦/米}^2(\text{MJ/m}^2) = 23.889 \text{卡/厘米}^2(\text{cal/cm}^2) = 27.8 \text{毫瓦时/厘米}^2(\text{mW·h/cm}^2)$$

2. 太阳能辐射能量与峰值日照时数之间的换算

在计算中，有时还需要将辐射能量换算成峰值日照时数，换算公式如下。

1）当辐射量的单位为卡/厘米^2（cal/cm^2）时，则：

年峰值日照小时数 = 辐射量×0.0116（换算系数）

例如，某地年水平面辐射量为 139kcal/cm^2，光伏组件倾斜面上的辐射量为 152.5kcal/cm^2，则年峰值日照小时数为 152500cal/cm^2×0.0116 = 1769h，峰值日照时数为 1769h÷365 = 4.85h。

2）当辐射量的单位为兆焦/米^2（MJ/m^2）时，则：

年峰值日照时数 = 辐射量÷3.6（换算系数）

例如，某地年水平面辐射量为 5497.27MJ/m^2，光伏组件倾斜面上的辐射量为 6348.82MJ/m^2，则年峰值日照小时数为 6348.82MJ/m^2÷3.6 = 1763.56h，峰值日照时数为 1763.56h÷365 = 4.83h。

3）当辐射量的单位为千瓦时/米^2（kW·h/m^2）时，则：

峰值日照时数 = 辐射量÷365 天

例如，北京年水平面辐射量为 1547.31kW·h/m^2，光伏组件倾斜面上的辐射量为 1828.55kW·h/m^2，则峰值日照小时数为 1828.55kW·h/m^2÷365 = 5.01h。

4）当辐射量的单位为千焦/厘米² （kJ/cm²）时，则：

年峰值日照小时数＝辐射量÷0.36（换算系数）

例如，拉萨年水平面辐射量为 777.49kJ/cm²，光伏组件倾斜面上的辐射量为 881.51kJ/cm²，则年峰值日照小时数为 881.51kJ/cm² ÷ 0.36 ＝ 2448.64h，峰值日照时数为 2448.64h ÷ 365 ＝ 6.71h。

3. 火力发电能耗及排放数据

我国火力发电厂每发 1kW·h 电，需要消耗标准煤 0.305kg；

二氧化碳（CO_2）排放指数为 0.814kg/kW·h(国际能源署《世界能源展望 2007》数据)；

硫氧化物（SO_x）排放指数为 6.2g/kW·h(脱硫前统计数据)；

氮氧化物（NO_x）排放指数为 2.1g/kW·h(脱氮前统计数据)。

4.3　系统集成设计与容量计算

分布式光伏发电系统的容量计算注重考虑的是在可安装的光伏组件占用面积里，怎样实现全年发电量的最大化，或者是根据用户容量需求，在能量平衡的条件下确定所需要的最小光伏发电容量。同时，光伏组件或方阵的安装倾斜角也应该是全年能接收到最多太阳辐射量所对应的角度。

4.3.1　光伏组件的串并联设计

在进行光伏组件的串并联设计之前，先了解一下光伏组件的串并联方法及基本特性，其原理示意如图 4-4 所示。

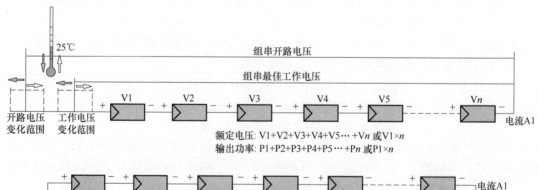

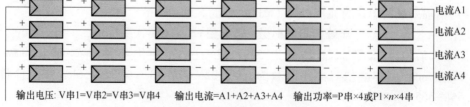

图 4-4　光伏组件串联与并联示意图

光伏组件串联就是将若干块光伏组件依次一正一负串联在一起形成光伏组串。整个光伏组串中，输出电流等于单块组件电流，输出电压为所有组件电压之和，输出功率也是所有组件功率之和。与光伏组件一样，光伏组串输出电压也具有负温度系数特性，既环境温度降低，输出电压会升高，环境温度升高，输出电压会下降，也就是说，光伏组串的输出电压会随着环境温度的变化在一定范围内变化，且变化率较大，所以是光伏组串计算中要考虑的重要因素。光伏组串的输出功率具有正温度系数特性，既环境温度升高，输出功率会略有增大，环境温度降低时，输出功率会略有减小，因为这个系数变化影响较小，所以在组串设计时往往会忽略不计。

光伏组串的并联就是将设计好的若干光伏组串正极与正极相连接，负极与负极相连接形成光伏方阵。当然这种并联并不一定是组串之间直接相连接，往往是通过直流汇流箱或组串逆变器后形成并联模式。光伏组串并联后，输出电压等于单串组串的端电压，输出电流是所有组串输出电流之和，输出功率也是所有组件功率之和。整个系统的输出功率（容量）等于：组件输出功率×组件串联块数×组串并联数。

1. 光伏组件的串联设计

光伏组件的串联设计主要依据所匹配逆变器的最大直流输入电压和逆变器 MPPT 电压输入范围两个参数来确定。选用的组件串最大开路电压不能超过逆变器的最大直流输入电压，组件串的最大工作电压范围不能超出逆变器的 MPPT 电压的输入范围。组件串的最大开路电压和工作电压不仅会随着太阳能辐射强度随时变化，还会随着环境温度的高低随时变化，因此，光伏组件串的串联设计要结合这两个因素进行计算。在此基础上，光伏组件的串联块数尽量取较高值，可以减少整个方阵的电缆使用量及电能损耗。当然，整个组串的最大开路电压也不能超过所选组件自身的最大系统电压（最大耐压）。

（1）光伏组件的温度系数

在 25℃ 的标准条件下，不同光伏组件的开路电压温度系数是 -0.27% ~ -0.34%/℃，短路电流温度系数是 0.048% ~ 0.055%/℃，也就是说环境温度低于 25℃ 时，开路电压会升高，短路电流会减小；当环境温度高于 25℃ 时，开路电压会降低，短路电流会增大。所以在进行组件串的匹配时，要考虑开路电压温度系数，防止环境温度过低时，组串并路电压超过自身的最大系统电压和逆变器的最大直流输入电压。目前不同类型光伏组件和逆变器产品的最大系统电压分别有 DC1000V、DC1100V 和 DC1500V 的。

（2）组件串联电压与逆变器的匹配

在系统容量设计时，组件串的串联电压一定要小于光伏组件能耐受的最大系统电压。同时，必须兼顾考虑系统所在地的最低环境温度。组件串在最低温度时的开路电压，一定要小于所匹配逆变器可以接受的最大直流输入电压，并且要留 5% ~ 10% 的余量。例如最大直流输入电压为 1000V 的逆变器，光伏组串的匹配电压应该在 900V ~ 950V，最大不超过 950V。其计算公式为

逆变器最大直流输入电压(V)≥组件开路电压(V)×组件串联数×[1+组件开路电压温度系数×(使用环境最低温度-25℃)]

变换一下公式为

组串串联数 N=逆变器最大直流输入电压/组件开路电压(V)×[1+(-0.＊＊**%)×(-?℃-25℃)]**

组串数 N×组件开路电压 Voc≤逆变器最大直流输入电压(V)

（3）MPPT 工作电压范围匹配

组件串联后的最大和最小工作电压必须在逆变器的 MPPT 工作电压范围之内。即

组串最大工作电压≤MPPT 最大工作电压

组串最小工作电压≥MPPT 最小工作电压

组串最大工作电压=组件最大工作电压(V)×组件串联数×[1+组件开路电压温度系数× (使用环境最低温度−25℃)]

组串最小工作电压=组件最大工作电压(V)×组件串联数×[1+组件开路电压温度系数× (组件最高温度−25℃)]

这里需要特别注意，在计算组串最小工作电压公式中，采用的是组件最高温度，而不是当地环境最高温度，这个温度是根据环境最高温度时组件表面实际温度得出的经验值，在实际自然环境中，环境温度为 25°的晴朗中午，光伏组件表面会达到 50～60℃，环境温度为30℃时，组件表面温度将达到 60～70℃，环境温度为 35℃ 时，组件表面将达到 70～80℃，无论从一天还是一个季节看，这个时间段都非常短暂，而且现在逆变器的 MPPT 工作电压范围也特别宽，温度高些工作电压也基本都在范围之内，所以在计算时，根据当地最高环境温度，相应地选择一个组件表面温度值进行计算即可。

2. 光伏组串的并联设计

光伏组件的串联数量确定以后，光伏组串的并联匹配主要是依据所配逆变器的最大直流输入电流和逆变器的最大输入功率来确定的。

（1）光伏组串并联电流与逆变器的匹配

光伏发电系统在实际运行中，由于环境温度对光伏组件输出电流的影响不是很大，所以在计算时，可以不考虑温度系数对输出电流的影响，直接利用标准测试条件下的光伏组件最大工作电流数据进行计算，使经过串并联构成的光伏方阵输出的最大工作电流不超过逆变器容许的最大直流输入电流即可。计算公式为

光伏组串并联数=逆变器最大直流输入电流/光伏组件串最大工作电流

（2）组件方阵安装容量与逆变器的功率匹配

有了光伏组件的串联数量和光伏组串的并联数量，就可以计算出光伏方阵的总容量，并和逆变器的最大输入功率进行匹配。

光伏方阵总容量功率(W)=光伏组件串联数×光伏组串并联数×选定组件的最大输出 功率(W)

理论上讲，光伏方阵总容量应该与逆变器的最大输入功率相等，就算是匹配了，逆变器最大输入功率与光伏方阵容量的配比可以根据实际环境情况等因素在一定范围内确定，即

95%<逆变器最大输入功率/光伏方阵总容量功率<105%

在过去的设计中，这个结果就算最佳匹配了，因为以前没有超配的概念，政策也不允许超配。光伏逆变器的最大直流输入功率值和额定交流输出功率值非常接近，例如一台交流输出功率 30kW 的逆变器，最大直流输入功率最多 33kW，不会超出 10%。在实际运行中，光伏逆变器虽然接入了允许接入的最大光伏方阵功率，光伏方阵功率在逆变器 MPPT 电路跟踪调整下，也会工作在最大功率峰值上，但由于太阳辐照度和环境温度等因素的变化，以及不是理想状态的方位角、倾斜角及各种功率衰降等，光伏方阵的实际输出功率只有安装容量的90%左右，如图 4-5 所示，使逆变器最大功率峰值曲线往往低于应该达到的理想曲线，形成

设备容量冗余，逆变器长时间不在满负荷工作状态，工作效率偏低。如何解决这个问题，涉及光伏发电系统的超配设计，具体内容可参看 4.3.4 节中相关内容。为了适应超配需要，同时配合大尺寸组件的大电流输出，提高逆变器设备利用率，目前大部分厂家生产的逆变器都提高了最大直流输入功率容量，例如交流输出功率 30kW 的逆变器，可以接入 39kW 的直流容量，允许超配 130% 甚至更多。

另外，在设计光伏组串的串并联接入时，还要遵循以下几个原则：

1）不同倾角或方位角的组串，不宜串并联到一起，或接入同一个 MPPT 回路中；

2）不同输出电压或电流的组串，不宜串并联到一起，或接入同一个 MPPT 回路中；

3）不同阴影遮挡情况的组串，不宜串并联到一起，或接入同一个 MPPT 回路中；

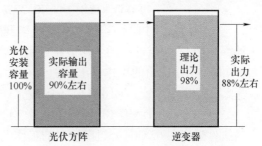

图 4-5　光伏发电系统容量匹配不足示意图

4）尽量将同一环境条件，同一方向角度的光伏组串集中接入到同一台逆变器中。

（3）计算举例

下面分别以 445W 和 535W 单晶半片光伏组件为例，对一套瓦屋顶户用光伏系统，进行匹配设计。该项目南屋面长 23m，宽 5m，所选组件和光伏逆变器的技术参数见表 4-2 和表 4-3，使用地环境最低温度为 -16℃，环境最高气温 39℃，组件最高温度平均为 65℃。

表 4-2　两种单晶硅光伏组件技术参数

组件电池片尺寸/数量	最大功率 P_{max}/W	最大工作电压 U_{mp}/V	最大工作电流 I_{mp}/A	开路电压 U_{oc}/V	短路电流 I_{sc}/A	最大系统电压/V	组件尺寸/mm
166mm×83mm 144 片	445	41.3	10.78	49.1	11.53	DC 1500 (IEC)	2094×1038×35
182mm×91mm 144 片	535	41.5	12.90	49.35	13.78	DC 1500 (IEC)	2256×1133×35
标准测试条件	辐照度：1000W/m²；组件温度：25℃；AM：1.5			开路电压温度系数：-0.27%/℃ 峰值功率温度系数：-0.35%/℃			

表 4-3　两款光伏逆变器技术参数

逆变器型号	GCI-3P15K-4G	GCI-3P17K-4G
最大输入功率/kW	18	20.4
最大直流输入电压/V	1000	
额定输入电压/V	600	
MPPT 电压范围/V	160~850	
启动电压/V	180	
最大直流电流/A	22/11	22/22
MPPT 路数/最大输入组串路数	2/3	2/4
额定输出功率/kW	15	17
最大交流有功功率/kW	16.5	18.7
额定电网电压/V	3/N/PE 220V/380V	

1）用逆变器最大直流输入电压/组件开路电压估算组件串联块数：1000V÷49.1V（49.35V）≈20块，这是理论上计算的串联块数，如果结合具体项目地最低环境工作温度和所选组件开路电压温度系数计算，则两种组件的组件串最多只能由18块组件构成

$$49.1V×18×[1+(-0.27\%)(-16-25)]=981.6V<1000V$$
$$49.35V×18×[1+(-0.27\%)(-16-25)]=986.6V<1000V$$

2）上述计算说明18块组件构成的组串开路电压符合逆变器最大输入电压要求，还需要通过计算验证18块组件串的工作电压是否符合逆变器的MPPT工作电压范围要求。当温度在-16℃时，组串输出的工作电压分别为

$$41.3V×18×[1+(-0.27\%)(-16-25)]=825.7V<850V$$
$$41.5V×18×[1+(-0.27\%)(-16-25)]=829.7V<850V$$

当组件温度在65℃时，组串输出的工作电压分别为

$$41.3V×18×[1+(-0.27\%)(65-25)]=663.1V>160V$$
$$41.5V×18×[1+(-0.27\%)(65-25)]=666.3V>160V$$

通过上述计算说明，18块组串在不同温度下的工作电压完全在逆变器MPPT工作电压范围之内。

3）根据屋顶面积，可以纵向排列两串，光伏组串并联数为2串；

4）光伏方阵总容量分别为

$$445W×18×2=16020W=16.02kW<18kW$$
$$535W×18×2=19260W=19.26kW<20.4kW$$

两款逆变器都符合匹配要求。

5）光伏组串排布与连接：两种光伏组件在可利用面积中都可以按照纵向两排，每排18块进行排布，具体排布及串联连接示意如图4-6所示，从排布结果可以看出，两种组件都可以选择，在可利用面积允许的条件下，选用更大功率的组件，可以增加安装容量。

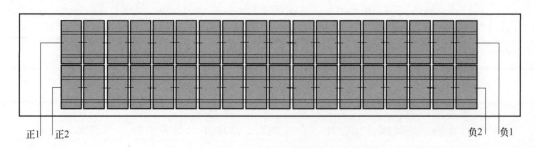

正1 正2   负2 负1

图4-6 光伏组串排布及串联连接示意图

6）光伏组串与逆变器的连接：两种光伏组串与相应逆变器的连接如图4-7所示。其中445W组串的最大输出电流为10.78A，小于逆变器每路MPPT中每一端口最大输入电流11A，所以两路组串可以直接接入MPPT1或分别接入MPPT1和MPPT2；535W组串的最大输出电流为12.9A，大于MPPT中每一端口11A的电流，所以两路组串必须分别接入MPPT1和MPPT2。

3. 光伏方阵的电路连接与组合

光伏方阵也称光伏阵列，英文名称为"Solar Array"或"PV Array"。光伏方阵是为满

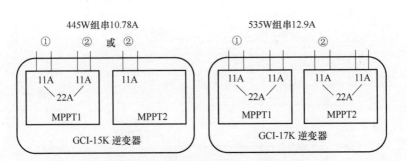

445W组串10.78A　　　　　535W组串12.9A

图 4-7　光伏组串与逆变器的连接示意图

足高电压、大功率的发电要求，由若干个光伏组件或若干子方阵通过串、并联连接，并通过一定的机械方式固定组合在一起。因此光伏方阵有两个概念，一个是指整个系统组件通过串联、并联构成的大方阵，另一个是指一组支架上面由若干组件组成的一个方阵，这种方阵基本就是一个组串排列固定在一组支架上。本节说的是一个大方阵的概念，主要是讲光伏组件串并联组合的一些问题和注意要点。

（1）光伏方阵的串、并联电路

光伏组件通过串、并联组合构成方阵，还需要通过防反充二极管、旁路二极管、直流线缆及直流汇流箱等进行电气连接，常见电路形式有方阵并联电路、方阵串联电路和方阵串、并联混合电路，如图 4-8 所示。大部分光伏发电系统方阵都是由串、并联混合电路构成的。

当每个单体的光伏组件性能一致时，多个光伏组件的串联连接，可在不改变输出电流的情况下，使整个方阵输出电压成比例的增加；而组件并联连接时，则可在不改变输出电压的情况下，使整个方阵的输出电流成比例的增加；串、并联混合连接时，即可增加方阵的输出电压，又可增加方阵的输出电流。但是，组成方阵的所有光伏组件性能参数不可能完全一致，所有的连接电缆、插头/插座连接器接触电阻也不相同，于是会造成各串联光伏组件的工作电流受限于其中电流最小的组件；而各并联光伏组件的输出电压又会被其中电压最低的光伏组件钳制。因此方阵组合会产生组合连接损失，使方阵的总效率总是低于所有单个组件的效率之和。组合连接损失的大小取决于光伏组件性能参数的离散型，因此除了在光伏组件的生产过程中尽量提高光伏组件性能参数的一致性外，还要对光伏组件进行测试、筛选、组合，即把特性相近的光伏组件组合在一起。例如，串联组合的各组件工作电流要尽量相近，每串与每串的总工作电压也要考虑搭配的尽量相近，最大幅度的减少组合连接损失。因此，方阵组合连接要遵循下列几条原则：

1）串联时需要工作电流相同的组件，并为每个组件并接旁路二极管；

2）并联时需要工作电压相同的组件，并在每一条并联线路中串联防逆流二极管；

3）尽量考虑组件连接线路最短，并用较粗的导线；

4）严格防止个别性能变坏的光伏组件混入光伏方阵。

（2）光伏组件的热斑效应

当光伏组件的某一部分或光伏组串的某几块组件表面不清洁、有划伤、泥沙沉积或者被鸟粪、树枝树叶、积雪、建筑物阴影、云层阴影、前后方阵之间阴影覆盖或遮挡时，被覆盖

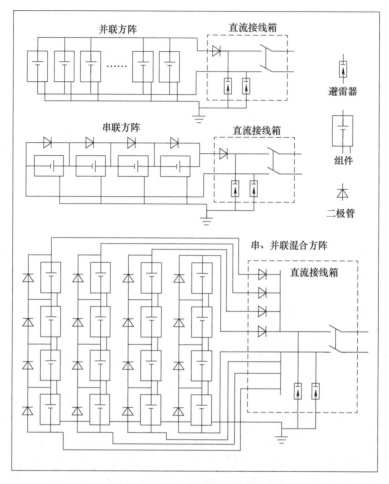

图 4-8　光伏方阵基本电路示意图

或遮挡部分所获得的太阳能辐射会减少，其相应电池片的输出功率（发电量）自然随之减少，相应组件的输出功率也将随之降低。由于整个组件的输出功率与被遮挡面积不是线性关系，所以即使一个组件中只有一片电池片被覆盖，整个组件的输出功率也会大幅度降低。如果被遮挡部分只是方阵组件串的并联部分，那么问题还较为简单，只是该部分输出的发电电流将减小，如果被遮挡的是方阵组件串的串联部分，则问题较为严重，一方面会使整个组件串的输出电流减少为该被遮挡部分的电流，另一方面被遮挡的电池片不仅不能发电，还会被当作耗能器件以发热的方式消耗其他有光照的光伏组件的能量，长期遮挡就会引起光伏组件局部反复过热，产生热斑，这就是热斑效应。这种效应能严重地破坏电池片及组件，可能会使组件焊点熔化、封装材料烧焦碳化，甚至会使整个组件寿命缩短或失效损坏。产生热斑效应的原因除了以上情况外，还有个别质量不好的电池片混入光伏组件、电极焊片虚焊、电池片隐裂或破损、电池片性能变坏等。

　　为了防止热斑效应对光伏组件的损伤以及对光伏发电系统发电效率的影响，在生产光伏组件时，都要在组件接线盒中各个电池串之间反向并联旁路二极管，对因各种阴影而无法正常发电的电池串或组件进行旁路导通，保证光伏发电系统基本正常发电。

（3）旁路二极管和防反充二极管

1）旁路二极管

当有较多的光伏组件串联组成光伏方阵或光伏方阵的一个支路时，需要在每块组件的正负极输出端反向并联 1 个（或 2、3 个）二极管，这个并联在组件两端的二极管就叫旁路二极管。

旁路二极管的作用是防止方阵串中的某个组件或组件中的某一部分被阴影遮挡或出现故障停止发电时，在该组件旁路二极管两端会形成正向偏压使二极管导通，组件串工作电流绕过故障组件，经二极管旁路流过，不影响其他正常组件的发电，同时也保护被旁路组件避免受到较高的正向偏压或由于"热斑效应"发热而损坏。

旁路二极管一般都直接安装在组件接线盒内，如图 4-9 所示，根据组件功率的大小和电池片串的多少，安装 1~3 个二极管，如图 4-10 所示。其中图 4-10a 采用 1 个旁路二极管，当该组件被遮挡或有故障时，组件将被全部旁路；图 4-10b 和 c 分别采用 2 个和 3 个二极管将光伏组件分段旁路，则当该组件的某一部分有故障时，可以做到只旁路组件的一半或 1/3，其余部分仍然可以继续正常工作。

图 4-9　旁路二极管在接线盒内的安装

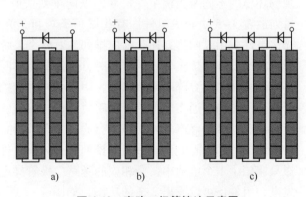

a)　　　　　　　　b)　　　　　　　　c)

图 4-10　旁路二极管接法示意图

旁路二极管也不是任何场合都需要的，当组件单独使用或并联使用时，是不需要接旁路二极管的。

2）防反充二极管

防反充二极管也叫防逆流二极管，它的作用是在光伏方阵中，防止方阵各组串之间的电流倒送。这是因为各组串的串联输出电压不可能绝对相等，各组串电压会略有差异，或者某一组串因为故障、阴影遮蔽等使该支路的输出电压降低，高电压组串的电流就会流向低电压组串，甚至会使方阵总体输出电压的降低。在各组串中串联接入防反充二极管就避免了这一现象的发生。

防反充二极管一般都安装在直流汇流箱的组串正极输入电路或逆变器直流输入电路中。

（4）光伏方阵组合的能量损失

光伏方阵由成千上万的光伏组件及成万上亿的电池片组合而成，这种组合不可避免地存在各种能量损失，归纳起来大致有这样几类：

1）连接损失：因为连接电缆的本身电阻和接插件连接不良所造成的损失。

2) 离散损失：主要是因为光伏组件产品性能和衰减程度不同，参数不一致造成的功率损失。方阵组合选用不同厂家、不同出厂日期、不同规格参数以及不同牌号电池片等，都会造成光伏方阵的离散损失。

3) 串联压降损失：电池片及光伏组件本身的内电阻不可能为零，即构成电池片的 PN 结有一定的内电阻，造成组件串联后的压降损失。

4) 并联电流损失：电池片及光伏组件本身的反向电阻不可能为无穷大，即构成电池片的 PN 结有一定的反向漏电流，造成组件并联后的漏电流损失。

4.3.2　光伏方阵的排布设计与间距计算

在光伏发电系统的设计中，光伏组件在支架的排列及各支架方阵在整个场区的排布设计中都非常重要，既要结合整体安装容量、长期发电量及投资收益，还要考虑施工安装难易程度，线路走向及连接、维护和清洗的便利性等因素。

1. 光伏组件在支架上的排列设计

光伏组件在支架的排列分为纵向排列和横向排列两种方式，如图 4-11 所示，根据安装现场环境的不同及光伏组件尺寸，纵向排列一般每列放置 2~4 块光伏组件，横向排列一般每列放置 3~5 块光伏组件。有些屋顶类项目，光伏方阵也有纵向单排或横向单排的情况。光伏组件采用纵向排列还是横向排列，对整个系统的发电量、支架用量和施工难度都有一定影响。当方阵光伏组件纵向排列时，假设前后排间距不足，最下面一排组件或组件最下面一排电池片被前排方阵阴影遮挡时，阴影会同时遮挡组件的 3 个电池串，组件的 3 个旁路二极管会全部正向导通将电池组串短路，而使被遮挡的组件都不能发电。即便是 3 个旁路二极管没有导通，该组件产生的功率也会通过发热的形式消耗在被遮挡的电池片上，组件依然没有功率输出。当方阵光伏组件横向排列是，如果组件最下面一排电池片全部被阴影遮挡时，阴影只遮挡了 1 个电池串，则相应的旁路二极管导通，组件中另外两个电池组串仍然可以正常发电，组件还可以发出 2/3 的功率，如图 4-12 所示。所以当因场地紧张，方阵前后排间距无法调整时，或者在山地、坡地等不规则地区，光伏方阵采用横向排布的方式，可以获得更多的发电量。

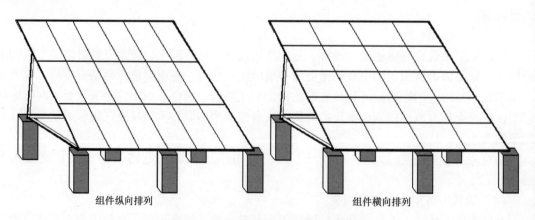

组件纵向排列　　　　　　　　　　　组件横向排列

图 4-11　光伏组件在支架的排列示意图

目前大多数发电系统都采用纵向排列的方式，这是因为纵向排列比横向排列安装施工更

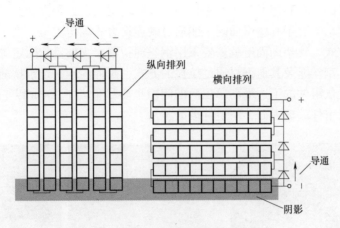

图 4-12　组件排列阴影遮挡影响示意图

容易些。横向排列时，最顶端的光伏组件安装比较困难，影响施工进度。另外，横向排列时，光伏支架和基础的造价也会比纵向排列成本略高一些。

2. 光伏支架的设计要求

当确定了光伏组件及外形尺寸，计算出了光伏组串的数量，以及方阵最佳倾角，光伏组件安装位置、安装方式等后，就可以进行光伏支架的选择和设计。光伏支架的设计要尽量结构简单、受力合理、牢固可靠、结实耐用，造价经济且便于施工，充分考虑承重、抗风、抗震、抗腐蚀等因素。光伏支架设计还应尽量减少焊接，优先采用铰接或螺钉固定组合连接，方便安装调节和移装拆除。无论哪种安装结构，都要确保支架的支撑牢固及对光伏组件的良好固定，目标是能够使光伏方阵在光伏发电系统 25 年的寿命周期内稳固工作，并能抵受住各种恶劣气象条件的侵袭。

（1）屋顶类光伏支架设计要求

屋顶类光伏支架的设计要根据不同的屋顶结构分别进行，对于瓦屋顶和彩钢板屋顶一般都设计成与屋顶斜面平行的支架，支架高度离屋顶面 10cm 以上，以利于光伏组件的通风散热。也可以根据最佳倾斜角设计成前低后高的屋顶倾角支架，以满足光伏组件的太阳能最大接收量，如图 4-13 所示。

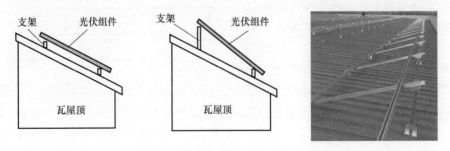

图 4-13　屋顶类光伏支架设计示意图

平面屋顶一般根据屋面面积大小，可设计为全覆盖方式或者成排支架方式，无论哪种方式都要保证与屋面结构可靠连接，如把支架底座通过膨胀螺栓的方式直接固定在屋面楼板上，无法直接连接的，要利用混凝土配重块的方式固定支架，这种方式要保证配重块符合当地最大风载荷的要求。对于有些屋面既不能通过硬连接方式固定支架，由于屋顶载荷问题也不能用配重块的方式，支架的固定就需要采用钢丝绳拉紧、支架延长固定等方法，如图4-14所示，利用圆钢、钢丝绳及其他钢材通过拉拽的方式，延伸固定在建筑物的墙壁上对支架进行固定。设计时光伏组件的下边缘离屋顶面的间隙也要尽量大于15cm以上，以防下雨时屋顶面泥水溅到光伏组件玻璃表面，使组件玻璃脏污。

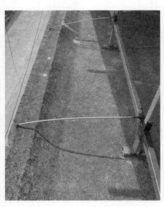

图4-14　光伏组件在平屋面的拉拽固定方法

（2）地面光伏支架的设计要求

地面用光伏方阵支架可分为固定式、可调式和自动跟踪式等。地面安装的光伏支架要有足够的强度，满足光伏方阵静载荷（如积雪重量）和动载荷（如台风）的要求，保证方阵安装安全、牢固、可靠。支架应保证组件与支架连接牢固可靠，支架与基础连接牢固，要能抵抗120km/h（33.3m/s）的风力而不被破坏。

支架设计时，为了能接收更多的地面反射辐照并考虑光伏方阵通风散热等因素，对于一般的应用场地，组件方阵下边缘离地面的高度最小不低于0.5m，主要考虑下面几个因素：

1）要考虑当地最大积雪深度。

2）高于当地发生洪水时的水位高度。

3）防止下雨时泥沙溅到光伏组件表面。

4）防止小动物的破坏。

5）现场植物或荒草的生长高度。

对双面发电光伏组件而言，光伏方阵的安装高度与方阵背面发电功率有很大关系，其最佳安装高度随着安装地点的不同而各异，方阵下边缘离地面一般选择在0.5~1.5m之间。安装高度也不是越高越好，高度过低或过高，光伏组件的背面都无法得到最大的阳光辐射强度，无法发挥双面发电光伏组件的优势，组件背面的发电功率都会减少。另外在支架结构设计时需要考虑背面的遮挡问题，支架构件如斜梁、檩条导轨及连接件等不要横穿组件电池片区域，要尽量沿组件边缘设置，如图4-15所示。光伏逆变器、汇流箱等设备也要安装在方阵的侧面，避免遮挡光伏组件背面光线的接收。

图 4-15　双面发电光伏支架排列示意图

3. 阴影遮挡分析及光伏方阵排布设计

（1）阴影遮挡分析

无论是屋顶类还是地面类光伏方阵的排布设计，既要考虑光伏方阵前排后排之间阴影的遮挡，还要考虑地面周边或建筑屋顶一些物体如树木、电线杆、屋顶阁楼、电梯间、空调设备、女儿墙等对光伏组件方阵的遮挡。因此在光伏方阵的排布设计时，需要对光伏组件或方阵产生阴影遮挡的区域进行分析和合理避让。当多组光伏方阵需要前后排放置时，如果前后两组方阵之间的距离太小，前排光伏方阵的阴影会对后排光伏方阵部分遮挡，从而影响发电量。因此设计时要通过下面介绍的几种计算方法计算光伏方阵前排与后排之间的合理距离，以及与周边遮挡物体之间的合理距离。这个距离最好按照冬至日这一天的数据进行计算，因为冬至日这一天的阴影最长。要求在冬至日的 9 点至 15 点时间段内，方阵前、后、左、右之间互不遮挡，周边物体对光伏方阵也没有遮挡为最佳。冬至日的投影长度变化示意如图 4-16所示。从图中可以看出，冬至日的物体投影是一年之中最长的。在冬至日这一天，上午和下午时段的投影比中午时段要长一些。

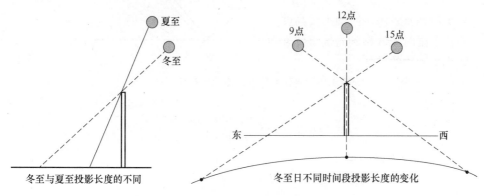

图 4-16　冬至日投影长度变化示意图

在对光伏方阵阴影遮挡分析时，特别是建筑类屋顶，要对所有高出光伏方阵最低点的物体进行分析。通过计算，在图纸设计时画出不同物体的阴影区域，然后避开这些区域进行光伏方阵的排布，如图4-17案例所示。

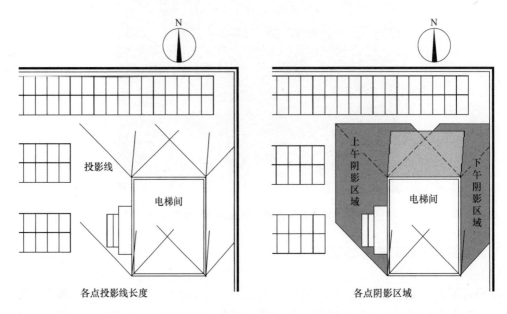

图 4-17 阴影遮挡分析案例示意图

（2）光伏方阵前排后排间距计算

光伏方阵前后排之间的间距计算，可以根据 GB 50797—2012《光伏发电站设计规范》中相关公式进行，如图 4-18 所示。

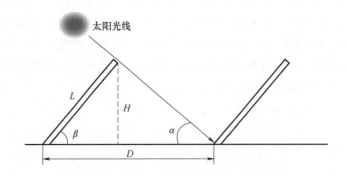

图 4-18 光伏方阵前后排间距计算示意图

$$D=L\cos\beta+L\sin\beta\frac{0.707\tan\phi+0.4338}{0.707-0.4338\tan\phi}$$

式中 D——方阵前后排间距（m）；

L——方阵倾斜面长度（或称方阵宽度）（m）；

β——方阵倾斜角（°）；

ϕ——当地纬度（°）；

α——太阳高度角（°）。

（3）光伏方阵前后排之间阴影长度计算

光伏方阵前后排之间阴影长度计算（见图 4-19），这个计算公式与上一个计算公式方法类似，计算公式为

$$d=\frac{0.707H}{\mathrm{Tan}[\ \mathrm{arcsin}(\ 0.648\mathrm{cos}\beta-0.399\mathrm{sin}\beta)\ ]}$$

式中　d——方阵前排阴影长度（m）；

β——方阵倾斜角（°）；

H——前排方阵最高点与后排方阵最低点的高度差（m）。

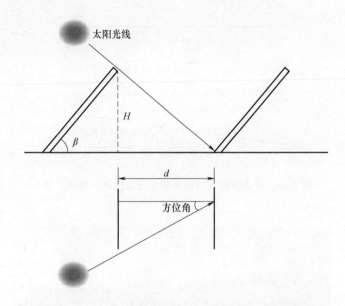

图 4-19　光伏方阵前后排之间阴影长度计算示意图

（4）光伏方阵前后排间阴影长度倍率计算

光伏方阵前后排间阴影长度倍率计算（见图 4-20）假设光伏方阵的上边缘高度为 L_1，其南北方向的阴影长度为 L_2，太阳高度角为 A，方位角为 B，则阴影的倍率 R 为

$$R=L_2/L_1=\mathrm{cot}A\times\mathrm{cos}B$$

这个倍率也最好按冬至日这一天的数据进行计算。例如，光伏方阵的上边缘的高度为 H_1，下边缘的高度为 H_2，则方阵之间的距离 M 为

$$M=H_1R$$

$$M=(H_1-H_2)R$$

$$M=(H_1-H_2-H_3)R$$

图 4-21 所示为光伏方阵合理间距及被阴影遮挡案例示意图。

（5）其他因素对光伏方阵排布的影响

对于建筑屋顶类的光伏方阵排布在确定安装形式和可排布的光伏方阵区域时，要重点考虑以下内容：

1）建筑周边及屋面物体遮挡阴影区域范围内不要排布光伏方阵。

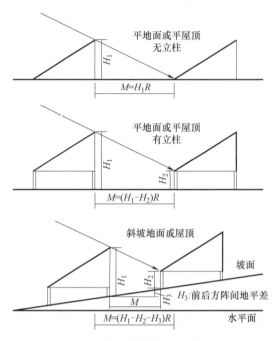

图 4-20　光伏方阵前后排间阴影长度倍率计算示意图

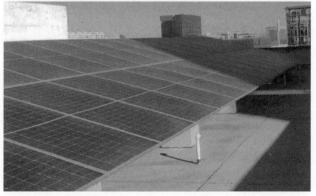

图 4-21　光伏方阵合理间距及被阴影遮挡案例示意图

2）在光伏方阵排布时，为避免强风情况下，在屋面四周边缘区域产生强气流，要根据屋顶是否有档风结构，在建筑物四周预留合理间距的通道，或者将边缘部位的固定结构进行加固处理。对于无档风结构的屋面，要预留 1.5~2m 的间距。对于彩钢类屋顶要将边缘区域的方阵夹具固定件的设计的更密一些，例如正常间距 1.2m 的，边缘区域夹具可设置为 0.8m。

3）当光伏方阵需要跨越建筑主体结构的伸缩缝、沉降缝、抗震缝等变形缝时，为防止光伏方阵支架变形、组件损坏，要通过分段设计支架等方式避开对伸缩缝等的直接跨越。

对于较大容量的分布式地面电站来讲，确定光伏方阵的倾斜角与方阵间距，需要结合当地的辐射强度、前后排方阵阴影遮挡造成的发电量损失、直流电缆的用量及电缆损耗、光伏方阵占地成本等因素，根据发电量最大化或总投资最小化还是度电成本最低等不同目标，综合计算，优化设计。

4.3.3　光伏系统发电量的计算

并网光伏发电系统的发电量计算要根据系统所在地的太阳能资源情况，系统设计、光伏组件转换效率、光伏方阵布置和各种环境条件和因素等确定后，按照下面介绍的方法计算。一是通过光伏方阵的计划占用面积计算系统的年发电量；二是通过光伏组件的安装容量计算系统的发电量，共有下列 3 个公式供参考。

1. 利用光伏方阵面积计算年发电量

年发电量(kW·h) = 当地水平面年总辐射能(kW·h/m²) × 光伏方阵面积(m²) × 光伏组件转换效率 × 修正系数

即 $E_p = HA\eta K$。

式中，光伏方阵面积不仅仅是指占地面积，也包括光伏建筑一体化并网发电系统占用的屋顶、外墙立面等。

组件转换效率 η，根据生产厂家提供的光伏组件参数选取。

2. 利用光伏方阵安装容量计算年发电量

年发电量(kW·h) = 当地水平面年总辐射能(kW·h/m²) × 光伏方阵安装容量(kW) × 修正系数

即 $E_p = HPK$。

3. 利用峰值日照时数计算年发电量

年发电量(kW·h) = 当地年峰值日照小时数(h) × 光伏方阵安装容量(kW) × 修正系数

即 $E_p = tPK$。

4. 修正系数确定

上述 3 个公式可以采用同样的修正系数，并根据具体情况进行选择。修正系数 $K = K_1 K_2 K_3 K_4 K_5 K_6 K_7 K_8$。

K_1 为光伏组件类型修正系数。不同类型光伏组件的转换效率在不同辐照度、不同波长时会不同，该修正系数应根据光伏组件类型和技术参数确定，一般晶体硅光伏组件在不同的光照强度下，转换效率是个定值，所以系数一般取 1。

K_2 为灰尘遮挡玻璃及温度升高造成组件功率下降修正系数，一般取 0.9~0.95，该系数的取值与环境的清洁度、环境温度及组件的清洗方案等有关。

K_3 为光伏组件长期运行性能衰降修正系数，一般取 0.9。

K_4 为光伏方阵朝向及倾斜角修正系数，具体参数可参看表 4-4 选择。同一系统有不同方向和倾斜角的光伏方阵时，要根据各自条件分别计算发电量。

表 4-4　光伏方阵朝向及倾斜角的修正系数

组件朝向	光伏组件（方阵）与地面的倾斜角			
	0°	30°	60°	90°
东	93%	90%	78%	55%
东南	93%	96%	88%	66%
南	93%	100%	91%	68%
西南	93%	96%	88%	66%
西	93%	90%	78%	55%

K_5 为光照利用率系数。有些光伏发电系统由于环境或地理条件因素，光伏方阵不可避免地会受到障碍物对太阳光的遮挡，或者光伏方阵之间的互相遮挡，造成对太阳能资源的充分利用有影响，因此光照利用率系数取值范围小于等于 1。当系统确保全年完全没有遮挡时，系数取 1；当系统能保证全年 9~16 点时段内无遮挡时，系数取 0.99。

K_6 为光伏发电系统可用率系数。光伏发电系统可利用系数是指光伏发电系统因故障停机及检修所影响的时间与正常使用时间的比值，即 $K_6 = [8760-(停机小时+检修小时)]/8760$，因光伏发电系统结构简单，设备部件可靠性高，一般很少出故障且维修方便，因此该系数一般取 0.99 以上。

K_7 为线路损耗修正系数，一般取 0.96~0.99。线路损耗包括光伏方阵至逆变器之间的直流线缆损耗、逆变器至配电柜、变压器或并网计量点的交流电缆损耗，以及升压变压器的空载、负载损耗。

K_8 为逆变器效率修正系数，一般取 0.95~0.98。也可根据逆变器生产商提供的欧洲效率参数确定。这里说的逆变器效率是指逆变器将输入的直流电能转换为交流电能在不同功率段下的加权平均效率。

4.3.4　光伏系统的容配比及超配设计

光伏发电系统的容配比是指光伏组件安装容量（功率）与逆变器交流额定输出容量（功率）之比，宏观说就是系统装机容量与交流并网容量之比，即容配比＝系统安装容量/额定容量。其中，系统安装容量指光伏组件的标称功率之和，单位为峰瓦（Wp）。额定容量指逆变器的交流额定有功功率之和，单位为瓦（W）。

在过去的光伏系统设计中，尽管也考虑了太阳能资源、系统效率、各种衰减等因素，但在组件容量与逆变器容量的配比上基本是天然的 1∶1。之前国家关于容配比规范也要求是 1∶1，行业内实际超配不会超过 1.05∶1。

在实际应用中，由于不同地区的太阳光照条件差异较大，再加上光伏系统组件功率的衰减、灰尘遮挡以及直流、交流侧线路损耗的存在，为了最优化系统收益，有经验的设计工程师会把光伏组件的总容量配得比逆变器容量大一些，使系统的容配比大于 1∶1，这就是为提高容配比的超配设计。适当的超配设计将有利于提高系统的发电量，有利于提升系统的整体效率和经济收益。国家能源局发布的 NB/T 10394—2020《光伏发电系统效能规范》是我国首个正式下发的、全面放开容配比的规范，可以作为光伏系统组件容量超配设计时的主要参考依据。2022 年 9 月国家能源局综合司《光伏电站开发建设管理办法（二次征求意见稿）》中也明确提出"光伏电站项目备案容量原则上为交流侧容量"及"科学合理确定容配比"等意见。有了容配比规范和政策，在申报项目系统容量时，就应按照逆变器的额定输出功率申报，而不是按照光伏组件的容量申报了。2023 年 10 月，国家能源局综合司《关于进一步规范可再生能源发电项目电力业务许可管理的通知》确定，光伏发电项目以交流侧容量（逆变器的额定输出功率之和，单位 MW）在电力业务许可证中登记，分批投产的可以分批登记。

1. 影响系统容配比的主要因素

合理的容配比设计，需要结合具体项目的情况综合考虑，其主要影响因素包括辐照度、系统损耗、组件安装角度等方面。

（1）不同区域辐照度不同

我国太阳能资源分为四类地区，不同区域辐照度差异很大。即使在同一资源地区，不同的地方全年辐射量也有较大差异。例如同是 1 类资源区的西藏噶尔地区和青海格尔木地区，噶尔地区的全年辐射量为 7998MJ/m²，比格尔木地区的 6815MJ/m² 高 17%，意味着相同的系统配置，即相同的容配比下，噶尔地区的发电量比格尔木高 17%。若要达到相同的发电量，可以通过改变容配比来实现。

（2）系统损耗

在光伏发电系统中，能量从太阳辐射到光伏组件，经过直流电缆、汇流箱、直流配电箱等到达逆变器，当中各个环节都有损耗。如图 4-22 所示，直流侧损耗通常在 7%～12%，逆变器损耗约 1%，总损耗约为 8%～13%（此处所说的系统损耗不包括逆变器后面的变压器及线路损耗部分）。也就是说，在组件容量和逆变器容量相等的情况下，由于客观存在的各种损耗，逆变器实际输出最大容量只有逆变器额定容量的 90% 左右（见图 4-5），即使在光照最好的时候，逆变器也没有满载工作。降低了逆变器和系统的利用率。

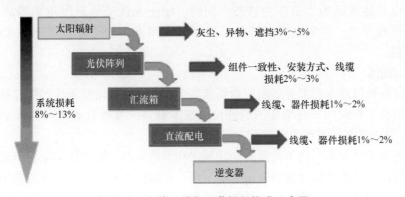

图 4-22　光伏系统各环节损耗构成示意图

（3）组件安装角度

不同倾斜角安装的组件所接收到的辐照度不同，如某些分布式屋顶多采用平铺的方式，

则在使用相同容量的组件时，实际输出容量比有一定倾斜角的要低一些。

2. 系统容配比的优化设计及主要方式

光伏发电系统容配比优化设计要综合考虑项目的地理位置、地形条件、太阳能资源条件、组件选型及安装布置方式、光伏方阵到逆变器或并网点的损耗、逆变器性能、投资建设成本等因素，通过技术性和经济性分析对比后确定。容配比的优化分析应从低到高选择不同的容配比进行分析计算。

提高容配比分为补偿超配和主动超配两种方式，补偿超配就是通过提高组件容量，补偿各种原因引起的系统损耗，使光伏方阵的实际输出最大容量能满足逆变器按最大输入功率满负荷工作的需要。主动超配就是在进行了补偿超配的基础上，进一步提高光伏系统容配比，提高光伏系统满载工作的时间，如图 4-23 所示。当主动超配时，逆变器系统在中午光照较好时段可能会发生一定时间内的限功率运行，但整个光伏系统在寿命周期运行中可使度电成本（LCOE）达到最低值，即收益最大化。

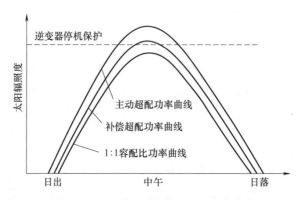

图 4-23　不同容配比发电功率曲线示意图

（1）补偿超配

由于光伏系统中的系统损耗客观存在，因此可通过适当提升组件容量配比，补偿因光照不足、温度升高、灰尘遮挡、串并联及线路损失、组件功率衰减等系统损耗，使得逆变器或整个电站达到满功率工作的状态。同时，由于光伏组件输出功率提高，逆变器能更早启动，更晚停机，使发电时间延长，更好地利用太阳能资源，这就是光伏系统补偿超配设计思路。

（2）主动超配

在补偿超配使得逆变器部分时间段达到满载工作后，继续增加光伏组件容量，通过主动延长逆变器满载工作时间，在增加的组件投入成本和系统发电收益之间寻找平衡点，实现 LCOE 最小，这就是光伏系统主动超配方案设计思路。

在主动超配的情况下，由于受到逆变器额定功率的影响，在组件实际功率高于逆变器额定功率的时段内，系统将以逆变器额定功率工作；在组件实际功率小于逆变器额定功率的时段内，系统将以组件实际功率工作。最终所产生的系统实际发电量曲线可能将出现"削顶"现象。

主动超配方案设计，系统会存在部分时间段内处于限发工作，此段时间内逆变器控制组件工作偏离实际最大功率点。但是，在合适的容配比值下，系统整体的 LCOE 是最低的，即收益是增加的。

补偿超配、主动超配与 LCOE 的关系是这样的：LCOE 随着容配比的提高不断下降，在补偿超配点，系统 LCOE 没有到达最低值，进一步提高容配比到主动超配点，系统的 LCOE 达到最低。再继续提高容配比后，LCOE 则将会升高。因此，主动超配点是系统最佳容配比值。

无论是补偿超配还是主动超配，从经济性角度分析无外乎两种方式，一是在系统总装机容量不变的情况下，通过提升容配比，减少逆变器的使用数量；二是逆变器使用数量不变，通过提升容配比来增加装机容量。

3. 超配设计对逆变器的要求

1）逆变器需要有更强的过载能力。提高容配比除了需要考虑当地光照条件、系统损耗、铺设倾斜角度等因素的影响外，逆变器的性能和选型也十分重要。集中式逆变器由于单机容量大，过载能力强，比组串式逆变器更适于超配。此外，超配后由于接入逆变器的组件容量提高了，会不会超过逆变器的运行范围，造成逆变器长期过载运行而影响逆变器安全，以及限功率运行时，直流电压会不会超过逆变器的直流电压允许范围都是在优化设计时要考虑的问题。另外，随着越来越多的用户使用逆变器替代电站的 SVG 功能，具备过载能力的逆变器可以在响应无功调度的同时，输出超过额定容量的有功功率。

2）逆变器需要有良好的散热能力。由于组串逆变器主要应用于屋顶及山地等复杂环境分布式电站，环境温度高，散热条件相对较差，特别是夏天受光照热辐射会导致彩钢瓦或水泥屋顶环境温度比地面电站至少要高 10℃ 以上。在这类场景下，提高容配比后会使逆变器满载及过载的运行时间加长，逆变器需要具备良好的、可靠的热管理能力。高效的散热能力是逆变器稳定、不降额运行的保障。在选择逆变器时，散热方式的选取上也需要慎重，实际测试表明，对于几十 kW 的设备，长期工作在满载状态下，智能风扇散热效果更优。

提高容配比，可以把逆变器的性能和光伏发电系统的整体效率发挥到最佳，当然也要考虑提高发电效率产生的收益与增加设备投入之间的优化平衡。表 4-5 和表 4-6 分别是单面发电光伏组件和双面发电光伏组件在不同的太阳能资源区域，采用不同支架组合方式的容配比参考值，供大家设计时参考。

表 4-5　单面发电光伏组件典型地区容配比参考值

序号	水平面总辐照量/(kW·h/m²)	平铺	固定式	平单轴跟踪	斜单轴跟踪
1	1000	1.7~1.8	1.7~1.8	1.6~1.7	1.5~1.6
2	1200	1.7	1.6~1.7	1.6	1.5
3	1400	1.6	1.5~1.6	1.5	1.4
4	1600	1.4	1.4	1.4	1.3
5	1800	1.3~1.4	1.3	1.3~1.4	1.2~1.3
6	2000	1.2	1.1~1.2	1.1~1.2	1.0~1.1

表 4-6　双面发电光伏组件典型地区容配比参考值

序号	水平面总辐照量/(kW·h/m²)	固定式	平单轴跟踪	斜单轴跟踪
1	1000	1.6~1.7	1.5~1.6	1.5
2	1200	1.6	1.5~1.6	1.4
3	1400	1.5	1.4~1.5	1.3~1.4
4	1600	1.3	1.3~1.4	1.2~1.3
5	1800	1.2~1.3	1.3	1.2
6	2000	1.1	1.0~1.2	1.0

提升容配比，从本质上讲是提高逆变器、箱变的设备利用率，降低逆变器、箱变的工程造价。同时，提高容配比还可以摊薄升压站、送出线路等公用设施的投资成本，进一步降低造价，降低发电成本。另一方面，提高容配比可以使光伏电站满载工作时间延长，电站输出功率随辐照度波动引起的变化降低，不仅提高电网友好性，还使光伏电力输出更平滑。

对于组件方阵朝向各异的山地光伏电站，以及屋顶情况复杂的光伏电站，当有些组件方阵不朝向正南，或倾斜角度不是最佳倾角时，都可以结合实际情况灵活进行超配设计。

4.3.5　光伏组件的选型设计

光伏组件是光伏电站最重要的组成部件，在整个光伏电站中的成本，占到光伏电站建设总成本的50%左右，而且光伏组件的质量好坏，直接关系到整个光伏电站的质量、发电效率、发电量、使用寿命和收益率等。因此光伏组件的正确选型非常重要。

1. 光伏组件形状尺寸的确定

在光伏发电系统组件或方阵的设计计算中，虽然可以根据用电量或计划发电量计算出光伏组件或整个方阵的总容量和功率，但是还需要根据不同类型、不同参数光伏组件确定组串的串并联数量，根据具体安装位置来确定光伏组件的形状及外形尺寸，以及整个方阵的整体排列等。有些异型和特殊尺寸的光伏组件还需要与生产厂商定制。

例如，从尺寸和形状上讲，同一功率的光伏组件可以做成长方形，也可以做成正方形或圆形、梯形等其他形状；从电池片的用料上讲，同一功率的光伏组件可以是单晶硅或多晶硅组件，也可以是非晶硅组件等，这就需要我们选择和确定。光伏组件的外形和尺寸确定后，才能进行组件的组合、固定方式和支架、基础等内容的设计。目前应用在屋顶和地面电站等光伏发电系统的主流光伏组件主要有下列几种规格（见表4-7），在对这几种规格的组件进行选择时，不能错误地认为单晶组件就一定比多晶组件的效率高，或者大尺寸电池片构成的组件就一定比小尺寸电池片构成的组件效率高，其实同样输出功率的单晶组件和多晶组件转换效率是一样的。采用166mm×166mm电池片，最大输出功率450W的单晶组件，与采用182mm×182mm电池片最大输出功率530W的单晶组件，以及采用210mm×210mm电池片，最大输出功率585W的单晶组件转换效率都是20.7%。

表 4-7　常用光伏组件规格

硅片尺寸/mm	158.75×158.75	166×166	182×182	210×210
组件功率/W	390~410	425~455	530~550	580~600+
组件尺寸/mm	2008×1002	2094×1038	2256×1133	2385×1303
组件面积/m²	2.01	2.18	2.56	3.11

光伏组件选型既要结合市场流行趋势，选择主流产品，以便于批量采购，同时还要结合项目现场的安装面积及搬运安装条件等选择合适的尺寸。安装条件允许的情况下，尽量选择大尺寸和高效率的产品。效率相近而规格尺寸不同的组件单瓦价格也基本相同，只是选择大尺寸组件时，在组件安装费用、组件间的连接线缆数量和线路损耗等方面比小尺寸组件有所降低；同时在相同排列方式下，选择大尺寸组件在支架和基础成本上也会略有降低。附录 2 提供了光伏发电系统常用晶体硅光伏组件的规格尺寸和技术参数，可供选型时参考。

2. 多晶与单晶组件的选择

光伏组件的正确选型对电站的发电量、稳定性及收益等都有着重要的关系，前几年在有光伏补贴的情况下，大家投资光伏电站项目追求的是初期投资的最小化。随着光伏补贴逐渐退出，光伏发电进入平价上网、市场交易的时代，大家更关心的是光伏电站发电量和长期收益的最大化。

过去，单晶和多晶光伏组件的发电性能、制造成本，转换效率都比较接近，差别不大，由于多晶材料在生产过程中的耗能比单晶低一些，多晶组件的单瓦平均价格要比单晶组件稍低，因此从控制工程造价、降低初始投资方面考虑，选用多晶组件有一定优势，相对也更环保。

在晶硅电池制造技术的发展和转换效率的技术提升过程中，单晶电池的最高转换效率已经达到 24%，并还有很大的上升空间，单晶组件的最高转换效率达到了 22%，而多晶电池的最高转换效率在达到 22% 后已经没有多少上升空间。随着单多晶电池转换效率差异增大，单晶硅材料拉晶和切片成本的快速下降，使单晶电池（组件）和多晶电池（组件）成本将基本趋于一致，单晶组件的综合优势逐渐显现。

通常为了在有效的面积安装更多容量的场合要选用单晶组件。另外当侧重考虑光伏发电系统的长期发电量和投资收益率时，也应该选用转换效率较高的单晶组件，因为单晶组件更具有度电成本的优势。

度电成本是指光伏发电项目单位上网电量所发生的综合成本，主要包括光伏项目的投资成本、运行维护成本和财务费用。根据测算，按照目前行业普遍承诺的 25 年使用年限计算，一个相同规模的电站，使用高效率单晶组件要比使用多晶组件多出 13% 左右的收益。虽然高效率单晶组件比多晶组件每瓦成本高出 5% 左右，但同样的装机容量占地面积更小，连同节省的光伏支架、光伏线缆等系统周边成本，综合投入与使用多晶组件相差不多，即光伏组件以外的投资基本能抵消单晶组件 5% 的成本差距，因此，从度电成本的角度看，选择单晶组件将更具优势。

目前，光伏组件产品正朝着高效、高可靠性、智能化、高发电量方向发展，高效组件具有更大功率、更低衰减、更具可靠性等优势。在光伏组件单位价格相近的情况下，优先选用采用新工艺、新材料、新技术、高转换效率、单片峰值功率较大的组件，以提高单位发电效率，减少辅材的使用量。

3. 选择耐压高、衰减小的光伏组件

目前部分单玻组件的耐压为 1000V 和 1100V；还有部分单玻组件及所有双玻组件耐压都可以达到 1500V。选择耐压更高的组件可以提高光伏组串的串联数量，与 1500V 耐压逆变器配合，相比 1000V 系统，可减少逆变器的数量和相应的线缆、开关设备用量等，对整个系统降低成本，提高收益效果明显，平均可降低初始成本 0.03~0.05 元/W。

光伏组件的衰减主要是由光致衰减、老化衰减和电致衰减（PID）等几个方面的原因造成的，随着光伏组件制造技术的提高，光伏组件发电量的衰减已经由 10 年不高于 10%，20 年不高于 20% 提高到 12 年不高于 10%，25 年不高于 20%，甚至更低。因此在光伏组件选型时，要优先选择 25 年衰减比例更小的产品。

另外用 P 型电池片生产的组件一般首年衰减为 2%，以后每年衰减为 0.55%；用 N 型电池片生产的组件首年衰减为 1%，以后每年衰减为 0.4%。若对初始投资不敏感，而重点考虑全寿命周期发电量及收益最大化的项目，则可优先考虑选用 N 型组件。

4.3.6 并网光伏逆变器的选型

随着分布式光伏发电的快速发展，光伏发电系统及光伏电站类型的日益多样化，对光伏逆变器选型也提出了更高的要求，光伏逆变器的选型也应当体现"因地制宜、科学设计"的基本原则。

光伏逆变器的选型，从宏观上讲，要结合光伏发电工程建设方方面面的实践经验，根据光伏电站建设的实际情况如建设现场的使用环境、电站的分布情况、当地的气候条件等因素来选用不同类型的逆变器。结合工程的实际情况选择合适的逆变器，不仅可以节省工程成本，简化安装条件，缩短安装时耗，而且可以有效提高系统发电效率。具体来说，对于地面光伏电站、沙漠光伏电站等，集中式并网逆变器一直是主流解决方案。集中式逆变器安装数量少，便于管理，逆变器设备投入也相对较少。因此更低的初始投资，更高的电能质量，更友好的电网接入，更低的后期运行维护成本是选择集中式逆变器的主要依据。组串式逆变器则大多应用在中小型光伏电站中，特别是分布式光伏电站及与建筑结合的光伏建筑一体化类的发电系统。而微型逆变器则更适用于小型的或分散的光伏发电系统，如光伏建筑、光伏车棚、光伏玻璃幕墙等。

随着并网逆变器种类和应用技术的不断丰富和提高，并网逆变器的选型和应用也要与时俱进，灵活应用，例如，在平坦无遮挡的应用场合，集中式逆变器和组串式逆变器的发电量基本持平，所以可以采用集中式逆变器为主，组串式逆变器补充的组合方式；而对于较大规模的分布式屋顶电站、渔光互补、水上漂浮电站等，只要安装面平坦，无不同朝向，没有局部遮挡，考虑到安装和维护的便利性，也可以首选集中式逆变器；而组串式逆变器由于单机容量小，MPPT 数量多，配置灵活，主要用于复杂的小型山丘电站、农业大棚和复杂的屋顶等应用场合。逆变器选型时，还要考虑单机容量不宜过小，单机容量过小时，会造成接线复杂、汇流增多，同时也会造成系统效率降低。总之逆变器的选型要以高效、可靠、低成本为原则。根据逆变器的特点，一般 8kW 以下的系统宜选用单相组串式逆变器，8~500kW 的系统选用三相组串式逆变器，500kW 以上的系统，可以根据实际情况选用组串式逆变器或集中式逆变器。表 4-8 为根据不同系统容量对并网逆变器选型的推荐方案，供参考。

表 4-8　不同系统容量并网逆变器的选择

系统容量	逆变器选择	选择说明
500kW 以下	组串式逆变器	500kW 以下系统，组串式与集中式成本相差不大，但组串式逆变器发电量能提高 5%~10%
500kW~2MW	组串式逆变器	这个容量区间的系统，选用组串式逆变器比集中式逆变器成本高 5%，但组串式逆变器发电量要高 5%~10%，系统总体收益好
2~6MW	组串式或集中式逆变器	屋顶类、山地类等用组串式，日照均匀的地面电站用集中式
6MW 以上	组串式或集中式逆变器	山地选择组串式，平地选择集中式，集中式逆变器能更好地适应电网的要求

在此从几个方面对这两类逆变器各自的优缺点进行具体比较，并结合选型实例供读者参考。

（1）系统成本方面

组串式逆变器体积小、重量轻，搬运和安装都非常方便，不需要专业工具和设备，也不需要专门的配电室，直流线路连接也不需要直流汇流箱和直流配电柜等。

集中式和组串式逆变器配电方式和设备的不同也导致了整个发电系统铺设线缆数量不同，如图 4-24 和图 4-25 所示。集中式逆变器要使用直流汇流箱进行一次汇流，而直流汇流箱一般都安装在光伏方阵旁边，所以这部分线缆的使用量比组串式逆变器系统相对要少很多。但集中式逆变器系统要从直流汇流箱到直流配电柜进行二次汇流，这部分使用的线缆相对较粗，而组串式逆变器系统则不需要这部分线缆，所以组串式逆变器系统这部分成本相对较低。

对逆变器输出的交流侧线缆来说，集中式逆变器系统交流侧使用线缆相对较少，而组串式逆变器系统使用线缆相对较多。

（2）系统效率方面

目前，就逆变器本身的效率而言已经达到了比较高的水平，且集中式和组串式逆变器的效率基本相当，都可以达到 98% 以上。系统效率的主要差别还是在系统优化和线路损耗等方面。在集中式逆变器系统中，由于光伏方阵经过了两次汇流后才输入到逆变器，所以逆变器的 MPPT 系统无法监控到每一路光伏组串的运行情况，因此也不可能使每一路光伏组串都达到 MPPT 状态，只能对整个光伏方阵进行跟踪调控。而组串式逆变器是每一或几组光伏组串输入到一台逆变器中，并且逆变器对输入的光伏组串都可以单独进行 MPPT，确保每一组串都产生最多的电量，即使某一组串由于太阳辐射不足或因故障断开，其他组串也不受影响继续正常发电，使整个发电系统总的能量输出实现了最大化。

（3）系统运行特性方面

采用不同类型的并网逆变器使的系统运行性能方面也产生了不同的效果。除了上面所说的运行效率不同外，集中式逆变器系统无冗余能力，如有任何问题，整个系统将全部停止发电。而组串式逆变器系统则有冗余运行能力，当有个别逆变器发生故障时，整个系统不受其影响，依然可以正常发电。另外集中式逆变器系统可集中并网，便于管理，而组串式逆变器系统则可以分散就近并网，系统损耗小。

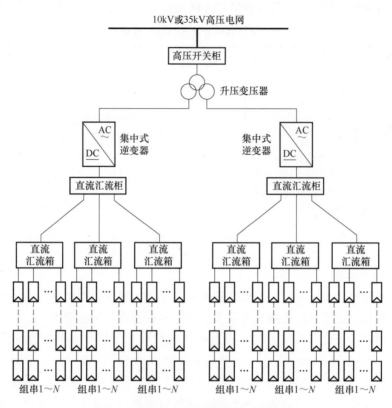

图 4-24　集中式逆变器的配电连接方式

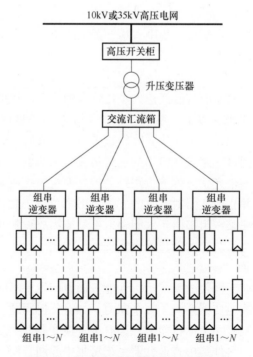

图 4-25　组串式逆变器的配电连接方式

1. 光伏逆变器与组件及升压变压器的配套

在并网逆变器选型的过程中，除了要确定逆变器类型和容量以外，还要考虑逆变器与光伏组件以及逆变器与升压变压器的配套问题，这也是逆变器选型的主要内容之一。

在光伏发电系统的设计选型时，确定了光伏组件的尺寸和功率后，还要看看组件的最大工作电流参数，这个参数与光伏组件使用的电池片尺寸有关。同样光伏逆变器也有不同等级的最大输入电流参数，随着参数越大，自然价格也会更高一些。因此在选型时最好选择逆变器的最大输入电流略大于光伏组件的最大工作电流，既满足系统正常工作要求，又不至于使逆变器成本过高，表 4-9 列出了使用不同尺寸电池片生产的光伏组件与逆变器最大输入电流之间的对应关系，供选型时参考。

表 4-9　光伏组件与逆变器最大输入电流对应表

逆变器最大输入电流	配套组件（电池片尺寸，组件功率）
10A	156.75mm×156.75mm/158.75mm×158.75mm，≤440W
11A	高效 158.75mm×158.75mm/166mm×166mm，≤445W
12.5A、13A	高效 166mm×166mm/166mm×166mm 双面，≤490W
14.25A、15A	182mm×182mm/182mm×182mm 双面，≤550W
20A、22A	210mm×210mm/210mm×210mm 双面，530~600W 及以上

在部分大功率组串式和集中式逆变器中，为配合系统升压并网，其交流输出电压参数除了常规的 380V、400V 以外，还有 480V、500V 及 800V 等各种电压等级，具体参数见表 4-10。因此在逆变器选型时，要注意其交流输出电压与现有升压变压器参数一致。如果是新购升压变压器，则尽量选择交流输出电压高的逆变器，如 630V、800V 等，并配套相应电压的变压器，以进一步提高系统和交流升压效率。

表 4-10　逆变器交流输出电压与升压变压器匹配表

逆变器交流输出电压	配套升压变压器
220V、380V	直接并网
400V	直接并网
480V	480V/10kV
500V	500V/10kV
540V（含集中式）	540V/10kV/35kV
630V（含集中式）	630V/10kV/35kV
800V（含集中式）	800V/10kV/35kV

2. 集中式逆变器的并联运行

在大型光伏发电系统中，往往采用低压侧双分裂或双绕组升压变压器来实现两台光伏逆变器的并联运行，如图 4-26 所示。双分裂变压器的两个低压绕组具有相同容量、连接级别和电压等级，在电路上不相连而在磁路上有耦合关系，每个低压绕组可以单独运行，也可以在额定电压相同时并联运行，每个绕组可以接一台逆变器。双分裂变压器虽然成本较高，但由于结构优势，可实现两台逆变器之间的电气隔离，减小了两台逆变器间的电磁干扰和环流影响，解决了两台并网逆变器直接并联升压而带来的寄生环流现象。逆变器的交流输出分别经变压器滤波，输出电流谐波小，提高了输出的电能质量。

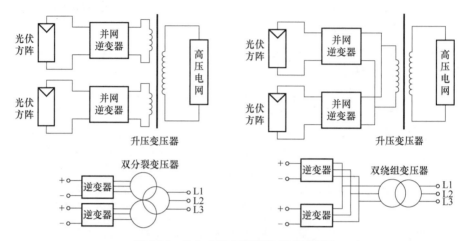

图 4-26　集中式逆变器并联升压示意图

双绕组变压器只有高低压两个绕组，结构简单，同容量下成本可降低 10% 以上。但对逆变器的拓扑结构、开关器件控制及交流输出滤波电路要求较高。一些达到要求的逆变器厂家在产品介绍时会强调能连接双绕组变压器。

选择使用双分裂变压器还是双绕组变压器，主要看前级所连接的光伏逆变器的拓扑结构及输出滤波电路设计方案，一般来说，使用 LC 滤波电路方案的逆变器，如果是两台并联，则推荐使用双分裂变压器，因为是电容并联，容易在两个支路间产生较大的环流，影响逆变器的正常输出；如果使用 LCL 滤波电路方案的逆变器，为了降低成本，则可以考虑使用双绕组变压器。

3. 并网光伏逆变器选型案例

下面以一个 1MW 的地面光伏发电系统工程为例，对采用两种不同类型并网逆变器的发电系统进行对比设计，并对其基本性能和工程造价进行对比分析。该工程分别采用 2 台 500kW 的集中式并网逆变器和 10 台 100kW 的组串式并网逆变器进行对比设计，500kW 的逆变器安装在专用配电箱内，100kW 的逆变器安装在光伏方阵支架的后面，具体性能对比见表 4-11。

表 4-11　两种逆变器性能对比表

比较项目	500kW 集中式并网逆变器	100kW 组串式并网逆变器
汇流箱	需要直流汇流箱，集中汇流	不需要汇流箱，直流输入细分到每 1 组串
直流线缆及布线	直流侧布线相对复杂，距离长，用线多，有时需要二级汇流，成本相对较高	直流侧布线简单，线缆连接距离短，用线少，成本较低

（续）

交流线缆	交流输出离变压器近，用线少，损耗小，交流布线简单，成本较低	交流输出线缆连接距离长，需要通过交流汇流后并网
防护等级	防护等级低，IP20，需要专用配电室或室外箱式变电站	防护等级 IP65，可直接在光伏方阵周边就近安装
冷却方式	强制风冷，需要大流量风道	智能风冷或自然散热
输入电压	MPPT 电压范围 500~820V，工作电压范围相对较窄	MPPT 电压范围 200~1000V，工作电压范围宽，在阴雨天等低照度情况下也能发电
输出电压	输出多种三相交流电压，可直接并网或配套相应电压升压变压器	输出三相交流 400V，可以直接低压并网
逆变效率	不带隔离变压器，最高效率 98.0%，综合效率 97.5%，带隔离变压器最高效率 97.0%，综合效率 96.5%	最高效率 99%，中国效率 98.5%
电能质量	单台 THD<3%，2 台并联约为 3%，加隔离变压器后没有直流分量	单台 THD < 2%，10 台在一起的总 THD 超过 3%，没有隔离变压器，直流分量大
电网调节	有（零）低电压穿越功能，电网可以调节功率因素，有功和无功等功能较弱	没有低电压穿越功能，电网调节功率因素等功能较弱
安全性能	有直流、交流断路器，能根据故障的不同情况同时断开，安全性好	有直流断路器，没有交流断路器，安全性稍差

　　采用不同类型的并网逆变器，光伏方阵的容量和面积是一样的，主要的差别就是不同类型并网逆变器系统布线方式和线缆数量的差别造成系统成本的差异。经过计算，集中式逆变器比组串式逆变器直流侧线缆多投资 5 万元左右，而交流侧线缆又少投资 3 万元左右，具体费用对比见表 4-12。

表 4-12　两种并网逆变器费用概算对比表

序号	项目	集中式并网系统	组串式并网系统	增加费用/元
1	箱式配电房	需要	不需要	约 5 万
2	直流汇流箱	需要	不需要	约 5 万
3	直流防雷配电柜	需要	不需要	约 2.5 万
4	直流侧线缆	多	少	约 3.5 万
5	交流侧线缆	少	多	约-3 万
6	安装过程	工程量大，需专用工具、设备	不需要	约 0.2 万
7	逆变器成本	低	略高	约-4.5 万
8	合计增加			约 8.7 万

从表 4-13 中可以看出，同样一个工程，采用组串式逆变器系统要比采用集中式逆变器系统节省 8.7 万元左右，这还不包括由于组串式逆变器的维护费用低而节省的费用，以及组串式逆变器可以最大效率的跟踪输入的每一路的 MPPT 而提高的系统发电量。目前组串式逆变器的单机功率逐渐增大，与集中式逆变器的价格也基本相当，选择组串式逆变器的优势越来越明显。在并网逆变器的选型，不仅要考虑降低光伏发电系统建设的一次性投资成本，更要考虑光伏系统在 25 年寿命周期的发电量和投资回报率最大化以及度电成本最小化。

4.4　并网系统电网接入设计

4.4.1　并网要求及接入方式

1. 并网要求

（1）对并网点的要求

分布式光伏发电系统根据容量及并网电压等级要求，可以实施单点并网或多点并网，并网点要设置在易于操作、可闭锁且具有明显开断点的位置，以确保电力设施检修维护人员的人身安全。

（2）系统并网容量

光伏发电系统接入电网容量应根据接入电压等级、接入点实际情况控制。具体能够接入多大容量要根据电网实际运行情况、电能质量控制、防孤岛保护等方面论证。对于接入公共电网，接入的总容量要控制在所接主变、配变接入侧线圈额定容量的 80% 以内。T 接方式接入 10/20kV 公用线路的光伏系统，其总容量宜控制在该线路最大输送容量的 30% 以内。对于通过专线和专用变压器接入的总容量，接入容量与变压器容量可以按 0.9∶1 或 1∶1 接入。

2. 电压等级

光伏发电系统接入电压等级的确定，既要满足地区电力网络的需要，也要根据光伏电站的容量、规划、一次性投资和长期运营费用等因素综合考虑。光伏发电并网电压接入等级可根据装机容量进行初步选择，一般 8kW 及以下容量可接入 220V 电网；8~400kW 可接入 380V 电网；400~6000kW（6MW）可接入 10kV（20kV）电网；5000kW（5MW）~30000kW（30MW）可接入 35kV 电网。总之，光伏发电接入电压等级应根据接入电网的要求和光伏发电站的安装容量，经过技术经济比较后，结合下列条件选择确定。

1）光伏发电站安装总容量小于等于 1MW 时，如果能以自发自用就地消纳为主，并网电量基本不上网时，可采用 0.4kV 电压等级，当不能就地消纳时，也可采用 10kV 等级。总容量小于等于 1MW 的光伏电站，大多数是分布式电站，当自发自用能就地消纳，并网电量基本不上网时，为降低造价和运营费用，优先采用 0.4kV 等级单点或多点并网。

2）光伏电站安装总容量大于 1MW，在 30MW 以内时，可以根据情况采用 10~35kV 电压等级。母线电压在 10kV、20kV 和 35kV 三种等级中选择，主要取决于其综合技术经济效益和光伏电站周边电网的实际情况。

3. 并网接入方式

我国的电网形式有 TN-S、TN-C、TN-C-S、TT 和 IT 等 5 种，如图 4-27 所示，光伏发电系统并网接入时，要根据不同的电网形式对光伏逆变器的交流输出形式做相应匹配或内部设置调整。对于 TT 类的电网形式，在光伏逆变器接入并网时，零地电压有效值必须小于 20V。

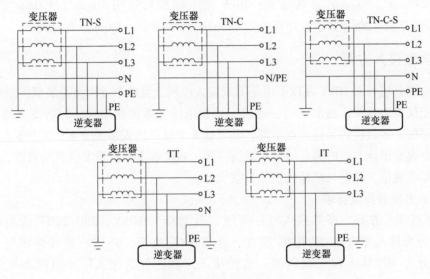

图 4-27　5 种电网形式

光伏发电系统接入电网一般有专线接入方式、T 接接入方式和用户侧接入方式 3 种，如图 4-28 所示。

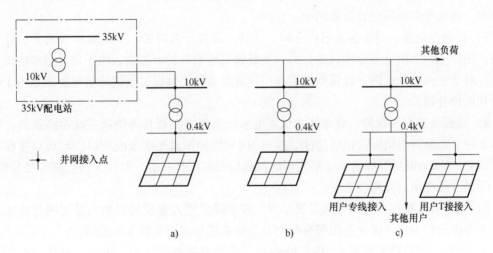

图 4-28　电网接入方式示意图

a）专线接入　b）T 接接入　c）用户侧接入

4. 并网接入线缆导线截面积选择

光伏发电系统并网接入导线截面积的选择应遵循以下原则。

1）光伏发电并网接入导线截面积选择需根据所要输出的容量、并网电压等级选取，并考虑光伏发电系统发电效率等因素。

2）光伏发电并网接入导线截面积一般按持续极限输送容量选择。

3）应结合并网地配电网规划与建设情况选择适合的导线。一般 380V 并网线缆可选用 $70mm^2$、$120mm^2$、$150mm^2$、$185mm^2$、$240mm^2$ 等截面积；10kV 并网线缆可选用 $70mm^2$、$185mm^2$、$240mm^2$、$300mm^2$ 等截面积；10kV 架空线缆可选用 $70mm^2$、$120mm^2$、$185mm^2$、$240mm^2$ 等截面积；20kV 架空线缆可选用 $185mm^2$、$240mm^2$、$300mm^2$ 等截面积。

4.4.2　典型接入方案

国家电网公司针对 10kV 及以下电压等级接入电网，且单个并网点总装机容量小于 6MW 的分布式光伏发电系统，推出了《分布式光伏发电接入系统典型设计》方案。该方案根据接入电压等级、运营模式和接入点不同，共划分 8 个单点接入系统方案，5 个多点接入系统方案。每个典型设计方案内容包括接入系统一次、系统继电保护及安全自动装置、系统调度自动化、系统通信、计量与结算的相关方案设计。

1. 接入方案分类及要求

1）单点接入方案。按照接入电压等级，分为接入 10kV、380/220V 两类；按照接入位置，分为接入变电站/配电室/箱变、开闭站/配电箱、环网柜和线路四类；按照接入方式，分为专线接入和 T 接两类；按照接入产权，分为接入用户电网和接入公共电网两类。

2）多点接入方案。考虑单个项目多点接入用户电网，或多个项目汇集接入公共电网情况，设计多点接入组合方案。按照接入电压等级，分为多点接入 380V 组合方案、多点接入 10kV 组合方案、多点接入 10kV/380V 组合方案三类。按照接入产权，分为接入单一用户组合方案、接入公共电网组合方案两类。

3）计量点设置。对于接入用户电网，计量点设置分为两类，一是装设双向关口计量电能表，用户上、下网电量分别计量；另一类装设发电量计量电能表，用于发电量和电价补贴计量。对于接入公共电网，计量点设置在产权分界点处，装设发电量计量电能表，用于电量计量和电价补偿。

4）防孤岛检测和保护。分布式光伏发电系统逆变器必须具备快速主动检测孤岛，检测到孤岛后立即断开与电网连接的功能。接入 10kV 的分布式光伏发电项目，形成双重检测和保护策略。380V 电压等级由逆变器实现防孤岛检测和保护功能，但在并网点应安装易操作，具有明显开断指示的开断设备。

5）通信方式根据配电网区域发展差异，按照降低接入系统投资和满足配网智能化发展的要求考虑通信方式。优先利用现有配网自动化系统和营销集抄系统通信。

6）发电系统信息采集接入 10kV 的项目，采集电源并网状态、电流、电压、有功、无功、发电量等电气运行工况。接入 380V 的项目，暂只采集电能信息，预留并网点断路器工位等信息采集的能力。

2. 接入设计方案

单点接入设计方案见表 4-13。多点接入设计方案见表 4-14。

表 4-13　分布式光伏单点接入方案表

方案标号	接入电压	运营模式	接入点	送出回路数	单并点参考容量
XGF10-T-1	10kV	全额上网模式 （接入公共电网）	专线接入变电站 10kV 母线	1 回	1~6MW
XGF10-T-2			专线接入 10kV 开关站、 配电室或箱变	1 回	400kW~6MW
XGF10-T-3			T 接 10kV 线路	1 回	400kW~1MW
XGF10-Z-1		自发自用/余量上网 （接入用户电网）	专线接入用户 10kV 母线	1 回	400kW~6MW
XGF380-T-1	380V	全额上网模式 （接入公共电网）	配电箱/线路	1 回	≤100kW·8kW 及 以下可单相接入
XGF380-T-2			箱变或配电室 低压母线	1 回	20~400kW
XGF380-Z-1		自发自用/余量上网 （接入用户电网）	用户配电箱/线路	1 回	≤400kW·80kW 及以下可单相接入
XGF380-Z-2			用户箱变或配电 室低压母线	1 回	20~400kW

表 4-14　分布式光伏多点接入方案表

方案标号	接入电压	运营模式	接入点
XGF380-Z-Z1	380V/220	自发自用/余量上网 （接入用户电网）	多点接入配电箱/线路、箱变或配电室低压母线（用户）
XGF10-Z-Z1	10kV		多点接入用户 10kW 母线、用户箱变或配电室（用户）
XGF380/10-Z-Z1	10kV/380V		以 380V 一点或多点接入配电箱/线路、箱变或配电室低压母线（用户），以 10kW 一点或多点接入用户 10kV 母线、用户箱变或配电室（用户）
XGF380-T-Z1	380V/220	全额上网模式 （接入公共电网）	多点接入配电箱/线路、箱变或配电室低压母线（公用）
XGF380/10-T-Z1	10kV/380V		以 380V 一点或多点接入配电箱/线路、箱变或配电室低压母线（公用），以 10kV 一点或多点接入 10kV 配电室或箱变、开关站、变电站 10kV 母线、T 接 40kV 线路（公用）

　　这 13 个典型接入方案的具体连接示意图请参看国家电网《分布式光伏发电接入系统典型设计》中的有关内容，下面是几款并网光伏发电系统以专线和 T 接方式接入公共电网或用户内部电网的典型接入方案示意图，供设计时参考。

1）光伏发电系统专线接入 10（20）kV 公共电网的典型接入方案如图 4-29 所示。其中图 4-29a 为接入公共电网变电站 10kV 母线方案；图 4-29b 为接入公共电网开关站、配电室或箱式变压器等 10kV 母线方案。

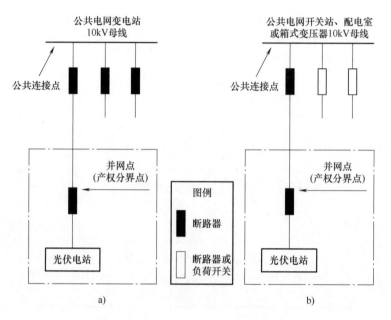

图 4-29 专线接入 10（20）kV 公共电网典型接入方案示意图

2）光伏发电系统 T 接方式接入 10（20）kV 公共电网的典型接入方案如图 4-30 所示。

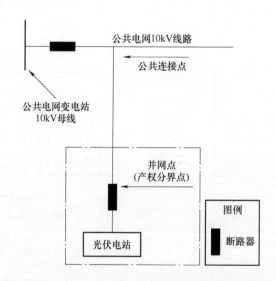

图 4-30 T 接方式接入 10（20）kV 公共电网典型接入方案示意图

3）光伏发电系统接入 10kV 用户内部电网的典型接入方案如图 4-31 所示。

4）光伏发电系统接入 380V 公共电网的典型接入方案如图 4-32 所示。

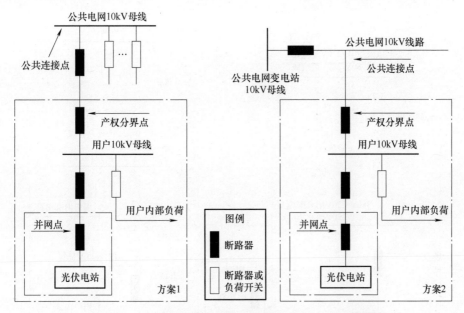

图 4-31　接入 10kV 用户内部电网的典型接入方案示意图

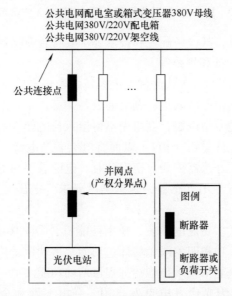

图 4-32　接入 380V 公共电网的典型接入方案示意图

5）光伏发电系统接入 380V 用户内部电网的典型接入方案如图 4-33 所示。

4.4.3　并网计量电能表的接入

1. 电能计量接入要求

光伏发电系统要在发电侧和电能计量点分别配置、安装专用电能计量装置，电能计量装置要校验合格，并通过电力公司认可或发放投入使用。光伏电站接入电网前，应明确上网电量和使用电网电量的计量点，计量点原则上设置在产权分界的光伏发电系统并网点。每个计

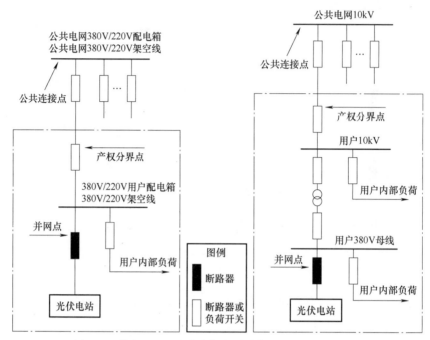

图 4-33 接入 380V 用户内部电网的典型接入方案示意图

量点都要装设电能计量装置，其设备配置和技术要求要符合 DL/T448—2000《电能计量装置技术管理规程》以及相关标准和规范等。

通过 10kV 电压等级并网的分布式光伏发电系统，考虑到计量准确度问题，同一计量点应安装同型号、同规格、同精确度的主、副电能表各一套，主、副表应有明确的标识。计量用互感器的二次计量绕组是专用绕组，绕组中不得接入与电能计量无关的设备。电能计量装置应配置专用的整体式电能计量箱（柜），以便将电能表及电流、电压互感器安装在一个柜体或间隔内，当电流、电压互感器需要分柜安装时，电能表要和电流互感器安装在一起。电压、电流互感器要采用计量专用互感器，其精确度要求为电压互感器 0.2 级，电流互感器 0.2S 级。

电能表一般采用静止式多功能电能表，技术性能符合 DL/T614—2007《多功能电能表》的要求，至少应具备双向有功和四象限无功计量功能、事件记录功能、要配置有标准通信接口，具备本地通信和通过电能信息采集终端远程通信的功能。

图 4-34 和图 4-35 所示为光伏发电自发自用、余电上网和全额上网系统接入示意图。图 4-36 是用户全部自发自用系统计量表接入示意图。这种模式是允许用户并网接入，但用户光伏发电系统的发电量只能自己全部自发自用，多余电量不能送入电网，当用户光伏发电量不够时，电网可以为用户补充电量。系统线路中接有防逆流装置，当防逆流装置检测到光伏系统逆流送电时，会调低光伏系统逆变器的发电功率，防止逆流送电现象发生。

图 4-37 和图 4-38 是多建筑（如学校、工厂、机关等）分布式光伏系统计量表分系统就近计量接入和统一计量接入的示意图，供设计时参考。其中，分系统就近接入的优点是高效、便捷，节省建设投资，但不便于电网公司计量；统一计量接入需要额外建设各发电系统单元到电网接入点的输电电网，投资大、效率低，但方便电网公司统一计量。

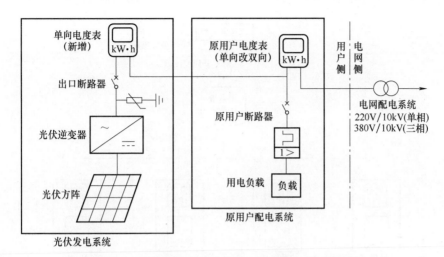

图 4-34 自发自用、余电上网系统计量表接入示意图

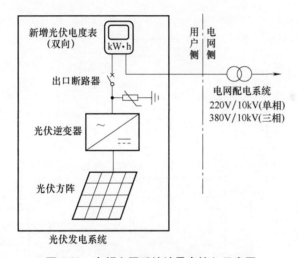

图 4-35 全额上网系统计量表接入示意图

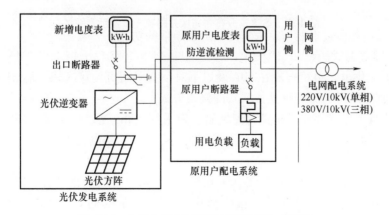

图 4-36 全部自发自用系统计量表接入示意图

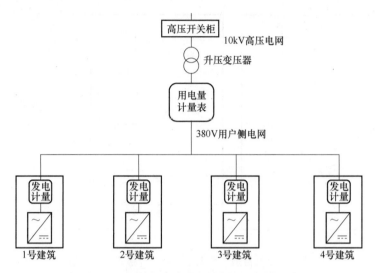

图 4-37　多建筑分布式光伏并网就近计量示意图

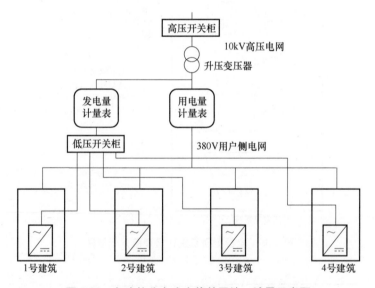

图 4-38　多建筑分布式光伏并网统一计量示意图

2. 电能表接线方式

1）对于低压供电，负荷电流在 50A 及以下时，宜采用直接接入式电能表；负荷电流在 50A 以上时，宜采用经电流互感器接入式的接线方式。

2）接入中性点绝缘系统的电能计量装置，应采用三相三线有功、无功电能表。接入非中性点绝缘系统的电能计量装置，应采用三相四线有功、无功电能表或 3 只感应式无止逆单相电能表。

3）接入中性点绝缘系统的 3 台电压互感器，35kV 及以上的宜采用 Y/y 方式接线；35kV 以下的宜采用 V/v 方式接线。接入非中性点绝缘系统的 3 台电压互感器，宜采用 Y0/y0 方式接线，其一次侧接地方式和系统接地方式相一致。

4）对三相三线制接线的电能计量装置，其 2 台电流互感器二次绕组与电能表之间宜采用四线连接。对三相四线制连接的电能计量装置，其 3 台电流互感器二次绕组与电能表之间宜采用六线连接。

图 4-39 所示为几种电能表内部接线图。

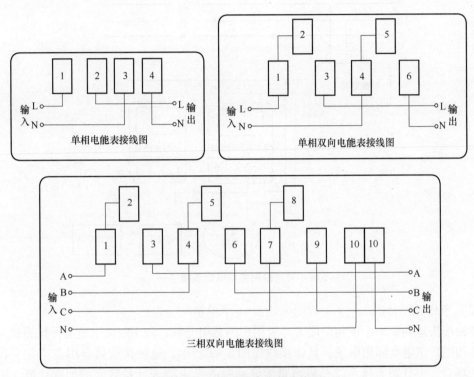

图 4-39　几种电能表内部接线图

图 4-40 所示为低压电路三相四线电能表接电流互感器的接线图，一般要求三只电流互感器安装在断路器负载侧，三相相线电缆从互感器中穿过，电能表 1、4、7 端为三相电流进线端，依次接 A、B、C 互感器的 S1（P1）端，电能表 3、6、9 端为三相电流出线端，依次接 A、B、C 互感器的 S2（P2）端，电能表 2、5、8 端为三相电压端，依次通过跳线与 A、B、C 三相连接，输入、输出中性线 N 接电能表的 10 端。电流互感器的外壳接地端统一与配电箱内接地端连接。

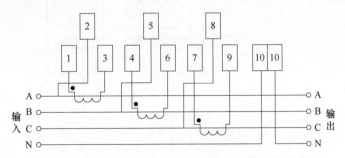

图 4-40　低压电路三相四线电能表接电流互感器接线图

3. 电能表在并网电路中的几种接法

（1）单相并网接法一（1 个双向电能表+1 个单相电能表）

这种接法是利用 1 个单相电能表计量光伏发电系统的总发电量，利用双向电能表计量光伏余电上网电量和用户的市电实际用电量，具体接线如图 4-41 所示。

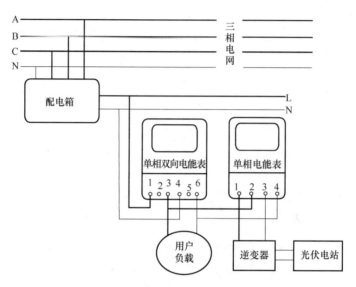

图 4-41　单相并网电能表接法一

（2）单相并网接法二（1 个双向电能表+1 个单相电能表）

这种接法是利用 1 个单相电能表计量用户的总用电量，利用双向电能表计量光伏余电上网电量和用户市电实际用电量，具体接线如图 4-42 所示。这种接法适合用在"完全自发自用"的场合，要计量光伏系统总发电量需要通过各个电能表计量数字的加减计算，不是很方便。

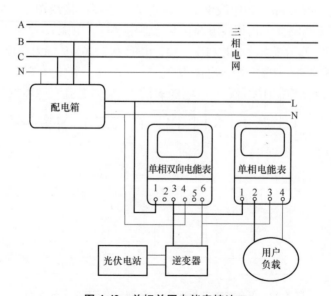

图 4-42　单相并网电能表接法二

（3）单相并网接法三（1 个双向电能表+2 个单相电能表）

这种接法是利用 1 个单相电能表计量光伏发电系统的总发电量，利用另一个单相电能表计量用户的总用电量，利用双向电能表计量光伏余电上网电量和用户的市电实际用电量，具体接线如图 4-43 所示。

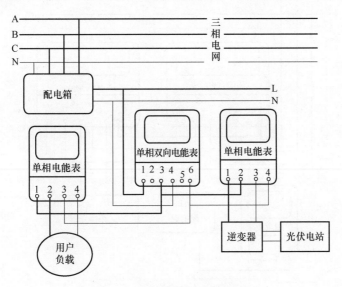

图 4-43　单相并网电能表接法三

（4）三相并网接法一（1 个三相双向电能表+1 个单相电能表）

这种接法是利用 1 个三相双向电能表计量光伏发电系统的总发电量，利用单相电能表计量用户的实际用电量，具体接线如图 4-44 所示。

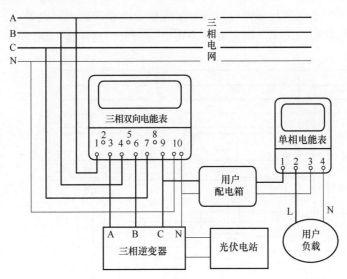

图 4-44　三相并网电能表接法一

（5）三相并网接法二（2 个三相双向电能表+1 个单相电能表）

这种接法是利用 1 个三相双向电能表计量光伏发电系统的总发电量，利用单相电能表计量用户的实际总用电量，另1个三相双向电能表计量光伏发电系统的余电上网量和用户市电使用量，具体接线如图4-45所示。

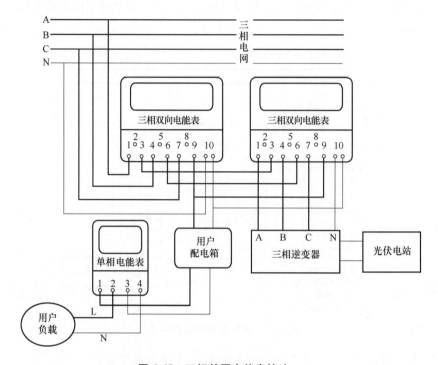

图 4-45 三相并网电能表接法二

（6）三相并网接法三（2个三相双向电能表）

这种接法是利用1个三相双向电能表计量光伏发电系统的总发电量，另1个三相双向电能表计量光伏发电系统的余电上网量和用户市电使用量，具体接线如图4-46所示。

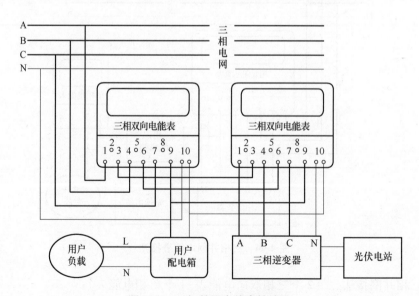

图 4-46 三相并网电能表接法三

（7）10kV 并网接法一（1 套计量装置）

这种接法是在 10kV 主输出并网线路上利用 1 套计量装置（三相计量表及配套互感器），分别计量光伏电站向电网输送的发电量以及电网为光伏电站自用电或业主用电的供电量，具体接线如图 4-47 所示。这种接法无法对光伏电站的总发电量和自发自用电量进行计量。

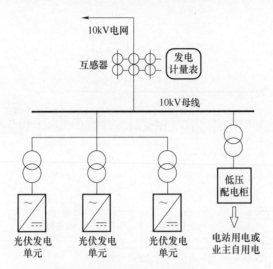

图 4-47　10kV 并网电能表接法一

（8）10kV 并网接法二（2 套计量装置）

这种接法是在 10kV 母线线路上利用 1 套计量装置计量光伏电站向电网输送的发电量，利用另 1 套计量装置计量电网和光伏发电自发自用一共为光伏电站自用电或业主用电的供电量，具体接线如图 4-48 所示。

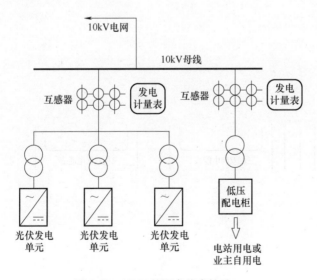

图 4-48　10kV 并网电能表接法二

（9）10kV 并网接法三（3 套计量装置）

这种接法是在 10kV 主输出并网线路上利用 1 套计量装置计量光伏电站向电网输送的发

电量。10kV 母线线路上利用另 1 套计量装置计量光伏电站的总发电量，利用第三套计量装置计量电网和光伏发电自发自用一共为光伏电站自用电或业主用电的供电量，具体接线如图 4-49 所示。

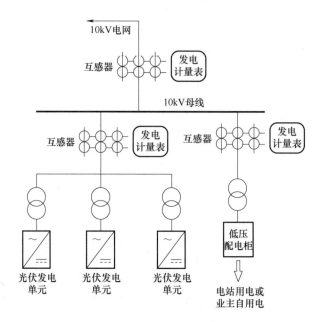

图 4-49　10kV 并网电能表接法三

第 **5** 章

光伏发电储能系统构成与应用

广义的储能就是指能量储存，是通过一种介质或者设备，把一种能量形式用同一种或者转换成另一种能量形式储存起来，基于未来应用需要以特定能量形式释放出来的循环过程。

针对电能的储存，储能是指利用化学或者物理的方法将产生的能量储存起来并在需要时释放的一系列技术和措施。

光伏储能系统是电力生产过程中一个重要组成部分。通过储能系统可以有效地提高新能源电力的应用占比，并起到削峰平谷、调峰调频、平滑负荷、提高电网运行稳定性的作用；还可以充分利用现有电力设备，提高效率，降低供电成本。储能系统对区域微电网及智能电网的建设也具有重大的战略意义。

5.1 储能系统概述

储能系统的应用是解决光伏、风力发电等新能源间歇性和不稳定性、提高常规电力系统和区域能源系统效率、安全性和经济性的主要手段之一。利用储能可以实现可再生能源平滑波动、跟踪调度输出、调频调峰等，使新能源发电稳定可控输出，满足新能源电力的大规模接入并网的要求。储能技术实质上是解决能量供求在时间和空间上不匹配的矛盾，对于保障电网安全、提高新能源比例、提高能源利用效率、实现能源的可持续发展具有决定性作用。

5.1.1 储能系统的分类

根据应用场合的不同，储存的能量可以以功率［单位为瓦（W）］或能量［单位为焦耳（J）或瓦时（W·h）］的形式释放出来，能量是功率在一定时间长度上的累积。储能装置能够将储存的能量以一定的功率立即释放出来，这在实际应用中是非常有用的。

对于储能的应用策略不同，导致了不同的储能解决方案。能量储存在储能装置中，经过能量的转换和变换后，以最适宜于应用的形式供给用户。电能是能量的储存形态之一，也是目前所知的最灵活和便捷的应用形式。

常见的新能源包括太阳能、风能、水能、海洋能、核能、氢能和地热能等。为了充分利用这些新能源，除了直接利用之外，最关键的是将这些能量转换为电能或其他形式的能，并大规模储存起来。电能可以转换为化学能、势能、动能、电磁能等形态储存，按其具体方式，储能系统可分为机械、电磁、电化学和热储能和化学储能等几大类型。其中机械储能包括抽水储能、压缩空气储能、飞轮储能和重力储能等；电化学储能包括铅酸、锂离子、液流和钠硫等电池储能；热储能包括蓄冷和蓄热等；电磁储能包括超导磁储能、超级电容器储能，如图 5-1 所示。下面重点介绍应用于光伏发电系统的储能方式。

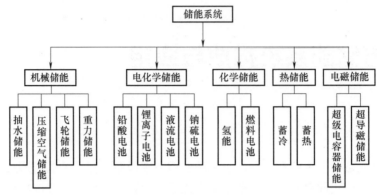

图 5-1　储能系统的分类

1. 抽水储能

抽水储能又称抽水蓄能，以水为能量载体，需要有高低位差的两个水库，并安装有能双向运转的水轮发电机组和电动水泵机组，其技术方案就是在电力系统负荷低，有剩余电力时，通过电动机驱动水泵，将水从下游水库抽至上游水库，消耗一部分电能，将电能转换为势能；当电力系统负荷高时，上游水库放水发电，推动发电机运转，将势能转换成电能送入电网，起到削峰填谷的作用。抽水储能具有运行方式灵活和反应速度快的特点，是配套大型可再生能源系统和建设智能电网、保障电力系统安全稳定经济运行的最成熟、最经济的大规模储能方式。抽水储能在电力系统中可配合光伏、风力发电等可再生能源大规模发展，平抑可再生能源输出功率的随机性、波动性，提高电力系统对新能源的消纳能力。抽水储能方式发展历史长、技术成熟、成本较低、储能容量大、寿命长，适用于电力系统调峰、调频、黑启动和用作长时间备用电源的场合，但其发展对环境地理条件要求极高，必须有形成上下游水库的资源。

2. 压缩空气储能

压缩空气储能是以压缩空气为载体实现能量储存和利用的一种储能技术，系统原理如图 5-2 所示，主要由两部分组成：一是充气压缩循环，二是排气膨胀循环。在电网负荷低谷时段，电动机-发电机组作为电动机工作，驱动压缩机将空气压入空气储存库（各种废

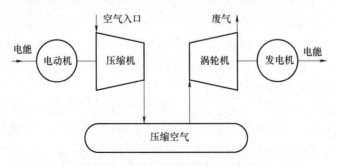

图 5-2　压缩空气储能原理示意图

弃洞穴）；在电网负荷高峰时段，电动机-发电机组作为发电机工作，所储存的压缩空气先经过回热器预热，再与燃料在燃烧室里混合燃烧后，进入膨胀系统（如驱动燃气轮机）发电。该方法安全系数高、寿命长，可以冷启动、黑启动，响应速度快，但能量密度低，并受地形条件的限制。压缩空气储能适合电网峰谷调节、分布式储能和发电系统备用场合。

3. 飞轮储能

飞轮储能系统是电能与飞轮机械能的转换装置，主要由复合材料飞轮、集成的发电/电动双向电机、真空腔容器、磁悬浮轴承和电力电子控制系统等组成，其工作原理如图 5-3 所示。主要是利用互逆式双向电机形成电能和高速旋转的机械能互换。电动机带动飞轮高速旋转，将电能转化成机械能储存起来，在用电高峰时飞轮带动发电机发电，将机械能转化为电能。飞轮储能系统具有功率密度大、维护成本低、寿命长、效率高，过充电与过放电危害小、适用范围广、工作温度范围宽，在恶劣条件下也能正常工作等优点。飞轮的工作转速可达到 $40000\sim500000$r/min，尽管使用了磁力轴承和真空腔体，但磁力或摩擦力等导致的空载损耗在一定程度上制约着飞轮技术的发展。随着一些新技术和新材料的应用，飞轮储能将逐步成为最有竞争力的储能技术之一。

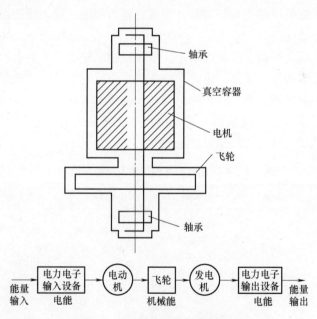

图 5-3　飞轮储能系统原理示意图

4. 超级电容器储能

超级电容器是介于传统电容器和充电电池之间的一种新型储能器件，其容量可达几百至上千法。超级电容器储能是将电能储存于电场中的储能方式。超级电容器是一种电化学元件，不同于蓄电池，它在储能的过程中并不发生化学反应。超级电容器的储能过程是可逆的。超级电容器储能具有功率密度高、使用寿命长、安装简易、可适应各种不同的环境等优点。在电力系统中多用于短时间、大功率的负荷平抑和高峰值功率场合。

目前，超级电容器的应用越来越广泛，但超级电容器的研究仍然需要从以下两方面突破：一是继续加强电极材料的研究，在碳基材料方面，石墨烯已经被发现具有广阔的应用前景，但仍需进一步优化石墨烯的制备技术；二是开发具有高电压窗口的电解液，在传统的水系超级电容器和有机电解液研究基础之上，大力加强具有更宽电化学窗口的离子液体电解液研究。

5. 超导磁储能

超导磁储能是指在冷却对低于其超导临界温度的条件下，利用超导线圈因电网供电励磁而产生的磁场来储存能量。超导磁储存的能量为 $E = LI^2/2$（其中 L 为线圈的电感量，I 为通过线圈的励磁电流）。超导线圈是一个直流装置，电网中的交流电经整流转换成直流电流后给超导线圈充电励磁，超导线圈放电时须经逆变装置向电网或负荷供电。如果线圈维持超导态，那么线圈中所储存的能量几乎可以无损耗地永久储存下去，直到需要时再使用。超导磁储能的装置简单，能量密度高，响应速度快，但超导线材和制冷的能源需求也导致了其成本的上升，暂时无法市场化应用。

5.1.2　各种储能方式的优缺点及应用

我国的储能类型呈多样化发展的态势，其中抽水储能占比较大，仍然是目前最成熟、最经济的储能技术，大规模应用于系统调峰、调频和备用领域，抽水储能在储能应用中的主导地位短期内仍然不会动摇。

电化学储能单元成本较高、经济性不足，但相比物理储能效率更高、配置灵活、响应更快速，随着近年来成本的快速下降，电化学储能的优势越发明显，商业化应用逐渐成熟，开始逐渐成为储能新增装机的主流，且未来仍有较大的成本下降空间，发展前景广阔。特别是伴随着国内电网侧改革及国家政策的支持，国内电化学储能会保持稳步发展，而且增量明显。不同储能技术的优劣及应用场景对比见表 5-1。

表 5-1　不同储能技术的优劣及应用场景对比

储能方式	放电时间	寿命	典型应用场景	主要优势	主要缺点	发展现状
抽水储能	根据库存容量确定，数小时	>50 年	火电、核电配套、新能源消纳、黑启动、削峰填谷、系统调频	单机容量大、运行稳定、技术成熟	建设周期长、选址要求高、响应速度慢	占据主导地位、快速发展、占比高
压缩空气储能	数小时	>25 年	电网峰谷调节、分布式储能和发电系统备用	储能容量大	能量转换效率低、响应速度慢、依赖地形和燃气资源、建设周期长	产业化应用
飞轮储能	数秒	20 年左右	系统调频	功率密度高、响应速度快、寿命长	储能量过低（秒级）	产业化应用
超导储能	数秒	循环数百万次	削峰填谷、系统调频	响应速度快、功率密度较高	维护成本过高、技术不成熟、储能容量过低	示范应用

（续）

储能方式	放电时间	寿命	典型应用场景	主要优势	主要缺点	发展现状
超级电容器	数秒	10 年左右	系统调频	功率密度大、循环寿命长	储能量过低（秒级）、自放电率高	产业化应用
液流电池	根据配置数量，数小时	5~20 年	分布式等应用削峰填谷、系统调频	蓄电容量大、可深度充放、能量与功率分开控制	环境温度要求较高、转换效率不高、需辅助泵类设备	产业化应用
钠硫电池	根据配置数量，数小时	10~15 年	分布式等应用削峰填谷、系统调频	能量密度高、响应速度快、循环寿命长	环境要求苛刻	产业化应用
锂离子电池	根据配置数量，数小时	5~15 年	削峰填谷、系统调频、分布式、电动汽车等应用	功率、能量密度大、响应速度快、组态方式灵活	安全性问题、目前成本较高、电池寿命及均衡问题	产业化应用

5.1.3 电化学储能技术发展

1. 锂离子电池逐步成为电化学储能的主流

我国过去的电化学储能系统基本以铅酸电池为主，铅酸电池技术成熟，电池材料来源广泛，成本较低，其缺点是循环次数少，使用寿命短，在生产回收等环节处理不当易造成环境污染。

随着锂离子电池技术不断成熟，锂离子电池因其能量密度高、使用寿命长、适用温度范围宽等特点，已经逐步替代铅酸电池储能，在电化学储能中的占比达到约 94%（截至 2022 年年底）。

对比不同技术路线的电化学储能，见表 5-2，锂离子电池储能技术具有大规模、高效率、长寿命、低成本、无污染等优势，是目前最可行的技术路线。相比其他电池储能，锂离子电池的循环寿命最长，同时循环效率最高，伴随锂离子电池技术不断提升，续航能力在不断改进，使得锂离子电池在储能领域的应用潜力不断提升。

表 5-2 电化学储能不同技术路线对比

储能类型	铅酸电池	铅碳电池	锂离子电池	液流电池	钠硫电池
典型额定功率	kW~50MW	kW~50MW	kW~MW	5kW~几十 MW	100kW~几十 MW
额定容量	1min~3h	1min~3h	分钟~小时	1h~20h	数小时
全响应时间	百 ms 级	百 ms 级	百 ms 级	百 ms 级	百 ms 级
循环寿命（次）	500~1200	1000~4500	2000~10000	≥12000	2500~4500
循环效率	75%	90%	90%	80%	85%

（续）

储能类型	铅酸电池	铅碳电池	锂离子电池	液流电池	钠硫电池
优点	1）技术成熟 2）成本较低	1）性价比高 2）一致性好	1）比能量高 2）无记忆 3）容量大 4）无污染	1）寿命长 2）可100%深度放电 3）效率高 4）环比性好	1）比能量较高 2）比功率较高
缺点	1）寿命短 2）环保问题	1）比能量小 2）环保问题	1）寿命低 2）安全性待改进	1）储能密度低 2）价格贵	1）高温条件 2）运输安全性
应用场合	1）电能质量 2）频率控制 3）电站备用 4）黑启动 5）可再生储能	1）电能质量 2）频率控制 3）电站备用 4）黑启动 5）可再生储能	1）电能质量 2）备用电源 3）UPS	1）电能质量 2）备用电源 3）调峰填谷 4）能量管理 5）可再生能源	1）电能质量 2）备用电源 3）调峰填谷 4）能量管理 5）可再生能源

锂离子电池倍率性能好，制备比较容易，并通过不断改进高温性能和安全性能欠佳等不足后，更利于在储能领域的应用。与铅酸、铅碳电池相比，锂离子电池的无污染性更符合环保要求，而液流电池的昂贵价格使得锂离子电池成为更合适的清洁能源。

世界各国锂离子电池储能系统在技术应用上比其他电池储能系统占比要高得多，锂离子电池储能已经逐步成为储能系统应用的主流。随着锂离子电池价格的持续下降，国内新建光伏、风电、基站的储能项目，基本都采用锂离子电池储能技术路线和方案，放弃了铅酸电池的使用。

2. 锂离子电池成本持续下降，磷酸铁锂电池优势凸显

从储能系统成本结构来看，电池系统成本要占到总成本的50%左右。以目前应用最广泛的锂离子电池为例，目前在储能系统中大多使用磷酸铁锂电池，与用于电动汽车的主流三元锂离子电池相比，磷酸铁锂电池具有成本较低、寿命较长的优势，更适合应用在储能系统上。

长期来看，电化学储能中锂离子电池优势明显，而磷酸铁锂电池相对于三元锂电池成本优势和循环性能优势明显，从目前的应用情况以及发展趋势来看，磷酸铁锂电池有望成为电化学储能系统的主角。

目前锂离子电池储能系统向着智能化和多元化方向发展。随着大数据云计算、"互联网+"等技术的日益成熟和在储能系统的逐步应用，储能系统中各子系统间的融合会更加深入，对储能系统的数据化管理和控制策略也会更加智能和精确。通过对采集到的相关数据进行计算、处理和挖掘，实现对整个系统的实时控制、精确管理和科学决策，使储能系统可以根据用户自身情况进行需求预测和管理，使能源高效利用和用户收益提高达到最佳状态。

锂离子电池储能技术的多元化发展包括应用场景多元化和电池类型多元化。从应用场景角度可分为发电侧、电网侧和用户侧及新能源电力。其中用户侧也有工商业储能及户用储能等。

在电池选择上又可以分为功率型电池和容量型电池。电力调峰、离网型光伏储能和峰谷价差储能一般需要储能电池连续充电或连续放电几个小时以上，因此适合容量型电池的应用。对于电力调频或平滑可再生能源波动的储能场景，则需要储能电池在秒级至分钟级的时间段快速充/放电，所以比较适合功率型电池的应用。随着新能源行业的快速发展，锂离子电池在产能、质量和使用成本上都有了较大的发展与进步，储能系统的应用也必将更加安全、稳定和高效。

5.2　储能电池与器件——能量的"蓄水池"

在日常生活中，人们对于重要的东西总要留一些出来，以备不时之需，比如粮食、煤炭、石油等。但是对于电力，却由于其即生即灭的特性，自问世以来就很难储存。太阳每天会照样升起，温暖万物，普照大地，可是当太阳落山以后呢？大家需要点灯照明，需要烧煤取暖，需要燃气做饭，要能留住阳光多好！过去，几节电池的手电筒，只能留住些许光亮，科技发展到今天，已经有了很多方法，怎样让太阳在落山以后还能持续为大家服务，其中最直接、最便捷的方法就是光伏储能。

储能电池与器件是光伏储能系统中储存电能最基本的部件。大规模的储能可以把电像水库里的水一样储存起来，让用户随心所欲地使用。储存电能的方式有很多，主要方式之一就是利用各类储能电池和器件来完成储能的任务。在光伏储能系统中，常用的储能电池及器件有锂离子电池、液流电池、钠硫电池及超级电容器等，它们分别应用于光伏储能的不同场合或产品中。由于技术、性能及成本的原因，目前在光伏储能系统中应用最多的还是锂离子电池。

光伏储能对蓄电池的基本要求是：①自放电率低；②使用寿命长；③深放电能力强；④充电效率高；⑤少维护或免维护；⑥工作温度范围宽；⑦价格低廉。

在此主要介绍锂离子电池构成的光伏储能系统，对其他电池与器件只略做介绍。

5.2.1　锂离子电池

锂离子电池的正极材料有钴酸锂（LCO）、锰酸锂（LMO）、镍钴锰（NMC）、镍钴铝（NCA）及磷酸铁锂（LFP）等，以石墨或钛酸锂（LTO）等材料为负极。锂离子电池作为优质的储能和动力电池具有重量轻、储能容量大、放电功率大、无污染、寿命长、可深度放电等特点，在光伏储能、电网削峰填谷、备用电源、微电网系统及电动汽车、电动自行车等电动动力中将得到广泛应用。不同形式锂离子电池的电压特性见表5-3。

表 5-3　不同形式锂离子电池电压特性表

锂离子电池形式（缩写）	正极材料	负极材料	标称电压/V
LCO	钴酸锂	石墨	3.6/3.7
LMO	锰酸锂	石墨	3.6
NMC	镍钴锰	石墨	3.7
NCA	镍钴铝	石墨	3.7
LFP	磷酸铁锂	石墨	3.2/3.3

1. 锂离子电池的分类

锂离子电池按照正极材料的不同分为三元锂电池和磷酸铁锂电池；按照用途不同一般分为储能（容量型）锂离子电池和动力（功率型）锂离子电池。储能锂离子电池主要用于光伏储能、UPS储能及电网储能等场合，这类电池内阻比较大，充/放电速度较慢，一般为0.5~1C。动力电池主要用在新能源电动汽车、电动自行车、各种电动工具，以及需要快速充/放电的储能场景中，功率型锂离子电池内阻小、充/放电速度快，一般能达到3~5C，同种类价格比储能电池略高一些。

动力电池其实也是储能电池，只是动力电池比储能电池有更高的性能要求，如能量密度要尽量高，充电速度要尽量快，放电电流要更大。根据标准要求，动力电池的容量低于80%时就要淘汰退役，但还可以作为储能电池进行梯次利用。

2. 锂离子电池的原理结构

锂离子电池的原理结构如图5-4所示。锂离子电池作为一种化学电源，充电时，加在电池两极的电动势迫使正极的化合物释放出锂离子，穿过隔膜进入负极分子排列呈片层结构的石墨中，或者说是从正极脱嵌经过电解质嵌入负极，此时负极处于富锂态，正极处于贫锂态；放电时则相反，锂离子从片层结构的石墨中脱离出来，穿过隔膜重新和正极的化合物结合，或者说是从负极脱嵌，经过电解质嵌入正极，正极处于富锂态，负极处于贫锂态。随着充/放电的进行，锂离子不断地在正极和负极中分离与结合，通过锂离子的移动产生了电流。单体的锂离子电池外形有圆柱形、铝壳方型及软包型，如图5-5所示。

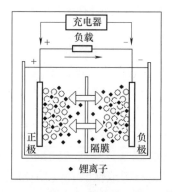

图 5-4　锂离子电池原理结构示意图

图 5-5　单体锂离子电池外形图

3. 锂离子电池的性能特点

锂离子电池具有优异的性能，其主要特点如下：

1）单体工作电压高。锂离子电池单体电压高达 3.6~3.7V，是镍镉电池、镍氢电池的 3 倍，是铅酸电池的近 2 倍，这也是锂离子电池比能量大的一个原因，因此组成相同容量（相同电压）的电池组时，锂离子电池使用的串联数目会大大少于铅酸、镍氢电池，使得电池的一致性很好，且寿命更长。例如，36V 的锂离子电池只需要 10 个电池单体，而 36V 的铅酸电池需要 18 个电池单体，即 3 个 12V 的电池组，每只 12V 的铅酸电池内由 6 个 2V 单格组成。

2）能量密度大。锂离子电池的能量密度目前最高已经达到 460W·h/kg 以上，是镍氢电池的 3 倍，铅酸蓄电池的 6 倍，重量是相同能量铅酸蓄电池的 1/5。

3）体积小。锂离子电池的体积比高达 500W·h/L，体积是铅酸蓄电池的 1/3。

4）锂离子电池的循环使用寿命长，循环次数可达 2000~10000 次，使用寿命一般能达到 6 年以上。

5）具备高功率承受能力，能快速进行充/放电，便于复杂工况的供电。自放电率低，每月小于 3%。

6）锂离子电池高低温适应性强，工作温度范围宽。可在 -20~60℃之间工作，在较低温度下仍可保证满容量输出。

7）无记忆效应。锂离子电池没有记忆效应，可以随时随地进行充电，而且充/放电深度不影响电池的容量和寿命。

8）保护功能完善。锂离子电池组的保护电路能够对单体电池进行高精度的监测和低功耗的智能管理，具有完善的过充电、过放电、温度、过电流、短路保护以及可靠的均衡充电功能。

9）相对于铅酸蓄电池，锂离子电池不含铅，使用更为环保。

10）锂离子电池也有不足之处，特别是三元锂电池，相对于铅酸蓄电池，受到撞击和高温时起火点较低，容易有爆炸的危险，且目前阶段锂离子电池的价格相对较高，项目投资前期相对成本较大。

4. 磷酸铁锂电池

磷酸铁锂电池是一种以磷酸铁锂为正极材料的锂离子电池。与三元锂电池相比，它有超长寿命、使用安全、耐高温等特点，完全符合现代储能电池和部分动力电池的发展需要。目前磷酸铁锂电池已经广泛应用于电力储能电站、光伏风电等新能源储能、UPS 电源、通信基站、智能微电网及部分电动自行车、电动汽车、混合动力汽车、电动工具等领域。磷酸铁锂电池输出电压为 3.2V，具有良好的电化学性能，充/放电性能十分平稳，在充/放电过程中电池结构稳定、无毒、无污染、安全性能好、材料来源广泛。表 5-4 是常用锂离子电池性能参数的对比。

表 5-4 常用锂离子电池性能参数对比

性能参数	磷酸铁锂电池	三元锂电池	锰酸锂电池
标称电压/V	3.2	3.6	3.7
充/放电电压范围/V	2.5~3.6	3.0~4.2	2.5~4.2
功率密度/(mA·h/g)	130	160~190	110
能量密度/(W·h/L)	140~160	330~380	210~250

（续）

性能参数	磷酸铁锂电池	三元锂电池	锰酸锂电池
比能量密度/(W·h/kg)	150	198	160
循环性能（80%）	>2000 次	>2000 次	>800 次
工作温度/℃	−30~60	−30~65	−20~60
价格	一般	较高	低廉
大功率能力	一般	较低	很好
材料来源	锂、氧化铁磷酸盐储量丰富	钴元素缺乏	

　　尽管磷酸铁锂电池在制造成本上还不能与铅酸蓄电池抗衡，但磷酸铁锂电池的优异性能是铅酸蓄电池无法比拟的，其质量为同容量铅酸蓄电池的 1/3 左右，使用寿命是铅酸蓄电池的 5 倍以上，且安装方便，施工和维护成本低，长期使用的综合效益显著。

　　磷酸铁锂电池与铅酸蓄电池的性能对比见表 5-5。

表 5-5　磷酸铁锂电池与铅酸蓄电池的性能对比

项目	磷酸铁锂电池	铅酸蓄电池
寿命（循环次数）	10C 充/放电 80%DOD 循环 2000 次	80%DOD 放电 300 次，100%DOD 放电 150 次，需经常维护
温度耐受性	正常工作温度为−20~75℃	正常工作温度为25℃，0℃以下容量锐减
自放电率	每 3 个月小于 2%	高
充/放电性能	支持大倍率充/放电，无记忆效应	大倍率充/放电性能差，有记忆效应
安全性	不爆炸、不起火、不冒烟	高温会变形胀裂
体积	同容量磷酸铁锂蓄电池是铅酸蓄电池体积的 65%	
重量	同容量磷酸铁锂蓄电池是铅酸蓄电池重量的 1/3	
长期使用成本	完全免维护，最经济	需维护，全寿命使用成本高于磷酸铁锂电池
环保	绝对无污染，不含重金属和稀有金属	严重污染

5. 锂离子电池储能系统的构成及使用

　　目前，以锂离子电池为基础构成的电化学储能系统，已经逐步应用到风力和光伏发电、智能微电网及电网电力储能中。储能系统主要由电池组、储能变流器（PCS）、电池管理系统（BMS）、能量管理系统（EMS）及消防系统、冷却系统等组成。在锂离子电池的安装应用中，蓄电池组要安装在一个环境可控、相对独立的蓄电池间（包括电池舱/室、电池箱、电池柜等）中，并要配备机械通风或其他温度调节装置。不能将锂离子电池安装在过热、过冷、溅水、潮湿、蒸汽或其他损害其性能或加速其老化的环境中。蓄电池组的布置要便于检查、测试、清洁及检修更换。锂离子电池组适合在−20~55℃的温度范围内长期工作。

　　光伏储能系统的应用有利于新能源电力的消纳、电网负荷调节、削峰填谷、弥补线路损失、提高电能质量、实现局部区域独立供电运行等。储能系统就像一个储电的"水库"，可以把用电低谷期富余的电能储存起来，在用电高峰的时候再拿出来使用，减少了电能浪费，改善了电能质量，使电网系统布局得到优化。图 5-6 所示为某户用及工商业储能系统产品的外形。

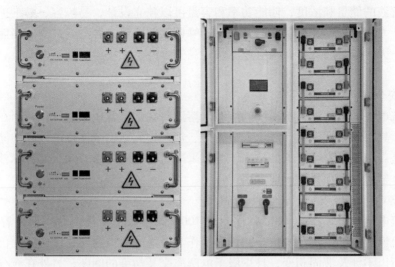

图 5-6　某户用及工商业储能系统产品外形

5.2.2　全钒液流电池与钠硫电池

1. 全钒液流电池

全钒液流电池全称为全钒氧化还原液流电池（Vanadium Redox Battery，VRB），是一种活性物质呈循环流动液态的氧化还原电池，也是一种新型的储能电池，其基本工作原理如图 5-7 所示。

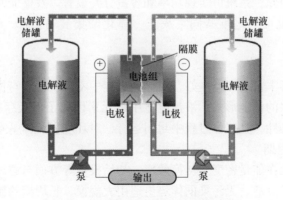

图 5-7　全钒液流电池工作原理示意图

全钒液流电池将化学能和电能相互转换，储能介质为钒离子溶液，采用不同价态的钒离子硫酸溶液作为正负极的活性物质，分别储存在各自的电解液储罐中，并通过外接的输送泵将电解液输送到各自的半电池堆体内，使其在各自的储罐和电堆形成的闭合回路中循环流动，正负极之间的隔膜为离子交换膜，当电解液平行流过电极表面时，两种电解液发生电化学反应,将电解液中的化学能转化为电能,通过正负电极板收集和传导电流。这个反应过程可以逆向进行,对电池进行充电、放电和再充电。

液流电池的储能功率取决于电池单体的面积、电堆的层数和电堆的串并联数,而储能容量取决于电解液的储量和浓度,储能功率和容量可以独立设计,易扩容、易维护,应用比较灵活。适用于大规模风电、光伏并网发电及调峰调频储能等大容量、长周期储能。液流电池具有大功率、大容量、高效率、响应速度快、高安全性、无污染、循环寿命长、运行维护费用低等特点。

(1) 高安全性

全钒液流电池的电解液为钒离子的酸性水溶液,在常温常压下运行,不存在热失控和可燃可爆风险,具有本征安全性。对于人员密集、规模较大、安全性要求较高的储能场景,全钒液流电池是一种更为安全可靠的技术,可以采取更紧密的排布方式,部分弥补其在能量密度上的劣势,节省储能项目的土地占用。

(2) 长寿命、低衰减

全钒液流电池的循环次数>20000次,可100%深度放电,且生命周期内容量可完全恢复。因为全钒液流电池使用不同价态的钒离子作为电池的活性物质,反应过程仅为钒离子的价态变化,所以不涉及液固相变,且克服了电解质交叉污染的问题;另外在充/放电过程中,电极材料不参与电化学反应,属于惰性电极,电极和双极板等材料稳定性好;针对全钒液流电池因电解液在正负极之间的迁移和副反应造成的钒离子价态失衡带来的容量衰减问题,一般可以通过低成本的物理和化学手段进行恢复。因此,全钒液流电池具备极长的循环寿命。

(3) 可灵活预装

全钒液流电池功率单元与能量单元相互独立,可根据不同应用场景灵活设计。一套完整的全钒液流电池储能系统主要由电堆、电解液和储罐、电解液输送泵阀及管路、传感器、电池管理系统等组成,其中电堆决定系统功率的大小,而电解液和储罐决定系统储能容量的大小,两者相互独立。因此,系统可实现功率和容量分开设置以及储能时长按需定制,电解液储罐既可独立外置,也可与电堆共同集成至一体化的集装箱内部,整体的方案设计更为灵活。

(4) 无污染

全钒液流电池原料丰富,环境友好,在运行过程中不涉及污染与排放,且电解液可循环利用,是一种绿色环保的储能形式。液流电池中钒元素以离子形式存在于酸性水系溶液中,有一定的腐蚀性但无毒性,且工作过程中封闭运行,对环境和人体基本不会产生危害。

(5) 大规模、长周期

全钒液流电池虽然在能量密度、转换效率、初始投资等方面与锂离子电池相比有一些差距,但其安全、长寿、灵活、无污染的优势更适用大规模、长周期的储能需求或场景。与抽水蓄能相比,全钒液流电池的选址更为灵活,且建设周期较短;与锂离子电池储能相比,安全性方面又明显占优,较高的初始投资成本则会随着更长周期的运行而逐渐拉平或明显降低。

2. 钠硫电池

钠硫电池是一种以金属钠为负极、硫为正极、陶瓷管为电解质隔膜的二次电池。在一定的工作温度下,钠离子透过电解质隔膜与硫之间发生可逆反应,形成能量的释放和储存。

电池通常都是由正极、负极、电解质、隔膜和外壳等几部分组成。常规二次电池，如铅酸电池、镉镍电池等都是由固体电极和液体电解质构成的，而钠硫电池则与之相反，它是由熔融液态电极和固体电解质组成的，构成其负极的活性物质是熔融金属钠，正极的活性物质是硫和多硫化钠熔盐，由于硫是绝缘体，所以硫一般是填充在导电的多孔炭或石墨毡里，固体电解质间的隔膜是一种专门传导钠离子，被称为 Al_2O_3 的陶瓷材料，外壳则一般用不锈钢等金属材料。

钠硫电池是新型化学电源家族中的一个新成员。早在 1966 年，美国福特公司首次提出了钠硫电池系统。钠硫电池具有很长的循环使用寿命，高质量的一般能达到 20000 次以上，还具有高能量、高功率密度、高转换效率、无自放电现象，便于现场安装，原材料来源丰富，价格适当等优势，使钠硫电池在大容量储能领域应用获得广泛青睐。

钠硫电池由于采用固体电解质，所以没有通常采用液体电解质二次电池的那种自放电及副反应，充/放电电流效率几乎为 100%。当然，事物总是一分为二的，钠硫电池也有不足之处，如钠和硫两种元素的大量聚集存在安全隐患，其运行工作温度高达 280~350℃，电池工作时需要一定的加热和保温措施，采用高性能的真空绝热保温技术才能有效地解决这一问题。钠硫电池在各种成熟的二次电池中是最成熟和最具有潜力的先进储能电池。目前，钠硫电池产业化应用的条件日趋成熟，我国储能用钠硫电池已进入产业化的前期准备阶段。

5.2.3　超级电容器

1. 超级电容器简介

超级电容器也叫双电层电容器，是一种介于传统电容器和蓄电池之间的新型储能元件，它通过极化电解质来储能，具有几百至几千 F 的超大电容量，可以进行大电流充/放电，且充/放电效率高，具有较高的能量密度和功率密度，适合于中、大功率的储能应用场合，部分器件外形如图 5-8 所示。超级电容器是一种电化学元件，但在储能的过程中并不发生化学反应，这种储能过程是可逆的，也正因为如此，超级电容器可以反复充/放电数十万次，其使用寿命和循环次数远远大于其他化学电池。

图 5-8　超级电容器单体及模组的外形

超级电容器可以被视为悬浮在电解质中的两个无反应活性的多孔电极板，在极板上加电，正极板吸引电解质中的负离子，负极板吸引正离子，实际上形成两个容性储存层，被分离开的正离子在负极板附近，负离子在正极板附近。超级电容器具有充电速度快、功率密度大、电容量大、使用寿命长、工作温度范围宽、免维护、经济环保等优点，但单支超级电容的端电压不能超过3V，这是因为电容器中的电解液为了满足离子的传导需求而制约了端电压的提高。

超级电容器的工作电压低但电容量很大，在电力系统中多用于短时间、大功率的负荷平抑和高峰值功率场合。它的储存容量是普通电容器的20~1000倍，同时又保持了传统电容器释放能量速度快的优点，电解电容器与超级电容器及铅酸蓄电池的性能对比见表5-6。近年来随着碳纳米技术的发展，超级电容器的制造成本不断降低，而功率密度和能量密度不断提高，应用越来越广泛。

表5-6　3种储能装置的性能对比

项目	电解电容器	超级电容器	铅酸蓄电池
放电时间	$10^{-6} \sim 10^{-3}\,\text{s}$	1s~几 min	0.3~3
充电时间	$10^{-6} \sim 10^{-3}\,\text{s}$	1s~几 min	1~5
能量密度/(W·h/kg)	<0.1	3~15	20~100
功率密度/(W/kg)	10000	1000~2500	50~200
充/放电效率（%）	≈100	>95	70~85
循环寿命/次	$>10^6$	$>10^5$	300~1000

目前一些研究机构和生产厂家在双电层电容器基础上，继续开发以电化学反应特性储能的法拉第准电容器和既通过电化学反应储存和转化能量，又通过双电层储存能量的混合电容器。超级电容器的研究仍然需要从以下两方面突破：一是继续加强电极材料的研究，在碳基材料方面，石墨烯已经被发现具有广阔的应用前景，但仍需进一步优化石墨烯的制备技术；二是开发具有高电压窗口的电解液，在传统的水系超级电容器和有机电解液研究基础之上，大力加强具有更宽电化学窗口的离子液体电解液研究。

2. 超级电容器的工作原理

超级电容器所用电极材料由多孔材料在金属薄膜上沉积而成，包括活性炭、金属氧化物、导电高分子等，电解质分为水溶性和非水溶性两类，前者导电性能好，后者可利用电压范围大。超级电容器的两个电极，通过浸泡在电解液中的隔膜分开，其结构原理如图5-9所示。

当外加电压加到超级电容器的两个极板上时，与普通电容器一样，正极板储存正电荷，负极板储存负电荷，在超级电容器的两个极板上电荷产生的电场作用下，在电解液与电极间的界面上形成相反的电荷，以平衡电解液的内电场，正电荷与负电荷在两个不同相之间的接触面上，以正负电荷之间极短间隙排列在相反的位置上，这个电荷分布层叫作双电层，因此电容量非常大。当两极板间电势低于电解液的氧化还原电极电位时，电解液界面上电荷不会脱离电解液，超级电容器为正常工作状态（通常为3V以下），当电

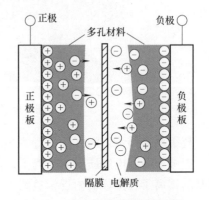

图5-9　超级电容器结构原理图

容器两端电压超过电解液的氧化还原电极电位时，电解液将分解，为非正常状态。随着超级电容器放电，正、负极板上的电荷被外电路泄放，电解液的界面上的电荷相应减少。由此可以看出，超级电容器的充/放电过程始终是物理过程，没有化学反应，因此性能是稳定的，与利用化学反应的蓄电池是不同的。

3. 超级电容器的应用

尽管超级电容器的能量密度和功率密度都很可观，但一个单体电容器往往难以满足大部分实际应用的需求。由于单体电容器的储存能量有限，在实际应用中需要针对不同的应用场景和容量需求，类似于其他蓄电池一样进行组合应用，形成超级电容器组。

当超级电容器组用于功率输出的场景时，要重点考虑超级电容器在充/放电过程中的效率。这是因为每个超级电容器内部都有很小的内阻（相当于一个很小的串联电阻），尽管每个电容器的内阻只有零点几 mΩ，但当超级电容器组在功率输出应用场合，无限制地大电流充/放电时，这个小小的内阻必然会消耗大量的能量，从而造成电容器组的低效率运行。因此在进行超级电容器组的功率应用时，要提高系统效率，一是在充、放电过程中要限制充、放电电流和输出功率，二是要增加电容器组的数量。

同样当超级电容器组用于以体现效率的场景时，注重提高效率比储存多少容量更重要。而当超级电容器组用于储能的场景时，所需的超级电容器数量一般会很多。这是因为在实际应用中，为了提高系统效率，需要将超级电容器的端电压限定在一定的变化范围内，超级电容器的端电压不可能从最大放至 0，也就是说超级电容器中储存的总能量并不能被完全利用，而只有部分能量可以被利用，能利用的量决定于超级电容器的放电系数，放电系数=最小端电压/最大端电压的百分数。在实际应用中，为了提高效率，这个百分数不能低于 50%，也就是说，超级电容器组放电的最小电压不能低于满电状态电压的一半。

在充/放电应用过程中，由于超级电容器组的端电压会随荷电状态的变化而大范围变化（这一点不同于其他蓄电池组），因此超级电容器组不能为应用系统直接供电，必须通过由 DC-DC 或者 DC-AC 变换器构成的稳压电路或升压+稳压电路在控制超级电容器组充/放电电流的同时，调节和控制其电压输出范围。由于超级电容器端电压很低，所以为减少电容器串联个数，简化均衡电路，一般采用的变换器电路多以升压+稳压类拓扑结构形式为主。对于多个电压很低的超级电容器串联的超级电容器组，整个系统在使用中往往更容易出现问题，因此在组合设计时，不仅要限制其充/放电电流，还必须采取相应的电压均衡措施。

总之，超级电容器的低能量密度使其在大多数的应用场合中不适合直接作为主要储能电源。但它的高功率密度和长循环寿命优势，又使其成为各种混合储能系统使用场景下的首选。在很多应用中，超级电容器常被用做平抑主电源功率波动的缓冲器，如电网储能、与各类蓄电池组合、混合动力等。

超级电容器除了大量应用于各种小功率电器的电源及储能与记忆电池之外，利用其能快速充/放电、循环寿命长、免维护的特点可以做计算机房 UPS、风力发电机控制器 UPS、可再生能源削峰填谷等的储能或驱动元件。

超级电容器的混合应用就是利用它的高功率密度和长循环寿命。辅助其他蓄电池、电源或动力系统，以满足其他蓄电池、电源或动力系统的高功率需求，或者平抑功率波动的需求。如超级电容器与充电电池配合使用的各种小型电器设备，可以减少使用过程对电池的诸多不利影响，延长电池使用寿命，如机车起动、汽车起动、电动汽车辅助动力等；超级电容器在电动和混合动力城市客车、牵引车、有轨电车、轻轨和地铁线路等应用领域，非常适合"起停"行驶模式及制动能量回收等。

表5-7是几种常用储能电池的性能参数对比，供选型时参考。

表5-7　几种常用储能电池的性能参数对比

电池类型	磷酸铁锂电池	三元锂离子电池	铅碳电池	全钒液流电池
单体电压/V	3.2	3.6	2	1.2~1.6
能量密度/(W·h/kg)	90~170	120~300	35~55	20~40
放电深度（DoD）	90%	90%	70%	100%
充/放电倍率	4C	2C	0.3C	1C
循环寿命	>5000次	>4500次	3000次	20000次
安全性	★★★★	★★	★★★★★	★★★★★
库仑效率	>95%	>95%	80%	70%
自放电率	2%	2%	4%~50%	3%~9%
总体评价	技术成熟、安全性高、寿命长、环境适应性好	技术成熟、安全性稍差、能量密度高	技术成熟、价格低廉、有效利用率低、放电倍率低	技术成熟度低、价格高、运维麻烦

本书附录3提供了光伏发电系统常用储能电池及器件的规格尺寸和技术参数，可供选型时参考。

5.2.4　储能电池基本概念与技术参数

1. 蓄电池的基本概念

（1）一次电池

不可充电的电池叫一次电池，也称为原电池。在日常生活和家庭电器中常用的1.5V 1号、2号、5号以及9V叠层碱性电池、碳性电池等都是一次电池。一次电池在工作中，其化学变化体系的自由能逐渐减少，是一个将减少的自由能直接转换成电能输出的装置，所能释放出的电量在制造过程中就已经被确定了，而且放完电后就不能再用了。

（2）二次电池

二次电池也叫蓄电池或储能电池，也就是可以多次充电的电池，例如锂离子电池、镍氢电池、铅酸电池等。由于其工作时内部的电化学反应是可逆反应，因此，它与一次电池的主要区别就是放电后可以通过外部电能的充电恢复到初始状态。二次电池的放电和充电可反复多次进行，储能电池和动力电池都是二次电池。

（3）蓄电池组

蓄电池组是由一些完全相同的蓄电池单体通过串并联组合方式构成的蓄电池模组。

（4）蓄电池充电

蓄电池充电是指通过外电路给蓄电池供电，使电池内发生化学反应，从而把电能转化成化学能而储存起来的操作过程。

（5）过充电

过充电的意思是指对已经充满电的蓄电池或蓄电池组继续充电。此外，充电电流大于蓄电池充电可接受电流时，继续以该电流充电也属于过充电。

（6）放电与过放电

放电是指在规定的条件下，蓄电池向外电路输出电能的过程。过放电是指蓄电池已放电至放电终止电压时，继续放电的过程。

（7）自放电

由于蓄电池中电极与电解液间的相互作用，蓄电池的能量未通过外电路放电而自行减少，这种能量损失的现象叫自放电。

（8）电池电动势

蓄电池的电动势在数值上等于蓄电池达到稳定时的开路电压。电池的开路电压是无电流状态时的电池电压。当有电流通过电池时所测量的电池端电压的大小将是变化的，其电压值既与电池的电流有关，又与电池的内阻有关。

（9）活性物质

在蓄电池放电时发生化学反应从而产生电能的物质，或者说是正极和负极储存电能的物质统称为活性物质。

（10）电极

电池的正极与负极都是电极，电极是电池中的发生电化学反应的场所，也是电流产生或消耗的场所。

（11）电解质

电解质是锂离子电池的关键材料，处于正极与负极之间，是用来实现锂离子传输的材料。锂离子电池电解质以液态电解质（电解液）为主，含有一定浓度的锂盐和碳酸酯溶剂。除液态电解质外，还有固态电解质、凝胶态电解质及复合电解质。

（12）锂离子电池隔膜

隔膜是一种很薄的材料，一般是单层或多层塑料（聚丙烯薄膜或聚丙烯-聚乙烯多层复合薄膜）或者陶瓷涂覆隔膜。隔膜在电池中的作用是将正极和负极隔开，避免正、负极接触造成内短路。隔膜还必须允许锂离子通过，保证离子在正极与负极之间穿梭。

（13）卷芯

卷芯是圆柱形锂离子电池制造中的主要技术。是将正极、负极还有隔膜平面叠加后卷绕起来，然后放入圆柱形外壳。这一技术可以实现电池电极表面积的最大化，而不增加其整体的体积。卷芯是当前生产效率较高的电池制造技术之一。

（14）放电深度

放电深度通常用 DOD（Depth of Discharge）表示，是指蓄电池在使用过程中，电池或电池组已经使用的电量占总电量的比例。也就是说在某一放电速度下，电池放电到终止电压时实际放出的有效容量与电池在该放电速度的额定容量的百分比。放电深度和电池循环使用次数关系很大，放电深度越大，循环使用次数越少；放电深度越小，循环使用次数越多。经常使电池深度放电，不仅会缩短单体电池的使用寿命，也会造成电池组中个别单体电池出现过充或过放的情况，同样影响电池组的使用寿命。蓄电池放电深度在10%~35%为浅循环放电，40%~70%为中等循环放电；75%~90%为深循环放电。蓄电池长期运行的每日放电深度越深，蓄电池寿命越短，放电深度越浅，蓄电池寿命越长。因此，为了获得可靠的循环寿命和安全性能，在应用设计中，放电深度会设计得相对保守一些。

（15）荷电状态

荷电状态（State of Charge，SOC）是电池的剩余电量相对于电池全部电量的比例，其范围变化为0~100%。荷电状态与放电深度虽然都是相对于电池总容量而言的比例，但其功能和表达的意义完全不一样。荷电状态侧重表示某一时刻的电量状态，相当于于汽车油量表上显示的油箱剩余油量的状态。而放电深度侧重表示电池容量的区间节点，到什么节点就不能再放电了，相当于汽车油量到底后提示需要加油的节点或剩余最小油量的程度。荷电状态、放电深度与电池总容量之间的关系如图5-10所示。

（16）电池健康状态

电池健康状态（State of Health，SOH）是衡量电池健康程度的一种指标，通常指电池从充满状态以一定倍率放电至截止电压所放出的容量与其所对应的标称容量的比值来表示。一般通过测量电池内部某些参数（如内阻、容量、电量、剩余循环次数等）的变化来判断电池健康状况下降后的状态，也就是说

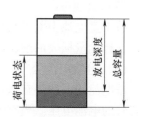

图5-10　锂离子电池荷电状态、放电深度与总容量之间的关系

电池当前容量与出厂容量的百分比。对于新的电池SOH往往大于等于100%，随着电池使用次数的增加，其性能不断衰减，SOH逐渐降低，一直到不能满足其最低的性能指标要求时，即说明电池寿命终结。

（17）电池管理系统

电池管理系统（Battery Management System，BMS）是电池组内部的控制系统，一般由一个或多个电子控制器组成。该系统主要用来控制管理电池的充/放电、检测电池的温度和电压、与被服务系统（如储能系统、电动汽车等）相联系、平衡电池电压、管理电池组的安全性能。

（18）能量储存系统

能量储存系统（Energy Storage System，ESS）可以有不同的形式，一般来说是指一个整体电池组，即把单体电芯或其他单体电池进行一定方式的电路连接，并配以合适的热传感器件、电子电路、机械结构及外壳等组合成的整体。

（19）不一致性与均衡充电

不一致性指蓄电池组中各蓄电池的电压、容量、内阻等存在差异，蓄电池组存在不一致性，在使用过程中不一致性扩大，并导致性能较差的蓄电池迅速损坏，最终导致整个蓄电池组报废。

均衡充电是针对存在不一致性的蓄电池组进行的特殊充电方法，旨在减少或消除蓄电池组的不一致性。

（20）电力调峰

通过储能的方式实现用电负荷的削峰填谷，即发电厂在用电负荷低谷时段对电池充电，

在用电负荷高峰时段将储存的电量释放。

（21）系统调频

频率的变化会对发电及用电设备的安全高效运行及寿命产生影响，因此频率调节至关重要。储能（特别是电化学储能）调频速度快，可以灵活地在充/放电状态之间转换，因而成为优质的调频资源。

2. 蓄电池常用技术参数

（1）蓄电池容量

蓄电池容量由电池内活性物质的数量决定，处于完全充电状态下的蓄电池在一定的放电条件下，放电到规定的终止电压时所能给出的电量称为电池容量，以符号 C 表示，常用单位有安时（A·h）或者毫安时（mA·h）。通常在 C 的下角处标明放电时率，如 C_{10} 表示是 10 小时率的额定容量；C_3 表示是 3 小时率的额定容量，数值为 0.75 C_{10}；C_1 表示是 1 小时率的额定容量，数值为 0.55 C_{10}；C_{60} 表示是 60 小时率的额定容量；C_T 表示是当环境温度为 t 时的蓄电池实测容量；C_a 表示是在基准温度（25℃）条件时的蓄电池容量。

蓄电池容量分为理论容量、实际容量和额定容量。理论容量是假设蓄电池极板上的活性物质全部参加电化学反应而输出电流，根据法拉第定律计算出的电量。理论容量通常用质量容量（A·h/kg）或体积容量（A·h/L）表示。

实际容量是指充足电的蓄电池在一定放电条件下所能输出的电量，它是在允许放电范围内，放电电流与放电时间的乘积。蓄电池的实际容量小于理论容量，当放电电流和温度不同时，其实际容量也有所不同。

额定容量（标称容量）是按照国家或有关部门颁布的标准，在电池设计时要求电池在一定的放电条件下（如在 25℃环境下以 10 小时率电流放电到终止电压），应该放出的最低限度的电量值。例如，国家标准规定，对于启动型蓄电池，其额定容量以 20 小时率标定，表示为 C_{20}；对于固定型蓄电池，其额定容量以 10 小时率标定，表示为 C_{10}；对于电动汽车用蓄电池，其额定容量以 3 小时率标定，表示为 C_3。例如 100A·h 的蓄电池，如果是启动型电池，则表示其以 20h 率放电，可放出 100A·h 的容量。若不是以 20 小时率放电，则放出的容量就不是 100A·h；如果是固定型蓄电池，则表示其以 10 小时率放电，可放出 100A·h 的容量，若不是 10 小时率放电，则放出的容量就不是 100A·h。

蓄电池的容量不是固定不变的，它与充电的程度、放电电流大小、放电时间长短、电解液密度、环境温度、蓄电池效率及新旧程度等有关。

（2）额定电压

蓄电池的额定电压是指蓄电池或蓄电池组正负极之间的电势差的大小。常见铅酸蓄电池的额定电压有 2V、4V、6V、12V 几种，每个单体铅酸蓄电池额定电压是 2V，12V 的蓄电池是由 6 个单体的电池串联构成的。常见单节镍氢电池的额定电压为 1.2V；锂离子电池的额定电压有 3.2V、3.6V 和 3.7V 等。

蓄电池或蓄电池组的实际电压并不是一个恒定的值，空载时电压高，有负荷时电压会降低，当突然有大电流放电时电压也会突然下降。

（3）放电时率

根据蓄电池放电电流的大小，放电率分为时间率和电流率。时间率是以放电时间表示的放电速率，是指在某电流放电条件下，使蓄电池放电到规定终止电压时所经历的时间长短，常用放电时率表示。根据 IEC 标准，放电时率有 20 小时率，10 小时率，5 小时率，3 小时率，1 小时率，0.5 小时率，分别标示为 20h、10h、5h、3h、1h、0.5h 等。电池的容量与放电率有关，电池的放电电流越大，放电时间就越短，放出的相应容量就越少。例如一个容量 $C=100A \cdot h$ 的蓄电池的 20h 放电率，表示电池以 $100A \cdot h/20h=5A$ 电流放电，放电时间为 20h，简称 20h 率。

电流率一般用字母 I 表示，如 I_{10} 表示是 10 小时率的放电电流（A），数值为 $0.1C_{10}$；I_3 表示是 3 小时率的放电电流（A），数值为 $0.25C_{10}$；I_1 表示是 1 小时率的放电电流（A），数值为 $0.55C_{10}$ 等。

（4）放电倍率

放电倍率是指电池充/放电时的电流与电池标称容量的比率。换句话说，它描述了电池可以在多快的条件下进行充电或放电。1C 相当于 1h 内把电池全部放完电（或充满电）。以此类推，2C 相当于电池全部放完电（或充满电）需要 0.5h（1h/2C = 0.5h）。如果倍率提高，那么放电时间就会下降，反之亦然。一般应用于动力的蓄电池充/放电倍率较大，如 3C，5C 等，应用于储能的蓄电池充/放电倍率较小，如 1C，0.5C 等。

放电倍率是蓄电池放电电流为蓄电池额定容量的一个倍数，放电倍率 = 放电电流/额定容量，放电时率与放电倍率之间的关系见表 5-8。

表 5-8　蓄电池放电时率与放电倍率的关系

放电时率/h	20	10	5	4	3	1	0.5	0.33	0.25	0.2
放电倍率/A	0.05C	0.1C	0.2C	0.25	0.33	1C	2C	3C	4C	5C

（5）放电终止电压

放电终止电压是指在蓄电池放电过程中，电压下降到不宜再放电时（非损伤放电）的最低工作电压。为了防止电池被过放电而损害极板，在各种标准中都规定了在不同放电倍率和温度下放电时电池的终止电压。

（6）浮充寿命

蓄电池的浮充寿命是指蓄电池在规定的浮充电压和环境温度下，蓄电池寿命终止时浮充运行的总时间。

（7）循环及循环寿命

蓄电池完成一次充电和放电的过程，称为一个循环（一个周期）。在一定的放电条件下，电池使用至某一容量规定值之前，电池所能承受的循环次数，称为循环寿命。根据电池的使用情况，电池可以在不同功率、电压或者恒定的倍率下进行充/放电。一个充/放电循环可以是完全的充/放电，也可以是部分充/放电，也可以放电到某一设定值然后再充电到初始状态。

影响蓄电池循环寿命的因素是综合因素，不仅与产品的性能和质量有关，还与放电倍率和深度、使用环境和温度及使用维护状况等外在因素有关。

（8）过充电寿命

过充电寿命是指采用一定的充电电流对蓄电池进行连续过充电，一直到蓄电池寿命终止时所能承受的过充电总时间。其寿命终止条件一般设定在容量低于 10h 率额定容量的 80%。

（9）自放电率

蓄电池在开路状态下的储存期内，由于自放电而引起活性物质损耗，每天或每月容量降低的百分数称为自放电率。自放电率是反映蓄电池内部特性的一个技术参数，用于衡量蓄电池的储存性能。

（10）蓄电池内阻

蓄电池有电流输出时，电流在电池内部受到阻力，使电池的电压降低，这个阻力称为蓄电池的内阻。蓄电池的内阻不是常数，而是一个变化的量，它在充/放电的过程中随着时间不断地变化，这是因为活性物质的组成、电解液的浓度和温度都在不断变化。蓄电池的内阻也是表示蓄电池性能与状态的重要参数，单位一般用 Ω 表示。蓄电池内阻一般都很小（约为几个 $m\Omega$），且与蓄电池的容量成反比，在小电流放电时可以忽略，但在大电流放电时，将会有数百 mV 的电压降损失，必须引起重视。

蓄电池的内阻分为欧姆内阻和极化内阻两部分。欧姆内阻主要由电极材料、隔膜、电解液、接线柱等构成，也与蓄电池尺寸、结构及装配因素有关。极化内阻是由电化学极化和浓差极化引起的，是电池放电或充电过程中两电极进行化学反应时极化产生的内阻。极化电阻除了与电池制造工艺、电极结构及活性物质的活性有关外，还与电池工作电流大小和温度等因素有关。一般来讲，动力型（功率型）蓄电池的内阻要比储能型（能量型）蓄电池的内阻更低。过大的蓄电池内阻会严重影响蓄电池的工作电压、工作电流和输出能量，因而内阻越小的电池充/放电性能越好。

（11）能量密度

能量密度也叫比能量。是指电池单位质量或单位体积所具有的能量，单位分别是 $W \cdot h/kg$（$kW \cdot h/kg$）或 $W \cdot h/L$（$kW \cdot h/L$）。能量密度有理论能量密度和实际能量密度之分，前者指单位质量或单位体积电池反应物质完全放电时理论上所能输出的能量，实际能量密度指单位质量或单位体积电池反应物质所能输出的实际能量。由于各种因素的影响，电池的实际能量密度小于理论能量密度。

能量密度是综合性指标，它反映了蓄电池的质量水平，也表明生产厂家的技术和管理水平。常用能量密度来比较不同类型或不同厂家生产的蓄电池，该参数对于储能系统的设计非常重要。

5.3 储能系统的构成与应用

5.3.1 储能系统的构成

目前储能系统基本都采用模块化组件系统方案，为了兼顾分布式电源储能和规模并网储能的应用，储能系统最适宜采用的方式就是模块化组合搭建方式，主要包括电池组（或电池簇）、机械支撑、加热和冷却系统（热管理系统）、电池管理系统（BMS）、双向储能逆变器/储能变流器（PCS）、能源管理系统或监控管理保护系统（EMS）、温度控制系统和消防系统等共同组成，所有部件、设备一起固定组装到集装箱柜体内构成储能系统，如图 5-11 所示。

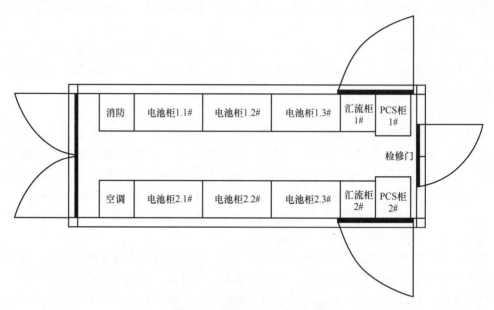

图 5-11　储能系统构成示意图

储能系统的系统架构如图 5-12 所示，下面介绍储能系统构成的各个部分。

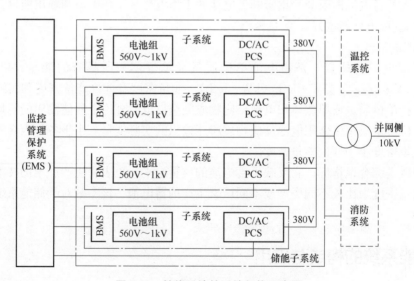

图 5-12　储能系统的系统架构示意图

1. 电池组

（1）电池组的构成

电池组的组合过程就是依据不同的应用场景及对电池组输出电压、组合容量的不同要求，将不同种类、数量的单体电池以不同的方式连接到一起，以达到所需要的电压和功率（容量）。常见电池组的构成有串联方式、先串后并方式和先并后串方式等，如图 5-13 所示。其中串联方式电路结构简单，便于安装和管理，但需要选择的单体电池容量大、数量多，且单一电池的损坏将直接影响整个系统的正常使用。先串后并方式有利于系统的模块化设计，但需要对每一块单体电池进行监测，且不利于电池组的整体均衡管理，在大规模储能系统应用中会增加电池管理成本。先并后串方式可以保证电池在工作时趋于均衡，但会使电池组的失效率增大，且容易在并联的电池组中产生环流，导致电池组不一致性增大。

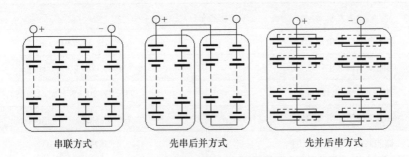

串联方式　　　　　　　先串后并方式　　　　　　　先并后串方式

图 5-13　电池组的构成方式

储能电池组的串联和并联数量需要根据具体的应用需求进行选择。当需要较高的运行电压时，要增加串联电池或电池组的数量；当需要较大的储能容量时，要增加并联电池或电池组的数量。另外，电池组串联的电压高低（电压高低决定功率大小）和容量通常是不可兼顾的，在实际应用设计时需要在两者之间做出权衡。

构成电池组的单体电池包括圆柱形电池、方壳电池及软包电池等。为了固定和连接电池，还需要设计一个机械强度较好的结构将电池连接组合成一个整体，并配置相应的外包装，如热缩膜封装、塑料外壳、金属外壳、机箱机柜等。

当然，在这个封装结构的内部，还需要有检测电池组电压和温度的保护电路（俗称"保护板"），甚至要有电池管理系统（BMS），检测和管理电池组的所有功能和工作状态。根据电池组容量及不同的应用场合，还需要配备温度管理装置，如加热带、散热器、空气及液体媒介传导散热、空调装置等，以维持电池组在正常温度范围工作。另外对电池组内使用的电子器件、接插件、开关、电线等都会有一些耐温耐压耐湿方面的特殊要求，以保证电池组正常运行，提升电池组电性能、安全性能和使用寿命。图 5-14 所示为某 Pack 级电池组的内部结构。

（2）电池簇

将一定数量的单体电池通过串、并联组合连接后称为电池组，将多个电池组根据运行电压和

图 5-14　某 Pack 级电池组的内部结构

容量的需求再串、并联组合称为电池簇，采用单个电池簇或多个电池簇串、并联组合后，并配以相应的储能变流器及其他部件，就可以构成容量不同的储能系统。电池簇的构成其实也是电池组的集成技术，为便于理解，下面以某储能系统的构成为例进行分析。该储能系统的技术参数分解见表 5-9。表中的 P 表示电池或电池组的并联数，S 表示电池或电池组的串联

数，A·h 表示电池或电池组的容量，kW·h 表示储能系统的储电能量，150kW 表示变流器的额定输出功率，整体组合方式为 4P224S。

表 5-9　某储能系统技术参数分解表

储能系统	
单体电池标称电压/容量	3.2V/280A·h
电池模组标称电压/容量	44.8V/280A·h（1P14S）
电池簇标称电压/能量	716.8V/200kW·h（1P16S）
储能系统标称电压/能量	716.8V/800kW·h（4P1S）
储能系统运行电压范围	627.2~806.4V
储能系统标称能量	800kW·h
PCS 输出功率	150kW

通过技术参数表分解可以看出，整套系统的中采用了 3.2V/280A·h 的单体电池，每个电池模组由 14 个单体电池串联构成，每个电池簇又由 16 个电池模组串联构成，整个储能系统又由 4 套电池簇并联而成，如图 5-15 所示。

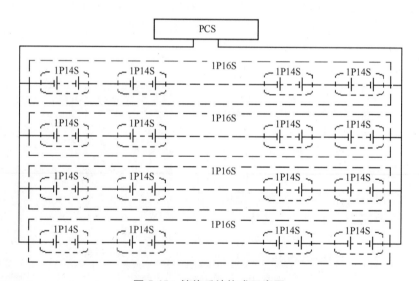

图 5-15　储能系统构成示意图

（3）储能电池的应用要求

锂离子电池储能系统具有环境适应性好、能量密度高、占地面积小、工作效率高、施工周期短的优点，在实际应用中，储能电池及电池组必须满足以下要求：

1）容易实现多方式组合，满足较高的工作电压和较大的工作电流的要求。

2）电池容量和性能可检测、可诊断，使控制系统能在预知电池容量和性能的情况下实现对电站负荷的调度控制。

3）具备高安全性、高可靠性和电化学性能稳定性，在正常情况下，电池使用寿命不低于 15 年。在极限情况下，即使发生故障，电池也应在受控范围内，不应该发生爆炸、燃烧等危及电站安全运行的事故。

4）具有良好的快速响应和大倍率充/放电能力，一般要求达到 5~10 倍的充/放电能力。

5）要具有较高的充/放电转换效率和良好的充/放电循环性能，易于安装和维护，具有较好的环境适应性，较宽的工作温度范围。

6）符合绿色环保的要求，在电池生产、使用、回收过程中不对环境产生破坏和污染。

目前，电化学储能技术发展进步很快，以磷酸铁锂电池为主导的电化学储能技术在安全性、能量转换效率和经济性等方面均取得了重大突破，并逐步得到推广应用。大电芯、高电压、水冷/液冷等新产品新技术逐渐登上舞台，单体电池和储能系统都逐渐向更大容量方向持续演进。

2. 电池管理系统

储能系统电池组在实际应用中，为保证蓄电池的使用安全，实现最长的使用寿命、最大的能量输出以及最优的使用效率，必须配置电池管理系统（BMS）。BMS 是由微处理器技术、检测技术和控制技术等构成的蓄电池管理装置，一般由电池组管理单元（BMU）、电池组串管理系统（BCMS）、电池堆管理系统（BAMS）和高压控制系统（HVC）组成，其管理架构如图 5-16 所示，具有模拟信号高精度检测与上报、故障告警上传与储存、电池保护、参数设置、主动均衡、电池组荷电状态定标和与其他设备之间信息交互和远程控制等功能。电池管理系统可以智能化地管理和维护各个电池单元，通过监测电池和电池组的工作状态，及时发现异常情况并采取相应措施；实时监控蓄电池的充电、放电工作状态，对充/放电过程进行控制，对电池进行过充电和过放电保护，确保蓄电池在安全范围内进行充/放电，尽可能地减少充/放电对蓄电池的损伤；对单体电池及蓄电池组的电压、电流、温度等信号高精度的测量及采集，对电池组进行均衡管理，对单体电池进行均衡充电，通过调整电池组中每个单体电池之间的电荷差异来维持电池性能的一致性，避免电池单体或电池组受损伤，延长电池的使用寿命；对荷电状态（SOC）、电池健康状态（SOH）数据进行预测与估算。

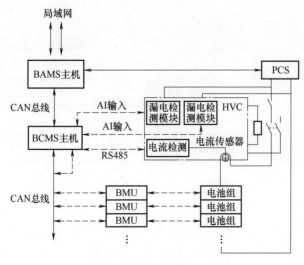

图 5-16　BMS 系统管理架构图

对锂离子电池管理系统的功能要求见表5-10，其主要功能如下：

1）对电池参数进行实时监测，保护电池组的安全。在蓄电池充/放电过程中，BMS实时监测蓄电池组总电压、充/放电总电流、单体电池的端电压及电池温度、盐雾探测、绝缘检测等，防止电池发生过充电和过放电现象。在这个过程中，它使用传感器等工具来收集电池数据。

2）显示蓄电池的工作状态，提供保护功能。包括荷电状态（SOC）、放电深度（DOD）、健康状态（SOH）、功能状态（SOF）、故障及安全状态（SOS）及寿命终止（EOL），进行早期报警，并提供多种保护功能，以防止电池短路、过电流等问题的发生，并保证电池组之间的安全通信。同时，它也可以检测并处理单元故障、单点失效等事故。

表5-10　锂离子电池管理系统的功能要求

检测参数	显示	报警	保护	相应保护动作
单体电压	√	√		进行均衡控制
电池串联回路电流	√	√		
单体温度	√	√	√	
环境温度	√	√		
电气绝缘电阻	√	√		
剩余电池电量	√	√		
电池能量流动检测	√			
过电流保护		√	√	降功率/停机
过充电过放电保护		√	√	断开充/放电装置
过温保护（环境温度和单体温度）	√	√	√	通风/降功率/停机
保护功能故障		√	√	停机
温度检测故障		√	√	停机
蓄电池箱、柜通风故障		√		
充电故障		√	√	停机充电
电池单元间的电压不平衡		√	√	停机
电池因故障停止运行	√	√		

3）防止蓄电池过度充电或过度放电。蓄电池过度充电或过度放电是电池组容易出现的问题，过多和过少的充/放电都会使电池组受到损害。对电池组进行过度放电和过度充电可能会导致电池组容量减少，甚至使其无法使用。因此，BMS在电池充电或放电时都会对电池电压进行控制，保证电池的实时状态，同时在电池达到最大容量或最小容量时停止充电或放电。

4）准确估测电池组的剩余电量，随时预报电池组的剩余能量和荷电状态。蓄电池组的电量和端电压有一定关系，但不是线性关系，不能依靠检测端电压来估算剩余电量，需要通过 BMS 来检测和报告。

5）储能电池组往往由几十串甚至几百串以上的单体电池串、并联构成。单体电池在生产和使用过程中，会造成电池内阻、电压、容量等参数的不一致，这种差异表现为电池组充满电或放完电时串联电芯之间的电压不相同，或能量不相同，即单体电池 SOC 不平衡的现象。这种现象使得部分电芯在充电的过程中会被过充，而在放电过程中电压过低的电芯有可能被过放，从而使得电池组的离散性明显增加，使用时更容易发生局部电芯过充和过放的现象，使电池组整体容量急剧下降，整个电池组表现出来的容量为电池组中性能最差的单体电池的容量，最终导致电池组提前失效。为保证单体电池的容量均衡，BMS 要检测和控制对单体电池的均衡充电，采用主动均衡或被动均衡、耗散或非耗散等均衡方式，使电池组中的每一只单体电池容量都达到均衡一致的状态。

6）当蓄电池的温度或温度的上升率达到预先设定的高限值时，热管理系统通过启动风冷或液体冷却的方式将蓄电池的温度和温升控制在一定范围内，如果蓄电池的温度管理失效或有其他异常情况发生而使蓄电池的温度达到最高限值，则蓄电池热管理控制系统就会中断蓄电池电流输出，以确保蓄电池的安全。

蓄电池的温度是影响电池性能和寿命的重要因素之一。当电池工作温度超过 50℃时，电池寿命会快速衰减。而温度低于 -10℃时，电池容量会减小。处于过高温度状态的储能系统使用寿命和安全性都会受到巨大影响，而处于过低温度状态的储能系统则会彻底罢工。BMS 中热管理的功能就是根据电池的系统温度及充/放电需求，对电池组温度进行监测，并采取有效的措施对电池组的冷却或保温进行控制，防止温度过高或过低对电池造成损害，甚至发生安全事故，使储能系统工作在最佳状态，充分发挥系统性能。

7）实现系统远程监测和可靠报警。BMS 可以通过有线、无线网络等手段进行数据传输，将实时数据传送到监测端，同时可以根据系统的设定，定期发送故障检测和报警信息。储能 BMS 还支持灵活的报告和分析工具，生成电池及系统的历史数据和事件记录，以支持数据监视和故障诊断。

总之，BMS 以保证储能系统安全为初衷，遵循"预防为主，控制保障"的原则，系统性的解决储能系统的安全管控。通过对储能系统进行全面的监测和控制，确保储能系统安全、稳定和高效工作，提高储能系统的使用寿命和可靠性，降低维护成本和操作风险，实现多种更灵活、可靠的储能解决方案。

3. 储能变流器

储能变流器（Power Conversion System，PCS）又叫双向储能逆变器，是电网、新能源系统与储能装置之间进行交、直流变换的电力电子接口设备。储能变流器在储能系统中控制蓄电池的充电和放电过程，通过储能变流器既可以把储能装置的直流电通过逆变转换为适合电网使用的交流电，又可以将电网的交流电通过整流转换为直流电为储能装置直接充电。

储能变流器适用于需要动态储能的应用场合（并网系统、离网系统和混合系统），在电能富余时将电能储存在蓄电池中，电能不足时将储存在蓄电池的电能变流后向电网输出。在无电网情况下可以直接为交流负荷供电，还可以和光伏、风力发电等其他发电形式构成微电网，在微电网中作为主电源支撑微电网运行，实现局部区域的独立供电或与大电网的互动切换。

儲能变流器主要由双向变流电路、DC-AC 控制电路、保护电路、监控电路等软硬件电路构成，控制电路通过通信接收后台控制指令，根据功率指令的符号及大小控制变流器对电池进行充电或放电，双向变流电路采用双闭环控制和 SPWM 脉冲调制方法，精确快速地调节输出电压、频率、有功和无功功率。控制电路还通过 CAN 总线接口与 BMS 通信，获取电池组状态信息，可实现对电池的保护性充/放电，确保电池运行安全。儲能变流器可以通过快速的电能储存来响应负荷的波动，吸收多余的能量或补充缺额的能量，实现大功率的动态调节，很好地适应频率调节和电压功率因数的校正，从而提高系统运行的稳定性。

新型儲能变流器采用大功率换极开关（Pole Changing Switch，PCS）拓扑技术，符合大容量电池组的电压等级和功率等级要求，具有结构简单、稳定可靠、功率损耗小，能够灵活进行整流、逆变的双向切换运行等特点。随着新型电池技术的应用以及功率器件和拓扑技术的发展，变流器一般采用 DC-DC+DC-AC 两极变换结构，首先通过 DC-DC 直流转换电路将电池组输出电压进行升压，再通过 DC-AC 逆变电路输出交流电。逆变部分采用多重化、多电平、交错并联等大功率变流技术，以降低并网谐波，简化并网接口。针对经 DC-DC 转换后较高的电池组电压（5~6kV），换极开关 PCS 系统采用多电平技术，功率器件采用 IGCT 或 IGBT 串联，实现直流→交流和交流→直流的灵活切换运行。

4. 能量管理系统

能量管理系统（Energy Management System，EMS）是针对电池管理系统的监控和管理，是以计算机为基础，以软件为平台构成的工作过程自动化控制管理平台。主要功能由基础功能和应用功能两个部分组成。基础功能包括计算机、操作系统和 EMS 支撑系统。通过能量管理系统可以将储能系统内各子系统的信息汇总，实现数据采集、显示、报警、设备控制以及参数调节等各项功能，在计算机、手机等各类终端设备上进行展示，全方位掌控整套系统的运行情况，并作出相关决策，保证系统安全运行。通过 EMS 会将数据上传云端，为运营商的后台管理人员提供运营工具。负责与用户进行直接的交互。用户的运维人员可通过 EMS 实时查看储能系统的运行情况，做到实施监管。EMS 还具有多种错误检测方式，可保证庞大数据量上传及指令下发的及时性和准确性，并能在电池组出现严重故障时及时停止系统运行。另外通过 EMS 还可以参与电网调度、虚拟电厂调度及"源网荷储"等电网工作的互动。

5. 温度调节系统

在储能系统中，还有受控于 BMS 的温度调节系统。温度调节系统一般通过空气介质或液体介质，由压缩机制冷系统、加热系统、通风系统或冷却液输送系统组成。温度调节系统将根据储能装置工作现场室内外的环境温度、湿度等环境因素变化，通过远程通信和模糊智能控制，自动控制和协调制冷系统和加热系统的工作，为储能装置进行冷却、加热和除湿。温控系统具有掉电记忆、自动重新启动、发生故障远程识别与报警等功能，保证储能装置的稳定运行，减少电力消耗和安全隐患。

储能系统的温度调节主要以对蓄电池装置的冷却为主，冷却方式分为风冷和液体冷却两类。风冷是以低温空气为介质，利用自然风或风机与电芯产生热对流，进而降低电池温度。风冷方式结构简单，但是换热效率低下且无法实现精准控温。液体冷却采用水、乙醇、制冷剂等冷却液,通过液冷板上均匀分布的导流槽和电芯间接接触,靠近热源、换热效率高、能耗低,可以保证电池单体温度的一致性。液冷系统可将柜内所有电芯的温差精准控制在 3℃以内,使得电池寿命提升 20%,且能够在气温-40~50℃的地区正常运行。另外液体冷却方式的耗电量、故障率及运维费用都比风冷方式进一步下降,因此在储能系统中,液体冷却方式将会逐步替代风冷方式而成为主流。

6. 消防系统

储能消防系统一般采用七氟丙烷或全氟己酮自动灭火装置。该装置具有自动检测、定时巡查、自动报警和自动启动灭火装置的功能,能自动释放灭火剂并实施警铃及声光报警。并自动实施柜体级、电池仓级甚至电池 Pack 级的消防。当发生火灾时,系统自动进行探测报警,并联动启动气体灭火系统,通过空间全淹没喷头,快速释放灭火介质,进行空间全淹没式抑制灭火。七氟丙烷和全氟己酮都是无色、无味、不导电、无二次污染的气体,具有清洁、低毒、电绝缘性能好、灭火效率高的特点,是比较环保的洁净气体灭火剂。

5.3.2　储能系统的接入方案

储能系统的电路架构分为交流接入和直流接入方案,还可以分为集中式或分散式(组串式)接入方式,以及低压升压和高压级联方案等。

1. 交流接入方案

交流接入方案就是储能系统与光伏发电系统分别通过升压变压器直接接入交流母线,如图 5-17 所示。交流接入的优点是储能系统容量配置比较灵活,可根据电网储能需求及区域消纳情况等灵活调整配置。缺点是储能系统需要单独接入电网,并网手续较为复杂。另外,储能系统的蓄电池充电和放电经过多级转换,系统效率相对较低。

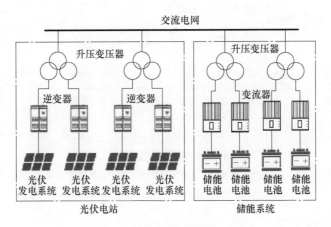

图 5-17　储能系统交流接入方案

2. 直流接入方案

储能系统直流接入方案就是储能系统的直流输出电压直接接入光伏逆变器直流侧,如图 5-18 所示。直流接入的优点是储能电池充/放电经过一级直流变换,系统效率较高,也不涉及并网和电网接入的问题。缺点是需要大功率的直流变换器设备,且对直流电压转换控制精度要求较高。

3. 集中式接入方案

集中式接入方案就是将相同容量、相同电压的多路电池组（柜）共同接入一台大容量变流器的直流输入端，然后通过逆变后升压并网的方案，如图 5-19a 所示。该方案整体结构简单，施工安装和运维成本较低，是国内大容量储能项目应用最多的技术路线。该方案的不足之处是蓄电池组之间的直流并联存在环流问题，影响设备放电量和储能收益。

4. 分散式（组串式）接入方案

分散式接入方案与光伏发电系统的组串式逆变器应用方案类似，采用模块化设计方式，如图 5-19b 所示，用小容量的储能系统配置小容量的变流器，所有变流器的交流输出汇合并入交流电网。这种方案比集中式接入方案成本高，结构复杂，施工成本和安装难度也有所增加。这种方案适合大部分储能

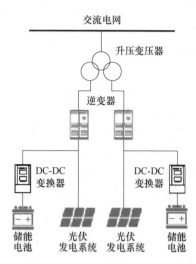

图 5-18　储能系统直流接入方案

应用场景，可以实现一对一的电池簇级管理，最大程度解决环流问题，可以实现局部快速的运行维护。

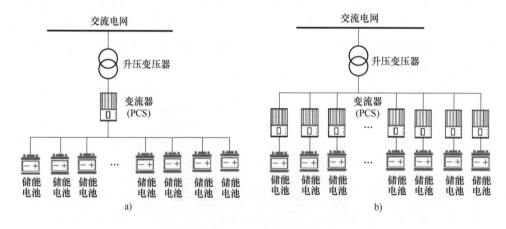

图 5-19　集中式与分散式接入方案

a）集中式接入方案　b）分散式（组串式）接入方案

5.3.3　储能系统的应用

随着光伏发电等各种可再生能源发电规模的不断扩大以及可再生能源在能源结构中的占比越来越大，它对电网产生的冲击和影响就成为一个不可忽视的、必须采取有效技术措施来解决的问题，储能技术的应用是解决这个问题的主要措施。储能系统的应用涉及发电、输电、配电以及终端电力用户（包括居民用电以及工商业用电），在发电侧，储能系统可以参与快速响应调频服务，平抑短时输出功率的波动，跟踪调度计划输出功率，提高电网备用容量。在新能源发电侧，可以降低光伏和风力等发电系统大的瞬时变化对

电网的冲击，减少"弃光、弃风"的现象，保证新能源发电系统向用户提供持续供电，扬长避短地利用了光伏、风力等可再生能源清洁发电的优点，也有效地克服了其波动性、间歇性和难预测性的缺点。在输电、配电侧，储能系统可以实现削峰填谷、负荷跟踪、调频调压和电能质量治理，有效地提高输电系统的可靠性、电能质量，以及系统自身的调节能力。在终端用户侧，分布式储能系统在智能微电网能源管理系统的协调控制下优化用电、降低用电费用，并且保持电能的高质量。在新能源汽车充电侧（包括利用电动汽车的充电储能过程），可以降低新能源汽车大规模瞬时充电对电网的冲击，还可以享受波峰波谷的电价差。

光伏发电系统引入储能环节后，可以有效实现需求侧管理，消除昼夜间峰谷差，平抑负荷，有效利用电力设备，降低用电成本，还可以提高系统运行稳定性、参与调频调压、补偿负荷波动。

光伏和储能构建智能微电网，可以提升新能源渗透率和消纳能力，更好地满足用户多样性需求，实现精准供能，还可以减少用电偏差，提高考核收益。而在户用电站加入储能，可以减少用户对电网的依赖，用电更加自由化。

总体来说，储能是建设智能电网和"互联网+智慧能源"，进一步提高可再生能源在能源系统占比的重要组成部分和关键支撑技术。是解决光伏电能消纳、增加电网稳定性、提高配电系统利用效率的最合理解决方案。

在此就结合光伏发电系统的特点，分析一下光伏发电对电网带来的影响，并从电网角度和用户角度介绍储能技术在光伏发电系统中的应用，并对储能技术的发展需求进行展望。

1. 光伏发电系统对电网的冲击与影响

光伏发电系统对电网的冲击与影响主要有以下几点。

（1）对线路潮流的影响

在电网未接入光伏发电系统时，电网支路潮流一般是单向流动的，并且对配电网来说，随着距变电站的距离增加，有功潮流单调减少。当光伏电源接入电网后，从根本上改变了系统潮流的模式，且潮流变得无法预测。这种潮流的改变使得电压调整很难维持，甚至导致配电网的电压调整设备（如阶跃电压调整器、有载调压变压器、开关电容器组）出现异常响应，同时，也可能造成支路潮流越限、节点电压越限、变压器容量越限等，从而影响系统的供电可靠性。

（2）对系统保护的影响

当光照良好，光伏发电系统输出功率较大时，电路短路电流将会增加，可能会导致过电流保护配合失误，而且过大的短路电流还会影响熔断器的正常工作。此外，对配电网来说，未接入光伏发电系统之前支路潮流一般是单向的，其保护不具有方向性，而接入光伏发电系统之后，该配电网变成了多源网络，网络潮流的流向具有不确定性。因此，电网电路必须增加有方向性的保护装置。

（3）对电能质量的影响

受云层遮挡等因素影响，光伏发电系统的输出功率经常会在短时间内大幅度变化，这种变化往往会引起电网电压的波动或闪变，以及频率的波动等。此外，光伏发电的逆变器系统也会产生谐波，对电网造成影响。

（4）对运行调度的影响

光伏电源的输出功率直接受天气变化影响而不可控，使光伏电源的可调度性也受到了一定制约，当某个电网系统中的光伏电源占到一定比例后，电网电力的安全可靠调度就成了必须解决的问题。

2. 储能在光伏发电系统中的作用

解决光伏发电系统并网对电网的影响，提高光伏发电并网容量的措施有两种：一是从光伏发电系统的角度，即用户角度，为光伏发电系统配置储能装置；二是从电网角度考虑，建设智能微电网系统，以提高调度的灵活性、稳定性、可调节性。光伏发电储能技术的应用对系统能量管理、稳定运行以及提高系统的安全性和可靠性，解决具有间歇性、波动性和不可准确预测性的可再生能源接入电网，扩大新能源发电在整个能源结构中的占比都具有重要意义。

从电网角度来讲，储能在光伏发电系统中的作用有以下几种。

1）电力调峰，削峰填谷：储能可与电网调度系统相配合，根据系统负荷的峰谷特性，在负荷低谷期储存多余的发电量，在负荷高峰期释放出蓄电池中储存的能量，从而减少电网负荷的峰谷差，降低电网的供电负担，实现电网的削峰填谷。调峰的目的是为了尽量减少大功率负荷在峰电时段对电能的集中需求，以减少对电网的负荷压力，光伏储能系统可根据需要在负荷低谷时将光伏系统发出的电能储存起来，在负荷高峰时再释放这部分电能为负荷供电，提高电网的功率峰值输出能力和供电可靠性。通过电力调峰，还可以利用峰谷差价，提高电能利用的经济性。

2）控制电网电能质量、平抑波动：储能系统的加入，可以抑制光伏发电的短期波动和长期波动，大大改善光伏发电系统的供电输出的稳定性。通过合适的逆变控制调整，光伏储能系统还可以实现对电能质量的控制，包括稳定电压、调整相位以及有源滤波等。还可以根据电网出力计划，控制储能蓄电池的充/放电功率，使的光伏电站的实际功率输出尽可能地接近出力计划，从而增加可再生能源输出的确定性。

3）构成微电网系统，实现不间断供电：微电网是未来输配电系统的一个重要发展方向，它可以显著提高供电可靠性。当微电网与系统分离时，微电网可以在孤岛模式下运行，微电网电源将独立承担所辖负荷的供电任务，特别是在以光伏电源为主构成的微电网中，储能系统作为微电网的组成部分，为微电网提供电压和频率的支撑，实现微电网模式切换过程的快速能量缓冲，保证微电网的平滑切换，保证为负荷提供安全稳定的供电。

从用户角度来讲，储能在光伏发电系统的作用有以下几种。

1）实现负荷转移：从技术角度讲，负荷转移与调峰类似，但它的实现应用是以光伏并网用户使用市电分时段计费为基础的。许多负荷高峰并不是发生在光伏系统发电充足的白天，而是发生在光伏发电高峰期以后，储能系统可在负荷低谷时将光伏系统发出的电能储存起来而不是完全送入电网，待到负荷高峰时再使用，这样，储能系统与光伏系统配合使用可以减少用户在高峰时的用电需求，实现对峰谷价差的套利，使用户获得更大的经济利益，利益的大小取决于峰谷电价差和储能系统成本。

2）实现负荷响应：为保证在负荷高峰时电网可以安全可靠地运行，电网会选定一些高功率的负荷进行控制，使它们在负荷高峰时段交替工作，当这些电力用户配置了光伏储能系统后，则可以避免负荷响应控制对上述高功率设备的正常运行带来的影响，实现负荷响应控制，负荷响应控制实施需要在光伏储能电站与电网之间有一条通信线路。

3）实现断电保护：光伏储能系统一个重要的好处就是可以为用户提供断电保护，即在用户无法得到正常的市电供应时，可以由光伏系统提供用户所需电能。这种有意实现的电力孤岛对用户和电网来说都是有好处的，它既可以允许电网在用电高峰时切掉部分电力负荷，又可以使电力用户在没有市电供应时还能有正常供电使用。

3. 光伏储能系统的几种类型

根据不同的应用场合，光伏储能系统分为离网储能系统、并离网储能系统、并网储能系统和多种能源混合微电网系统等。

（1）离网储能系统

离网储能系统也就是有储能装置的离网光伏发电系统，是专门针对无电网地区或经常停电地区场所使用的。由于离网光伏发电系统无法依赖电网，所以只有靠储能系统完全自发自用，实现"边储边用"或者"先储后用"的工作模式。

（2）并离网储能系统

并离网型光伏发电系统广泛应用于经常停电，或者光伏并网系统自发自用不能余量上网、自用电价比上网电价贵很多、波峰电价比波谷电价贵很多等应用场合。

相对于并网光伏发电系统，并离网系统结合了离网系统和并网系统的优点，使应用范围更宽，用电更灵活。一是可以设定在电价峰值时以额定功率输出，减少电费开支；二是可以利用谷电为储能系统充电，在用电高峰时段使用，利用峰谷差价获得收益；三是当电网停电时，光伏发电及储能系统可作为备用电源切换为离网工作模式继续工作。

（3）并网储能系统

并网储能系统能够储存多余的光伏发电量，提高光伏发电自发自用的比例。当光伏发电系统的发电量小于负荷用电量时，负荷由光伏发电和电网一起供电，当光伏发电系统发电量大于负荷用电量时，光伏发电量一部分给负荷供电，另一部分电量储存在储能系统中。

（4）微电网系统

微电网系统在本书1.6.1节中已专门进行过介绍。微电网可充分发挥各种分布式清洁能源的应用潜力，减少各种分布式清洁能源容量小、发电功率不稳定、独立供电可靠性低等的不利因素，确保电网安全运行，是大电网的有益补充。微电网应用灵活，规模可以从数kW直至几十MW，大到厂矿企业、医院学校，小到一座建筑或一个家庭用户都可以实现微电网运行。

4. 储能系统在各个场景的应用

（1）储能在火力发电侧及联合调频的应用

随着新能源在电网占比逐渐增大，加剧了电网电源的波动性，火力发电侧的调频需求也逐渐增大。在传统的火力发电侧配置储能系统，火电输出与储能输出通过交流耦合合并输出，储能系统负责能量的储存并参与AGC响应，如图5-20所示，具有反应迅速、精度高、调节准确等优点。一是可以平滑发电输出的随机波动，提高电能质量，提高电网稳定性；二是可以跟踪计划发电，缓解"弃风、弃光"现象，提升新能源并网特性，提高电网收益；三是火电厂储能联合调频具有调节速率快、精度高，可大幅提升火电厂调频能力，降低火电机组频繁调节损耗，保障发电机组平稳运行。

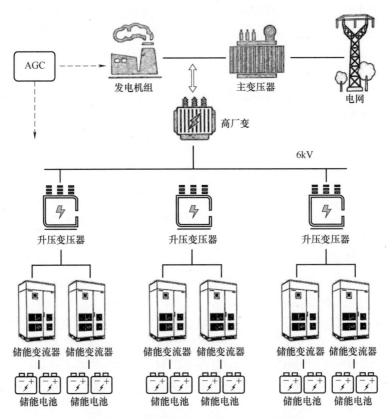

图 5-20 储能系统在火力发电侧应用示意图

火力发电机组参与 AGC 调节存在响应慢和调节深度差等缺点。储能系统与火电机组联合运行，具备 ms 级的快速响应速度，在运行中实时分析火力机组实际出力与 AGC 指令的差别，根据 AGC 指令迅速协调储能电池组进行充电和放电，吸收或发出功率，使火电机组合并输出的功率曲线与 AGC 指令曲线重合，达到 AGC 调频电源性能要求，有效提升火电厂调频综合性能指标，获得辅助服务补贴。

（2）储能在新能源发电侧的应用

受环境变量影响，新能源发电普遍存在上网功率波动大、弃光弃风率高的现象。在新能源发电侧配置储能系统，可利用储能系统的快速响应能力，平滑新能源发电功率波动，改善弃光弃风率，增加发电收益。在新能源发电侧配置储能，新能源电力输出与储能系统通过交流或直流耦合合并输出，如图 5-21 所示，储能系统根据新能源发电功率的变化储存或放出能量，平滑新能源发电的输出波动，提高新能源系统的电能输出质量。

（3）储能在电网侧的应用

在电力输配电网侧配置储能系统，如图 5-22 所示，可以布置在变电站等电网关键节点位置，为电网提供有功/无功功率支撑，实时监测负荷波动，快速响应电网调频调峰调度，缓解系统调峰压力，提高电网频率稳定性，主动参与电网事故备用和黑启动。电网侧储能系统的接入还可以改善部分电网调节能力差，调峰能力不足的状况，以及缓解输配电网的电力阻塞，延缓输配电网的扩容和升级改造，提高电网运行效率。

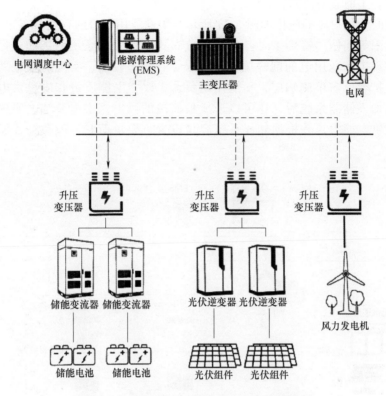

图 5-21 储能系统在新能源发电侧应用示意图

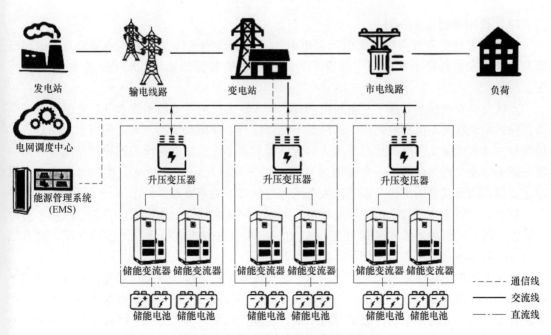

图 5-22 储能系统在电网侧应用示意图

（4）储能在工商业用户侧的应用

储能在工商业用户侧的应用如图 5-23 所示。工商业用电普遍存在峰谷电价差比较大，配电网容量有限等问题。特别是对已经实施分布式光伏发电系统的工商业用户，配置储能系统可以实现工商业用电的削峰填谷，赚取峰谷价差收益，实现需量电费管理，并能实现配电系统扩容，需求侧响应，平滑用电负荷，改善电能质量和应急供电等功能。工商业光伏发电加入储能系统后，还可以形成最简单的微电网供电系统，实现大电网停电状态下的独立供电能力，并根据储能系统容量设置重要负荷和一般负荷，保证重要负荷连续供电运行。

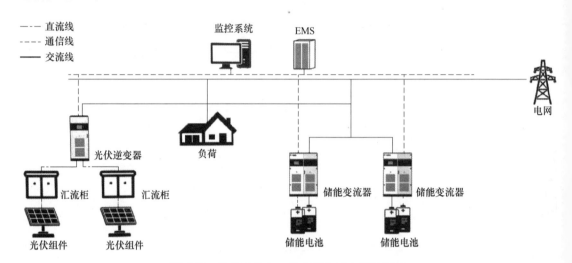

图 5-23　储能系统在工商业用户侧应用示意图

（5）户用储能系统应用

大部分家庭用户都希望在大电网停电时，自己屋顶的光伏发电系统能够脱离大电网继续发电，为家庭提供正常的用电需求。为光伏发电加装储能系统后，这个愿望就可以实现了。

光伏发电并网逆变器除了具备与电网频率同步、电压对等等技术要求外，它的另外一个重要保护功能就是不能在电网停电的情况下孤岛运行。储能系统的介入，使得家庭用户可以用两种方式实现独立供电的运行方式。对于已经安装了光伏发电系统的用户，在原有并网系统基础上，在交流侧再增加一台储能逆变器，如图 5-24 所示，并网逆变器和储能逆变器通过交流耦合的方式协同工作，来实现大电网停电状态下的家庭正常供电。

对于新安装光伏发电系统的家庭用户，可以采用光伏储能一体机设计方案，只用一台逆变器就可以同时解决光伏发电和储能充/放电的应用，这种方式属于直流耦合系统，具有结构简单、效率较高的特点，应用示意如图 5-25 所示。

户用光伏发电和储能系统相结合，无论是交流耦合还是直流耦合，都可以实现大电网停电后的独立供电功能。整个系统可以通过简单的手动控制或采用智能化能源管理系统进行控制和管理，当大电网停电时，能源管理系统首先发出指令，切断与大电网的连接，形成一个孤立的电网系统，然后储能逆变器启动工作，光伏及储能系统通过各自的工作状况向用户内部供电。当大电网供电恢复正常时，光伏发电系统自动切换到并网发电状态。

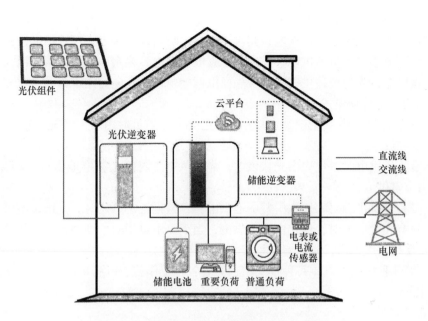

图 5-24　户用储能系统交流耦合应用示意图

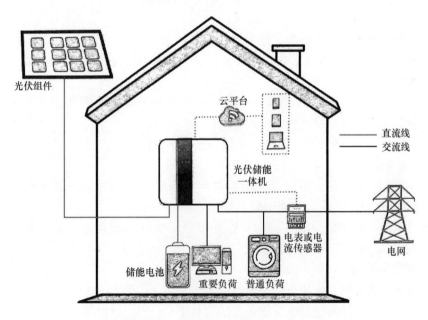

图 5-25　用户储能系统直流耦合应用示意图

5. 光伏储能系统的能量管理模式

带储能的光伏发电系统往往可以解决对负荷的连续供电和提高光伏发电的自发自用量，同时也起到了调峰和减少对电网冲击的作用。通过对光伏储能系统设计一定的能量管理策略，有利于电网的运行，也可以为用户带来经济上的收益。储能系统从供用电角度的管理模式一般有下列两种：

（1）光伏系统供电管理模式

1）光伏电能首先为蓄电池充电，其次用于供给负荷，剩余电力反馈给电网；

2）光伏电能首先为负荷供电，其次用于蓄电池充电，剩余电力反馈给电网；

3）光伏电能首先为负荷供电，其次先向电网馈电，剩余电力用于为蓄电池充电。

（2）负荷用电管理模式

1）当有光伏供电时，优先由光伏供电，光伏供电不足时由市电补充，市电不可用时，则由蓄电池供电；

2）当有光伏供电时，优先由光伏供电，光伏供电不足时由蓄电池供电，若蓄电池不可用时，则由市电供电；

3）当没有光伏供电时，优先由蓄电池供电，若蓄电池不可用时，则由市电供电；

4）当没有光伏供电时，优先由市电供电，当市电不可用时，则由蓄电池供电。

从用户使用角度来讲，光伏储能系统的能量管理可分为自用优先、储能优先、削峰填谷和离网应急等几种模式。其中每种模式中，又有各种工作状态以满足用户的多样化的应用需求及最大化的用电效益。

（1）自用优先模式

当光伏电能充足时，优先保证为负荷供电，剩余电能用于为蓄电池充电，或用于并网售电；当光伏电能不足时，光伏电能与蓄电池一起为负荷供电，优先保证负荷使用光伏自发的电量。

在自用优先模式下，可以分为5种工作状态：

状态1：光伏电能较为充足，蓄电池剩余容量小于100%，在光伏电能供应负荷的同时，剩余电能对蓄电池进行充电。

状态2：光伏电能非常充足，蓄电池剩余容量小于100%，在光伏电能供应负荷的同时，以最大功率为蓄电池充电，剩余电能并网售电。

状态3：光伏电能较为充足，蓄电池剩余容量等于100%，在光伏电能供应负荷的同时，剩余电能并网售电。

状态4：光伏电能不足，蓄电池剩余容量大于60%（铅酸电池）或20%（锂离子电池），蓄电池和光伏电能一起为负荷供电。

状态5：光伏电能不足，蓄电池剩余容量小于60%（铅酸电池）或20%（锂离子电池），光伏电能和电网一起为负荷供电。

（2）储能优先模式

当蓄电池未充满电时，光伏电能与电网电能将共同优先为蓄电池充电，以保证蓄电池在满电状态，从而保证在异常情况下关键负荷的应急用电；当光伏电能充足并大于为蓄电池充电所需要的电能时，优先给蓄电池充电，剩余电能向负荷供电，最后剩余电能用于并网。

在储能优先模式下，将有3种工作状态：

状态1：当光伏电能为0时，系统通过电网向负荷供电。

状态2：当光伏电能很少时，光伏电能同电网一起向负荷供电。

状态3：当光伏电能充足时，光伏电能向负荷供电的同时，剩余电能进行并网售电。

（3）削峰填谷模式

在当地峰谷电价相差较大时，可以通过设置蓄电池的充/放电时间，以获得更多的峰谷价差收益。例如，在用电高峰时段，把蓄电池设置成放电模式；在用电低谷（电价便宜）时段，把蓄电池设置成充电模式，通过相对便宜的电网电能为蓄电池充电储能。

这种模式下，用户除了可以最大限度地实现光伏自发用电，还可以合理地利用峰谷时段电价差，优化用电策略，节省更多的电费，给用户提供更加经济的供用电方案。由于可以自由设置蓄电池充电、放电的时段和输出功率等，再加上光伏电能因不确定的天气因素产生的波动变化影响，因此具体工作状态需要结合各种因素随机确定。

另外，当用户蓄电池配备容量较大时，在用电高峰时段，通过把蓄电池设置为放电模式，通过蓄电池为用户负荷供电，还可以把多余的电能用于并网售电，待用电低谷时段，再设置成充电模式为蓄电池充电。这样整个系统除了起到削峰填谷作用以外，还承担了一定的电能调度工作。当然要达到这种效果，需要配备用户正常负荷使用蓄电池容量的 3 倍以上。

（4）离网应急模式

当电网发生异常和故障时，系统自动切换到离网应急模式，作为后备电源或应急电源为用户重要负荷供电。离网应急模式的供电时间长短取决于蓄电池剩余容量、负荷用电功率以及光伏电能大小和有无等，用户需要根据不同的应急需求配置工作模式，以防蓄电池剩余容量不足影响供电时间。

在离网应急模式下，将有以下 4 种工作状态：

状态 1：光伏电能充足，蓄电池剩余容量小于 100%，光伏电能为负荷供电的同时，剩余电能为蓄电池充电。

状态 2：光伏电能充足，蓄电池剩余容量等于 100%，光伏电能为负荷供电，蓄电池处于静止状态。

状态 3：光伏电能不足，光伏电能为负荷供电，不足部分由蓄电池补充。

状态 4：光伏电能为 0，蓄电池放电独立为负荷供电。

分布式光伏发电在设计和构建储能系统时，整个系统的能量管理策略和相应的系统工作模式是系统设计的核心，只有针对不同的应用场景，明确整个系统能量管理的使用环境要求及模式特点，才能最终确定系统的设计原则和基本方法。

6. 储能系统的智能化管理

普通的储能系统可以把白天光伏发电的剩余电力储存起来，供本地用户早晚时段使用，实现供电时段的转移和延长，这种功能在离网光伏系统中一直应用。而储能系统智能化管理是通过系统逻辑控制，预测未来光伏发电能力和用电需求，实现用电的最经济模式。

智能化系统会在晚上就综合考虑第二天光伏发电情况预测、用户用电模式以及为储能系统充电的优化来决定是否在低谷电价时段用市电储能，以及储能的额度。例如，如果智能管理系统中的光伏发电预测模块给出明天发电功率将低于明天用电需求的提示，那么系统就会控制在夜间低电价时段对储能电池充满电量，然后第二天储能电池与光伏发电共同出力，以最经济的搭配满足用户的用电需求，这样就避免了第二天在用电价格高的时段对电网电力的需求，实现节约开支的目的。

储能技术应用及储能技术与光伏发电等可再生能源新技术的深度融合，是可再生能源电力大力发展的重要课题。通过光伏系统新技术的应用不断降低度电成本，以及储能系统的规模化应用来降低储能成本，未来储能技术将高度参与到从"源-网-荷"到"源-网-荷-储"的电网建设中。我国西部地区将由传统的大型光伏、风力大基地向大型风光储大基地建设发展，中东南部地区将重点发展分布式光伏+储能的区域微电网建设，满足电网及用户侧需求，实现高质量精准供能。

电力安全是国家能源安全的重要组成，储能是保证电力安全、低碳、高效供给的重要技术，是支撑新能源电力大规模发展的重要技术，也是未来智能电网框架内的关键支撑技术。能源互联网作为未来全球能源的发展方向，将会从根本上改变现在的发电、输电、变电、配电、用电模式，实现智能储能、智能用电、智能交易、智能并网等，储能技术将是协调这些应用的重要环节，也是构成能源互联网的最基础设施。

第 6 章

光伏发电系统安装施工与调试

　　太阳能光伏发电是涉及多个专业领域的高科技发电系统，不仅要进行合理可靠、经济实用的优化设计，选用高质量的设备、部件，还必须进行认真、规范的安装施工和检测调试。系统容量越大、电流越大、电压越高，安装调试工作就越重要。安装施工和检测调试不到位，轻则会影响光伏发电系统的发电效率，造成资源浪费；重则会频繁发生故障，甚至损坏设备。另外还要特别注意在安装施工和检测调试全过程中的人身安全、设备安全、电气安全、结构安全及工程安全问题，做到规范施工、安全作业，安装施工人员要通过专业技术培训合格，并在专业工程技术人员的现场指导和参与下进行作业。光伏发电系统的安装施工应严格按照 GB 50794—2012《光伏发电站施工规范》等组织实施。

　　光伏发电系统的安装施工一般分为前期准备阶段、安装施工阶段、检测调试阶段、竣工验收阶段。

　　（1）前期准备阶段：根据工程项目的大小组织工程项目部（或项目小组）进场，开始进行工程设计图纸的深度消化和完善工作，熟悉有关设计图纸及相应的施工规范。做好施工组织设计，开展培训学习及技术交底。期间还要做好施工工地临时设施的规划、搭建，做好材料、设备、施工机械、工具的报审、采购计划和准备工作，以及其他需要准备的工作。

　　（2）安装施工阶段：密切配合土建施工及其他专业的施工进度，力求做到光伏发电系统安装施工各项工作随土建施工主体进度施工紧密有序跟进，互不影响，不出现拖沓、窝工现象。安装施工要随着场地平整及基础施工的分片结束逐步铺开，进入光伏支架、光伏组件及相关电气设备的安装阶段。在这个阶段，安装技术工人、机具、材料陆续进场，各方面的措施都要满足施工需要，如技术方面的图纸、规范、技术交底；现场方面的环境、交叉作业等。这个阶段要合理安排工队流水作业，尽量充分利用劳动力资源。

　　（3）检测调试阶段：随着工程的进展，光伏组件、逆变器等设备、交直流线缆等安装完毕，需要分片进行检测，并通电、试电、空载试运转调试。这一阶段要做好相应的系统方案，指导相应的系统调试工作。同时，对于调试过程中出现的细节问题要重视并及时予以解决，为一次验收达标创造条件。

　　（4）竣工验收阶段：经过自检合格后，报业主验收，同时，把工程资料整理归类，做好工程结算方面的资料工作。

6.1 光伏发电系统安装施工

光伏发电系统的安装施工内容主要有三大类：一是场地平整、电缆沟、排水沟、房屋建筑基础开挖，配电室、变电站类房屋建筑施工，光伏支架基础施工等土建类施工；二是光伏组件方阵支架及光伏组件在屋顶或地面的安装，及汇流箱、配电柜、逆变器、避雷系统和输配电系统设备等电气设备的安装施工；三是光伏组件间的线缆连接及各设备之间的线缆连接与敷设施工，以及连接用电负载（用电户）和连接电网的高低压配电线路的敷设施工。光伏发电系统安装施工的主要内容如图 6-1 所示。

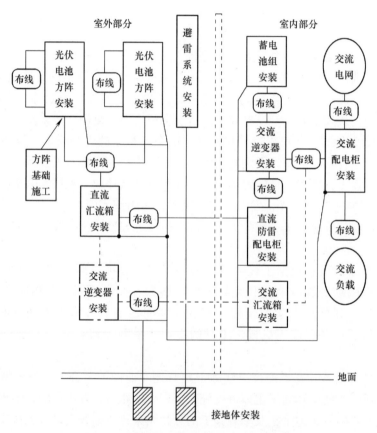

图 6-1 光伏发电系统安装施工内容示意图

6.1.1 安装施工前的准备

1. 安装位置的确定

在光伏发电系统设计时，就要在计划施工的现场进行勘测，确定安装方式和位置，测量安装场地的尺寸，确定光伏组件方阵的朝向方位角和倾斜角。光伏组件方阵的安装地点不能有建筑物或树木等的遮挡，如实在无法避免，也要保证光伏方阵在 9 时到 15 时能接收到阳光。光伏方阵与方阵的间距等都应严格按照设计要求确定，确保前排方阵对后排方阵无阴影遮挡。

2. 对安装现场的基本要求

1）现场地形要尽可能平坦，要选择地质结构及水文条件好的地段，尽可能远离有断层、滑坡、泥石流及容易被水淹没的地段。

2）安装现场要尽可能处于供电中心，以利于输电线路的架设和传输，使输电线路距离最短、施工容易、维护管理方便。

3）若施工现场地处山区，要尽可能选择开阔地带，并尽量避开东面和南面高山对太阳的遮挡。若在屋顶施工，也要尽量避开四周的树木、高楼、烟囱等的遮挡。

3. 施工准备

无论是屋顶施工还是地面施工，施工负责人及施工人员都要根据不同施工现场的具体情况，提前做好工程所需要的一切工具、机械设备和材料的准备，最好列出详细的清单。施工人员要根据工程设计图纸确定施工范围，并确定具体施工方案、施工流程和施工进度。

（1）施工流程

光伏发电系统的项目施工流程如图 6-2 所示，一般包括施工现场勘测与确认；工程规划与技术准备；机械、设备、工具、材料准备及进场；各类基础、相关配电土建施工；光伏支架制作、安装、调平；光伏组件安装调整；逆变器、汇流箱、储能蓄电池组、升压变压器等电气设备的安装调试；各类交直流线缆的敷设；系统调试、试运行，正式投入运行、进行竣工验收。

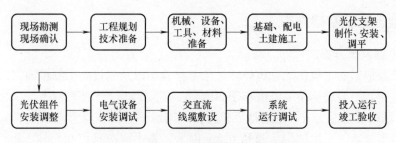

图 6-2 光伏发电系统项目施工流程图

（2）技术准备

技术准备的详尽与否是决定施工质量的关键因素，一般有以下几个方面的工作。

1）项目技术负责人会同设计部门核对施工图样，并对施工作业人员进行安装施工技术交底。项目技术负责人要充分熟悉、了解设计文件和施工图样的主要设计意图，明确工程所采用的设备和材料，明确设计图样所提出的施工要求，以便尽早采取措施，确保项目施工顺利进行。

2）项目施工负责人要熟悉与工程有关的其他技术资料，如施工合同，施工技术规范、验收规范，质量检验评定等强制性文件条文。准备好施工中所需要的各种规范文件、作业指导书、施工图册、有关资料及施工所需要的各种记录表格。

3）项目经理要根据工程设计文件和施工图样的要求，结合施工现场的客观条件、材料设备供应和施工人员数量等情况，编制施工组织设计，并针对有特殊要求的分项工程编制专项施工方案，安排施工进度计划和编制施工组织计划，做到合理有序地进行施工。施工计划必须详细、具体、严密和有序，便于监督实施和科学管理。

4）项目施工队伍（施工班组）及施工人员在开展施工前，要熟悉工程的设计方案，针对各分项分部工程，结合设计方案，准备好质量技术交底。图纸一到现场，应立即熟悉图纸，了解现场。对图纸理解模糊的地方，要立即归纳并同设计人员沟通。然后计算图纸的工程量，列出分期材料计划表。准备材料，根据工程量安排施工劳动力，安装施工进度计划。有些分项工程在大范围展开施工前，要先做样板并通知业主、监理检查认可后再施工。

（3）现场准备

现场准备的好坏是决定工程施工效率的关键因素。通常，为了确保工程施工顺利进行，必须首先高质量完成施工现场各种辅助设施的建设。

1）根据施工工作量大小及施工现场平面布置情况，建设临时的办公和生活设施。

2）建设临时周转仓库，用于存放设备、部件、施工工器具、辅助材料、劳保用品，库存物品要分类存放、专人管理。

3）要准备施工供电设施，条件许可时，尽量采用市电供电。无有市电时，要自备燃油发电机组。燃油发电机尽量选用高效环保型的设备。

4）尽量利用施工现场周边道路进行施工运送，没有道路的地方要根据现场地域条件提前开辟简易道路。开辟道路和施工运送都要尽量避免破坏施工地域的生态环境和树木植被。

除上述几个主要环节外，施工准备通常还包括施工队伍准备、施工物资准备、施工作业准备、设备及材料进场计划等内容。

6.1.2　场地土建及基础施工

1. 场地平整及土方施工

场地平整要根据业主提供的方位坐标、施工布置图以及通过施工测量确定的场地范围及标高等数据进行。一般对于不平整度小于30cm的场地要进行土地平整施工，对于不平整度大于30cm的场地要通过土方开挖进行平整施工。场地平整面积应考虑除光伏电站本身占地面积外还应留有余地，平地四周应预留0.5m以上，靠山面应预留0.5m以上，沿坡面应预留1m以上，靠山面的坡度应在60°以下，且应做好防止山坡坍塌的防护措施。

无论是平整场地还是开挖建筑物地基沟或电缆沟等，在土方施工开挖前要了解开挖区域范围内的地下设施、管线和邻近的建构筑物情况，并针对不同情况加以注意或做相关保护。土方施工一般都是采用机械施工与人工作业相结合的方式，挖出土方可暂时堆放在场地附近的空地上，以便回填时使用。一般机械施工在挖到离坑底10cm左右时要通过人工作业修底，防止扰动基层，影响坑底承载力。场地平整施工如图6-3所示。

图6-3　场地平整施工前后图

土方施工前要做好堆放土区域、机具和车辆行走路线的设计与规划，保证车辆正常出进，回填土尽量就近堆放，避免重复运送。土方施工工作面不宜过大，应逐段逐片分期完成，合理确定开挖顺序、路线及深度。下雨天不要进行土方开挖作业。

2. 光伏方阵基础施工

光伏方阵基础主要有混凝土浇筑独立基础、混凝土浇筑配重块基础、混凝土浇筑条形基础、金属螺旋桩基础、微孔灌注基础、灌注桩基础及混凝土预制桩基础等几类，这几种基础可以根据设计安装要求及地质土壤情况等选择。其中混凝土配重块基础、混凝土条形基础经常应用于屋顶光伏发电系统建设或改造中，这样可以有效地避免破坏屋顶防水层等结构；微孔灌注基础、灌注桩基础、金属螺旋桩基础、混凝土预制桩基础可以应用到任何地面光伏电站中，具有稳固、可靠性高的优点。

（1）定位放线

在平整过的场地上，按设计施工要求的方法和位置进行定位，主要根据光伏电站现场方位、各项工程施工图、水平基准点及坐标控制点确定基础设施、避雷接地及各种设备、设施的排布位置。具体方法是利用指南针确定正南方的平行线，配合角尺，按照电站设计图样要求找出横向和纵向的水平线，确定各个基础立柱的中心位置，并依据施工图样要求和基础控制轴线，确定基础开挖线。按照电站设计图纸要求找出横向和纵向的水平线，确定各个基础立柱的中心位置，并根据施工图纸要求和基础控制轴线，确定基础的开挖线。屋顶类电站的基础定位一般根据施工图相对参照物（如屋顶边缘、女儿墙等）的尺寸进行定位画线，如图 6-4 所示。地面类电站则需要通过各个勘测坐标点来确定基础位置，图 6-5 所示为某地面类电站基础定位坐标图。

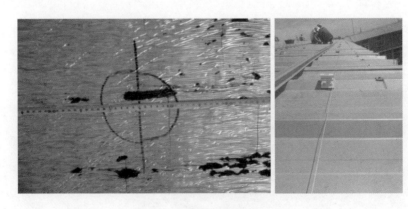

图 6-4　屋顶类电站基础定位

（2）基坑开挖

采用螺旋桩基础的基础施工一般不需要挖基坑，只需要用专业的机械设备在确定好的基础中心点将螺旋桩旋入地下即可，在施工的过程中要注意地桩露出地面部分的高度符合设计要求，一般为露出地面 100~150mm。另外各个地桩顶平面要尽量保持一致，单个方阵中各地桩顶平面的高度差要小于 10mm。

采用混凝土浇筑独立基础、微孔灌注基础、灌注桩基础及混凝土预制桩基础时，都需要进行基坑的开挖施工。当然不同类型的基础，基坑开挖的大小和深度都不一样。对于

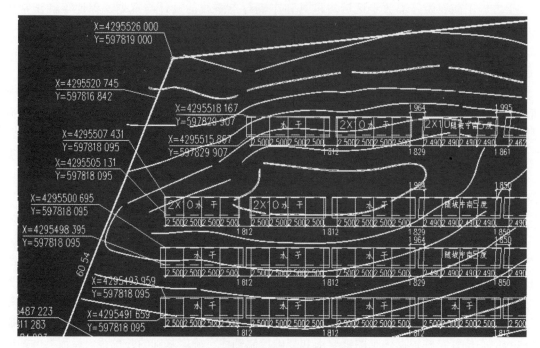

图 6-5　某地面类电站基础定位坐标图

混凝土预制桩基础，需要根据预制桩的横截面尺寸，以及施工地土质情况的不同，用专用设备开挖一个较小的引导孔，以方便预制桩的打入，引导孔的具体尺寸按照施工设计要求确定。

混凝土浇筑独立基础、微孔灌注基础、灌注桩基础都需要根据设计要求利用人工或机械开挖方形或圆形基坑，如图 6-6 所示，施工过程中要注意控制基坑的开挖深度，以免造成混凝土材料的浪费，开挖尺寸应符合施工图纸要求，遇沙土或碎石等松散土质的基坑挖深超过1m 时，应采取相应的防护措施，以防出现塌孔现象。

图 6-6　人工、机械开挖基坑示意图

混凝土浇筑独立基础、微孔灌注基础及灌注桩基础要按设计要求的位置浇注预埋件、基础地笼、基础管件等，施工时要将预埋件或基础地笼、基础管件等放入基坑中心，用 C20 混凝土进行浇注，浇注到与地平面一致时，用振动棒夯实，如图 6-7 所示。在振动过程中要不断地浇注混凝土，保证振实后的水平面高度一样。有些基础制作要求高出地面，高出地面部分一般要用木板、波纹管、PVC 管等做基础模具，在浇筑过程中要先将地下部分混凝土夯实，然后套上模具继续浇筑地面以上部分，同样要一边浇筑，一边振动夯实。完成后的基础要保证预埋件螺钉的高度或基础管件的高度符合图纸要求。浇筑前要用保护套或胶带对预埋件螺栓螺纹进行包裹保护。

图 6-7　微孔灌注基础施工示意图

3. 房屋建筑施工

大型的光伏发电场站要有配电室、变电站、运行值班室等房屋建筑。房屋建筑施工的主要内容有：建筑地基开挖与回填、钢筋编织、模板及支撑安装、混凝土浇筑、砌砖抹灰、内外墙涂料涂刷、门窗安装、室外道路修筑铺设等。房屋建筑施工的每一项工程内容，都有相应的工艺流程、施工标准、施工方法和要求及施工检验标准等，详细内容可通过国家建筑工程类的相应标准和规范了解，在此不再赘述。

6.1.3　光伏支架及组件的安装施工

1. 光伏支架的地面安装

光伏支架按照连接方式不同，可分为焊接和拼装式两种。焊接支架对型钢（槽钢和角钢）生产工艺要求低，连接强度较好，价格低廉，但焊接支架也有一些缺点，如现场焊接工作量大，焊接点防腐难度大，整个运维期需要多次涂刷，后续维护费用较高。焊接支架一般采用热镀锌钢材或普通角钢制作，沿海地区可考虑采用不锈钢等耐腐蚀钢材制作。热镀锌钢材镀锌层平均厚度应大于 $50\mu m$。支架的焊接制作质量要符合国家标准《钢结构工程施工质量验收规范》（GB 50205—2001）的要求。热镀锌钢材支架的焊接部位，要进行涂防锈漆等防腐处理。

拼装方式钢结构支架都是以热镀锌或锌铝镁 U 型钢作为主要支撑结构件，具有拼装、拆卸方便，无需焊接，防腐涂层均匀，耐久性好，施工速度快，外形美观等优点，是目前普遍采用的支架连接方式。这类钢材的镀锌层厚度一般要求大于 $65\mu m$。图 6-8 所示为常用支架 U 型钢及配件的外观。

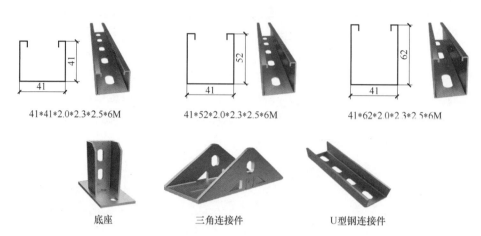

41*41*2.0*2.3*2.5*6M   41*52*2.0*2.3*2.5*6M   41*62*2.0*2.3*2.5*6M

底座   三角连接件   U 型钢连接件

图 6-8　常用支架 U 型钢及配件

光伏支架的安装顺序是：

1）安装前后立柱底座及立柱，立柱要与基础垂直，拧上预埋件螺母，吃上劲即可，先不要拧紧。如果有槽钢底框时，先将槽钢底框与基础调平固定或焊接牢固，再把前后立柱固定在槽钢底框上的相应位置。

2）安装斜梁或立柱连接杆。安装立柱连接杆时应将连接杆的表面放在立柱外侧，无论是斜梁或连接杆，都要先把固定螺栓拧至 6 分紧。

3）安装前后横梁。将前后横梁放置于钢支柱上，并进行固定，用水平仪将横梁调平调直，再次紧固螺栓，用水平仪对前后梁进行再次校验，立柱垂直度及横梁水平度都符合要求后，将相应固定螺栓彻底拧紧。支架安装施工如图 6-9 所示。

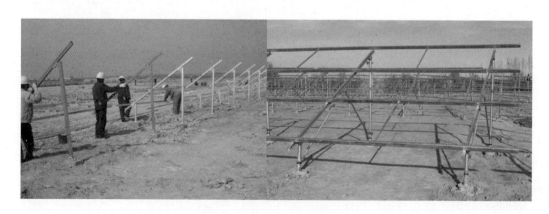

图 6-9　支架安装施工示意图

不同类型的支架其结构及连接件款式虽然有差异，但安装顺序基本相同，具体安装方法可参考设计图样或支架厂家提供的技术资料。图 6-10 所示为一种拼装式支架工程实例图，图 6-11 所示为一种焊接式支架的工程实例图，供支架安装施工时参考。

光伏支架与基础之间应焊接或安装牢固，立柱底面与混凝土基础接触面要用水泥浆添灌，使其紧密结合。支架及光伏组件边框要与保护接地系统可靠连接。

图 6-10　拼装式支架工程实例图

图 6-11　焊接式支架工程实例图

2. 光伏支架的屋顶安装

光伏支架屋顶安装的主要类型有平屋顶、彩钢板屋顶和瓦片屋顶等，不同的屋顶类型，有着不同的支架结构和安装固定方法。

（1）平屋顶的安装

平屋顶一般有混凝土浇筑屋顶和预制板屋顶两类。在平屋顶上安装光伏支架，主要有两种安装方式，一种是混凝土浇筑基础方式，另一种是混凝土配重基础方式。

当屋顶受到结构限制无法采用混凝土浇筑基础方式时，应采取混凝土配重块基础方式，通过重力和加大基础与屋顶的附着力将光伏支架固定在屋顶上，并可采用前面介绍的钢丝绳拉拽或支架延长固定等措施对支架进行加强固定。特别是在东南沿海台风多发地，配重基础直接关系到光伏发电系统的安全，使光伏方阵抗台风能力不足，存在被大风掀翻的安全隐患，所以，除了可以考虑减少光伏方阵倾斜角，降低风载荷以外，也可以在支架后立柱区域及支架边缘区域多使用混凝土配重压块增加负重，使这些区域的配重质量达到其他区域的1.3 倍以上。负重不足或没有相互连接的配重基础还有被局部移动的风险，可能会导致支架变形，组件损坏等，因此施工中最好将配重基础通过角钢、方钢等横向固定连接，减少支架扭曲变形的可能。屋顶基础制作完成后，要对屋顶被破坏或涉及部分按照国家标准《屋面工程质量验收规范》（GB 50207—2012）的要求做防水处理，防止渗水、漏雨现象发生。

平屋顶上支架的安装与地面支架安装的方法、步骤基本相同，可参考前述方式进行。需要特别注意的是，在光伏方阵基础与支架的施工过程中，要杜绝出现支架基础没有对齐，造成支架前后立柱不在一条线上以及组件方阵横梁不在一个水平线上，出现弧形或波浪形的现象。还应尽量避免对相关建筑物及附属设施的破坏，如因施工需要不得已造成局部破损，应在施工结束后及时修复。

（2）彩钢板屋顶的安装

在彩钢板屋顶安装光伏方阵时，光伏组件可沿屋顶面坡度平行铺设安装，也可以设计成一定倾角的方式布置。目前的彩钢板屋顶多为坡面形，常见的坡度为5°~15°，屋面板为压型钢板或压型夹芯板，下部为檩条，檩条搭设在门式三角形钢架等支撑结构上。彩钢板屋顶安装支架一般都是通过不同的夹具、紧固件与屋顶彩钢板的瓦楞连接，夹具的固定位置要尽可能选择在彩钢板下有横梁或檩条的位置，尽量通过屋顶钢结构承受光伏方阵的重量。两个夹具之间的固定间距一般在 1~1.3m，两根横梁之间的间距根据光伏组件长度的不同，在

1.1~1.4m之间，尺寸更大的光伏组件可以考虑安装三根横梁，具体安装尺寸要根据设计图纸要求进行确定。

　　彩钢板屋顶支架安装的步骤是，根据设计图纸进行测量放线，确定每一个夹具的具体位置，逐一安装固定夹具，然后进行方阵横梁的安装。在安装过程中要保证横梁在一条直线，如图6-12所示。在屋顶边缘区域，在受风情况下容易产生乱气流，可通过增加夹具数量来增强光伏方阵的抗风能力。

　　常见的彩钢板屋顶瓦楞（波峰）有直立锁边型、角驰（咬口）型、卡扣（暗扣）型、梯形（明钉）型等。其中直立锁边型、角驰型和卡扣型都可以通过夹具夹在彩钢板楞上，不对彩钢板造成破坏。梯形件则需要用固定螺丝穿透彩钢板表面对夹具进行固定，如图6-13所示。在选用夹具时，不仅要确定夹具类型，还要测量彩钢板瓦楞尺寸，选取尺寸合适的夹具，甚至还需要将夹具带到现场进行锁紧测试，确认夹具与屋顶瓦楞的尺寸是否合适，锁紧牢固。

图6-12　夹具的放线排布

图6-13　梯形彩钢板连接件固定方式

　　在彩钢板屋顶安装光伏组件时，其安装方式与支撑彩钢板屋顶的钢架结构、屋顶架结构、檩条强度与数量及屋面板形式等有着直接的关系，对于不同承重结构的彩钢板屋顶将采取不同的安装方式。

　　1）钢架、屋顶支架、檩条的承重强度和屋顶板刚性强度都能满足安装要求。

　　这种情况是最合理的安装条件，光伏支架及方阵可以直接进行安装。把光伏支架采用连接件与屋顶板连接，并尽可能靠近檩条位置进行固定。

　　2）钢架、屋顶支架、檩条的承重强度能满足安装要求，但屋顶板刚性强度较小，变形较大。

　　这种类型的彩钢屋顶主要应用在简易车间、车棚、公共候车厅、仓库、养殖场等一些要求程度不太高的场所。光伏支架可以采用连接件与檩条处的屋顶板直接连接，也可以采用将连接件通过穿透屋顶板与檩条进行连接。

　　3）仅钢架和屋顶支架能满足安装要求，檩条和屋顶板承载能力小。

　　这种情况，只能采用连接件直接与钢架或屋顶支架连接，具体连接安装方式也是将连接件通过穿透屋顶板的方式进行。还有一种方式是将固定支架位置的屋顶板割开，用角钢槽钢等做支柱焊接到钢架或屋顶支架上。

在上述几种方式中，凡是涉及穿透屋顶的连接方式，必须带有防水垫片或采用密封结构胶进行处理，保证防水能力。若钢架、屋顶支架、檩条和屋顶板强度均不能满足安装要求时，是不能进行光伏方阵安装的。如果非要安装，就需要先对彩钢屋顶的整个钢结构重新进行加固或者考虑选用柔性轻质组件再进行安装。

（3）瓦屋顶的安装

在瓦屋顶安装光伏发电系统，需要了解瓦屋顶的几种形式，以便确定那些屋顶可以安装，那些屋顶不能安装。常见的屋顶瓦片有空心瓦、双槽瓦、鱼鳞瓦、平屋面瓦、平板瓦、油毡瓦、石棉瓦等几种，屋顶结构有檩条屋顶、混凝土屋顶、土层屋顶、石棉瓦屋顶等。单层的石棉瓦屋顶，由于承重较差，施工难度大，施工安全不好保证，一般不考虑安装。尽管各种瓦片的形状、颜色和性能特点不同，屋顶结构也不一样，但安装方式都是采用专用挂钩，与屋顶内部结构进行连接，并从瓦片的上下接缝处伸出来，然后在各个挂钩上固定横梁。由于挂钩的固定点都在建筑结构上，且基本不破坏瓦的防水结构，所以能保证方阵支架固定的可靠性，同时确保屋顶的防水性能不受破坏。

屋顶瓦片类型和结构的不同，所适用的挂钩也有些细节上的不同，挂钩的材质一般为不锈钢或热镀锌碳钢，挂钩具体式样可参看本书第 3 章中相关内容。

瓦屋顶光伏组件的具体安装步骤为：

1）把确定好挂钩安装位置的瓦片揭开，将挂钩固定在屋顶檩条或混凝土屋面上，然后把瓦片按原样铺上去；

2）在横梁方向每隔 1.2m 左右安装一个挂钩，竖排方向（两根横梁之间）根据光伏组件长度的不同，每隔 1~1.4m 安装一个挂钩，具体安装间隔尺寸可根据设计图样要求确定；

3）将横梁导轨安装在挂钩上；

4）将光伏组件摆放到横梁上，用固定组件的中压块和边压块加以固定。

不同的屋顶结构，需要采用不同的方法进行固定，对于揭开瓦片就能看到檩条的屋顶，一般将挂钩直接用木螺丝固定在檩条上，每个挂钩至少要用 3 个以上的木螺丝，如图 6-14 所示。对于比较粗壮结实的檩条，挂钩间距可以在 1.2m 左右。如果檩条较细小，支撑度不够，可以减小挂钩之间的横向间距。

图 6-14　瓦屋顶挂钩安装示意图

对于混凝土瓦屋顶，屋顶的结构组成一般是瓦片+（防水层）+混凝土层+芦苇层或薄木板+檩条（或横梁），若混凝土结构密实且厚度超过10cm，可以用膨胀螺栓直接打入混凝土中，对挂钩进行固定。若混凝土层较薄或结构疏松（例如俗称的沙子灰），则不宜使用膨胀螺栓固定，要将固定点的土层轻轻砸开挖出，将挂钩固定在檩条或者横梁上。固定完成后，用混凝土将挖开部位填充摸平，将瓦片恢复原样铺好。

有些混凝土屋顶是将瓦片直接铺在水泥上的，无法揭开，需要在相应位置通过切割破坏瓦片才能固定挂钩，进行安装。这种情况需要在安装完挂钩后，对破坏部位进行修补和防水处理。

还有一种农村常见的瓦屋顶是平瓦+（防水层）+薄土层+薄木板+圆木横梁的结构，这种结构的挂钩固定方法与沙子灰结构方法一样，挂钩要固定在圆木横梁上，不能固定在薄木板上。

对于屋顶载荷强度不够，横梁太少、固定点不够以及一些拱形屋顶等，可采取先在承重墙上搭建钢结构，然后在钢结构上固定导轨支架的施工方法。

3. 光伏组件的安装

1）光伏组件在运输、吊装存放、搬运、安装等过程中，应轻搬轻放，不得有强烈的冲击和振动，不得碰撞或受损，特别要注意防止组件玻璃表面及背面的背板材料受到硬物的直接冲击。禁止抓住接线盒来搬运和举起组件。

2）光伏组件进场后，要先确保外包装完好，无破损现象。在安装过程中，要边开包边检查光伏组件边框有无变形，玻璃有无破损，背板有无划伤及裂纹，接线盒有无脱落等现象。

3）组件安装前应根据组件生产厂家提供的出厂实测技术参数和曲线，对光伏组件进行分组，将峰值工作电流相近的组件串联在一起，将峰值工作电压相近的组件并联在一起，以充分发挥组串的整体效能。需要对光伏组件进行现场测量时，最好在正午日照最强的条件下进行。如组件厂商提供的是经过生产线测试调配好的组件，在光伏组件包装箱的装箱单上，会有醒目的电流分档标识，如图6-15所示。常见的标识有L、M、H或I1、I2、I3等，在安装光伏组件时，要注意把电流分档相同的组件组合在一起，形成组串、方阵或接入相同逆变器中，以减少串联损耗。

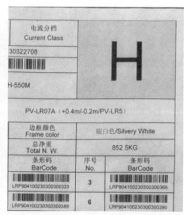

图6-15 光伏组件电流分档标识

4）当光伏组件接线盒没有正负极引出线时，还需要先连接好引出线，再进行安装。正负极引出线要用专用直流线缆制作，一般正极用红色，负极用黑色或其他颜色。一端连接到组件接线盒正负极压线处，另一端接专用连接器，连接器引线要用专用压线钳压接。正负极引出线的长度根据光伏方阵布置的具体需要确定。

5）光伏组件的安装应自下而上或自下而上逐块进行，将分好组的组件依次摆放到支架上，并用螺杆穿过支架和组件边框的固定孔，将组件与支架固定，图 6-16 是组件在横梁上固定的几种方式。固定时要保持组件间的缝隙均匀，横平竖直，组件接线盒方向一致，如图 6-17 所示。组件固定螺栓应有弹簧垫圈和平垫圈，做防松动处理。组件安装倾斜角度误差为 $\pm 1°$，同一方阵相邻光伏组件边缘差要 $\leqslant 2mm$，同一方阵中所有组件间高度差要 $\leqslant 5mm$。当个别组件的边框固定面与支架固定面不吻合或缝隙大时，要用垫片垫平后方可紧固压块固定螺母。不能靠强行拧紧螺栓的方式紧固吻合，这样会造成组件边框变形，甚至会因长时间的扭曲应力造成组件玻璃破损。

图 6-16　组件在横梁上固定的几种方式

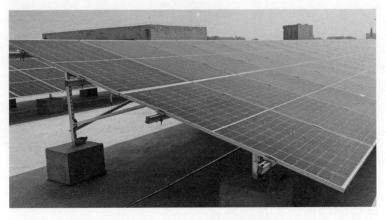

图 6-17　光伏组件安装示意图

6）地面或平面屋顶安装组件的时候若单排组件比较长，可以从中间往两边依次安装，这样可以将组件安装得更水平。

7）按照具体项目光伏方阵组件串并联的设计要求，用专用直流线缆将组件的正负极进行连接，在进行作业时需认真按照操作规范进行，先串联后并联。对于接线盒直接带有连接线和连接器的组件，在连接器上都标注有正负极性，只要将连接器接插件直接插接即可。每串组件连接完毕，应检查整个光伏组串的开路电压是否正常，若没有问题，可以先断开组串中某一块组件的连接线，以保证后续工作的安全操作。电缆连接完毕，要用绑带、钢丝卡等将电缆固定在支架上，以免长期风吹摇动造成电缆磨损或接触不良。

8）斜面彩钢板屋顶和瓦屋顶安装组件时要提前考虑好组件串的连接方式和组串数，在安装下一块组件时要先将这块组件与上一块组件的连接器端子提前插接好，即边安装边连接，否则组件安装好后，有些区域就无法连接组件之间的连线了。

9）安装中要注意方阵的正负极两输出端不能短路，否则可能造成人身事故或引起火灾。在阳光下安装时，最好用黑塑料薄膜、包装纸片等不透光材料将光伏组件遮盖起来，以免输出电压过高影响连接操作或造成施工人员触电的危险。

10）安装斜坡屋顶的建材一体化光伏组件时，互相间的上下左右防雨连接结构必须严格施工，严禁漏雨、漏水，外表必须整齐美观，避免光伏组件扭曲受力。屋顶坡度超过10°时，要设置施工脚踏板，防止人员或工具物品滑落。严禁下雨天在屋顶面施工。

11）光伏组件安装完毕之后要先测量各组串总的电流和电压，如果不合乎设计要求，就应该对各个支路分别测量。当然为了避免各个支路互相影响，在测量各个支路的电流与电压时，各个支路要相互断开。

12）光伏方阵中所有光伏组件的铝边框之间都要用专用的接地线进行连接，如图 6-18 所示，光伏方阵的所有金属件都应可靠接地，防止雷击可能带来的危害，同时为工作人员提供安全保证。光伏方阵仅通过组件的铝边框和支架的接触间接接地时，接地电阻大且不可靠，铝边框有漏电的危险。在实际工程中，多数光伏系统的负极都接到设备的公共地极上。系统其他的绝缘及接地要求看参考相应的设计方案和国家标准中有关内容。

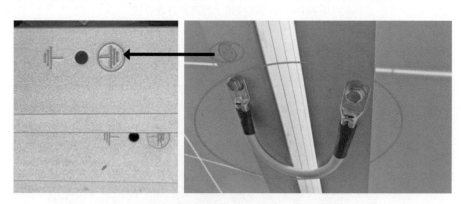

图 6-18　光伏组件边框接地线连接示意图

6.1.4　光伏逆变器等电气设备的安装

1. 逆变器的安装

1）逆变器的安装位置确定可根据其体积、重量大小分别放置在工作台面、地面等，需要在室外安装时，要考虑周围环境是否对逆变器有影响，应避免阳光直接照射，并符合密封防潮通风的要求。过高的温度和大量的灰尘会引起逆变器故障和缩短使用寿命。同时要确保周围没有其他电力电子设备干扰。设备基础要高出地面 0.5m 以上，如图 6-19 所示，以防暴雨天雨水积聚淹没部分逆变器机身。

图 6-19　大型逆变器设备安装示意图

2）逆变器的安装应与其周围保持一定的间隙，方便逆变器散热，同时便于后期逆变器的维护操作。如果逆变器本身无防雷功能，还要在直流输入侧配置防雷系统，并且保持良好接地。

3）逆变器安装要合理选择并网点，单相逆变器要选择接入负荷较重一相的相线并网，防止用电低峰时因电网电压高造成逆变器过电压保护而间隙工作。在农村电网末端安装较大容量光伏发电系统时，也要事先考察电网线路的承载能力，防止因线路太长，线路电阻太大造成电网电压过高，导致逆变器经常停机保护。

4）安装中所使用的线缆质量必须合格，连接要牢固，直流光伏线缆连接器必须用专用压线钳压制，以避免后期因接触不良引起故障或着火事故。

5）逆变器在安装前要进行外观及内部线路的检查，检查无误后先将逆变器的输入开关断开，然后进行接线连接。接线时要注意分清正负极极性，并保证连接牢固。接线内容包括直流侧接线、交流侧接线、接地连接、通信线连接等。接线顺序为先连接保护接地线 PE，再连接交流输出线，再连接通信线，最后连接直流输入线。

6）接线完毕，可接通逆变器的输入开关，待逆变器自检测正常后，如果输出无短路现象，则可以打开输出开关，检查温升情况和运行情况，使逆变器处于试运行状态。

根据光伏系统的不同要求，各厂家生产的控制器和逆变器的功能和特性都有差别。因此，欲了解控制器和逆变器的具体接线和调试方法，要详细阅读随机附带的技术说明文件。

2. 直流汇流箱的安装

1）直流汇流箱安装前也应开箱检查，首先按照装箱清单检查汇流箱所带的产品使用手册、合格证、保修卡、箱门钥匙、MC4 连接头等配件、资料齐全。检查汇流箱内元器件应完好，连接线应无松动，所有开关和熔断器应处于断开状态。

2）汇流箱的安装方式主要有壁挂、落地、一体机等几种方式。汇流箱的安装位置应符合设计要求，安装支架及紧固螺钉等都应为防锈件。汇流箱防护等级虽然能满足户外安装的要求，但也要尽量安装在干燥、通风和阴凉的地方，避免安装在阳光直射和环境温度过高的区域。

3）进入到汇流箱的组串线缆要根据图纸要求，按照线缆标号连接至汇流箱相应连接器或相应端子。汇流箱的接地线，可直接连接到光伏方阵支架或直接接地。

3. 交流汇流箱的安装

1）交流汇流箱的安装方式要结合其外形尺寸及重量确定落地或悬挂安装。

2）交流汇流箱的安装环境温度应在−25~60℃之间，相对湿度在0~95%之间。

3）交流汇流箱应安装在干燥、通风良好、防尘的地方，避免安装在太阳直射的地方。

4）交流汇流箱安装位置的四面要留有足够的空间，便于箱体更好的散热并方便日后维护检修。

6.1.5 防雷与接地系统的安装施工

1. 防雷器的安装

（1）安装方法

防雷器的安装比较简单，防雷器模块、火花放电间隙模块及报警模块等，都可以非常方便地组合并直接安装到配电箱中标准的35mm导轨上。

（2）安装位置的确定

一般来说，防雷器都要安装在根据分区防雷理论要求确定的分区交界处。B级（Ⅲ级）防雷器一般安装在电缆进入建筑物的入口处，如安装在电源的主配电柜中；C级（Ⅱ级）防雷器一般安装在分配电柜中，作为基本保护的补充；D级（Ⅰ级）防雷器属于精细保护级防雷装置，要尽可能地靠近被保护设备端进行安装。防雷分区理论及防雷器等级是根据DIN VDE0185和IEC61312-1等相关标准确定的。

（3）电气连接

防雷器的连接导线必须保持尽可能短，以避免导线的电阻和感抗产生附加的残压降。如果现场安装时连接线长度无法小于0.5m时，则防雷器必须使用V字形方式连接，如图6-20所示。同时，布线时必须将防雷器的输入线和输出线尽可能地保持较远距离排布。

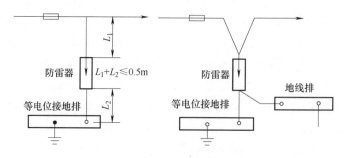

图6-20 防雷器连接方式示意图

另外，布线时要注意已经保护的线路和未保护的线路（包括接地线）绝对不要近距离平行排布，它们的排布必须有一定空间距离或通过屏蔽装置进行隔离，以防止从未保护的线路向已经保护的线路感应雷电浪涌电流。

防雷器连接线的截面积应和配电系统的相线及中性线（A、B、C、N）的截面积相同或按照表6-1选取。

表 6-1 防雷器连接线截面积选取对照表

	导线截面积/mm^2（材质：铜）		
主电路导线截面积	≤35	50	≥70
防雷器接地线截面积	≥16	25	≥35
防雷器连接线截面积	10	16	25

（4）中性线和地线的连接

中性线的连接可以分流相当可观的雷电流，在主配电柜中，中性线的连接线截面积应不小于 16mm^2，当用在一些用电量较小的系统中，中性线的截面积可以相应选择的较小些。防雷器接地线的截面积一般取主电路导线截面积的一半，或按照表 6-1 选取。

（5）接地和等电位联结

防雷器的接地线必须和设备的接地线或系统保护接地可靠连接。如果系统存在雷击保护等电位联结系统，防雷器的接地线最终也必须和等电位联结系统可靠连接。系统中每个局部的等电位排也都必须和主等电位联结排可靠连接，连接线截面积必须满足接地线的最小截面积要求，如图 6-21 所示。

（6）防雷器的失效保护方法

基于电气安全的原因，任何并联安装在市电电源相对零或相对地之间的电气元件，为防止故障短路，必须在该电气元件前安装短路保

图 6-21 等电位联结示意图

护器件，如断路器或熔断器。防雷器也不例外，在防雷器的入线处，也必须加装断路器或熔断器，目的是当防雷器因雷击保护击穿或因电源故障损坏时，能够及时切断损坏的防雷器与电源之间的联系，待故障防雷器修复或更换后，再将保护断路器复位或将熔断的熔丝更换，防雷器恢复保护待命状态。

为保证短路保护器件的可靠起效，一般 C 级防雷器前选取安装额定电流值为 32A（C 类脱扣曲线）的断路器，B 级防雷器前可选择额定电流值约为 63A 的断路器。

2. 接地系统的安装施工

（1）接地体的埋设

在进行配电室基础建设和光伏方阵基础建设的同时，在配电机房附近选择一地下无管道、无阴沟、土层较厚、潮湿的开阔地面，根据接地体的形状和尺寸一字排列挖直径 0.3~1m、深 2~2.5m 的坑 2~3 个（其中的 1 或 2 个坑用于埋设电器、设备保护等地线的接地体，剩余的一个坑用于单独埋设避雷针地线的接地体），坑与坑的间距应为 3~5m，如图 6-22 所示。坑内放入专用接地体或按照第 3 章中内容设计制作的接地体，接地体应根据要求垂直或水平放置在坑的中央，其上端离地面的最小高度应不小于 0.7m，放置前要先将引下线与接地体可靠连接。引下线与接地体的连接部分必须使用电焊或气焊，不能使用锡焊。现场无法焊接时，可采取铆接或螺栓连接，确保有不少于 10cm^2 的接触面。埋设引下线和接地体应尽量放在人们不走或很少走过的地方，避免受到跨步电压的危害，还应注意使接地体与周围金属体

或电缆之间保持一定的距离。

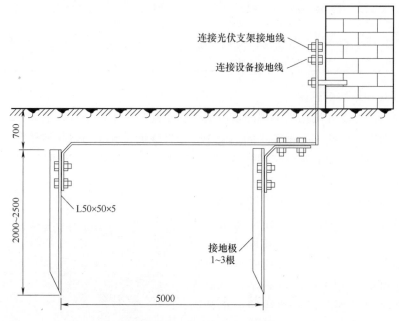

图 6-22 接地装置施工示意图

将接地体放入坑中后，在其周围填充接地专用降阻剂，直至基本将接地体掩埋。填充过程中应同时向坑内注入一定的清水，以使降阻剂充分起效。最后用原土将坑填满夯实。电器、设备保护等接地线的引下线最好采用截面积为 $25mm^2$ 的接地专用多股铜芯电缆连接，避雷针的引下线可用直径为 8mm 圆钢或截面积不小于 $40mm^2$ 的镀锌扁钢连接。

如果是环网接地系统，则各垂直接地体之间用直径为 8mm 镀锌圆钢或截面积不小于 $40mm^2$ 镀锌扁钢做为水平接地体与垂直接地体连接形成接地环网，如图 6-23 所示。

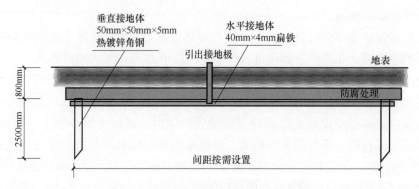

图 6-23 接地环网接地体的连接示意图

（2）避雷针的安装

避雷针的安装最好依附在配电室、光伏支架等建构筑物旁边，以利于安装固定，并尽量在接地体的埋设地点附近。避雷针的高度根据要保护的范围而定，条件允许时尽量单独做地线。

6.1.6 线缆的敷设与连接

光伏发电系统工程的线缆工程建设费用也较大，线缆敷设方式直接影响着建设费用。所以合理规划、正确选择线缆的敷设方式，是光伏线缆设计选型工作的重要环节。

光伏发电系统的线缆敷设方式要根据工程条件、环境特点和线缆类型、数量等因素综合考虑，并且要按照满足运行可靠、便于维护的要求和技术经济合理的原则来选择。光伏发电系统直流线缆的敷设方式主要有直埋敷设、穿管敷设、桥架内敷设、线缆沟敷设等。交流线缆的敷设与一般电力电气工程施工方式相仿。无论哪种敷设都要在整体布线前应事先考虑好走线方向，然后开始放线。当地下管线沿道路布置时，要注意将管线敷设在道路行车部分以外，需要横穿道路时，要通过穿管或地沟盖板方式保护电缆。

1. 线缆敷设注意事项

1）在建筑物表面敷设光伏线缆时，要考虑建筑的整体美观。明线走线时要穿管敷设，线管要做到横平竖直，应为线缆提供足够的支撑和固定，防止风吹等对线缆造成机械损伤。线管较长或弯较多时，宜适当加装接线盒。不得在墙和支架的锐角边缘敷设线缆，以免切割、磨损伤害线缆绝缘层引起短路，或切断导线引起断路。

2）线缆敷设布线的松紧度要均匀适当，过于张紧会因四季温度变化及昼夜温差热胀冷缩造成线缆断裂。线缆转弯敷设时，最小弯曲半径根据所敷设线缆外径尺寸确定，多芯线缆选外径尺寸的 10~15 倍，单芯线缆选外径尺寸的 15~20 倍。不同直径的线缆混合敷设时，按最大直径的线缆确定。

3）考虑环境因素影响，线缆绝缘层应能耐受风吹、日晒、雨淋、腐蚀等。

4）线缆接头要特殊处理，要防止氧化和接触不良，必要时要镀锡或锡焊处理。同一电路馈线和回线应尽可能绞合在一起。

5）线缆外皮颜色选择要规范，如相线、零线和地线等颜色要加以区分。敷设在柜体内部的线缆要用色带包裹为一个整体，做到整齐美观。

6）线缆的截面积要与其线路工作电流相匹配。截面积过小，可能使导线发热，造成线路损耗过大，甚至使绝缘外皮熔化，产生短路甚至火灾。特别是在低电压直流电路中，线路损耗尤其明显。截面积过大，又会造成不必要的浪费。因此，系统各部分线缆要根据各自通过电流的大小进行选择确定。

2. 线缆的敷设与连接

光伏发电系统的线缆敷设与连接主要以直流布线工程为主，而且串联、并联接线场合较多，因此施工时要特别注意正负极性。

1）在进行光伏方阵与直流汇流箱之间的线路连接时，所使用线缆的截面积要满足最大短路电流的需要。各组件方阵串的输出引线要做编号和正负极性的标记，然后引入直流汇流箱。

2）线缆在进入接线箱或房屋穿线孔时，要做如图 6-24 所示的防水弯，以防积水顺线缆进入屋内或机箱内。当线缆敷设需要穿过楼面、屋面或墙面时，其防水套管与建筑主体之间的缝隙必须做好防水密封处理，

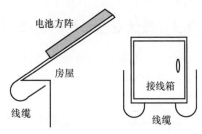

线缆弯曲半径≥线缆直径的6倍

图 6-24 线缆防水弯示意图

建筑表面要处理光洁。

3）对于组件之间的连接电缆及组串与汇流箱之间的连接电缆，一般都是利用专用连接器连接，线缆截面积小、数量大，通常情况下敷设时尽可能利用组件支架作为线缆敷设的通道支撑与固定依靠。

4）在敷设直流线缆时，有时需要在现场进行连接器与线缆的压接。连接器压接必须使用专用的压接钳讲行，不能使用普通的尖嘴钳或者老虎钳压接，以免留下隐患。连接器压接后从外观上检查，应该无断丝和漏丝，无毛边，左右匀称。

5）当光伏方阵在地面安装时要采用地下布线方式，地下布线时要对导线套线管进行保护，掩埋深度距离地面在 0.5m 以上。

6）交流逆变器输出的电气方式有单相二线制、单相三线制、三相三线制和三相四线制等，要注意相线和中性线的正确连接，具体连接方式与一般电力系统连接方式相仿。

7）线缆敷设施工中要合理规划线缆敷设路径，减少交叉，尽可能的合并敷设以减少项目施工过程中的土方开挖量以及线缆用量。

8）线缆与热力管道平行安装时应保持不小于 2m 的距离，交叉安装时应保持不小于 0.5m 的距离。线缆与其他管道平行或交叉安装时均要保持 0.5m 的距离。

9）对于电压为 1~35kV 的线缆直埋安装时，其直埋深度应不小于 0.7m。

10）电压为 10kV 及以下线缆平行安装时相互间净距离不得小于 0.1m；电压为 10~35kV 的线缆平行安装时相互间净距离不得小于 0.25m，交叉安装时，距离不得小于 0.5m。

6.2　光伏发电系统检查测试

光伏发电系统在安装施工的过程中及安装完毕后，需要对整个系统进行直观检查和必要的测试，使系统能够长期稳定的正常运行，并履行工程验收和交接手续。

施工检查要贯穿在光伏发电系统工程施工的全过程中。在施工阶段，要根据现场检查的要求，重点检查施工方案是否合理，能否全面满足设计要求，并根据设计要求和供货清单等资料，检查配套的设备、部件、材料等是否按照要求配齐，供货质量是否符合要求。对一些重要或关键的设备、部件、材料，可根据具体情况进行抽样检查。基础工程及光伏支架安装施工完工后，重点检查光伏方阵基础施工质量，光伏方阵支架安装质量，以及其他如电缆沟、配电室等土建设施的施工质量，并做好相应记录。系统设备安装和线缆敷设完成后，要根据设计要求，参照产品说明书，对光伏组件、逆变器、汇流箱、配电柜、交直流线缆等进行检查。

6.2.1　光伏发电系统的检查

光伏发电系统的检查主要是对各个电气设备、部件等进行外观检查，内容包括光伏组件方阵、基础支架、直流汇流箱、直流配电柜、交流配电柜、逆变器、系统并网装置和接地系统等的检查。

1. 光伏组件及方阵的检查

检查组件的电池片有无裂纹、缺角和变色，表面玻璃有无破损、脏污和油渍，边框有无损伤、变形等。

检查方阵外观是否平整、美观，组件是否安装牢固，连接引线是否接触良好，引线外皮有否破损等。

检查组件或方阵支架是否有腐蚀生锈和螺栓松动之处。支架是否有未做防腐处理的部位。

检查方阵接地线是否有破损，连接是否可靠。

2. 直流汇流箱和直流、交流配电柜的检查

检查箱体表面有无腐蚀、生锈、变形、破损，内部接线有无错误，接线端子有无松动，外部接线有无损伤，各断路器开关是否灵活，防雷模块是否正常，接地线缆有无破损，端子连接是否可靠。进出线缆的端口是否用防火泥封堵。

3. 逆变器、箱式变压器的检查

检查箱体表面有无腐蚀、生锈、变形、破损，接线端子是否松动，输入、输出等接线是否正确，接地线有无破损、接地端子是否牢固，辅助电源连接是否正确，逆变器自检是否正常，各断路器开关是否灵活，防雷模块是否正常。

变压器表面有无破损，温度、过载保护等动作是否正常，绝缘是否正常。

4. 接地系统的检查

检查接地系统是否连接良好，有无松动；连接线是否有损伤；所有接地是否为等电位连接，电缆铠甲是否接地。

5. 配电线缆的检查

光伏发电系统中的线缆在施工过程中，很可能出现碰伤和扭曲等情况，这会导致绝缘被破坏以及绝缘电阻下降等现象。因此在工程结束后，在做上述各项检查的过程中，同时对相关配电线缆进行外观检查，通过检查确认线缆有无损伤。

重点检查：电缆与连接端是否采用连接端头，并且有抗氧化措施；连接紧固无松动，电缆绝缘良好，标示标牌齐全完整；高压电缆经过了高压测试并合格，电缆铠甲接地和防火措施良好。

6.2.2 光伏发电系统的测试

1. 光伏方阵的测试

一般情况下，方阵组件串中的光伏组件的规格和型号都是相同的，可根据组件生产厂商提供的技术参数，查出单块组件的开路电压，将其乘以串联的数目，应基本等于组件串两端的开路电压。测量光伏组串两端的开路电压，看是否基本符合上述要求，若相差太大，则很可能有组件损坏、极性接反或是连接处接触不良等问题，可逐个检查组件的开路电压及连接状况，找出故障。

用直流钳形表测量光伏组串两端的短路电流，如图 6-25 所示。应基本符合参数要求，组串与组串之间相差应该在 5% 之内，若相差较多，则可能是某块组件性能不良，应予以更换。

图 6-25 组串电流的测试

当光伏组件串联的数目较多时，开路电压将达到 1000V 甚至更高，测量时要注意安全。

为测试的安全与方便，可在直流汇流箱内或逆变器直流输入端口进行测试。

若有多个子方阵，均按照以上方法检查合格后，方可将各个方阵输出的正负极接入直流汇流箱，然后测量方阵总的工作电流和电压等参数。

2. 绝缘电阻的测试

为了了解光伏发电系统各部分的绝缘状态，判断是否可以通电，需要进行绝缘电阻测试。绝缘电阻的测试一般是在光伏发电系统施工安装完毕准备开始运行前、运行过程中的定期检查时以及确定出现故障时进行。

绝缘电阻测试主要包括对光伏方阵、直流汇流箱、直流配电柜、交流配电柜以及逆变器系统电路的测试。由于光伏方阵在白天始终有较高电压存在，在进行光伏方阵电路的绝缘电阻测试时，要准备一个能够承受光伏方阵短路电流的开关，先用短路开关将光伏方阵的输出端短路，根据需要选用500V或1000V的绝缘电阻表（俗称兆欧表或摇表），然后测量光伏方阵的各输出端子对地间的绝缘电阻，绝缘电阻值应不小于10MΩ，具体测试方法如图6-26所示。当光伏方阵输出端装有防雷器时，测试前要将防雷器的接地线从电路中脱开，测试完毕后再恢复原状。常用绝缘电阻测试仪器如图6-27所示。

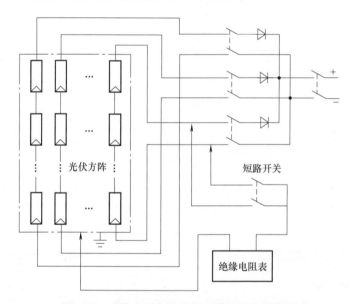

图6-26　光伏方阵绝缘电阻的测试方法示意图

絶缘电阻表　　　　　绝缘电阻测试仪

图6-27　绝缘电阻表和绝缘电阻测试仪

逆变器电路的绝缘电阻测试方法如图 6-28 所示。根据逆变器额定工作电压的不同选择 500V 或 1000V 的绝缘电阻表进行测试。

逆变器绝缘电阻测试内容主要包括输入电路的绝缘电阻测试和输出电路的绝缘电阻测试。在进行输入和输出电路的绝缘电阻测试时，首先将光伏电池与汇流箱分离，并分别短路直流输入电路的所有输入端子和交流输出电路的所有输出端子，然后分别测量输入电路与地线间的绝缘电阻和输出电路与地线间的绝缘电阻。逆变器的输入、输出绝缘电阻值应不小于 2MΩ。

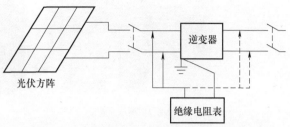

图 6-28　逆变器电路的绝缘电阻测试方法示意图

直流汇流箱、直流配电柜、交流配电柜的绝缘电阻测试方法与逆变器的测试基本相同，其输入、输出引线与箱体外壳的绝缘电阻都应不小于 10MΩ。

3. 绝缘耐电压的测试

对于光伏方阵和逆变器，根据要求有时需要进行绝缘耐电压测试，测量光伏方阵电路和逆变器电路的绝缘耐电压值。测量的条件和方法与上面的绝缘电阻测试相同。

在进行光伏方阵电路的绝缘耐电压测试时，将标准光伏方阵的开路电压作为最大使用电压，对光伏方阵电路加上最大使用电压的 1.5 倍的直流电压或 1 倍的交流电压，测试时间为 10min 左右，检查是否出现绝缘破坏。绝缘耐电压测试时一般要将防雷器等避雷装置取下或者从电路中脱开，然后进行测试。

在对逆变器电路进行绝缘耐电压测试时，测试电压与光伏方阵电路的测试电压相同，测试时间也为 10min，检查逆变器电路是否出现绝缘破坏。

4. 接地电阻的测试

接地电阻一般使用接地电阻计进行测量，接地电阻计还包括一个接地电极引线以及两个辅助电极。接地电阻的测试方法如图 6-29 所示。测试时要使接地电极与两个辅助电极的间隔各为 20m 左右，并成直线排列。将接地电极接在接地电阻计的 E 端子上，辅助电极接在电阻计的 P 端子和 C 端子，即可测出接地电阻值。接地电阻计有手摇式、数字式及钳型式等几种，如图 6-30 所示详细使用方法可参考具体机型的使用说明书。

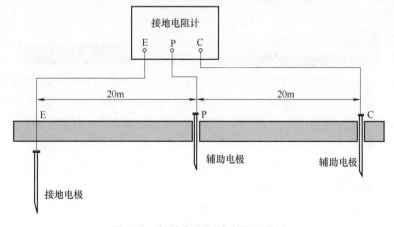

图 6-29　接地电阻测试方法示意图

接地电阻测试摇表　　　　　　　　　　接地电阻测试仪

图 6-30　常用接地电阻测试仪

6.3　光伏发电系统调试运行

光伏发电系统经过检查和测试后，就可以进入分段调试和试运行环节，在调试运行的过程中一定要严格按照相关的规范和设计要求及设备技术手册的规定，仔细检查和测试运行各个环节，确保在系统送电前排除所有隐藏的问题，如在调试过程中发现某些设备的实际性能指标与技术手册参数不符时，要及时督促设备厂家采取补救措施或现场更换。调试过程中各个工作环节要注意安全，做到井然有序、一丝不苟。下面以一个 MW 级并网光伏电站的运行调试过程为例，介绍光伏发电系统的调试运行过程。

6.3.1　光伏发电系统的并网调试

1. 供电操作顺序

（1）合闸顺序

合上方阵汇流箱开关→检查直流配电柜所有直流输入电压→检测 35kV 电压供电是否输入→合上箱变低压侧开关→合上逆变器辅助电源开关→合上逆变器直流输入开关→合上直流配电柜输出开关→合上逆变器输出交流开关。

（2）断电顺序

分断逆变器输出交流开关→分断逆变器直流输入开关→分断直流配电柜输出开关→分断逆变器辅助电源开关→分断箱变低压侧开关。

2. 送电调试

（1）35kV 高压送电调试（略）

（2）向变压器送电并做冲击试验

当外线高压送至光伏电站高压开关柜且一切正常后，开始向箱式变压器进行送电，做变压器冲击试验。变压器冲击试验做 3 次，第 1 次送电 3min，停 2min，待现场确认一切正常后进行第 2 次冲击试验；第 2 次送电 5min，停 5min，待现场确认正常后做第 3 次冲击试验；第 3 次送电后在现场观察 10min，无异常情况后不再断电，该线路试验完毕。保持变压器空载运行 24h，运行期间变压器应声音均匀、无杂音、无异味、无弧光。

3. 直流系统和逆变系统并网调试

在变压器空载运行 24h 正常后，可以开始直流系统和逆变系统的调试。直流系统和逆变系统的调试按 500kW 一个单元进行，直流系统和逆变系统的送电顺序为：合上该区域所有直流汇流箱的输出断路器→在直流配电柜上依次检查每路汇流箱的直流电压是否正常→合上变压器低压侧断路器→合上逆变器辅助电源开关→合上逆变器直流输入开关→送入一路直流电源对逆变器进行送电测试，试验逆变器直流输入端是否正常→每两路一组送入全部直流电→合上逆变器交流输出开关→逆变器并网送电。

并网运行后，要对逆变器各功能进行检测。

1）自动开关机功能检测：检测逆变器在早晨和晚上的自动启动运行和自动停止运行功能，检查逆变器自动功率（MPPT）跟踪范围。

2）防孤岛保护检测：逆变器并网发电，断开交流开关，模拟电网停电，查看逆变器当前告警中是否有"孤岛"告警，是否自动启动孤岛保护功能。

3）输出直流分量测试：光伏电站并网运行时，并网逆变器向电网馈送的直流分量不应超过其交流额定值的 0.5%。

4）手动开关机功能检测：通过逆变器"启动/停止"控制开关，检查逆变器手动开关机功能。

5）远方开关机功能检测：通过监控上位机"启动/停止"按钮，检查逆变器远方开关机功能，看是否能通过监控上位机的"启动/停止"按钮控制逆变器的开关机。

逆变器的转换效率、温度保护功能、并网谐波、输出电压、电压不平衡度、工作噪声、待机功耗等反映逆变器本身质量优劣的各项性能指标可根据需要和现场条件进行测试，在此就不详细叙述了。

4. 监控系统的调试

1）检查监控的信息量正常。

2）遥信遥测直流配电柜上每路的直流输入的电流和电压参数。

3）遥信遥测逆变器上直流电流、电压，交流电流、电压，实时功率，日发电量，累计发电量及频率等参数。

4）遥信遥测箱式变压器的超温报警、超温跳闸、高压刀开关、高压熔断器、低压断路器位置等信号；遥控箱式变压器低压侧低压断路器等有电控操作功能的开关进行远程合、分操作。遥测箱式变压器低压侧三相电流、三相电压、频率、功率因数、有功功率、无功功率等参数。

5）遥测电站环境的温度、风速、风向、辐照度等参数。

6.3.2　并网试运行中各系统的检查

1）检查关口电能表、35kV 进线柜电能表工作是否正常。

2）检查监控系统数据采集是否正常。

3）检查箱式变压器、逆变器、直流汇流箱、直流配电柜等运行温度，以及电缆连接处、出线隔离开关触头等关键部位的温度。

4）检查 35kV 开关柜、110kV 变压器、出线设备运行是否正常。

5）在带最大负荷发电条件下，观察设备是否有异常告警、动作等现象。再次检测箱式变压器、逆变器、直流汇流箱、直流配电柜运行温度，以及电缆连接处、出线隔离开关触头等关键部位的温度。

6）检查电站电能质量状况。

① 电压偏差：三相电压的允许偏差为额定电压的 ±7%，单相电压的允许偏差为额定电

压的+7%、−10%。

② 电压不平衡度：不应超过±2%，短时间不得超过±4%。

③ 频率偏差：电网额定频率为50Hz，允许偏差值为±0.5Hz。

④ 功率因数：逆变器输出大于额定值的50%时，平均功率因数应不低于0.9。

⑤ 直流分量：逆变器向电网馈送的直流电流分量不应超过其交流额定值的±1%。

7）全面核查电站各电压互感器（PT）、电流互感器（CT）的幅值和相位。

8）全面检查各自动装置、保护装置、测量装置、计量装置、仪表、控制电源系统等装置的工作状况。

9）全面检查监控系统与各子系统、装置的上传数据。

10）检查调度通信、传送数据等是否正常。

6.4 照图施工——屋顶光伏电站工程案例

这是某新能源科技园屋顶光伏电站的施工工程案例，整个工程可分为工程前期准备、施工组织设计；基础定位安装；支架结构、光伏组件及设备安装；桥架安装及电缆敷设、并网柜及充电桩安装等几个部分。

6.4.1 工程概况与技术交底

1. 工程概况

本项目位于东经113.30°，北纬40.08°，项目建设在某新能源科技园区的新能源科技中心南楼、北楼标高22.15m层1、标高22.15m层2楼顶屋面，及屋顶上标高26.3m层1、标高26.3m层2的电梯间屋顶，整个建筑剖面如图6-31所示。因屋顶可利用面积有限，只有约645m²，为合理利用场地资源，计划光伏方阵组件安装倾角为28°。考虑到屋顶面的载荷能力，同时电站不影响建筑物美观，故4#、5#楼屋顶方阵采用分列铺设方式。分别于大厦四层楼顶布置365W单晶光伏组件332块，总安装容量121kW。安装40kW组串逆变器3台；低压总计量装置1套；穿管敷设PV-2×4mm²直流绝缘线1500m，线槽敷设ZRC-YJV22-0.6/1kV-3×50+2×25mm²交流低压电力电缆500m；ZRC-YJV22-0.6/1kV-3×16mm²交流低压电力电缆150m；另安装7kW交流充电桩5台。

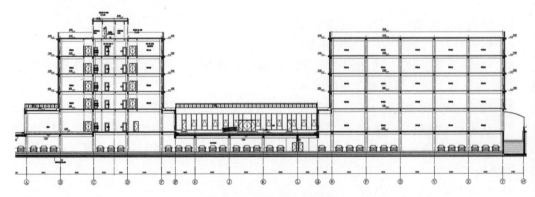

图6-31 项目建筑剖面图

根据现场具体情况，将整个光伏系统方阵分成 3 个子方阵，各子方阵、逆变器根据容量划分为 3 个子系统，各子系统单元就近布置，经 0.4kV 电缆接至 3 汇 1 汇流箱和接入并网计量配电柜后，通过建筑内部配电室的 0.4kV 配电柜并网。图 6-32 所示为项目完成局部外观。

图 6-32　121kW 屋顶光伏电站外观

2. 技术交流与交底

施工前，施工项目部要与设计单位进行技术交流和技术交底，要对施工流程、施工内容和施工图纸逐节、逐图交流会审。对在会审中发现的问题及疑惑，设计单位要进行解释或修改。当有些问题无法确认时，可以去项目现场再次进行实地考察，通过设计、施工、业主（监理）三方沟通会审，提出修改意见，对施工流程、技术要求和施工图纸做调整、修改和完善。

3. 项目调整和更改的主要内容

通过技术交流及现场实际考察，对该项目原设计方案进行了修改和调整，有下列 3 项：

1）两楼间电缆输送由外部改为内部。根据原设计方案，两楼之间的电缆输送是用铝合金桥架翻过女儿墙从楼体外部铺设到两楼之间的连廊大厅屋顶。这种利用外墙铺设桥架的方式施工难度较大，还影响楼体美观。经过实地考察，改为从楼顶电梯间侧墙打眼，电缆通过电梯间旁的电气竖井及内部桥架，直接铺设到地下一层（配电室在北楼地下一层），在南、北楼之间地下一层铺设桥架，实现两楼间的电缆输送，如图 6-33 所示。

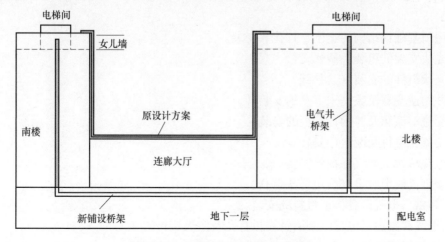

图 6-33　电缆输送方案修改示意图

2）支架基础由水泥浇筑改为钢结构。原设计方案的支架基础是混凝土浇筑+植筋方案，由于施工项目地在晋北地区，施工时间又是深冬季节，如果采用混凝土浇筑方案需要对浇筑体加热保温养护，凝固时间大致10天以上，费工费时，特别是要求植筋，还需要在楼板上打孔固定。通过现场实地考察，该建筑属于新建建筑，楼面还没有做保温垫层及二次防水，经与设计方、业主方共同协商，采用钢结构基础及膨胀螺栓固定方式，通过重新设计，完全可以达到原强度要求，如图6-34所示。

3）逆变器选型由50kW调整为40kW。原设计方案选择了3台50kW的组串逆变器，选择的理由是因为有一套子系统的总容量为43.8kW，因设计单位当时接触光伏工程设计不多，认为光伏组件容量超出40kW就应该往高一档选择，没有45kW的产品，只能选择50kW的，这样设备容量大一些肯定不会出问题。如同电缆选型一样，$10mm^2$电缆载流量不够，自然选择$16mm^2$。根据这一问题，经过与相关专业人员沟通，得知

图6-34　钢结构基础

光伏逆变器容量一般都用交流额定输出功率表示，例如交流输出功率40kW的逆变器，其实直流输入端可以接入最大48kW的光伏组件容量，因此接43.8kW容量在正常范围，完全没有必要选择50kW的光伏逆变器。这样组件与逆变器的匹配更合理，还减少了逆变器的采购成本。

6.4.2　工程前期准备

1. 项目施工主要内容

1）现场清理，确定材料堆放区域，建立工具、设备库，引入临时用电，消防设施配备，"五牌一图"及宣传、警示标语悬挂。"五牌一图"指：工程概况牌、管理人员名单及监督电话牌、消防保卫牌、安全生产牌、文明施工及环境保护牌、施工现场总平面图。

2）屋顶基础钢结构的定位、打孔、安装。

3）光伏支架的组装、调整。

4）光伏组件的安装（含接线）。

5）并网逆变器及数据采集器的安装。

6）交流汇流箱及并网计量柜的安装。

7）交流充电桩及配电柜安装。

8）电缆桥架、电气保护管安装。

9）交直流线缆敷设（含电缆头制作）。

10）防雷、电气设备接地材料的安装。

11）电气线路通过电梯间侧墙、楼板打孔及防火堵料的施工。

12）系统局部整理调试。

13）试运行及相关数据检测、竣工验收交接。

14）工期：12 月 15 日—1 月 15 日（1 个月）。

2. 编写施工组织设计

施工单位要根据经过技术交流后最终确认的技术方案和施工流程，结合项目具体情况编写《＊＊＊分布式光伏发电工程施工组织设计》。

施工组织设计是以施工项目为对象编制的，用以指导施工的技术、经济和管理的综合性文件。

施工组织设计的主要内容是对施工管理目标、施工组织部署、施工进度计划及工期保证措施、施工技术措施、施工质量目标和保证措施、文明施工和安全生产保护措施、施工机械配置、施工合理化建议和降低成本措施等予以要求和规范，使工程组织和施工科学、可行，做到技术先进、经济合理、安全实用、资源节约和环境友好。

施工组织设计的具体编制主要依据 GB/T 50795—2012《光伏发电工程施工组织设计规范》的有关要求和规定。

由于本项目的安装容量不大、施工内容比较少，编制的施工组织设计相对简单一些，图 6-35 所示为本项目编制的施工组织设计主要内容，供参考。

第 1 章　综合说明

1.1　编制依据

1.2　工况概况

1.3　工程主要内容及工期要求

1.4　施工准备及安装施工要点

1.5　施工现场平面布置

第 2 章　施工组织机构及施工人员计划

2.1　施工组织机构及职责

2.2　工程施工人员配备计划

第 3 章　施工进度计划及保证措施

3.1　施工进度计划

3.2　施工进度计划保证措施

第 4 章　质量目标及质量保证措施

4.1　质量目标

4.2　质量保证体系

4.3　质量保证措施

第 5 章　施工技术方案

5.1　光伏组件及钢材的吊运

5.2　基础及支架安装

5.3　光伏组件安装

5.4　汇流箱安装

5.5　逆变器安装

5.6　充电桩及配电柜安装

5.7　防雷和接地系统安装

5.8　桥架安装

5.9　电缆敷设

5.10　整体系统测试

第 6 章　施工安全管理及保障措施

6.1　施工安全管理体系

6.2　安全管理方阵与目标

6.3　安全管理措施

第 7 章　施工成品保护措施

7.1　施工成品保护措施

7.2　电气施工成品保护措施

7.3　工艺设备施工成品保护措施

第 8 章　文明施工措施及环境保护措施

8.1　现场文明施工措施

8.2　环境保护措施

8.3　对周围环境的防噪声措施

8.4　协调配合措施

图 6-35　本项目施工组织设计主要内容

3. 成立施工组织机构

针对该工程项目，施工单位要成立工程项目部。由于本光伏工程属于小项目，所以在项目部组织机构的设置上要本着精简、高效的原则设置，层次扁平，人员精练。既要分清责任，又要一专多能。该项目部的设置，委派项目经理全权负责工程事项，下设技术经理、施工经理和质量、安全经理及两个施工小组，在工程项目实施期间专职从事相应工作，项目经理在公司授权下全权履行职责。其他管理人员由公司相应部门人员兼管。施工项目部组织机构如图 6-36 所示。

根据本工程施工作业在楼顶、工期紧的特点，结合以往工程的施工管理经验，安装施工将分为南、北楼顶两个区域，由两个施工小组按照施工流程分别作业。本工程拟计划投入施工管理和施工作业人员共 14 人，见表 6-2。

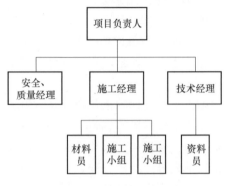

图 6-36 项目部组织机构

表 6-2 工程施工人员配备计划

序号	职务	人数	备注
1	项目经理	1	
2	技术经理	1	
3	安全、质量经理	1	
4	施工经理	1	
5	现场资料员	0	技术经理兼
6	现场材料员	0	施工经理兼
7	施工人员	10	5 人一组

4. 其他准备工作

（1）技术准备

1）项目部技术经理会同设计部门核对施工图纸，并对施工作业人员进行安装施工技术交底。项目部所有人要熟悉、会审图纸，充分了解设计文件和施工图纸的主要设计意图，明确工程所采用的设备和材料，明确图纸所提出的施工要求，以便及早采取措施，确保施工顺利进行。

2）项目部管理人员应熟悉与工程有关的其他技术资料，如施工合同，施工及验收规范、技术规范、质量检验评定等强制性文件条文。

3）项目经理编制施工组织设计并针对有特殊要求的分项工程编制专项施工方案。根据光伏工程设计文件和施工图纸的要求，结合施工现场的客观条件、设备器材的供应和施工人员数量等情况，安排编制施工进度计划和施工方案，做到合理有序地进行安装施工。安装施工计划必须详细、具体、严密和有序，便于监督实施和科学管理。

（2）材料及主要工具准备

根据该项目混凝土屋面光伏工程，屋面组件支架结构涉及的主要材料有钢结构基础、热镀锌型材、电缆桥架、螺栓组等。

应配备的主要工具有：①钢卷尺及水平仪，用于现场定位画线及支架调平；②各种型号的扳手及电动套筒扳手，用于各种螺栓的紧固；③冲击电钻及电锤，用于钢结构基础固定孔及楼板电缆孔钻孔打眼；④电焊机，用于接地系统镀锌扁铁焊接。

另外在两个屋面施工现场，由于用焊接施工作业，故各配备 3 台干粉灭火器用于应急消防。

（3）编制施工进度计划

针对本项目的施工进度计划见表 6-3。

表 6-3　计划和施工进度网络图

工作项目	1天	5天	7天	10天	17天	23天	25天	26天	27天	28天	29天
施工进场、清理现场	—										
基础定点、画线、打孔	———	———									
交流线缆敷设（含桥架）	———	———	———								
基础定制、材料采购	———	———	———								
基础安装	———	———	———	———							
支架下料及安装	———	———	———	———	———						
组件安装（含接线）					———	———					
逆变器安装（含接线）						———					
配电柜安装（含接线）						———					
充电桩安装（含接线）						———	———	———			
调试、复查								———	———	———	
验收、修改									———	———	———

6.4.3　基础定位安装

基础定位安装分为现场清理、测量定位、测量打孔、基础固定等几个步骤。

1. 现场清理

工程开工前，都要对整个施工现场进行清理，清除影响施工的障碍物，清理屋面的砖瓦砂石及积雪等，如图 6-37 所示。这是任何一个项目开工时都必须做的事情。通过现场清理，可以提高工作效率，清除安全隐患。同样，每天收工时，也要做到"工完料尽场地清"。

2. 基础测量定位

该项目屋顶为混凝土整体浇筑结构，楼板厚度为 12cm。测量定位就是要根据工程设计图纸中标示的基础定位尺寸，以屋面女儿墙为参照物，或利用指南针确定正南方的平行线，配合角尺，按照设计图纸要求找出横向和纵向的水平线，通过测量放线、排尺，根据设计图纸中确定的位置关系以及钢结构基础的位置尺寸定位方阵中第一排的基础前后位置，依次排尺，确定屋面各排方阵基础的安装位置及各个基础的中心位置。下面以图 6-38 所示基础位

图 6-37 施工现场清理

置设计平面图为例,确定一下基础位置。从图中可以看出整个方阵基础要从左上角的第 1 个基础开始定位,该基础中心距北墙 850mm,距西墙 2600mm,基础与基础中间的纵向间距和横向间距都是 2500mm,第 1 个基础定位以后,其他基础就可以按照图纸尺寸依次定位。为保证所有基础中心在一条直线上,可以通过拉线的方式微调基础位置,位置确定以后,要依次划出基础固定孔位置,具体步骤如图 6-39 所示。

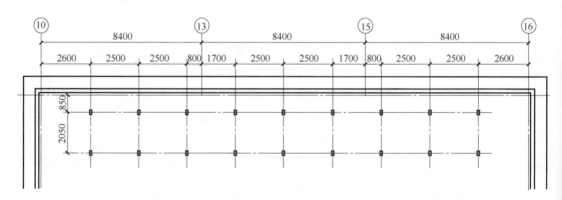

图 6-38 基础位置设计平面图

图 6-39 基础位置的确定

3. 测量打孔

根据设计要求，基础支架要 4 个 $\phi 12mm \times 80mm$ 的膨胀螺栓与楼板固定，根据基础定位时划出的基础固定孔位置，进行定位打孔，打孔时要再次确认孔距，防止孔距错位，打孔深度要通过冲击钻所带标尺确认，防止打穿楼板，如图 6-40 所示。每个孔内粉尘都要用压缩空气吹干净。

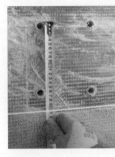

图 6-40　基础固定孔打孔

4. 基础固定

由于楼板表面不是很平整，所以在固定基础时，要通过在楼板和基座之间安装垫片的方式，将基础件的上平面调整在水平状态。然后分别对角轮番紧固 4 个膨胀螺栓，逐渐吃力，直到拧紧，如图 6-41 所示。在每个拧紧的螺母和底板上，用红色记号笔做一个记号，表明这一组支架固定好了，如图 6-42 所示。

图 6-41　钢结构基础固定

6.4.4　支架结构、光伏组件及设备安装

1. 支架结构制作安装

支架的安装采用先组合框架后组合支撑及连接件的方式进行安装。各个螺栓的连接和紧固应按照厂家说明和设计图纸上要求的数目和顺序穿放，不应强行敲打，不应气割扩孔。支架垂直度偏差在数据允许的范围之内。

支架结构制作安装的主要内容是按照设计图纸尺寸要求将 U 型钢型材进行切割下料，然后利用结构件进行拼装。以图 6-43 所示屋顶局部支架横梁布置图为例，从图中可以看出整个支架横向布置 4 根横梁，横梁的总长度为 21.36m，横梁两端超出基础中心 0.68m，图中标注的柱间支撑是指在这两个组跨的后立柱间要做背拉杆支撑，如图 6-44 所示。

图 6-42　固定完成的记号

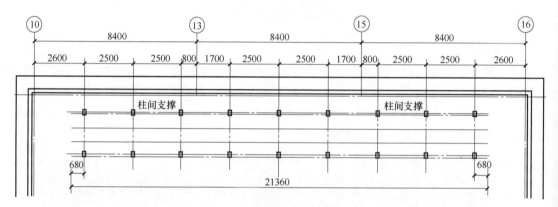

图 6-43　支架横梁布置图

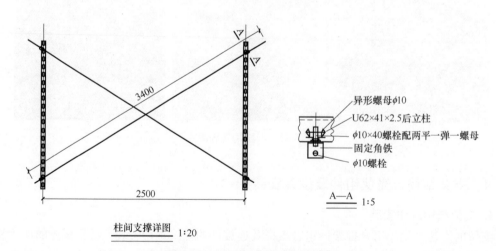

图 6-44　柱间支撑背拉杆设计图

图 6-45 所示为支架结构连接设计图，图 6-46 所示为支架与钢结构基础连接详图，图 6-47 所示为支架各节点连接详图。支架的连接组装要按照图纸要求进行。

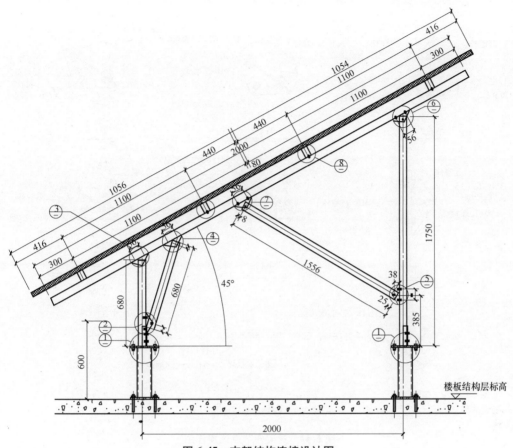

图 6-45 支架结构连接设计图

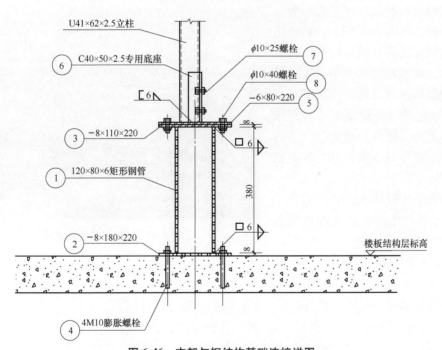

图 6-46 支架与钢结构基础连接详图

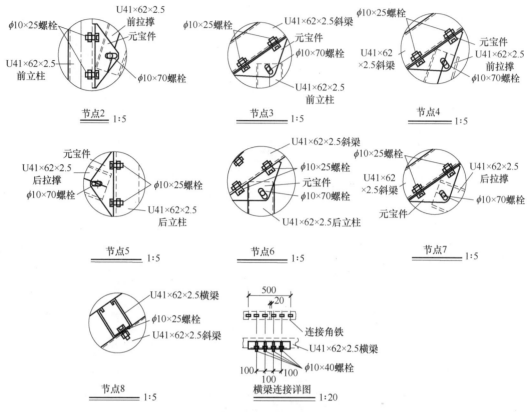

图 6-47 支架各节点连接详图

施工时要按照设计图纸先组装一组支架打样，如图 6-48 所示，检查组装好的实物支架的倾斜角符合不符合图纸要求，并做相应的调整，经过质量检验和监理认可后确认后，方可批量下料安装。当实际组装尺寸与图纸有较大误差时，要最后确认是以图纸尺寸为准图纸钢材下料尺寸，还是修改竣工图纸。

支架安装步骤及要求如下：

1）前后立柱底座通过螺栓与屋顶基础底座连接。

图 6-48 组装好的打样支架

2）支架各件按照从下往上的顺序安装，先安装前后立柱，再安装斜梁，安装时要保证前后立柱垂直于地面90°，并通过调整前后立柱的高度，保证所有斜梁在一个倾斜面，如图 6-49 所示。

3）常规 U 型钢材的长度都是 6m，当用做横梁时，需要用连接件进行连接，如图 6-50 所示，安装横梁时要注意把横梁与横梁之间的连接口错开放在不同的组跨内，防止某一组跨内都有接口，造成这一组跨的横梁有塌腰现象。将拼装好的横梁用白线带直，将不平的地方调平。再用水平尺将安装组件的横梁面调平至一个平面上，调平后的横梁要再次进行紧固。

图 6-49　光伏支架斜梁的安装

图 6-50　横梁连接示意图

4）整个支架在组装过程中，所有紧固螺钉不要一次性紧死，以吃上劲不产生位移即可，安装光伏组件前需对支架再做一次整体调整，保证支架安装组件的斜面横梁在一个平面上，倾斜角度符合要求，全部安装调整完毕后，对所有螺钉进行二次紧固，紧固好的螺钉最好用记号笔做上标记，以防止有遗漏。局部安装完成的支架如图 6-51 所示。

图 6-51　局部安装完成的支架

2. 光伏组件的安装

光伏组件的安装包括组件装卸、存储、吊装，组件拆箱、搬运、安装、调平、紧固等工序。

准备安装的组件要规整的堆放在施工现场材料成品库指定位置，组件包装托盘在堆放时要留适当间隙，以便装卸并能在托盘间进行巡检和点数作业，如图 6-52 所示。

光伏组件每箱大概都有 600kg 左右，运输和吊装作业中为有效保护屋顶及女儿墙相关设施，需搭设临时物料堆放平台，分开放在不影响正常施工的非通道区域。吊装组件前需做好吊装方案，吊至施工屋面的组件最好暂时分散堆放在屋面的结构梁上，要在不影响屋面载荷的情况下进行吊装作业，如图 6-53 所示。

图 6-52 组件的储存

图 6-53 组件的吊装

在光伏组件的外包装箱上，有组件生产厂家提供的拆箱说明，拆箱前要认真阅读，防止拆箱不当造成组件坍塌或损坏。组件拆箱后，单块组件搬运、固定时，不得一人单独操作，应由两人配合进行，防止磕、碰、划伤组件，以确保组件的安全。组件安装前，先将每排固定组件所需的不锈钢螺栓或塑翼螺母滑进横梁凹槽内。将组件放到支架上后，一人扶住组件以防滑落，另一人则由上往下用螺母把组件固定在支架上，预紧螺栓，如图 6-54 所示。

图 6-54 光伏组件的搬运、安装

将组件调平调直，同时应确保组件横向间隙为 20mm，使各行各列之间横平竖直。在安装过程中，当组件横向间隙不好控制时，可以临时在上下组件之间夹两个宽度 20mm 的压块，如图 6-55 所示。调平时，组件与横梁不平的地方应用金属片将其垫平，拧紧的压块螺母要专人统一检查，并用红色记号笔做标记，螺栓紧固力矩要达到表 6-4 中所示数值。安装完成后的组件方阵如图 6-56 所示。

图 6-55 用压块控制横向间隙

表 6-4 光伏支架与支架固定螺栓紧固力矩

螺栓规格	力矩值/(N·m)	螺栓规格/mm	力矩值/(N·M)
M8	8.8~10.8	M16	78.5~98.1
M10	17.7~22.6	M18	98.0~127.4
M12	31.4~39.2	M20	156.9~196.2
M14	51.0~60.8	M24	274.6~313.2

该项目北楼共安装光伏组件 120 块，其中 16 块/串共 3 串，18 块/串共 4 串，7 个组串构成 1 个单元接入 1 台 40kW 光伏逆变器，组串线路连接如图 6-57 所示。南楼共安装光伏组件 212 块，其中各 106 块组件构成一个单元，由 16 块/串共 1 串和 18 块/串共 5 串构成，各接入 1 台逆变器中，具体连接方式如图 6-58 所示。

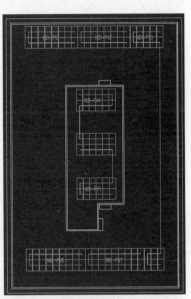

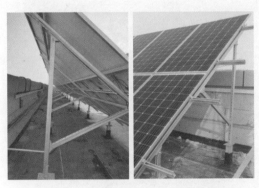

图 6-56　安装、调平后的组件方阵　　　　　　图 6-57　北楼光伏组串连接示意图

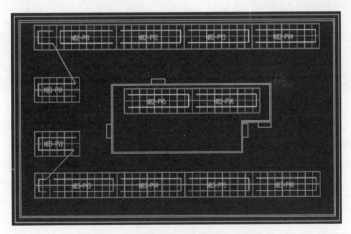

图 6-58　南楼光伏组串连接示意图

光伏组件线路连接时，要采用 4mm^2 专用直流电缆沿支架铺设在 C 型钢或桥架内，并与交流电缆分开敷设。组件间导线连接直接采用组件接线盒自带引线，并用防 UV 塑料扎带固定在组件背面安装横梁上，不应暴露在阳光直射下。如果组件间连接导线无法避免暴露在阳光直射下，则应采用穿管敷设。如果引线长度不满足安装要求，则外接导线两端必须采用与组件配套的连接器。组件铝边框间接地导线应采用 BVR-6 导线或接地片连接，并与支架可靠连接。组件电缆敷设完毕，每一组串都要做好正、负极和路由标志。

3. 光伏设备安装

光伏设备安装包括光伏逆变器、交流汇流箱、充电桩配电柜及充电桩、光伏并网柜。

（1）逆变器安装

逆变器安装前，要检查外观，确保完好无损，固定挂架及各种配件齐全完整。逆变器的安装根据设计图纸确定的位置，先用两根 40mm×40mm×4mm 热镀锌角钢与光伏支架后立柱固定，上下间距按照逆变器挂架固定孔间距确定，然后把逆变器附带的挂架固定在角钢上后，将逆变器挂在挂架上，并将防滑脱螺栓紧固，如图 6-59 和图 6-60 所示。

图 6-59　逆变器挂架的固定

图 6-60　逆变器的安装

（2）交流汇流箱和充电桩配电箱安装

交流汇流箱和充电桩配电箱的内部结构如图 6-61 所示。根据设计要求安装位置确定在北楼负一层配电室外墙壁挂方式安装，如图 6-62 所示，安装使用的螺栓都要用热镀锌件，箱体安装垂直度偏差要小于 5mm。

图 6-61　交流汇流箱和充电桩配电箱的内部结构

设备安装前应检查箱体内元器件完好，连接线无松动，所有开关处于断开位置。安装过程中不应损坏箱体表面及内部结构。汇流箱的接地应牢固、可靠，接地线的截面应符合设计要求，所有箱体的进出线孔均要做好密封封堵，防止水汽及灰尘进入。

图 6-62　交流汇流箱和充电桩配电箱的安装

（3）充电桩的安装

根据业主要求和设计方案，在地下一层安装 5 台交流充电桩，为电动汽车员工提供充电服务。充电桩安装前应开箱检查所带的产品使用手册、合格证、保修卡及箱门钥匙等配件、资料齐全。按照安装说明要求，连接好充电桩附带的电源输入线，如图 6-63 所示。5 台充电桩采用壁挂的方式安装在指定的停车位后墙，电源线经金属穿线管进入上方的电缆桥架中，如图 6-64 所示。

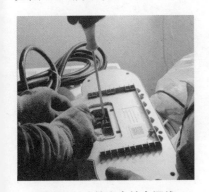

图 6-63　连接充电桩电源线

图 6-64　充电桩安装和连接示意图

（4）并网配电柜

根据设计要求，安装一台落地式并网配电柜，其安装方式如图 6-65 所示，所有电缆采用下进下出的方式，其内部结构如图 6-66 所示。从交流汇流箱输出的交流电缆直接接入并网配电柜的光伏输入端，通过电涌保护、过/欠电压及漏电保护及计量后，通过具有明显断开点的抽屉式断路器输出，如图 6-67 所示，并网电缆从该断路器输出后接入配电室低压配电柜中为光伏并网预留的第 1 组断路器上，如图 6-68 所示，作为该光伏发电系统的低压并网点。

图 6-65　并网配电柜的安装

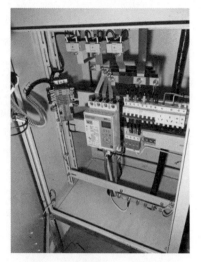

图 6-66　并网配电柜内部结构

图 6-67　并网柜输出电缆

图 6-68　低压配电柜并网点

6.4.5　桥架、电缆敷设及接地系统连接

1. 桥架安装

根据设计要求，屋顶和地下一层桥架统一选择 100mm×100mm 带盖板镀锌产品，从楼顶到地下一层直接利用原建筑电气井桥架。屋顶桥架利用 20mm×20mm 镀锌角钢做支架，屋面桥架安装时，需先将桥架安装所需的支架安装固定，在屋面支架安装处应先用墨线定位，将桥架按照设计要求位置固定在女儿墙离屋面 600mm 位置，支架间距为 2.5m，使用膨胀螺栓打入支架固定处，将做好的支架固定于墙面上，将固定好的支架调平。安装完毕的桥架如图 6-69 所示。

图 6-69　桥架安装示意图

（1）电缆桥架安装要领

将桥架敷设于已安装好的支架上，桥架连接处用连接板和专用固定螺栓连接固定，跨接处同时应有六角头螺栓用跨接编织带进行接地。将连好的桥架调平调直后用自攻螺钉将其与支架固定，并将桥架内施工时产生的垃圾用扫帚清扫干净。桥架弯头、爬坡和下坡处加工时的切割边要用角磨机打磨平滑，以防划伤线缆。桥架螺栓拧紧后切口须喷防锈镍铬银粉漆做防锈处理，以免切口处生锈。

施工中要严格按照设计文件要求实施，同时应满足施工规范规定要求。桥架与支架间螺栓、桥架连接板螺栓固定紧固无遗漏，螺母位于桥架外侧，桥架连接或固定严禁使用焊接的方式。连接板两端的固定螺栓必须全部使用，其中最少要有 2 个有防松螺帽或防松垫圈的连接固定螺栓，如图 6-70 所示。

图 6-70　桥架之间的连接固定方式

桥架转弯处要使用桥架专用弯头，弯头的弯曲半径不小于桥架内电缆最小允许弯曲半径，电缆最小允许弯曲半径应符合相关规范规定，如图 6-71 所示。另外在电缆敷设完毕后，桥架进出配电室或其他穿墙处都应做好防火封堵。桥架与光伏方阵之间电缆敷设应穿管固定，如图 6-72 所示。

图 6-71　桥架专用弯头的连接

图 6-72　方阵直流电缆要穿管进入桥架

（2）桥架接地

桥架及其支架和引入或引出的金属电缆导管必须可靠接地（PE）或接零（PEN），且必须符合下列规定：①金属电缆桥架及其支架全长应不少于 2 处与接地（PE）或接零（PEN）干线相连；②电缆桥架接地，接地干线为通长扁钢（圆钢），每隔 5m 用螺栓固定一次，并用螺栓以弹簧垫圈压紧。

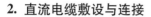
2. 直流电缆敷设与连接

（1）直流电缆的敷设

直流电缆敷设前根据电缆盘的尺寸、重量，设置好电缆架，将放盘的中轴处抹上一定量的黄油润滑，以便于转动。直流侧电缆为小线，盘不大，可多人一起用力将电缆盘架设至电缆架上。电缆盘架设示意如图6-73所示。

电缆敷设前，应将桥架内清扫干净。在桥架端口处垫上一层布料防止线缆划伤。放线缆时，电缆盘处应有一人松盘，其余人应随松盘人的节奏拉动电缆至接线处。将放到位的电缆用断线钳断掉，电缆端头用电工胶带包起来，同时在端头处贴好电缆标识牌。将放到位的电缆梳理排列整齐，该绑扎的地方用扎带绑好，倾斜敷设的电缆每隔2m处设固定点。水平敷设的线缆首尾两端、转弯两侧及每隔5~10m处设固定点。敷设于垂直桥架内的线缆固定点间距应不大于2m。敷设整理好的电缆如图6-74所示。电缆敷设时需要重点注意以下几点：①电缆最小转弯半径不小于敷设最粗电缆直径的15倍；②直流电缆、交流电缆不能敷设在同一管线内；③逆变器出线电缆至电缆桥架要使用PVC软管进行保护；④组件前后排直流走线也要使用PVC管穿管保护，不能暴露于阳光下；⑤电缆桥架或镀锌钢管内穿线应不超过总容量的40%。

图 6-73　电缆盘架设

图 6-74　桥架内电缆整理

（2）电缆的连接

电缆的连接主要是直流连接器的压接和交流线鼻子的压接。接线前，要将线缆头梳理整齐，按照接线需要将线缆切齐。线头剥线时，长度按线鼻子孔的深度进行剥线，不宜剥线过长而露出铜线。

压接直流电缆连接器的电缆线头剥线长度要与连接器压线护套长度一致，不能过长，压线前将每路线头上号码管，并使用连接器专用压线钳压接，如图6-75所示。

（3）组串电压测试

测试组串电压前，要先对万用表进行检查，看表笔是否完好。由于组串直流电压较高，因此要根据组串整串电压的高低将万用表测试档放在直流电压1000V或1500V档进行测试。

在直流线缆接入逆变器前，通过连接器接线端子逐对进行测试，表笔正负极一一对应相应组串的正负极，如图6-76所示。如果某组串测试数据异常，则应对该组串各连接器插头进行排查，必要时要逐个检查该组串的各光伏组件和线路。故障排除测试完毕后，可将线缆桥架端口封堵，并上好桥架的上盖板。

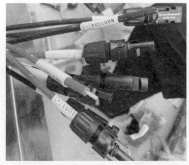

图 6-75　线缆连接器接头剥线压接

图 6-76　组串电压测试

3. 接地系统连接

组件边框接地连接用专用接地线，组件边框一般都有接地线固定孔，连接时将专用接地线用不锈钢螺钉与组件接地孔对接，如图 6-77 所示，施工中要注意力度过猛划伤组件背板。

每排方阵的接地线与组件连接安装结束后，还要将最边的组件与支架用接地线进行连接，使整个方阵组件和基础结构件连接成一个整体。

光伏逆变器的外壳也要用接地线进行接地连接，如图 6-78 所示。

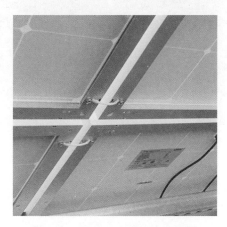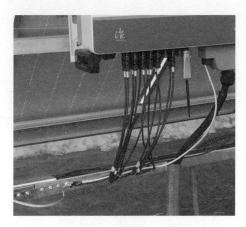

图 6-77　组件用专用接地线连接　　　　　　图 6-78　逆变器外壳接地

整个接地系统的连接设计如图 6-79 所示，全部使用 40mm×4mm 镀锌扁铁将各个方阵边缘的钢结构基础立柱通过焊接的方式连接在一起，形成一个接地环网，如图 6-80 所示。在原建筑屋面女儿墙的四角都留有建筑避雷网的接口，接地环网的四角也用扁铁与屋顶避雷网搭接在一起，并牢固焊接，如图 6-81 所示，使屋顶所有方阵与避雷网多点连接焊接在一起，保证良好的防雷接地效果。施工完毕后，所有焊接部位都要重新涂刷防锈漆，所有接地扁铁都要用黄绿相间的油漆进行涂刷。

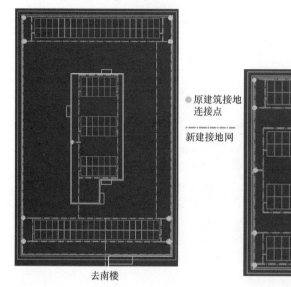

去北楼

● 原建筑接地连接点

—— 新建接地网

去南楼

图 6-79 接地系统连接设计图

图 6-80 镀锌扁铁形成接地环网

用接地电阻测试仪对选取的测试点进行测试，如图 6-82 所示，以保证接地电阻符合要求。

交流配电系统线缆连接与普通电力工程施工相似，完工后要将线缆出入的线缆沟、孔、配电柜等进行密封处理，以防灰尘进入及蛇鼠危害。

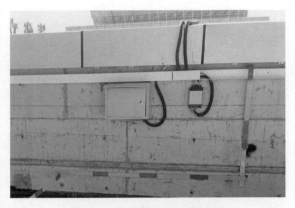

图 6-81　接地扁铁与避雷网焊接

图 6-82　接地电阻的测试

6.5　光伏发电系统安全作业

在光伏发电系统的安装施工和检查调试全过程中，安全是贯穿始终的工作，真正树立安全第一的思想，确保施工过程中的人身安全，谨防事故发生，是每个施工人员的首要责任。因此，光伏发电系统的安装施工和现场管理人员都要严格遵守安全操作规范和各项规章制度，做到规范施工、安全作业，保持清洁和有序的施工现场，配备合理的安全防护用品。对安装施工人员要进行专业技术培训，并在专业工程技术人员的现场指导和参与下进行作业。

6.5.1　施工现场常见安全危害及防护

光伏发电系统的施工现场和其他工程的施工现场一样，也存在着许多的不安全因素，包含许多带电的和非电的危险，多人同现场操作等。光伏发电系统工程绝大多数是在户外、野外、山坡或屋顶施工，当进行光伏发电系统的安装及检测操作时，要随时警惕可能发生的潜在的物理、电气及化学方面的危害，例如太阳暴晒、昆虫蛇咬、撞击、扭伤、坠落、灼伤、触电、烫伤等，下面一一列举。

1. 常见安全危害

（1）物理危害

在户外对光伏发电系统进行操作时，通常是用手或者电动工具对电气设备进行操作，在有些系统中，还需要对蓄电池进行相关的操作，操作中稍有不慎，就可能给操作者造成灼伤、电击等物理危害。因此，正确安全地使用工具并进行必要的防护措施是非常重要的。

（2）阳光辐射

光伏发电系统都安装在阳光充足、没有阴影的地方，因此长时间在烈日下进行施工作业时，一定要戴上遮阳帽，并涂抹防晒霜以保护自己不被烈日灼伤。天气炎热时，要大量饮水，每工作一个小时在阴凉处休息几分钟。

（3）昆虫、蛇及其他动物

马蜂、蜘蛛及其他昆虫经常会在接线箱、光伏方阵的外框及其他光伏系统的保护壳中栖息，某些偏远的野外，蛇也免不了会出没。同样，蚂蚁也会在光伏方阵基础或蓄电池箱周围栖息。因此，在打开接线箱或其他设备外壳时，需要做好一定的防备措施。在到光伏方阵下面或背后工作之前，需要仔细观察周围的环境，以免意外状况的发生。

（4）切伤、撞击与扭伤

许多光伏系统的零部件都有锋利的边角，稍不注意就有可能发生伤害。这些零部件包括光伏组件的铝合金边框、接线箱外壳翻边、螺栓螺母毛刺、支架边缘毛刺等。特别是进行有关金属的钻孔与锯切时，一定要戴卜防护手套。另外在低矮的光伏方阵或系统设备下进行作业时，一定要戴好安全帽，以防头部受伤。

在搬运蓄电池、光伏组件及其他光伏设备时，要注意用力均匀，或者两人一起搬运，防止用力过猛而扭伤。

（5）热灼伤

光伏方阵在夏季的阳光下，其玻璃表面或铝合金边框等温度会达到80℃以上，温度还是比较高的。为确保安全，防止皮肤被灼伤，在夏季对光伏系统进行操作时一定要戴好防护手套，尽量避开发热部位。

（6）触电伤害

触电伤害是人体触及带电体后电流对人体造成的伤害，分为电击和电灼伤。

电击俗称触电，是电流通过人体内部所引起的损伤。电击会导致人员的烧伤或休克，造成肌肉收缩或外伤，严重时会影响呼吸系统、心脏及神经系统的正常功能，甚至死亡。如果流经人体的电流大于0.02A，便会对人体造成伤害，电压越高，流经人体的电流越大。因此，不管是直流电还是交流电，光伏电还是电网电，只要有一定的电压，就会造成伤害。虽然单块光伏组件的输出电压不高，但十几块组件串联起来输出电压就会很高，往往比逆变器输出的交流电压还要高。操作时为避免电击伤害，一是要确保切断相关电源；二是尽量使用钳形电流表进行线路电流的测试；三是戴上绝缘手套。

电灼伤是指由于电流的热效应、化学效应、机械效应及电流本身作用对人体造成的伤害。电灼伤一般发生在人体外部，即在人体皮肤表面留下明显的伤痕，主要有电烧伤、皮肤金属化和电烙印等。

在触电伤害中，电击和电灼伤常会同时发生，一般来说电灼伤比电击危险程度要低一些，而大部分的电击都伴有电灼伤。

2. 安全防护

施工现场的安全防护，不仅要保护好自己，还要保护好一起施工和操作的周围伙伴，首先是要各自穿戴好防护用品，还要在工作当中互相关照、提醒、协作，并且每个施工人员都要保持一定的警觉，切不可麻痹大意。需要两个人一起操作的事情，或者需要双人在场的工作，不要单独行事，不要为省时省钱而降低用人成本，因为没有比保证人身安全更重要的，安全才是最大的节约。

常用的安全防护用品有安全帽、防护眼镜、手套、鞋子、安全带等。

安全帽对人体头部有防护作用，主要是保护脑袋不被撞伤或坠落物砸伤。

防护眼镜有两个作用，一个是保护眼睛不受强烈阳光的刺激，二是进行蓄电池系统的安装维护操作时，防止酸液溅入。

手套分很多种，不同的工作内容要选择不同的手套。进行安装操作可以选用线手套；搬动有锐角或毛刺的金属类物件，可以选择帆布手套；进行蓄电池维护操作要选择橡胶耐酸手套；进行电气检测要选择高压绝缘手套等。当然也可以选择优质的全功能手套进行操作。

鞋子的选择取决于工作场合和环境，如果光伏施工现场是新建的工业环境，最好选择穿硬头劳保皮鞋；如果是地面或山地环境，最好选择标准工作鞋或登山鞋；如果是在屋顶作业，最好选择胶底工作鞋。

安全带是在屋顶、梯子等环境下进行作业需要配备的。

6.5.2　施工现场安全作业指导

1. 工具使用安全

在光伏电站施工现场，会使用到很多工具，所以为了保证操作者本人和现场其他工作人员的安全，一定要保证这些工具得到妥善的保管和正确的使用，有些工具的安全装置绝对不能因为嫌碍事而随意拆掉，例如切割锯的锯片防护罩等。在屋顶（特别是斜面屋顶）操作时，要准备合适的工具包来随时收纳工具或选择一个合适的平台来集中存放工具，防止工具从屋顶滑落发生事故。

梯子是安装屋顶光伏发电系统的重要工具，在使用直梯或伸缩梯上屋顶时，要注意正确安放。如果梯子放的太陡，梯子顶部就有从屋顶翻落下来的危险。如果放的太斜，梯子底部又会滑动。因此梯子使用除了安放角度要合适以外，还要想办法将梯子底部固定，或者在使用时有人在底部将梯子扶住。

2. 屋顶作业安全

屋顶应该是光伏发电系统安装操作最危险的场所，操作人员只要踏上屋顶，就会处于各种可能的危险之中。对于一些轻薄的屋顶，可能存在被踩塌的危险，在屋顶边缘操作有跌落的危险，两个人一起操作，例如抬一块大的光伏组件存在顾前不顾后的危险等，所以在屋顶操作要做好跌落防护措施，安全带的使用必不可少。必要时，光伏方阵之间还需要留出50cm左右宽度的步行通道，以方便安装检测和维修操作。

另外在屋顶作业时，还要注意屋顶是否有架空的电源线，特别是安放和使用金属梯子时，或在梯子上操作时，要注意往上看，防止触碰到电线，如果是高压电缆，则要注意留有安全距离。

3. 电气作业安全

光伏发电系统的安装操作过程中，存在直流电、交流电等多种电源，有电就会有电击的危险。特别是一些刚开始接触光伏系统的操作人员，往往认为光伏组件发出的电压不高，不像220V交流电一样会对人体造成伤害。其实单块光伏组件的正常输出电压已经在36V安全电压的边缘了，且输出电流很大，在5～10A，而0.1A的电流就有可能破坏心脏机能，5～10A的电流足以对人体造成伤害甚至死亡。当多块光伏组件串联起来后，其直流输出电压往往在几百伏以上，其威力远远超过家庭供电的220/380V交流电压，所以在光伏发电系统进行电气设备连接操作时，要时刻注意被电击的可能。

（1）造成触电的原因

1）缺乏或忽略电气安全用电常识和基本制度，作业中触及带电体。

2）违反操作规程，人体直接接触带电体。

3）电气设备存在安全隐患或者设备管理不当，损坏设备绝缘，发生漏电，人体触碰到漏电设备外壳。

4）维护检修不及时，如高压线路落地，会产生跨步电压对人体造成伤害。

5）安全措施不完善或操作者误操作造成触电事故。

6）其他偶然因素，如人体受雷击等。

（2）电气操作安全

光伏组件安装完毕，只要有阳光，就会输出直流电压，为避免被电击，一定要最后插接组件输出引线到汇流箱，不使汇流箱过早带电，影响汇流箱内的其他作业。当需要在汇流箱内进行电气测量时，一定要带上绝缘手套。在直流配电柜、交流汇流箱、交流配电柜进行接线操作时，如果配电箱带电，就会有触碰到线路的风险，所以，操作时一定要切断前端电源，以避免危险。特别是多个逆变器并联输出的交流电路，要保证该回路上所有的逆变器都不输出电流。

（3）遵守连线顺序

在光伏组件的安装过程中，通常都是十几块组件构成一个组串，组件与组件之间都是串联连接，在线缆连接时，正确的顺序应该是，先连接组件与组件之间的连接器插头，例如，第1块组件的正极接头与第2块组件的负极接头连接，第2块组件的正极接头与第3块组件的负极接头连接，以此类推，当整个组串连接起来后，第1块组件的负极接头和最后一块组件的正极接头要连接到逆变器或者汇流箱，就需要敷设一根归巢电缆，这根电缆的一端有快接插头，可以与组件的快接插头连接，另一端是裸露线，需要与逆变器或汇流箱的相应端子连接，这时就需要讲究线缆连接顺序，正确的做法是先把归巢电缆的裸露端与相应端子连接牢固后，再把另一端的快接插头与组件相连，这样才能保证安全，减少电击危险。现在有一部分逆变器或者汇流箱已经将接线端子改成了MC4连接器，并将MC4连接器安装在机箱箱体下端，对于这种结构，要使用两端都有MC4连接器的归巢电缆，连接线路时就不用讲究连线顺序了。

为保证整个系统的无电操作，归巢电缆的连接要放在最后进行。也就是说，当把逆变器、汇流箱等所有设备线路连接完毕，元器件安装到位之后，断开设备隔离开关，最后连接各组串的归巢电缆。

在整个系统的安装连线过程中，同样要遵循这个顺序，首先要进行系统端部不带电部分的接线，然后向系统有电压源的部分作业。对于并网系统，要从逆变器到电网的顺序作业，对于离网系统或带蓄电池的并网系统，要从逆变器向蓄电池组方向作业。作业过程中要保证一直断开逆变器、汇流箱和配电柜等内的断路器、隔离开关等，这样才能保证在各种箱体内操作、接线等不会发生危险。

第 **7** 章

光伏发电系统的运行维护与故障排除

光伏发电系统建成之后，运行维护就应该是一个长期和持续性的工作，运行维护工作的好坏对保证光伏发电系统长期稳定安全的运行、提高整个寿命周期内的发电效率和最大电量产出，以及光伏电站投资人的投资回报周期和回报率都有着直接的关系。做好光伏电站的运行维护不仅是技术人才的培养和使用，还是为确保光伏电站正常高效运行而进行的设备检修和维护，更重要的是要做好运行维护全流程各个环节的管理工作，这样才能提高运维效率，降低运维成本，实现开源节流、精细化管理，达到事半功倍的效果。光伏电站的运行维护也逐渐向着机械化、数据化、智能化的方向发展。

7.1 光伏发电系统的运行维护

光伏发电系统的运行维护，是指对光伏发电系统的设备、部件、线路及相关附属设施和系统进行检查、维护，及早发现和处理各种问题和隐患的过程。通过科学合理的管理，预防性、周期性的维护及定期的设备性能检测，保障光伏发电系统全生命周期的安全、稳定、高效运行。

影响光伏发电系统稳定运行的主要因素有下面几个方面：

1）故障处理不及时或不到位，造成因故障停机过多或停机时间过长，发电量减少；

2）因受地理位置或环境的限制及分布式电站分散布局等造成现场管理难度加大，专业运行维护人员的缺乏，没有专业的运行维护管理系统等造成运行维护效率低下；

3）维护检测方式落后，维修检测工具缺乏；

4）无有效的预防火灾、偷盗、触电等事故的安全防范措施；

5）监测数据采集和分析能力不足、数据误差较大、数据存储空间不足、数据传输丢失以及数据采集范围缺失等。

7.1.1 光伏发电系统运行维护的基本要求

1. 光伏发电系统运行维护的基本要求

光伏发电系统运行维护主要有三个指标，一是保证安全运行，包括人员、设备及系统安全；二是通过各种手段随时关注系统发电量，发现问题及时处理；三是合理控制运营成本，实施精细化管理。

1）光伏电站的运行维护应保证系统本身安全，保证系统不会对人员造成危害，并保证系统能保持最大的发电量。

2）系统的主要部件应始终运行在产品标准规定的范围之内，达不到要求的部件应及时维修或更换。

3）光伏电站主要设备和部件周围不得堆积易燃易爆物品，设备本身及周围环境应通风散热良好，设备上的灰尘和污物应及时清理。

4）整个系统的主要设备与部件上的各种警示标识应保持完整，各个接线端子应牢固可靠，设备的进线口处应采取有效措施防止昆虫、小动物进入设备内部。

5）整个系统的主要设备与部件应运行良好，无异常的温度、声音和气味出现，指示灯和仪表应正常工作并保持清洁。

6）系统中作为显示和计量的主要计量设备和器具，都要按规定进行定期校验。

7）系统运行维护人员应具备相应的电气专业技能或经过专业技能培训，熟悉光伏发电原理及主要系统构成。工作中做到安全作业。运行维护前要做好安全准备，断开相应需要断开的开关，确保电容器、电感器完全放电，必要时要穿戴安全防护用品。

8）系统运行维护和故障检修的全部过程都要进行详细记录，所有记录要妥善保管，并对每次的故障记录进行分析，提出改进措施意见。

2. 优质高效运维具有的效果

1）光伏电站系统实时数据的稳定即时采集，可以让业主和投资人随时随地掌握发电数据，对电站运转情况了如指掌。

2）用预防性运维理念对光伏电站系统的潜在故障进行实时分析和报警，防范潜在风险，及时处理故障，保证资产投资收益的增值。

3）通过对光伏电站运营数据分析，能够持续优化电站的运营管理，维护和提高电站全生命周期的发电效率和电量产出。

4）精准的发电量预测，可以使电网公司调度系统灵活处理用电峰谷期的电力调配。

5）光伏电站火灾远动预警系统将极大程度降低火灾隐患，全面保护电站安全。

6）实现平均故障间隔时间（MTBF）的最大化和平均故障恢复时间（MTTR）的最小化。

3. 常用的检查维护工具和设备

"工欲善其事，必先利其器"，光伏发电系统的运行维护同样需要配备一些常用的工具、测试仪器和设备，特别是一些大型光伏电站，更是应该配备齐全。

（1）常用工具和测试仪器

常用工具：光伏发电系统及电站的常用工具主要是指拆装、检修各类设备和元器件时使用的工具，如各种扳手、螺钉旋具、电烙铁、连接器压线钳等。

测试仪器：万用表、示波器、钳形电流表、手持式红外热成像仪、温度记录仪、太阳辐射传感器、IU曲线测试仪、便携式EL测试仪、电能质量分析仪、绝缘电阻测试仪、接地电阻测试仪等。

防护用品：安全帽、绝缘手套、绝缘鞋、安全绳、安全标志牌、安全围栏、灭火器等。

备品备件：根据光伏发电系统的具体情况配备一些常用易损、易耗的备品备件，以及备用周转设备。

（2）新型运维设备

目前新型的专业运维设备主要有光伏电站清洗设备、光伏电站运维无人机等。

1）光伏电站清洗设备。光伏电站清洗设备主要有便携式光伏电站清洗系统、地面光伏电站清洗机器人、地面光伏电站清洗车、屋顶光伏电站清洗机器人、光伏大棚全自动清洗系统、屋顶光伏电站全自动清洗系统等多种设备和车辆，如图 7-1 所示。

图 7-1　几种光伏组件清洗设备和车辆

这类清洗设备无论什么形式，基本都是用毛刷清扫灰尘，用清水进行清洗。通过水泵、水枪加压，并经过毛刷或滚轮刷对组件表面进行清扫和清洗。

2）光伏电站运维无人机。图 7-2 所示为光伏运维无人机及巡视作业。光伏电站运维无人机是解决光伏电站系统大面积巡检的有力武器，巡检是光伏电站运维管理中极为重要的环节，光伏电站面积大，地形地势复杂，人工有时无法有效地进行大面积的巡检，且巡检周期长、频率低，电站故障及安全隐患无法及时发现，从而影响电站整体收益。

图 7-2　光伏运维无人机及巡视作业

运维无人机具有携带方便、操作简单、管理智能、检测精确的特点。无人机采用"航点巡航"模式，无需专业人员操作控制，只要根据用户输入的关键点位置信息，就可以自动规划出最优的巡检航线，实现"一键巡检"功能，巡检过程实现一键起飞、自动巡航返航、自动规划航线，巡检完毕后能自动返回起飞点。具备断点续航功能，当电池电量不足时，自动返回起飞点，更换电池或充电后自动返回断点处，继续巡航，保证无人机安全稳定地运行。

运维无人机在飞行过程中，通过自身携带的高精度热成像红外相机和高清可视相机，自定义飞行高度和速度，不停机自动拍摄红外及高清照片，实现光伏电站的全覆盖拍摄，同时通过无线图像传输系统，实现3km范围内实时视频传输。

高精度热成像红外相机通过检测光伏组件表面温度差，来检测组件是否存在隐患，在巡检过程中定点自动拍摄照片，通过软件准确标注问题组件，并对其进行精确定位。巡检或通过后台处理系统自动生成巡检日志，使维修人员可以很方便地排除故障。

3）红外热成像仪。红外热成像仪是将物体发出的不可见红外能量转变为可见的热图像的测试仪器，外形及应用如图7-3所示。热图像上面的不同颜色代表被测物体不同部位的不同温度。红外热成像仪通过有颜色的图片来显示被测物体表面的温度分布，并通过温度的微小差异找出温度的异常点，根据被测物体的构造和特性进行分析，发现并诊断问题。采用红外线热成像仪的这种无接触检测方式，可以快速检测出各种电路连接部位的接触不良、过电流等原因造成的发热和过热现象，特别是对交/直流高压电路部分的检测更显安全和方便，可以将很多故障隐患消灭在萌芽状态。

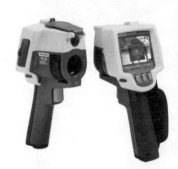

图7-3　红外热成像仪及应用示意图

4. 运行维护相关资料和记录

电站运行维护管理必须建立完善的资料管理体系，运维管理中所涉及的资料文件包括电站技术资料、运维技术资料、设备运行记录、上墙悬挂图表文件等。

（1）光伏发电系统（电站）技术资料

1）光伏发电系统全套技术图纸，电气主接线图，设备巡视路线图等；

2）系统主要关键设备说明书、图样、操作手册、维护手册等；

3）系统主要关键设备出厂检验记录、检验报告等；

4）系统主要关键设备运行参数表；

5）系统设备台账、设备缺陷管理档案；

6）系统设备故障维修手册；

7）系统事故预防及处理预案。

（2）光伏发电系统运维技术资料

1）运维安全手册；

2）光伏系统停开机操作说明、监控检测系统操作说明；

3）电池组件及支架运行维护作业指导书；

4）光伏直流汇流箱运行维护作业指导书；

5）直流配电柜运行维护作业指导书；

6）交流配电柜运行维护作业指导书；

7）光伏逆变器运行维护作业指导书；

8）光伏控制器运行维护作业指导书；

9）升压变压器、箱式变压器运行维护作业指导书；

10）断路器、隔离开关、避雷器、电抗器等器件运行维护作业指导书；

11）母线运行维护作业指导书；

12）光伏系统运维安全防护用品及使用规范。

（3）光伏发电系统设备运维检修记录

1）光伏发电系统运营维护记录；

2）光伏发电系统巡检及维护记录；

3）光伏发电系统运行状态记录；

4）光伏发电系统设备检修记录；

5）光伏发电系统事故处理记录；

6）光伏发电系统防雷器、熔断器动作记录；

7）光伏发电系统逆变器自动保护动作记录；

8）断路器、开关、继电器保护及自动装置动作记录；

9）关键主要设备更换记录；

10）光伏发电系统各项性能指标及运行参数记录。

（4）上墙悬挂图表文件

1）电气主接线图；

2）电站组织管理机构图及岗位职责；

3）设备巡检路线图；

4）主要设备运行参数表；

5）正常停机开机操作顺序表；

6）紧急停机操作顺序表；

7）紧急事故处理预案及联系人、联系电话；

8）值班排班表；

9）电站平面图（含维护及应急通道）。

5. 运维团队建设及运维人员技能要求

（1）运维团队建设要求

运维管理单位或组织需要建立完善的质量管理体系，运营维护管理部门或团队要建立符合 ISO 9001—2015 质量管理体系认证的运维管理流程和内审体系。

运维管理单位或组织应由专业技术人员进行光伏发电系统的运行维护管理工作，运维人员要由具有维修电工证、高压上岗证、特种作业操作证、弱电工程师资格证等的各类专业技术人员组成构成，按照专业分类，可分为电气运维人员、高压作业运维人员、数据中心运维人员、结构运维人员和其他运维人员等。

运维人员在上岗前，要进行上岗前安全培训和上岗前运维技能培训，运行中定时进行行业务知识及安全知识培训，在年度内实时进行年度上岗实操评核和再培训、年度应急预案演习培训等。另外借助设备厂家到现场消缺或检修的机会，对运维人员进行故障或缺陷处理培训，以便今后可以独立进行检修和消缺。

（2）运维人员技能要求

运维人员技能的设定准则以实际工作过程中对安全作业的要求和对技能的实际需求为制定依据，一般要求是：电气运维人员应持有维修电工中级证书；弱电类运维人员应持有弱电上岗证；高压作业类运维人员应持有高压上岗证；数据中心运维人员应持有国家计算机等级四级证书、网络工程师证书和数据库工程师证书；其他运维人员应持有电工类的特种作业操作证。

7.1.2　光伏发电系统运行维护管理主要内容

光伏发电运维管理主要包括：生产运行与维护管理、安全管理、质量管理、电力营销管理、物资管理、信息管理等几个方面的内容。其中生产运行与维护管理也叫运维一体化管理，是生产领域的核心，其他管理是对生产运行与维护管理的辅助手段。

1. 生产运行与维护管理

两票管理：工作票和操作票两票管理要贯穿在电站操作所有环节，严格执行两票制度可以有效杜绝误操作，对安全风险控制和检修质量控制有至关重要的作用。许多光伏电站在运维作业中对两票管理认识不够深刻，存在无票作业现象，实不可取，一定要加强两票管理，落实责任，确保运维人员的工作安全可靠。

巡检管理：巡检是光伏电站日常工作中必不可少的一项工作，也是运维人员发现故障和缺陷的重要方法。做好巡检计划和巡检路线，每日巡检1次，并记录在运行日志中，对发现的异常缺陷及时分析原因并处理。巡检范围应合理规划，对于大型电站应结合监控系统的数据和故障信息合理安排巡检范围，有针对性的巡检。

交接班管理：光伏电站一般地处偏远，常采用两班倒方式，对于交接班周期要结合所处位置及运维人员实际情况，灵活制定交接班周期。电站交班班组应对电站信息、调度计划、备件使用情况、工具借用情况、钥匙使用情况、异常情况等信息进行全面交接，保证接班班组获得电站的全面信息。当班过程中，对于所发生的各事件要清晰记录。

电量报送管理：电站值班员应每日定时记录发电量信息，并汇总至发电量报表。对发电量异常的方阵应及时上报以做分析异常原因。同时每月统计发电量与结算电量做对比。

维护管理：所有维护工作必须遵守电站维护制度，保证维护工作的有序性和安全性。维护管理包含现有故障设备的维修和预防性试验。

生产保险和索赔管理：为了保障电站正常运行、减少因各种因素导致的电量损失或营业中断，建议电站购买生产相关的保险，主要购买险种有营业中断险、灾害险、设备质量险等。通过进行风险和经济分析选择购买的数额和种类，尽量按照分析结果足额购买，保证意外发生后的足额索赔。

资料管理：光伏电站设备数量多，工作强度大，所产生的资料也多，需要按照资料类别进行分类管理。这些资料包括设备资料、施工资料、设计资料、运维资料等。在纸质资料存档的同时，要尽量保留电子版文档，以便长期保存和后期查看借用。

2. 安全管理

安全是工业生产的命脉，任何生产型企业无不把安全放在首位。光伏电站必须建立健全安全管理组织体系、监督体系和考核体系。编制安全方面管理制度和安全生产应急预案。配置完备的安全工器具、消防工器具。定期进行安全培训和安全演练，制作、安装、设置相应安全生产标志。

3. 质量管理

光伏电站的质量管理主要分两个阶段：生产准备阶段和运营阶段。生产准备阶段包括电站质量体系制度的建立、工程验收与移交、生产准备活动以及材料资料管理；运营阶段包括运行管理、维修管理、设备材料采购管理、人员培训管理以及技术改造管理。质量管理的好坏直接决定了电站的健康程度，一个良好运行的光伏电站需要方方面面的质量管理。

4. 电力营销管理

电力营销管理涉及发电量管理和营销管理。发电量管理包含发电计划的编制、实际发电量与发电计划偏差分析、发电量考核奖惩制度以及发电效率的提升；营销管理主要指参与电网电量交易，根据交易规则制定发电计划，制定合理的检修计划，在有限电的情况下合理地制定发电策略等。

电力营销管理是一个不断变化的管理过程，以市场政策为导向，用电站发电量去适配市场需求，其成果直接影响着发电企业的经营状况和营业额，在电力营销中要对自身电站发电情况十分了解，同时对外要积极与电网营销部门沟通，及时了解新的政策。根据市场最新动态变化及时调整管理策略，做到开源节流。

5. 物资管理

物资管理涉及物资的采购结算、到货验收、出入库、仓储四个方面。采购管理是对供应商、需求计划、采购计划、采购策略、采购订单、采购付款的管理以及与整个采购环节相关联的核心业务处理流程进行管理；到货验收主要是确定到货设备、材料是否和采购订单相符，有无缺漏、损坏以及型号不符等情况，做到经过验收不合格的设备、材料一律不予签收；对于验收合格的设备、材料可以直接进入出入库阶段，出入库阶段对各类物资的入库、领料出库、退料调拨、库存调整、盘点等各种库存业务进行高效的处理；仓储管理包含设施盘点管理、设施保养与维护、设施更换管理、设施定期试验、设施检查记录管理等内容。

6. 信息管理

光伏电站在生产运营阶段会有大量信息，对这些生产信息系统进行可靠的管理工作将直接影响电站运维团队和上级部门对电站的管理。信息管理包括资料管理体系建设（设计文件、工程建设文件、合同文件、图纸、日常生产资料、技术改造、定检文件、设备说明书、合格证、电子文件记录管理、文档系统管理、文档销毁流程管理等）和信息设备软、硬件的维护升级管理。

建立一套完善的资料管理体系，利用信息设备系统对电站的相关文档资料、资产进行电子化管理，利用现代化计算机信息系统平台，把运维过程中各个环节信息化，数字化，可以大大减少重复劳动、无据可查、数据缺失等现象。全面提高工作效率。

7.1.3 光伏发电系统的日常检查和定期维护

光伏电站的运行维护分为日常检查和定期维护，其运行维护和管理人员都要有一定的专业知识和技能资质、高度的责任心和认真负责的态度，每天检查发电系统的整体运行情况，观察设备仪表、计量检测仪表以及监控检测系统的显示数据，定时巡回检查，做好检查记录。

1. 光伏发电系统的日常检查

在光伏发电系统的正常运行期间，日常检查是必不可少的，一般对于容量超过 1MW 的系统应当配备专人巡检，容量在1MW以内的系统可由用户自行检查。日常检查一般每天或每班进行一次。

日常检查的主要内容如下：

1）观察光伏方阵表面是否清洁，及时清除灰尘、污垢或遮挡物。检查方阵有无接线脱落等情况。

2）观察直流汇流箱、逆变器、配电柜等所有设备的外观锈蚀、损坏等情况，用手背触碰设备外壳检查有无温度异常，检查外露的导线有无绝缘老化、机械性损坏，箱体内有无进水等情况。检查有无小动物对设备形成侵扰等其他情况。设备运行有无异常声响，运行环境有无异味。检查各配电（箱）柜的指示灯、电压电流显示是否正常。如有应找出原因，并立即采取有效措施，予以解决。

若发现严重异常情况，除了立即切断电源，并采取有效措施外，还要报告有关人员，同时做好记录。

2. 发电系统的定期维护

光伏发电系统除了日常巡检以外，还需要专业人员进行定期的检查和预防性维护，定期预防性维护可根据现场实际情况确定，例如每季度、每月或每半月进行一次，内容如下：

1）检查、了解运行记录，分析光伏系统的运行情况，对于光伏发电系统的运行状态做出判断，如发现问题，立即进行专业的维护和指导。

2）设备外观检查和内部的检查，主要涉及活动和连接部分导线，特别是大电流密度的导线、功率器件、容易锈蚀的地方等。

3）对于逆变器应定期清洁冷却风扇并检查是否正常，定期清除机内的灰尘，检查各端子螺丝是否紧固，检查有无过热后留下的痕迹及损坏的器件，检查电线是否老化。

4）有条件时可采用红外热成像仪检测的方法对光伏发电方阵、线路和电气设备进行检查，找出异常发热原因和故障点，并及时解决。

5）每半年或一年应对光伏发电系统进行一次系统绝缘电阻以及接地电阻的检查测试，以及对逆变控制装置进行一次全项目的电能质量和保护功能的检查和试验。

所有记录特别是专业巡检记录应存档妥善保管。

总之，光伏发电系统的检查、管理和维护是保证系统正常运行的关键，必须对光伏发电系统认真检查，妥善管理，精心维护，规范操作，发现问题及时解决，才能使得光伏发电系统处于长期稳定的正常运行状态。

7.1.4 光伏组件和光伏方阵的检查维护

1. 光伏组件和光伏方阵的检查维护

1）使用中要定期（如1~2个月）检查光伏组件的边框、玻璃、电池片、组件表面、背板、接线盒、线缆及连接器、产品铭牌、带电警告标识、边框和支撑结构及其他缺陷等。如发现有下列问题要立即进行检修或更换。

① 光伏组件存在玻璃松动、开裂、破碎的情况。

② 光伏组件存在封装开胶进水、电池片变色、电池片表面蜗牛闪电纹、电池片与EVA脱模脱层、背板有灼焦、起泡和明显的颜色变化。

③ 光伏组件中存在与组件边缘或任何电路之间形成连通的气泡。

④ 光伏组件接线盒脱落、变形、扭曲、开裂或烧毁，接线端子松动、脱线、腐蚀等无法良好连接。在检查中要特别关注接线盒和连接器的发热问题。接线盒发热可能是因为接线盒内接触不良，或内部二极管失效；连接器发热主要是因为接触头之间未插紧接触不良或直流线缆压接有虚接现象。接线盒和连接器的发热在影响组件发电效率的同时会引起局部发热、燃烧甚至发生火灾，如图 7-4 所示，给光伏系统的安全运行留下隐患，因此检查中最好使用红外热成像仪排查接线盒和连接器的发热问题，一经发现立即处理。

图 7-4　接触不良损坏的接线盒和连接器

⑤ 中空玻璃幕墙组件结露、进水、失效，影响光伏幕墙工程的视线和保温性能。

⑥ 光伏组件和支架是否结合良好，组件压块是否压接牢固，有无扭曲变形的情况。

2）使用中要定期（如 1~2 个月）对光伏组件及方阵的光电参数、输出功率、绝缘电阻等进行检测，以保证光伏组件和方阵的正常运行。

3）要定期检查光伏方阵的金属支架和结构件的防腐涂层有无剥落、锈蚀现象，并定期对支架进行涂装防腐处理。方阵支架要保持接地良好，各点接地电阻应不大于 4Ω。

4）检查光伏方阵的整体结构不应有变形、错位、松动，主要受力构件、连接构件和连接螺栓不应松动、损坏，焊缝不应开裂。

5）用于固定光伏方阵的植筋或后置螺栓不应松动，采取预制配重块基座安装的光伏方阵，预制配重块基座应放置平稳、整齐，位置不得移动。混凝土基础不应有下沉或倾斜。

6）对带有极轴自动跟踪系统的光伏方阵支架，要定期检查跟踪系统的机械结构、减速箱和电气性能是否正常。

7）定期检查方阵周边杂草、植被的生长情况，查看是否对光伏方阵造成遮挡，少量的零星遮挡要在现场及时清理，大面积的遮挡要定时组织对杂草或其他植被的清理，如图 7-5 所示。

2. 光伏组件的清洁

光伏发电系统在运行中，要保持光伏组件采光面的清洁。防止光伏组件由于沉积物长期附着在表面造成热斑效应、组件衰减以及其他严重后果。如不及时清洗局部遮光，当遮光直径超过 1cm 或不均匀遮挡物影响

图 7-5　定期除草

组件功率超过 15% 时，都极易发生热斑现象造成光伏组件的不可逆的衰减，因此灰尘遮挡是影响光伏发电系统发电能力的第一大因素，其主要影响有：

1）遮蔽太阳光线，影响发电量；

2）影响组件散热，从而降低组件转换效率；

3）带有酸碱性的灰尘长时间沉积在组件表面，侵蚀组件玻璃表面造成玻璃表面粗糙不平，使灰尘进一步积聚，同时增加了玻璃表面对阳光的漫反射，降低了组件接受阳光的能力；

4）组件表面长期积聚的灰尘、树叶、鸟粪等，会造成组件电池片局部发热，造成电池片、背板烧焦炭化，甚至引起火灾。所以，组件需要定期地进行擦拭清洁。

（1）光伏组件的清洁方式

1）设备清洁。光伏组件清洁设备主要有便携式光伏组件清洗系统、地面光伏组件清洗机器人、地面光伏组件清洗车、屋顶光伏组件清洗机器人、光伏大棚全自动清洗系统、屋顶光伏组件全自动清洗系统等多种设备。

这类清洁设备无论什么形式，基本都是用毛刷清扫灰尘、杂物，用清水进行组件表面清洗。一般都是通过水泵、水枪加压，并经过毛刷或滚轮刷对组件表面进行清扫和清洗。

2）人工清洁。人工清洁主要以人力为主，借助简单的清扫和清洗工具，包括一些手工操作的小型电动清扫工具和冲洗设备，对光伏组件表面进行清扫和清洗。

（2）光伏组件的清洁方法

在光伏组件清洗之前首先要查看组件的污染程度。如果组件表面只有灰尘，没有颗粒物，则可以只进行清扫或者冲洗作业，减少对光伏组件表面玻璃的磨损，降低清洁成本。如果光伏方阵周边环境有较大的碱性、酸性粉尘或油性气体排放，附着在光伏组件表面，则要根据具体情况进行深度清洗。

1）普通清扫。如光伏组件表面仅仅积有灰尘，则可用干净的线掸子、拖布或抹布等将组件表面附着的干燥浮尘、树叶等进行清扫。对于紧附在玻璃表面的硬性异物如泥土、鸟粪、黏稠物体，则可用稍微硬些的塑料或木质刮板进行刮除处理，刮除时要防止破坏玻璃表面。如有污垢清扫不掉时，可将清扫工具蘸取少量清水拧干后对光伏组件表面进行擦拭，直至组件表面干净为止。

2）清水冲洗。光伏组件表面污渍严重，清洗面积很大或有定期清洗要求的电站，要利用人工或清洗设备用清水进行冲洗。人工冲洗的过程中可使用拖把或柔性毛刷来进行辅助，设备清洗时要随时关注清洗过程设备运行状况和检查清洗效果。在清洗过程中如遇到小面积局部油性污物、顽渍等，可用洗洁精或肥皂水等对污染区域进行单独清洗。组件清洗完毕后可用干净的清洁布或拖布等将水迹擦干，条件允许的可用压缩空气吹去水迹。

3）深度清洗。当组件表面由于周边环境排放产生碱性、酸性粉尘或油性污渍等通过清扫或冲洗无法彻底清除时，就需要对光伏组件表面进行深度清洗。

在做深度清洗前，需要提前根据污染物性质或污染程度配制专用清洗液，确定清洗液的酸碱浓度配比。例如，清洗碱性污染物需要配制弱酸性清洗液，清洗酸性污染物或者油性污染物需要配制弱碱性清洗液。要求清洗液的酸碱性浓度配比要保证不对组件玻璃及铝合金边框造成腐蚀为前提。如果清洗效果不佳，则要通过多次清洗或缩短清洗频次来解决，绝对不能通过随意提高清洗液配比浓度来提高清洗效果。

深度清洗第一步是要使用高压雾化器将清洗液均匀喷洒在组件表面进行浸润处理,浸润处理 5~10min 后再进行擦拭或清水冲洗。为增加清洗效率可借助清洗设备协助进行清洗。

(3) 清洗用水的解决

当光伏电站没有自来水引入时,就需要装备运输和蓄水设备。当电站区域方阵之间有道路,且道路也较为平整时,可以直接使用车辆运水清洗,无道路的地方使用水管输送水到光伏方阵附近水罐中蓄水。

为了提高清洗效率,可以在清洗现场分布安装部分蓄水罐,蓄水罐可以是固定式,也可以是移动式。

(4) 光伏组件清洁的安全及操作要求

由于光伏组件清洁场所为光伏电站,清洁现场分布着汇流箱、配电柜、逆变器、箱变等高压电器设备和接地装置,清洁过程中极易触及附近的带电运行设备等。因此清洁作业人员在开始作业前必须认真阅读相关安全规定和参加上岗培训,确保现场操作人员及设备安全。

1) 为了确保清洁操作人员的作业安全和规范化操作,同时保证清洗质量,上岗前要对操作人员(包括小型电站业主自己进行清洁操作)进行专业技能和安全培训,经考核达标后方可进行清洁作业。

2) 光伏组件铝边框及光伏支架或许有锋利的尖角,在清洗过程中需注意人员操作安全,应穿着佩戴工作服、帽子、绝缘手套等安全用品,防止漏电、碰伤、剐蹭伤等情况发生。在衣服或工具上不能出现钩子、带子、线头等容易引起牵绊的部件。

3) 在清洗过程中,禁止踩踏光伏组件、导轨支架、电缆桥架等光伏系统设备或其他方式借力于光伏组件和支架,以防摔伤或触电或损坏部件。

4) 现场操作人员必须身体健康,严禁在身体不适、酒后或有恐高反应状态下进行清洁作业。现场作业时应至少 2 人一组互相协助进行作业。

5) 光伏组件清洗的水温和组件的温差不大于 10℃,一般选择在清晨、傍晚、夜间或阴雨天进行(即下午 18:00 至第二天 8:00 期间)为宜。主要原因如下:

① 为了避免在高温和强烈光照下擦拭清洗组件对人身的电击伤害以及可能对组件的破坏;

② 防止清洗过程中因为人为阴影造成光伏方阵发电量的损失,甚至发生热斑效应;

③ 中午或光照较好时组件表面温度相当高,防止冷水激在玻璃表面引起玻璃炸裂或组件损坏。同时在早晚清洗时,也需要选择阳光暗弱的时间段进行。也可以考虑利用阴雨天进行清洗,因为有降水的帮助,清洗过程会相对高效和彻底。

6) 严禁在大风、大雨、雷雨或大雪等恶劣气象条件下清洗光伏组件。冬季清洁应避免冲洗,以防止气温过低而结冰,造成污垢堆积;同理也不要在组件面板很热时用冷水冲洗。

7) 严禁使用硬质和尖锐工具或腐蚀性较强的溶剂擦拭光伏组件表面,也要避免碰松光伏组件间的连接电缆。

8) 清洗时严禁裸手接触组件和组件间的连接电缆,防止触电。在发现组件电缆破损或损坏的情况下要停止清洗,需要将破损部位修复后才可以继续作业。

9) 不要触摸或操作玻璃破碎、边框脱落和背板受损的光伏组件,以及潮湿的接插头。

10) 禁止将清洗水喷射到组件接线盒、电缆桥架、汇流箱等设备上,以防进水漏电造成触电事故。清洁时水洗设备对组件的水冲击压力必须控制在一定范围内,避免冲击力过大引起组件内电池片的隐裂。

11）组件清洗过程中，光伏组件上的带电警告标识不得丢失。

12）24h内无法完成清洗的方阵应以方阵所连接的逆变器为单位进行有计划的分割清洗，以免造成光伏输入失配。

13）严禁在有碍周边人员及自身人身安全的情况下清洗组件。

14）当在山坡、屋顶等地势较为险要区域操作时，应小心慢行，必要时应使用安全带或安全绳。

15）在保证光伏组件清洁度的前提下，应注意节约用水。

16）在操作使用清洗设备时，必须严格按照使用说明书进行操作。

（5）清洁效果测试

1）为客观地反映清洁质量，检验清洁效果，有条件的情况下，要用便携式 $I\text{-}U$ 测试仪对指定范围随机抽查的光伏组串进行清洁前的 $I\text{-}U$ 测试：根据光伏电站容量大小，随机抽取 5~10 组光伏组串进行 $I\text{-}U$ 测试，记录测试数据，与清洁后的测试数据进行对比。

2）清洁工作完成以后，对抽取的光伏组串再次进行测试，并与清洁前的 $I\text{-}U$ 测试数据进行对比，验证清洗效果，并做好记录，建立档案记录，以备每次清洁时对比参考。

7.1.5　光伏逆变器的检查维护

光伏逆变器的操作使用要严格按照使用说明书的要求和规定进行，机器上的警示标识应完整清晰。开机前要检查输入电压是否正常；操作时要注意开关机的顺序是否正确，各显示屏和指示灯的指示是否正常。

光伏逆变器在发生断路、过电流、过电压、过热等故障时，一般都会进入自动保护状态而停止工作。这些设备一旦停机，不要马上开机，要查明原因并修复后再开机。

逆变器机箱或机柜内有高压，操作人员一般不得打开机箱或机柜，柜门平时要锁死。

经常检查机内温度、声音和气味等是否异常。逆变器中模块、电抗器、变压器的散热器风扇根据温度自行启动和停止的功能应正常，散热风扇运行时不应有较大振动和异常噪声，如有异常情况应断电检修。

查看逆变器各部分的接线和接线端子有无松动和锈蚀现象（如熔断器、风扇、功率模块、输入和输出端子以及接地等），发现接线有松动时要立即修复。

检查直流母线的正极对地、负极对地、正负极之间的绝缘电阻应大于 $2M\Omega$。

控制器和逆变器的维护检修：严格定期查看控制器和逆变器各部分的接线和接线端子有无松动和锈蚀现象（如熔断器、风扇、功率模块、输入和输出端子以及接地等），发现接线有松动时要立即修复。

另外针对组串式逆变器还要特别注意检查：

1）逆变器外壳无变形、锈蚀，支架固定处连接牢固，机器背后散热片无杂物遮盖，外壳接地线连接牢固；

2）面板屏幕或运行指示灯显示正常，无故障报警现象；查看发电数据是否正常；

3）检查直流输入连接器端子，连接是否正常，有无松动现象，并做相应紧固；

4）使用红外热成像仪对直流输入连接器进行测温，查看有无过热之处；用钳形电流表直流档测各支路电流有无异常；

5）定期将交流电网输出侧（网侧）断路器断开一次，逆变器应能立即停止向电网馈电。

7.1.6　汇流箱、配电柜及输电线路的检查维护

1. 直流汇流箱的检查维护

1）直流汇流箱不得存在变形、锈蚀、漏水、积灰现象，箱体外表面的安全警示标识应完整无破损，箱体上的防水锁启闭应灵活。

2）要定期检查直流汇流箱内的断路器等各个电气元件的接线端子有无接头松动、脱线、锈蚀、变色等现象，有条件时用红外热成像仪检查各接线端子有无温度过高的情况。箱体内应无异常噪声、无异味。

3）用钳形电流表直流档测各支路电流数据是否正常，数据与监控后台数据是否一致。检查直流母线的正极对地、负极对地、正负极之间的绝缘电阻均应大于 $2M\Omega$。

4）直流输出母线端配备的直流断路器，其分断功能应灵活、可靠。

5）在雷雨季节，还要特别注意汇流箱内的防雷器模块是否失效，如已失效，应及时更换。

6）汇流箱的穿线孔防火胶泥是否完好，若没有进行密封处理或有脱落缺失，则要重新进行封堵和修补，保证其应有的防尘、防潮和阻燃效果。

2. 直流配电柜的检查维护

1）维护配电柜时应停电后验电，确保在配电柜不带电的情况下维护。

2）直流配电柜不得存在变形、锈蚀、漏水、积灰现象，箱体外表面的安全警示标识应完整无破损，箱体上的防水锁开启灵活。

3）检查直流配电柜的仪表、开关和熔断器有无损坏，各部件接线端子有无松动、发热和烧损变色现象，漏电保护器动作是否灵敏可靠，接触开关的触点是否有损伤，防雷器是否在有效状态。

4）直流配电柜的直流输入接口与汇流箱的连接，直流输出接口与逆变器的连接都应稳定可靠。

5）直流配电柜的维护检修内容主要有定期清扫配电柜、修理更换损坏的部件和仪表、更换和紧固各部件接线端子；箱体锈蚀部位要及时清理并涂刷防锈漆。

3. 交流汇流箱的检查维护

1）首先检查交流汇流箱外观完好，密封可靠，安装稳定牢固。

2）箱体外接地扁铁应连接牢固，箱体内接地线连接完好。

3）箱内各断路器应运行正常，无闪络现象；接线牢固，螺栓无松动。

4）用红外热成像仪检查各支路断路器端子应无明显过热现象，最高温度应不大于 35℃。

5）检查汇流箱内防雷器保险管或断路器应未损坏，防雷模块是否变色失效。

6）用钳形电流表交流档检查各支路断路器输出电流应基本一致，电流值在正常范围之内。

7）检测和维护清理交流汇流箱时，注意输入输出均可能带电，要防止触电或损坏其他设备。

4. 交流配电柜的检查维护

1）交流配电柜维护前应提前通知停电起止时间，并提前准备好维护工具。停电后应检查验电，确保在配电柜不带电的情况下进行维护作业。

2）在分段维护保养配电柜时，要在已停电与未停电的配电柜分界处装设明显的隔离装置。

3）在操作交流侧真空断路器时，应穿绝缘鞋、戴绝缘手套，并有专人监护。

4）配电柜的金属支架与基础应连接良好、固定可靠。柜内灰尘要清洁，各接线螺钉要紧固。

5）交流母线接头应连接紧密，不应变形，无放电变黑痕迹，绝缘无松动或损坏，紧固连接螺丝无锈蚀。

6）配电柜中的开关、主触点不应有烧熔痕迹，灭弧罩不应烧黑或损坏。

7）柜内的电流互感器、电流电压表、电度表、各种信号灯、按钮等部件都应显示正常，操作灵活可靠。

8）配电柜维护完毕，再次检查是否有遗留工具，拆除安全装置，断开高压侧接地开关，合上真空断路器，观察变压器投入运行没有问题后，才可以向低压配电柜逐级送电。

5. 输电线路的检查维护

1）定期检查输电线路的干线和支线，不得有掉线、搭线、垂线、搭墙等现象。

2）线缆在进出设备处的部位应封堵完好，不应存在直径大于 10mm 的孔洞，如发现孔洞要立即用防火堵泥封堵。

3）要及时清理线缆沟或井里面的垃圾、堆积物，如发现线缆外皮损坏，要及时进行处理。

4）电缆沟或电缆井的盖板应完好无缺，沟道中不应有积水或杂物，沟内支架应牢固，无锈蚀、松动现象。

5）金属电缆桥架及其支架和引入或引出的金属电缆导管必须接地可靠。桥架与桥架连接处的连接线应牢固可靠。

6）桥架与穿墙处防火封堵应严密无脱落，桥架与支架间的固定螺栓及桥架连接板螺栓都要固定完好。

7）定期检查进户线和用户电表，不得有私拉偷电现象。

6. 高压配电柜的检查维护

1）检查设备外观和颜色应没有异常变化，设备运行声音正常。

2）配电柜内不应有放电声或烧煳的气味，检查各路集线柜、出线柜、电压（电流）互感器、避雷器等各点不应有弧光闪烁痕迹和打火现象。

3）检查高压电缆不应出现鼓包现象。

4）检查柜内不应有漏雨、进水情况，不应有灰尘、蜘蛛网及小动物的运动痕迹等。

5）检查各类设备标识标牌、安全警示牌等应完好无损，悬挂整齐。

7. 升压变压器的检查维护

升压变压器检查维护时，需要切断电源的操作，首先必须将变压器和高低压电网断开，确保变压器处于不带电状态，然后才可以进行检查维护操作。

1）检查变压器的外观是否良好，有无锈蚀、磕碰、破损现象和漏油痕迹。

2）检查变压器的接地及油箱接地是否可靠。

3）如发现变压器外壳涂层发生锈蚀，须清除表面锈迹和进行补刷。

4）检查绝缘子表面要保持干净，检查高低压套管有无碎裂，并根据情况进行清理和更换。

5）检查接线端子紧固程度，如发现松弛必须缓慢紧固以保持接触良好。

6）湿式变压器要检查法兰连接密封垫压紧情况，如发现有松弛现象，要用扭矩扳手将法兰的螺母均匀紧固一遍，紧固时最好对角紧固，力矩均匀。

7.1.7　防雷接地系统的检查维护

1）每年雷雨季节前应对接地系统进行检查和维护。主要检查连接处是否紧固、接触是否良好、接地体附近地面有无异常，必要时挖开地面抽查地下隐蔽部分锈蚀情况，如果发现问题应及时处理。

2）光伏组件、支架、线缆金属铠甲与接地系统应可靠连接。

3）接地网的接地电阻应每年进行一次测量。

4）每年雷雨季节前应对运行中的防雷器利用防雷器元件老化测试仪进行一次检测，雷雨季节中要加强外观巡视，发现防雷器模块显示窗口出现红色应及时更换处理。

7.1.8　监控检测与数据通信系统的检查

光伏电站都有完善的监控检测系统，所有跟电站运行相关的参数都会通过各种通信方式汇总并通过显示系统实时显示。

通过显示系统可看到实时显示的累计发电量、方阵电压、方阵电流、方阵功率、电网电压、电网频率、实际输出功率、实际输出电流等参数信息。在检查过程中可以通过比对存档在微机上的历史记录以及相关操作手册上的数据来发现电站当前运行状况是否正常，并重点检查：

1）监控检测与数据传输系统的设备应保持外观完好、螺栓和密封件齐全、操作按键接触良好、显示读数清晰；

2）对于无人值守的数据传输系统，系统的终端显示器每天至少检查 1 次有无故障报警，如果有故障报警，应及时通知维修；

3）每年至少 1 次对数据传输系统中的检测传感器进行校验，同时对系统的 A/D 转换器的精度进行检验；

4）数据传输系统中的主要部件，凡是超过使用年限的，均应该及时更换。

当发现电站运行异常时要及时找出异常原因并加以排除，如无法解决则应及时上报。

7.2　光伏发电系统的故障排除

在光伏发电系统的长期运行中，直流侧和交流侧都会产生故障，只是有些部位和设备故障率低，有些故障率高。其中逆变器、升压站和汇集线缆这些部位，发生故障的频率虽然较少，但是一旦发生故障，基本上就是系统瘫痪，对发电量影响很大，这些故障可以从后台监控的实时运行状态看到。而对于直流侧光伏方阵组串，由于组串数量较多，发生故障也不太容易被发现，且发生故障的频次较多，对系统发电量的影响也占重要位置。

在整个光伏发电系统中，光伏组件、直流汇流箱和逆变器合计发生故障的频次占总故障比例的90%左右，而线缆、箱变、土建、支架和升压站等方面的故障占比较小。

7.2.1　光伏发电系统的故障判别与检修

1. 故障分类及检修步骤

光伏发电系统的故障，从现象上看，基本分为两类，一类是系统不工作，没有发电量；另一类是系统虽然工作，但发电量偏小，没有达到预期的发电效果。其中系统不工作，没有发电量常见的原因主要有：

1）电网停电或因电网原因系统停机后不能自动合闸。

2）逆变器设备本身故障。

3）系统中有断路器损坏或线缆接头松动故障。

系统工作，但发电量偏小的常见原因主要有：

1）光伏方阵与逆变器容量不匹配。

2）光伏方阵局部阴影遮挡或局部发生故障。

3）电网电压不稳定，使逆变器经常"偷停"。

4）系统整体效率偏低或局部效率偏低。

5）用户期望值过高。

光伏发电系统的故障检修人员首先要对相关系统及其部件有比较全面和透彻的了解，然后通过与用户沟通了解和获得更多的与故障相关的问题、现象等信息，对故障原因进行初步确定，并提出排除故障或解决问题的办法。所以光伏发电系统的故障检修一般包括以下几个步骤：①故障调查判别；②确定故障原因；③提出解决办法；④进行故障检修。

在和用户的沟通过程中，还要解决和排除一些不是故障的故障，或者是用户认为的故障。技术人员可以通过电话、微信、视频等方式先期与用户进行沟通，通过用户的具体描述以及对一些核心问题的了解，有助于决定是否需要去现场进行检修。其实许多问题是可以通过沟通和远程指导进行诊断和解决的。例如，由于停电、偶然的断路器跳闸或漏电保护器动作造成的系统不工作；光伏方阵表面灰尘过厚；植物（杂草、树木）成长造成阴影遮挡造成发电量不足等都是可以通过远程沟通和指导的方式解决。

2. 检查内容与流程

当确认是系统出现故障，需要现场进行检查和故障检修的，一般的检修内容和流程如下。

（1）围绕逆变器进行检查

首先通过逆变器显示屏或指示灯的显示内容或显示状态，看看是否有警示灯、报警信号、错误信息提示或故障代码等的故障提示。然后根据具体情况分别进行检查和修理。不同厂家的逆变器显示方式或故障代码不尽相同，但逆变器常见的故障大致有下列几类，检修人员可以参考厂家产品手册或检修指南判断检查。

1）电网电压和（或）频率过高或过低。一般是交流电网的电压或频率超出了逆变器的正常工作范围，造成逆变器保护停机，系统停止运行。如果这个问题经常发生，则需要联系电网公司进行相应调整。

2）光伏方阵输出电压过低。逆变器因为光伏方阵输出的电压达不到启动工作电压而无法启动运行。这个现象的原因可能是系统设计时光伏方阵组串与逆变器匹配不合理或辐照度过低等。

3）光伏方阵输出电压过高。光伏方阵输出电压高于逆变器的最高允许工作电压，逆变器保护停机。这种情况反复发生可能会造成逆变器损坏。光伏方阵输出电压过高可能是系统设计时光伏方阵组串与逆变器参数没有很好地匹配。

4）线路阻抗过高。逆变器检测到交流侧的阻抗过高，导致逆变器交流输出侧的电压被抬升。常见原因可能是交流侧线缆接头松动接触不良、交流线缆设计选型不合理或电网问题。

5）检测到接地故障。该故障最常见的原因是绝缘被破坏或开关内进水。

有些逆变器不一定能显示所有的故障信息，这就需要进一步检查。如果逆变器完全不工作，则可能是因为没有交流或直流电源。如果逆变器没有完全停止工作，则应通过显示屏读取交流侧、直流侧的电压和电流以及方阵输出功率等电气测量值。如果交流侧的电压或电流读数为 0，则应进一步检查逆变器的交流侧系统。如果直流侧的电压或电流读数为 0，则应进一步检查逆变器的直流侧系统。

（2）系统交流侧的检查

当光伏发电系统出现以下问题时，需要对系统的交流侧进行检查：

1）逆变器显示交流电压或电流为 0。

2）逆变器故障代码显示电网电压或频率有问题。

3）逆变器故障代码显示线路阻抗过高。

4）逆变器没有运行，且没有可读取的数据或故障代码显示。

主要检查内容有：

1）检查是否停电。检查是否整个系统停电。

2）检查交流隔离开关和断路器。检查交流隔离开关是否断开或有其他的外部损坏迹象，包括位于交流配电柜的交流供电主开关和逆变器侧的交流隔离开关。

3）测量逆变器交流隔离开关和交流供电主开关两侧的交流电压是否正常，以便快速找出故障点。

4）经过检查，如果问题是来自于电网，而不是光伏发电系统交流侧有故障，则应联系电网公司相关人员进行检查，并排除故障。

（3）系统直流侧的检查

当光伏发电系统出现以下问题时，需要对系统的直流侧进行检查：

1）逆变器显示直流电压或电流为 0，或方阵功率为 0。

2）逆变器故障代码显示光伏方阵电压过低或过高。

3）逆变器故障代码显示发生接地故障。

4）逆变器没有运行，且没有可读取的数据或故障代码显示。

主要检查内容有：

1）检查直流隔离开关。检查直流隔离开关是否断开或有其他的外部损坏迹象，包括逆变器侧的光伏方阵直流隔离开关以及直流汇流箱内的直流隔离开关等。

2）检查过电流保护装置。检查过电流保护装置是否启动或有其他的外部损坏迹象。

3）测量输入到逆变器直流端的开路电压，如果电压正常，则问题可能在逆变器本身，如果电压不正常，则需要逐个检查直流系统各方阵、组串或组件，直至找出故障点。

4）检查可以以各部分直流隔离开关为界限，在隔离开关两侧的直流输入与输出端进行测量，一可以方便分段查找故障，二可以对隔离开关本身是否有故障进行判断。

5）检查各方阵组串的开路电压，开路电压过低则表明组串内存在问题，重点检查组串中组件与组件的连接线缆、连接器等是否存在松动或损坏。

6）检查中还可以通过测量组串的短路电流来快速判断各组串是否存在故障。测量高压状态下的短路电流比较危险，需要按照正常步骤进行，不能发生拉弧放电现象，以免发生触电或烧坏测量器具的表笔等。简单的方法是先断开隔离开关，把隔离开关的输出端线路甩开，在输出端接入直流电流测量器具，然后短暂接通隔离开关观察组串短路电流是否正常。还有一种方法是将甩开线路的输出端用一根导线短路，然后用能测量直流电流的钳形电流表测量短路电流。

一般单组串短路电流根据组件功率不同在 8～15A 之间，选用相应量程的电流表即可。检查中如果发现某一组串短路电流过低，则表明该组串中有一个或多个组件没有正常运行，需要进一步检查。

7.2.2　光伏组件与方阵常见故障

光伏组件和方阵的常见故障有组件外电极开路、内部焊带脱焊或断裂、旁路二极管短路、旁路二极管反接、接线盒脱落、背板起泡或开裂、EVA 老化黄变、EVA 与玻璃分层进水、铝边框开裂、组件玻璃破碎、电池片或电极发黄、电池片隐裂、组件因热斑、蜗牛纹、PID 等造成效率衰减等，可根据具体情况检查或更换。在这些故障中，大部分故障与组件本身质量有关。组件电池片隐裂、蜗牛纹现象常常与组件在运输、搬动和安装过程中受力不均匀、受到剧烈振动及人为踩踏等因素有关。

光伏方阵常见故障有直流线缆老化、线缆短路、连接器松脱或烧毁、组件被遮挡、组件安装角度和方位偏离、组件固定螺栓或压块松动、压块扭曲变形、螺栓严重锈蚀等问题。可根据具体情况修理、更换或调整。

螺栓和压块松动，在风力过大时可能会把光伏组件吹落或刮跑，所以要重点检查。

常见故障案例 1：

故障现象：系统发电量偏小，达不到正常的发电功率。

原因分析：影响光伏发电系统发电量的因素很多，包括太阳辐射量，电池组件安装方位和倾斜角度，灰尘和阴影遮挡，组件的温度特性等，这里主要针对因光伏组件配置安装不当造成系统发电量偏小的故障。

解决办法：

1）安装前，要逐块检查或抽查光伏组件的标称功率是否足够；

2）检查或者调整组件或方阵的安装角度和朝向；

3）检查组件或方阵是否有灰尘或阴影遮挡；

4）检测组件串的串联电压是否在正常电压范围内；

5）多路组串安装前，先检查各路组串的开路电压是否一致，要求电压差不超过 5V，如果发现电压不对，要检查线路和接头有没有接触不良现象；

6) 安装时，可以分批接入，每一组接入时，记录每一组的功率，组串之间功率相差不要超过 2%；

7) 安装地点通风不良，逆变器的热量没有及时散发出去，或者逆变器直接在阳光下曝晒，使逆变器温度过高，效率降低；

8) 系统线缆接头有接触不良，线缆线径选择过细，线缆敷设太长，有电压损耗，造成输出功率损耗；

9) 并网交流开关容量过小，达不到逆变器输出要求；

10) 当选用具有双路 MPPT 输入的逆变器时，每一路输入功率只有总功率的 50%。原则上每一路设计安装功率应该相等，如果只接在一路 MPPT 输入端，逆变器输出功率将减半。

常见故障案例 2：

故障现象：某光伏电站出现逆变器停止工作，交流断路器跳闸。经检测发现光伏组串输出电压正常，但正负极对地电压均异常。

原因分析：这类故障常见的原因是光伏组串连线中某一点与光伏支架连电短路，一般都是组串线缆绝缘层受挤压、磨损等损坏造成的。

解决办法：检查问题组串的连接线，特别注意连接线与支架接触的地方，找出与支架触碰的部位，重新包裹或更换线缆。

常见故障案例 3：

故障现象：某光伏电站测得部分光伏组串输出电压过低。光伏组串输出电压过低，会造成系统输出功率降低，长期运行还有可能造成光伏组件被击穿损坏。

原因分析：这种故障一般是相关组串中的光伏组件有问题。由光伏电站监控系统和生产管理系统统计数据分析，对比相同子阵相同组串数的汇流箱输出功率和电流，查找出输出偏低的汇流箱及支路光伏组串。

解决办法：现场检测相关光伏组串中每个光伏组件的开路电压，查出开路电压异常的光伏组件，然后再检测其接线盒内部的几只旁路二极管，一般情况都是二极管击穿，将光伏组件局部或全部短路。如果二极管没有问题，那就是光伏组件本身内部有问题了。造成旁路二极管击穿的原因一般是光伏方阵局部遭受雷击，二极管耐压选型不够或质量差等。

有些光伏组件的接线盒内部在生产过程中用硅胶灌封，一般无法在现场进行二极管更换等检修。需要先用相同规格光伏组件替换或拉走修好后再安装。

7.2.3　光伏逆变器常见故障

光伏逆变器除了把直流电转换成交流电外，还承担着检测光伏组件和电网状况、系统绝缘、对外通信等任务。从长时间的运维角度分析，逆变器在整个光伏发电系统中作用举足轻重，故障占比较大。就逆变器本身而言，常见故障有因运输不当造成损坏、因极性反接造成损坏、因内部电源失效损坏、因遭受雷击而损坏、因散热不良造成功率开关模块或主板损坏、因输入电压不正常造成损坏、输出熔断器损坏、散热风扇损坏、烟感器损坏、断路器跳闸、接地故障等。可根据具体情况检修或更换逆变器系统。另外有一些故障，虽然不是逆变器本身故障，但是能通过逆变器的工作不正常或报警显示表现出来，主要有逆变器不能并网、直流过电压、电网故障、漏电流故障等。在此将这类故障也归到逆变器故障类来解决处理。

在上述这些故障中，散热风扇损坏、散热设计缺陷使逆变器内部温度过高造成电容器失效或损坏、IGBT开关模块损坏等是逆变器本身的高发故障。

1. 检修注意事项

1）检修前，首先要断开逆变器与电网的电气连接，然后断开直流侧电气连接。要等待至少5min，让逆变器内部大容量电容器等元件充分放电后，才能进行维修工作。

2）在维修操作时，先初步目视检查设备有无损坏或其他危险状况，具体操作时要注意防静电，最好佩戴防静电手环。要注意设备上的警告标示，注意逆变器表面是否冷却下来。同时要避免身体与电路板间不必要的接触。

3）维修完成后，要确保任何影响逆变器安全性能的故障已经解决，才能再次开启逆变器。

2. 典型故障及解决办法

（1）**故障现象：逆变器屏幕没有显示**

原因分析：逆变器直流电压输入不正常或逆变器损坏。常见原因有：①组件或组串的输出电压低于逆变器的最低工作电压；②组串输入极性接反；③直流输入开关没有合上；④组串中某一接头没有接好；⑤某一组件短路，造成其他组串也不能正常工作。

解决办法：用万用表直流电压档测量逆变器直流输入电压，电压正常时，总电压是各串中组件电压之和。如果没有电压，依次检测直流断路器、接线端子、线缆连接器、组件接线盒等是否正常。如果有多路组串，要分别断开单独接入测试。如果外部组件或线路没有故障，说明逆变器内部硬件电路发生故障，可联系生产厂家检修或更换。

（2）**故障现象：逆变器不能并网发电，显示故障信息"No grid"或"No Utility"**

原因分析：逆变器和电网没有连接。常见原因有：①逆变器输出交流断路器没有合上；②逆变器交流输出端子没有接好；③接线时，把逆变器输出端子上排松动了。

解决办法：用万用表交流电压档测量逆变器交流输出电压，正常情况下，输出端子应该有AC 220V或AC 380V电压，如果没有，依次检测接线端子是否有松动，交流断路器是否闭合，漏电保护开关是否断开等。

（3）**故障现象：逆变器显示电网错误，显示故障信息为电压错误"Grid Volt Fault"或频率错误"Grid Freq Fault""Grid Fault"**

原因分析：电网本身出现故障时也会造成逆变器无法正常工作，通常电网故障主要有电网交流电压过高或过低，电网频率超出正常范围。

解决办法：电网过电压问题多数原因在于原电网轻载电压超过或接近安全规范电压保护值，如果并网线路过长或压接不好导致线路阻抗（或感抗）过大，那么光伏系统是无法正常稳定运行的。解决办法是通过供电公司协调调整电压或者正确选择并网点。

电网欠电压与过电压的处理方法类似。但是如果出现独立的一相电压过低，那么除了原电网负载分配不均匀外，该相电网掉电或断路也会导致该问题，出现虚电压。

当电网频率有偏差导致逆变器不能正常并网时，应该是电网的电能质量出现了问题，需要与电网公司协调提高电网的供电质量。

在检修时，首先用万用表相关档位测量交流电网的电压和频率，如果确实不正常，等待电网恢复正常。如果电网电压和频率正常，说明逆变器检测电路发生故障。检查时先把逆变

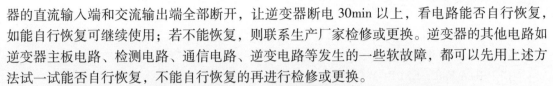

器的直流输入端和交流输出端全部断开，让逆变器断电 30min 以上，看电路能否自行恢复，如能自行恢复可继续使用；若不能恢复，则联系生产厂家检修或更换。逆变器的其他电路如逆变器主板电路、检测电路、通信电路、逆变电路等发生的一些软故障，都可以先用上述方法试一试能否自行恢复，不能自行恢复的再进行检修或更换。

（4）**故障现象：交流侧输出电压过高，造成逆变器保护关机或降额运行**

原因分析：主要是因为电网阻抗过大、线路老旧等，当光伏发电用户侧用电量太小，输送出去时又因阻抗过高，造成逆变器交流侧输出电压过高。这种现象常常出现在农村电网线路，单相线路上接有多台逆变器的场合，发生故障的时间大都在阳光充足天气的中午时分。

解决办法：①加大输出线缆的线径，线缆越粗，阻抗越低；②逆变器尽量靠近并网点，线缆越短，阻抗越低。例如，以 5kW 并网逆变器为例，交流输出线缆长度在 50m 之内时，可以选用截面积为 2.5mm^2 的线缆；长度在 50～100m 之间时，要选用截面积为 4mm^2 的线缆；长度大于 100m 时，要选用截面积为 6mm^2 的线缆。③使用铜线缆更换铝线缆。④适当调整逆变器的并网电压上限，使其超出现场线路实际电压，但要控制在国家标准的交流电压最高标准范围内，或按照逆变器生产厂家的要求范围调整。符合逆变器安全规定的电压范围一般是 180～242V，较高电压范围是 180～264V。

另外因电网线路老化或逆变器没有做好接地线路，造成零地电压过高时（正常零地电压最好要小于 1V），也会使逆变器出现电网电压超限报警故障。

（5）**故障现象：直流侧输入电压过高报警，显示故障信息"Vin over voltage"或者"PV Over Voltage"**

原因分析：组件串联数量过多，造成直流侧输入电压超过逆变器最大工作电压。

解决办法：根据光伏组件的温度特性，环境温度越低，输出电压越高。一般单相组串式逆变器输入电压范围在 80～500V，建议设计组串电压在 400～450V 之间。三相组串式逆变器的输入电压范围在 200～1000V 之间，建议设计组串电压范围在 900～950V 之间。在这个电压区间，逆变器效率较高，早晚辐照度低时逆变器还可以保持启动发电状态，又不至于使直流侧电压超出逆变器电压上限，引起报警停机。

（6）**光伏系统绝缘性能下降，对地绝缘电阻小于 2MΩ，显示故障信息"Isolation error"和"Isolation Fault"**

原因分析：一般都是光伏组件、接线盒、直流线缆、逆变器、交流电缆、接线端子等部位有线路对地短路或者绝缘层破坏，组串连接器松动进水，逆变器交流输出零线接触不良等。

解决办法：检修这类故障时，首先要排查是直流侧故障还是交流侧故障。断开电网、逆变器，依次检查各部件线缆对地的绝缘电阻，找出问题点，更换相应线缆或接插件。

（7）**逆变器本身硬件故障**

原因分析：这类故障一般是逆变器内部的逆变电路、检测电路、功率回路、通信电路等电路或零部件发生故障。

解决办法：逆变器出现上述故障，要先把逆变器直流侧和交流侧电路全部断开，让逆变器停电 30min 以上，然后通电试机，如果机器恢复正常就继续观察使用，如果不能恢复，就需要进行现场或返厂检修。

这些硬件故障显示信息有

"Consistent Fault" 一致性错误;

"Over Temp Fault" 内部温度异常;

"Relay Fault" 继电器故障;

"EEPROM Fail" EEPROM 错误;

"Com Lost"、"Com failure" 通信故障;

"Bus Over Voltage, Bus Low Voltage" 直流母线过电压或欠电压;

"Boost Fault" 升压故障;

"GFCI Device Fault" 漏电保护器装置故障;

"Inv Curr Over" 变频器电路过电流故障;

"Fan Lock" 风扇故障;

"RTC Fail" 实时时钟失败;

"SCI Fault" 串行通信接口故障。

7.2.4 直流汇流箱、直流配电柜常见故障

直流汇流箱、直流配电柜常见故障有:熔断器频繁烧毁故障(主要熔断器质量问题或熔断器额定电流选型是否偏小)、断路器故障(主要是断路器发热、跳闸)、支路电流异常故障、通信异常故障(信息采集器、包括汇流箱通讯采集模块损坏、RS485 通信线缆接触不良等)、接线端子发热故障(端子松动、接触电阻过大)、某一组串支路故障(接地绝缘不良、过电流)、直流拉弧故障等。

1. 断路器频繁跳闸

由于直流汇流箱长期在野外安置,环境及气候变化加速了断路器的老化,再加上断路器经常操作造成的机械磨损,使断路器中的脱扣器损坏,从而出现断路器频繁跳闸现象。断路器频繁跳闸大致有下列几个原因:

1)线路中的实际负荷电流长时间大于断路器的额定工作电流参数。

2)断路器输入输出端子连接的母排或线鼻子没有完全紧固或长期运行后松动,造成整个断路器发热和接触电流频繁变化。

3)输出线缆绝缘破损漏电或其他异物造成断路,以及配电柜、逆变器直流输入部分绝缘不良或有短路。

2. 支路电流为零

汇流箱支路电流为零的故障,一般按照下列顺序进行检查:

1)检查汇流箱的电流采集装置,当发现某一支路有电流为零的情况时,现场使用钳形电流表测量该支路电流,若确实为零,则说明故障在组串及支路线缆侧,若电流正常,则说明电流采集装置有故障,进行检修或者更换。

2)继续测量支路的开路电压,若开路电压为零,则说明该支路线缆存在断线或 MC4 连接器有虚接或连接不上的情况。若测量支路开路电压正常,则有可能是熔断器熔断或支路线缆存在接地情况。

3)用万用表测量熔断器是否完好,若熔断器熔断则进行更换,并排查造成熔断器熔断的原因。若熔断器完好,则需要检查直流线缆正负极线缆间绝缘电阻及正负极线缆对地绝缘电阻是否正常。检查测量前要将直流汇流箱侧正负极线缆及组串侧的正负极线缆断开悬空。

3. 支路电流偏小

支路电流偏小一般是电流采集装置的采集精度存在问题。可在现场用钳形电流表测量支路电流与采集装置数据电流做比较，测量相邻支路电流做验证，若其他支路电流正常，则说明该支路电流采集装置有故障，若差异较小，则说明不是采集装置故障，可进一步对该支路组串的表面清洁程度及是否存在遮挡做详细排查。

4. 汇流箱通信中断

目前光伏场站常用的通信技术是 RS485 总线通信方式。造成直流汇流箱、配电柜通信故障主要有下列几个原因：

1）通信线缆接触不良、松动、脱落或接线方式错误造成通信线路短路或断路。

2）通信线路内外屏蔽层被合并起来单点接地，没有充分发挥双重屏蔽层抗干扰的优势，在现场环境电磁干扰较大时会出现无法通信或通信中断故障。

3）通信线缆在敷设时，要与其平行敷设的动力电缆等保持足够的间距，具体间距要符合综合布线工程规范的要求，否则会在实际运行中对通信产生干扰。

4）通信参数设置有误。主要包括光伏电站地址设置错误、波特率设置错误、通信模式设置错误等。

5）数据采集器、交换机、发送接收器等通信装置发生故障，无法正常工作。需要检查并更换相应模块或设备，重新设置地址和波特率等参数。

5. 汇流箱烧毁

直流汇流箱在室外环境下长时间运行时，由于汇流箱的自身设计问题，安装施工问题或在运行中缺乏检查维护等问题，会使汇流箱出现局部过热、过电压、过电流或短路打火、直流拉弧，甚至会使汇流箱整个烧毁。汇流箱烧毁轻则导致该汇流箱各路输出电流均为零、监控失效、无法修复。重则会引起局部或整个电站发生火灾，造成重大损失。

汇流箱烧毁主要有下列几个原因：

1）汇流箱自身设计或质量问题。主要有汇流箱箱体偏小，布局不合理，汇流排采用铝排或铜排宽度较窄、厚度较薄，端子和汇流排接触面积较小，汇流排与箱体的安全距离较短，箱体内温度过高，引起发热和拉弧打火。

2）熔断器质量不合格造成熔断器烧毁，或熔断器的额定电流小于光伏组串的电流，或熔断器的电流选择过大，起不到保护作用。

3）直流汇流箱自身防水等级不够或在安装施工过程中受压变形，造成箱门间隙过大，风沙雨水等容易进入箱体内部，导致绝缘下降，发生电气故障。

7.2.5　交流配电柜常见故障

交流配电柜常见故障有：断路器端子因接触不良发热烧坏、防雷器因雷击击穿保护、过/欠电压保护器失效损坏、漏电保护器频繁跳闸等。可针对不同情况进行检修或更换。对于漏电保护器频繁跳闸，要区分是漏电保护器本身损坏还是光伏系统有漏电流过大的情况，若是光伏发电系统漏电流过大，要重点检查交流侧接地线是否有漏接现象，交流零线是否接触良好，接地系统线路是否规范，交流用电设备是否有漏电现象等。另外要考虑漏电保护器的漏电流检测阈值是否太小，可以更换阈值电流更高的漏电保护器（不可调节型），或者适当调高漏电保护器的阈值电流（可调节型）。

造成上述这些设备发生故障的原因，主要是设备内部各种直流、交流电器配件如熔断器、断路器、剩余电流动作保护器等本身质量不佳或容量等级选择不当，在长时间运行或夏季高温运行时，常常会发生故障。特别是一些产品投入运行不久就频繁发生故障，更说明设备产品本身质量欠佳。

　　在光伏发电系统的长期运行期间，发生故障在所难免，上述常见各类故障可能在运行期间会重复发生，或者又会暴露出新的问题，我们需要做的就是通过分析、统计和对比的方法，定期对各种故障进行分析和分类整理，对故障频发区和故障部位做到心中有数，发生故障后能够第一时间及时处理，并且在日常的巡检过程中，对故障频发区域加强巡检，尽量将故障处理在萌芽状态，将故障损失减少到最小。另外，通过对各类故障的发现、分析、处理、解决过程，也是迅速提高运维人员自身水平和能力的主要途径。

第 8 章

分布式光伏发电工程案例

本章将主要介绍几个分布式光伏发电工程的具体设计施工案例，内容涉及瓦屋顶、平屋顶、彩钢屋顶、光伏车棚等不同容量规模的光伏发电系统。使大家对各个案例的场地勘测、设备选型、设计思路及施工过程等有一个系统的了解，达到学习和借鉴的目的。

8.1 瓦屋顶光伏发电工程案例

瓦屋顶一般多为城镇、乡村居民家庭、宿舍、小别墅以及一些古建筑等的屋顶设计结构。早期的瓦屋顶基本都是三角支架木梁结构，后期有一些在混凝土浇筑屋顶外铺设瓦片的屋顶结构。瓦屋顶具有排水顺畅、冬暖夏凉等特点，也是光伏发电系统安装的主要场所。

8.1.1 瓦屋顶的现场勘测

常见的瓦屋顶主要有双面斜屋顶、四面斜屋顶、别墅屋顶及古建筑屋顶等，如图 8-1 所示，勘测这类屋顶主要关注和勘测的内容有以下几个方面。

1. 房屋存续年限

由于光伏发电系统的设计使用寿命都在 25 年以上，所以屋顶光伏电站利用的房屋建设剩余年限原则上要大于 25 年，当然许多房屋都可以通过结构加固及翻修的方式不断延长房屋使用年限。对于一些存续年限已经很长的老宅旧屋，无法利用屋顶对光伏发电系统进行安装固定的，可以采用钢结构焊接支架延伸和加高的形式，利用房屋墙面或者地面进行安装固定，以充分利用瓦屋顶北屋面面积，获得更大安装面积。在当地相关政策允许的情况下，还可以顺屋面延伸出遮雨棚、遮阳棚的方式，充分利用房屋外围空间。

2. 屋面朝向和倾斜角度

无论什么类型的屋顶，安装光伏方阵的最佳屋面朝向一定是正南正北向，在正南偏东或偏西 20° 范围内，对发电量的影响不是很大。如果偏差太大，则说明这个屋顶不适合安装或者考虑通过改变支架安装方式纠偏。

3. 屋顶结构类型与载荷

瓦屋顶内部结构主要有木梁、檩条构成的木质结构、混凝土浇筑结构两类。这两类屋顶结构基本都可以满足光伏组件安装的质量载荷和雪载荷。瓦屋顶光伏组件的安装角度一般会与屋面倾斜角度一致，由于组件与屋面之间空隙较小，故对正常的风载荷也能承受。如果项

双面斜屋顶

四面斜屋顶

别墅屋顶

古建筑屋顶

图 8-1　常见瓦屋顶建筑图

目所在地处于经常有台风或有暴雪地区，则要采取相应的加固承载措施。

4. 屋顶防水情况

勘测中要重点关注屋顶防水情况，向户主了解有无漏雨现象。如果有漏雨现象，则要和户主商量在光伏组件安装前先进行防水处理，或者利用有防水措施的光伏方阵解决屋顶漏雨问题。这个主要涉及责任问题及因采取防水措施提高的成本费用，因为在屋顶安装了光伏组件后，屋顶发生漏雨往往需要拆除部分组件进行处理，费工费时。有时还会产生责任纠纷，比如户主认为漏雨是因为安装光伏组件施工造成的。

5. 屋顶安装面积尺寸测量

瓦屋顶可安装面积勘测的主要测量尺寸如图 8-2 所示。主要有向阳面屋顶的长、宽及倾斜角度，对于古建筑屋顶，还要测量屋面弧度最低点与屋面弧度最高点的距离，以便选择相应尺寸的瓦屋顶支架挂钩固定件。如果屋面有遮挡阳光或有碍组件安装的附属物，如太阳能热水器，烟囱等，则要一并测量其位置及相关尺寸。

6. 并网容量及相关设备位置

勘测中要了解计划并网线路的变压器及电缆容量，是否还有剩余容量，是否满足计划安装容量并网；确定逆变器和并网计量配电箱的安装位置，一般考虑安装在房屋东墙、西墙、北墙或其他避免阳光直射的位置。还要初步勘测并网电缆铺设的具体路线和长度。

8.1.2　瓦屋顶的几种安装方式

根据房屋质量、年限及屋顶结构形式的不同，需要因屋制宜，采用不同的安装方式进行光伏组件的安装。常用的安装方式有挂钩安装、挂钩延伸安装、墙壁支架固定安装和落地支架固定安装。

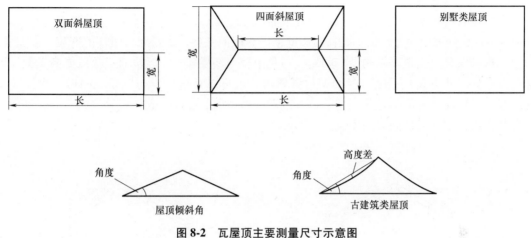

图 8-2　瓦屋顶主要测量尺寸示意图

1. 挂钩安装

挂钩安装方式是瓦屋顶最常用的安装方式，对于屋顶结构牢固可靠、承载余量大、瓦片容易掀开的屋面都可以优先采用，将挂钩固定在瓦片下面，不影响原有排水，如图 8-3 所示。挂钩安装步骤参看第 6 章中的图 6-13。掀开瓦片，将挂钩固定在木梁或水泥屋面上，然后放好瓦片，恢复原状。为防止打眼部位以后发生漏雨现象，可以在挂钩固定过程中，在固定孔及挂钩固定位置涂抹结构胶或防水涂料，瓦片复原后，还可以再覆盖一层大于原瓦片面积的防水材料，以保证防雨效果。这种安装方式一般都是顺屋面坡度安装，其倾斜角基本都不是最佳倾斜角，故对发电量会略有影响。

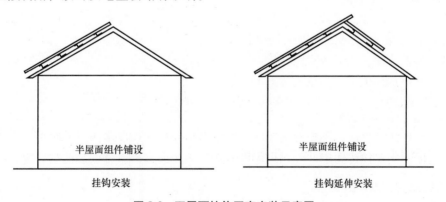

图 8-3　瓦屋面挂钩固定安装示意图

2. 挂钩延伸安装

挂钩延伸安装方式适用于组件排布超出屋脊或需要增大风载荷设计等场合，这种安装方式就是在瓦屋顶南向坡面正常安装挂钩的同时，在屋顶北坡面也相应安装部分挂钩，并通过U 型钢及连接件进行连接固定，如图 8-3 所示挂钩延伸安装方式。这种连接方式通过南坡面檩条的延伸加大了光伏组件铺设面积，利用北坡面的结构加固，提高了因组件面积加大增加的风载荷或者通过这种方式抵御风力过大地区的风载荷。这种安装方式的倾斜角一般也不是最佳倾斜角。

3. 墙壁支架固定安装

当屋顶载荷不够、屋顶瓦片无法揭开或希望全屋面铺满组件时，可采用架空支架形式。如果房屋墙壁的强度够大，则可以利用墙壁来固定屋面支架，进行光伏组件的安装，如图 8-4 所示。这种安装方式整体结构没有问题，只是南坡面斜梁较长一段没有支撑可能会发颤，因此可以选择尺寸更大、厚度更厚的型材做斜梁，也可以在这一段与屋顶之间做一个短节支撑，在接触屋面的一面垫合适尺寸的钢板以增大对屋面的压强。这种安装方式可以通过调整斜梁的角度而实现最佳倾斜角安装。

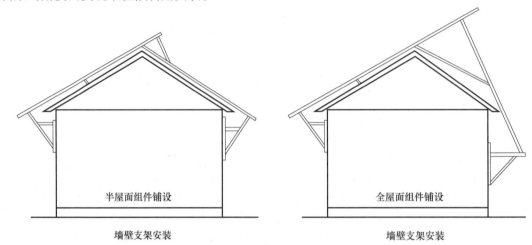

图 8-4　墙壁支架固定安装示意图

4. 落地支架固定安装

对于一些老旧房屋的屋顶，靠屋顶和墙体无法对光伏组件进行安装固定时，可以采用落地安装的方式。落地安装的支架一般都采用金属方管焊接连接，按照设计尺寸从房屋的前、后地面立起若干立柱，然后进行屋顶支架的连接与固定，如图 8-5 所示。这种安装方式可以实现最佳倾斜角安装。

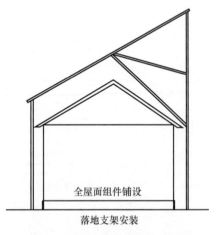

图 8-5　落地支架固定安装示意图

8.1.3　户用 14.5kW 瓦屋顶工程案例

1. 项目概况及勘测数据

某用户拟在自己瓦屋顶安装光伏发电项目，该住户位于北纬 37.73°，东经 112.48°。当地年最高气温为 38℃，最低气温为 -15℃，属于太阳能资源三类地区，年均水平面总辐射量为 1369kW/m²。

该建筑坐北朝南，呈双坡屋面，屋面长 16.8m，南北向屋面宽各为 4.46m，屋面南北向倾斜角度为 22°，屋面为混凝土盖瓦结构，屋面载荷符合上人屋面 200kg/m² 以上的要求。屋面朝东、西方向无树木和其他物体遮挡，屋面南边延伸出一个 0.6m 宽的挑檐，挑檐边缘有一圈 0.6m 高的栏杆，如图 8-6 所示。通过计算，栏杆高度对南屋面边缘有一定范围的遮挡，所以在光伏组件排布时，要避开阴影遮挡部位，整个方阵要向屋脊方向顺延排布。

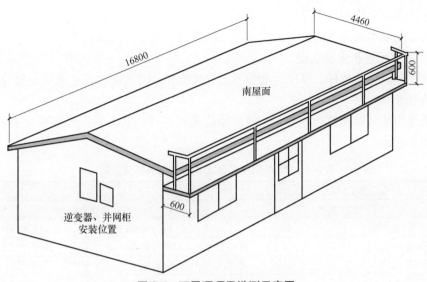

图 8-6 瓦屋顶项目勘测示意图

本项目经踏勘，南屋面可利用面积约 75m²，为安装更多容量，充分利用屋面面积，结合当下主流光伏组件尺寸都比较大的现状，计划选择挂钩延伸的安装方式，以充分利用北屋面的一些面积，组件方阵倾斜角将与屋面倾斜角保持一致，顺坡平铺。屋面西侧街道边有村内 380V 送电线路，距离院内电表箱约 15m。项目通过 380V 单点低压并网，采用全额上网模式。

2. 组件排布

根据屋面和院落勘测数据及现场实际状况，结合屋面可铺设面积及考虑预留运维检修空间，光伏组件安装占用面积要小于屋面有效面积，一般要在屋檐周边留出屋面有效面积 20%左右的边缘区域，以保证留有安全施工和正常运维的合理通道。要结合可安装面积长、宽尺寸及光伏组件尺寸等确定光伏组件排布方式。本项目经过反复比较，选择采用长、宽尺寸为 2172mm×1303mm 的某品牌 605W 单晶半片光伏组件 24 块两排纵向排列方式，如图 8-7 所示。

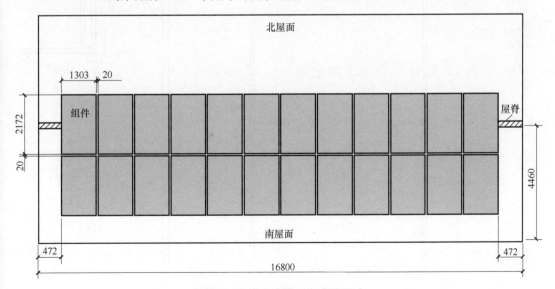

图 8-7 光伏方阵排列方式及尺寸

除了光伏组件的排布外，逆变器、并网柜等其他设备的安装位置也要在现场勘测中确定，这样也就能基本确定直流电缆和交流电缆的走向、路径及大致长度。

3. 系统主要配置和设备选型

本系统主要由光伏组件、并网逆变器及监控数据棒、并网配电箱、光伏支架等组成。

（1）光伏组件

本系统选用某品牌峰值功率605W的单晶硅光伏组件，其主要性能参数见表8-1。外形及尺寸如图8-8所示。

表 8-1　605W 的单晶硅光伏组件主要性能参数

太阳电池类型		P 型单晶硅	
电气参数（STC 测试）		机械参数	
峰值功率 P_{max}/W	605	外形尺寸（长×宽×高）/mm	2172×1303×35
峰值工作电压 U_{mp}/V	34.6	电池片尺寸（排列）/mm	210×105（6×20）
开路电压 V_{oc}/V	41.7	重量/kg	31
峰值工作电流 I_{mp}/A	17.5	面板玻璃厚度/mm	3.2
短路电流 I_{sc}/A	18.57	边框类型	阳极氧化铝型材
最大系统电压/V	1500	接线盒	防护等级 IP68
组件转换效率（%）	21.4	接线盒电缆	4mm²/12AWG，350mm
适用温度范围/℃	−40~85	连接器	MC4
温度系数（STC 测试）		其他参数	
短路电流温度系数	+0.04%/℃	正面最大静压负荷/Pa	5400
开路电压温度系数	−0.25%/℃	背面最大静压负荷/Pa	2400
峰值功率温度系数	−0.34%/℃	通过冰雹测试	直径 25mm，冲击速度 23m/s

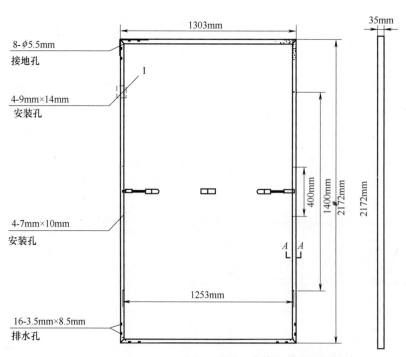

图 8-8　605W 光伏组件外形及尺寸

（2）并网逆变器

根据光伏组件的性能参数，拟选用某品牌 12kW 组串式逆变器，采用铝镁合金一体压铸技术，最大转换效率可达 98.6%，180V 的超低启动电压，可完美适配高效组件，全面提升发电量。该逆变器具有 150% 的直流超配能力，具有优异的散热设计和极致控温能力，体积小、质量轻，方便安装运维。其主要性能参数见表 8-2。

表 8-2　某品牌 12kW 并网逆变器主要性能参数

逆变器型号	GW12K-DT
输入参数	
最大直流输入功率/kW	18
最大直流输入电压/V	1000
启动电压/V	160
MPPT 工作电压范围/V	180~850
每路 MPPT 最大输入电流/A	12.5/25
每路 MPPT 最大短路电流/A	15.6/31.2
MPPT 数量	2
每路 MPPT 输入组串数	1/2
输出参数	
额定交流输出功率/kW	12
最大交流输出功率/kW	14
额定交流电压/V	400，3L/N/PE
额定交流频率/Hz	50
最大输出电流/A	20.3
功率因数	~1（0.8 超前…0.8 滞后可调）
最大总谐波失真	<3%
最大效率/中国效率	98.3% / >97.7%
常规参数	
工作温度范围/℃	−30~+60
相对湿度	0~100%
最高工作海拔/m	≤4000
孤岛保护	有
尺寸（宽/高/厚）/mm	354×433×155
重量/kg	18
冷却方式	智能风冷
通信接口	RS485/4G
夜间自耗电/W	<1
拓扑结构	无变压器型
防护等级	IP65

（3）并网配电箱

本项目并网配电箱逆变器输出交流开关选用 NXBLE-63A 带漏电保护型空气断路器，还串联一只 NBH-63 自复式过/欠电压保护器，用于同逆变器一起（逆变器本身自带孤岛保护功能）实现双重孤岛保护；配电柜内配置一组浪涌保护系统，用于防止电网雷电感应过电压对逆变器造成的伤害，其中保护开关采用 NXB-63 型 C32 空气断路器，浪涌保护器采用 NXU-4P/40kA 型。配电柜输出并电网侧电表前后各安装了一台 AC20A 型刀闸开关，用于在光伏发电系统和公共电网系统之间设置明显的并网断开点。该并网配电箱内部结构如图 8-9 所示，电气连接如图 8-10 所示。

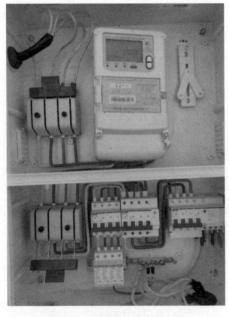

图 8-9 并网配电箱内部结构

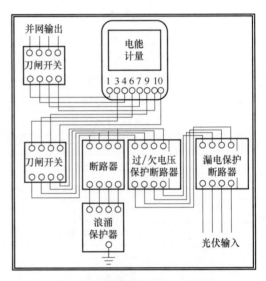

图 8-10 并网配电箱内电气连接

（4）电缆选型

本系统选用直流电缆为 $2.5mm^2$ 或 $4mm^2$，逆变器输出交流电缆为 $6mm^2$ 铜芯电缆，并网输出电缆选用 $6mm^2$ 铜芯电缆或 $10mm^2$ 铝芯电缆。

4. 光伏组件与逆变器配置计算

根据规划设计的光伏组件串数量，结合光伏逆变器的选型，需要对其配置合理性通过计算进行验证。

（1）组串开路电压及 MPPT 电压范围计算

$$逆变器最大直流输入电压(V) \geq 组件开路电压(V) \times 组件串联数 \times$$
$$[1 + 组件开路电压温度系数 \times (使用环境最低温度 - 25℃)]$$

$$组串开路电压 = 41.7V \times 12 \times [1 + (-0.25\%) \times (-15℃ - 25℃)]$$
$$= 550.44V < 1000V$$

$$组串最大工作电压 = 34.6V \times 12 \times [1 + (-0.25\%) \times (-15℃ - 25℃)]$$
$$= 456.72V < MPPT 最大电压 850V$$

组串最小工作电压 = 34.6V×12×[1+(−0.25%)×(65℃−25℃)]

$\qquad$ = 373.68V > MPPT 最小电压 180V

（2）容配比计算

605W×24 块 = 14.52kW：12kW，组件容量与逆变器容配比为 1.21：1

（3）计算小结

从整体计算结果看，虽然计算结果都能满足逆变器各种参数的要求，设计合理，但由于屋顶面积的限制，光伏组串只能排布成 12 块一串，达不到最理想的结果。另外光伏组件设计为顺坡铺设，倾斜角为 20°，没有达到当地最佳倾斜角，为最大化的充分利用设备效能，提高发电效率，降低设备成本，在逆变器选型时，选择了交流输出功率为 12kW 的逆变器，有意识地提高容配比为 1.21：1。

5. 基础挂钩排布和支架结构设计

本项目屋面共使用瓦屋面专用固定挂钩 54 套，其中南屋面安装 36 套，北屋面安装 18 套，挂钩排布安装尺寸如图 8-11 所示。光伏组件铺设要延伸到北屋面，在斜梁延伸的同时为加强支架载荷，将南屋面铺设导轨斜梁延伸过屋脊，与北屋面斜梁通过螺栓进行结构连接，形成一个三角形的支架结构，具体结构尺寸如图 8-12 所示。

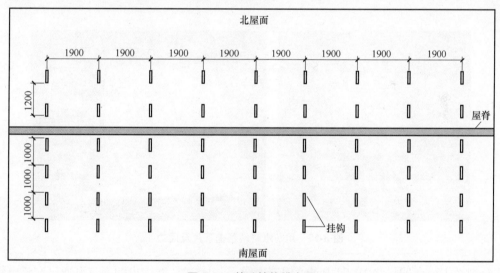

图 8-11　基础挂钩排布图

6. 挂钩安装施工要点

施工安装挂钩时要轻轻揭开相应位置的瓦片，用 2 只 M12mm×80mm 长膨胀螺栓将挂钩固定在屋面混凝土面上，打孔时要注意利用冲击钻深度标尺测量孔深，防止打穿混凝土层。打孔过程中尽量通过提拉电站带出孔内碎土，并进行彻底清理。向孔内注入密封胶，放入膨胀螺栓，固定挂钩，挂钩与屋面结合面也要用密封胶进行涂抹。挂钩周围根据需要用水泥填充后将瓦片复原。为防止发生漏雨，还可剪取比原瓦片尺寸略大的防水材料再次覆盖在原瓦及其周边，如图 8-13 所示，保证施工面防水良好。

7. 系统电气连接设计

两组光伏组串的连接示意如图 8-14 所示。光伏组件一正一负串接以后，通过直流延长

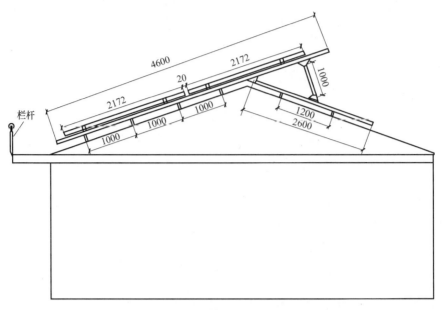

图 8-12　光伏支架结构尺寸

图 8-13　用防水材料覆盖瓦片及周边

电缆分别送入逆变器两路 MPPT 各自的直流输入端，经逆变器输出的交流电通过交流电缆送入并网配电柜，经过配电柜的过欠压、防雷保护及电量计量后，并入交流电网，具体线路连接如图 8-15 所示。

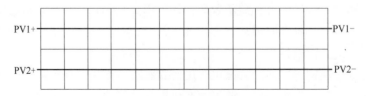

图 8-14　光伏组串连接示意图

8. 设备安装与防雷接地

交流逆变器和并网配电箱安装在该用户侧墙勘测确定位置，要求设备底部距离地面

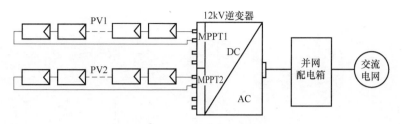

图 8-15　并网系统电气连接

1.8m 以上，如图 8-16 所示。防雷接地系统由光伏组件边框作为接闪器，所有组件之间通过接地线连接后与支架进行可靠连接，支架及逆变器外壳、并网配电柜外壳等通过引下线接地，引下线采用直径 8mm 镀锌圆钢，一端与屋面支架焊接，另一端与接地极焊接，接地极采用 L40mm×40mm×4mm 角钢打入屋边合适的地下，接地极顶端距地面 0.8m。

　　通信监控系统采用逆变器自带数据采集棒直接安装到光伏逆变器的数据输出端口，通过 GPRS 向用户及企业平台传输逆变器运行数据。整个项目完成后全景如图 8-17 所示。

图 8-16　交流逆变器和并网配电箱的安装

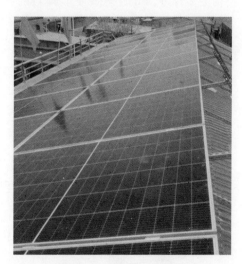

图 8-17　项目完工全景图

8.2　平屋顶光伏发电工程案例

　　平屋顶一般多为城镇、乡村居民家庭、学校、医院、机关办公楼、工厂园区、物流园区等的屋顶设计结构。平屋顶有木梁砖混结构、预制板结构以及混凝土浇筑结构等，也是光伏发电系统安装的主要场所。

8.2.1　平屋顶的现场勘测

　　常见平屋顶结构类型如图 8-18 所示，主要有带女儿墙平屋顶、女儿墙加挑檐平屋顶等。这类屋顶的主要勘测内容与瓦屋顶基本相同，在勘测中要注意测量女儿墙的高度，以及有些物贸园、商城等在女儿墙或屋顶安装的广告及商业牌匾等对光伏方阵的遮挡。

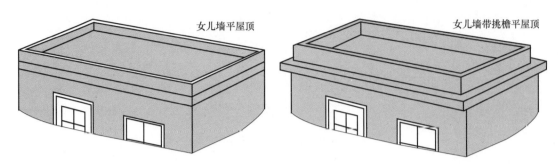

图 8-18　常见平屋顶建筑图

平屋顶的勘测内容与瓦屋顶类似，也要考察房屋存续年限、屋顶结构类型和载荷、屋面防水情况等。还要勘测屋面的长、宽尺寸及女儿墙的高度、厚度，屋顶上的阁楼、电梯间及空调设备占用位置及尺寸等，如图 8-19 所示。要考虑女儿墙对最前排组件的遮挡距离，如果有广告牌要协调是否可以调整或拆除。对于一些家庭用户的屋顶，为了充分利用屋顶面积，安装更多容量，可能会做一个倾斜的大方阵覆盖整个屋顶（有些地区称之为"平改坡"），计划采用这种方式时，还需要考虑整个方阵的阴影对房前屋后邻居采光的遮挡问题，以及大面积的风载荷问题。

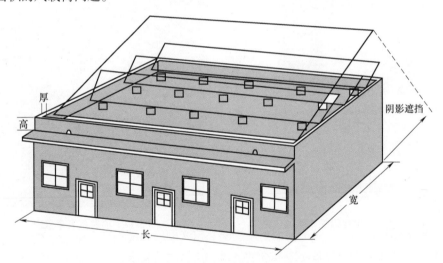

图 8-19　平屋顶主要测量尺寸示意图

8.2.2　平屋顶的安装及固定方式

1. 平屋顶的几种安装方式

平屋顶常见的安装方式有分列式安装、全覆盖安装、封彩钢安装和阳光棚安装等方式，如图 8-20 所示。

分列式安装适合面积比较大的工商业类屋顶，可根据现场实际情况及选用光伏组件的尺寸排列方阵，决定纵向排列还是横向排列，计算排列间距。对于有女儿墙、广告牌、屋顶造型及屋面附属物等要考虑不同季节、不同数据对光伏方阵的遮挡，排列时尽量使光伏组件避开上述物体的阴影遮挡。

屋面全覆盖的安装方式一般用于户用屋顶安装，这种方式可以实现安装容量的最大化，有些用户还可以通过这种方式解决屋顶防水漏雨问题（组件间缝隙要有防水措施）。这种方式可以按最佳倾斜角安装，以获得更大的发电量。但较大的倾斜角又会使整个方阵的风载荷较大，因此需要在支架钢材选用和基础固定方式上加强，防止光伏方阵被大风吹翻。

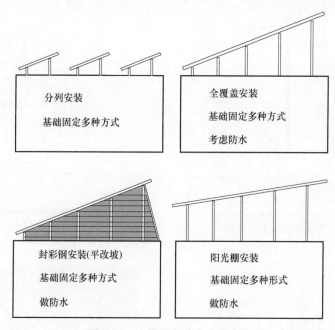

图 8-20　平屋顶安装方式示意图

　　在屋面全覆盖安装的基础上，有些用户将光伏支架的背面和两个侧面用单层彩钢瓦封包起来，形成相对密封的"平改坡"方式。这种方式在降低整个光伏方阵风载荷的同时可以遮挡雨、雪进入屋面，减少风吹日晒对屋面的侵蚀，还可以在屋顶形成一个干净防水的储物空间，不足之处是夏季可能影响组件散热，对组件的清洗也基本无法操作。

　　在一些平屋顶还可以将光伏支架设计成阳光棚的形式，既满足了屋面防水要求，又在屋面建设了一个具备储存物品和人员活动的高度空间。阳光棚的高度不宜太高，一要符合当地政府或规划要求，二要保证支架具备相应高度的抗风、抗雪载荷要求，一般最高点不宜超过 2.8m。

2. 平屋顶基础固定方式

　　基础固定可根据屋面具体情况采取膨胀螺栓直接固定、混凝土配重块固定或沉埋式配重等方式，若屋顶楼板混凝土厚度在 100mm 以上，并且屋面还没有做防水保温层时，则可以考虑用膨胀螺栓固定方式，在混凝土屋顶相应位置上钻孔，用膨胀螺栓将支架立柱底座固定在屋顶上，如图 8-21 所示，膨胀螺栓埋入屋面的长度要<80mm，钻孔时注意不能把楼板打穿，孔内灰尘要清理干净，最好再注入一些防水硅胶或植筋胶。

　　当屋面已经做了保温层及防水层，屋顶载荷也没有问题时，可以采用混凝土预制配重块固定支架，如图 8-22 所示。

　　如果一些老旧屋面载荷不够，如用红砖黄土做防水及保温层，或者防水层年久失修有漏雨情况，则可以采用沉埋式配重方式。这种方式的配重块或浇筑基础可以薄一些，以减轻配重对屋面的压载，通过沉埋方式增加基础与屋顶的附着力。这种方式需要在确定基础的位置按照基础尺寸挖开屋面的防水和保温层，将配重块（或现场浇筑）放入坑中掩埋，然后重新做屋面防水层，具体示意如图 8-23 所示。

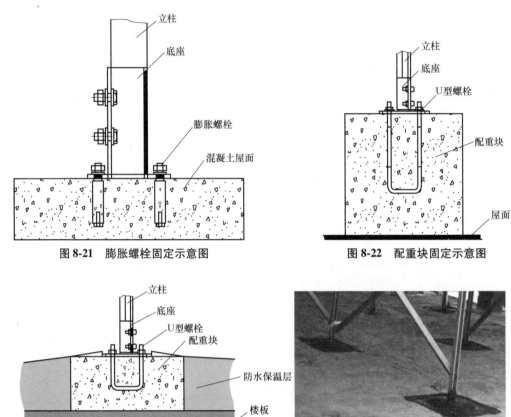

图 8-21　膨胀螺栓固定示意图　　　　　图 8-22　配重块固定示意图

图 8-23　沉埋式配重固定示意图

3. 光伏方阵的防水处理

有些用户在屋顶安装了光伏方阵后，希望能够通过光伏方阵的安装解决原屋顶的漏雨问题，或作为阳光棚使用和存放物品。光伏方阵的防水处理就是通过在组件与组件的缝隙之间塞防水胶条、打耐候硅胶和安装导水槽几种方式，如图 8-24 所示。

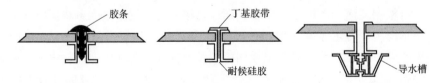

图 8-24　光伏方阵的防水处理示意图

8.2.3　44kW 平屋顶光伏系统工程案例

1. 工程概况

用户孟先生利用自家屋顶建设分布式户用光伏电站，该项目工程位于北纬 37.14°，东经 113.15°，海拔 735m，属于太阳能资源 3 类地区，有效利用小时数为 1381h。当地年平均气温 10.1℃，最低气温−11℃，最高气温 36℃，屋面结构为浇筑结构。因房屋周围有 380V 供电线路，拟通过低压 380V 单点 T 接并网，采用自发自用余电上网模式。

该项目勘测如图 8-25 所示，建筑坐北朝南，建筑长 24m、宽 8.1m、高 4.5m，房檐厚 1.5m。屋面为混凝土浇筑平屋面，前后墙上有 0.3m 和 0.2m 高的女儿墙，女儿墙厚 0.015m。建筑周围无高大树木及其他建筑物遮挡。用户要求按最大容量进行安装，初步设计在屋面利用配重块及焊接支架，并按照当地最佳倾斜角 32°铺满整个屋面。逆变器和并网箱安装在方阵背面，距并网点直线距离 90m。

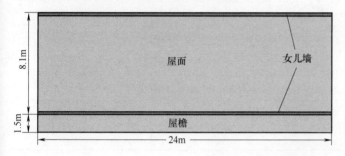
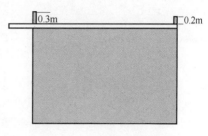

图 8-25　用户屋顶勘测尺寸图

2. 系统构成概述

根据屋面结构状况及可利用有效面积的长宽尺寸，拟选用目前主流高效组件进行安装，整个系统采用 550W 单晶硅光伏组件 80 块，纵向排列 4 块×20 块组成 1 个方阵，共计设计总容量为 44kW，容配比为 1.1∶1。其中每 16 块（或 20 块）组件串联连接构成一个组串，5 组（或 4 组）组串接入一台交流额定输出功率 40kW 三相组串式逆变器组，逆变器输出的 380V 三相交流电，经交流并网配电柜，通过 T 接方式并入项目住户附近 380V 三相交流电网中。为了最大化利用屋顶面积，光伏方阵采用如图 8-26 所示的方式进行屋顶全覆盖安装。

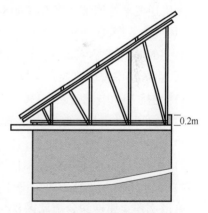

图 8-26　44kW 户用光伏方阵安装方式示意图

3. 系统主要配置和设备选型

（1）光伏组件

为尽量提高有效面积的发电量，本系统选用了时下主流产品，某品牌 550W 单晶硅半片单玻光伏组件，组件型号为 LR5-72HPH-550M，其主要性能参数见表 8-3。

表 8-3　550W 光伏组件主要性能参数

太阳能电池类型	单晶硅电池（半片单玻）
最大功率 P_{max}/W	550
最佳工作电压 U_{mp}/V	41.95

（续）

开路电压 V_{oc}/V	49.8
最佳工作电流 I_{mp}/A	13.12
短路电流 I_{sc}/A	13.98
最大系统电压/V	DC1500
组件效率（%）	21.5
适用工作温度/℃	−40~85
最大保险丝额定电流/A	25
输出线长/mm	+400，−200
尺寸（长×宽×高）/mm	2256×1133×35
重量/kg	27.2
开路电压温度系数/（%/℃）	−0.27
最大功率温度系数/（%/℃）	−0.35

（2）光伏逆变器

光伏逆变器选用某品牌 GCI-40K-5G 组串式逆变器，其主要性能特点如下：

1）最大效率 98.8%；

2）4 路 MPPT 输入，精确的 MPPT 算法，更灵活，更高效；

3）直流组串智能监控，支持后台智能 I-U 曲线扫描诊断；

4）支持 13A 电流输入，130%直流侧超配；

5）超低启动电压，超宽电压范围；

6）内置交直流侧二级防雷；

7）可选 AFCI 直流电弧故障保护，保障电站安全；

8）自然散热，无外置风扇设计。

该逆变器主要性能参数见表 8-4。

表 8-4　GCI-40K-5G 组串式逆变器主要性能参数

类别	逆变器型号	GCI-40K-5G
直流输入	最大直流输入功率/kW	52
	最大直流输入电压/V	1100
	额定输入电压/V	600
	启动电压/V	180
	MPPT 工作电压范围/V	200~1000
	最大输入电流/A	4×26
	最大输入短路电流/A	4×40
	MPPT 数量/最大输入组串数	4/8

（续）

类别	逆变器型号	GCI-40K-5G
交流输出	额定交流输出功率/kW	40
	最大视在功率/kVA	44
	最大有功功率/kW	44
	额定电网电压/V	3/N/PE 380
	额定电网频率/Hz	50
	工作频率范围/Hz	47~52
	额定电网输出电流/A	60.8
	最大输出电流/A	66.9
	功率因数	>0.99（0.8 超前…0.8 滞后）
	总电流谐波畸变率（%）	<3
效率	最大效率（%）	98.8
	欧洲效率/中国效率（%）	98.3
保护	直流反接保护；交流短路保护；交流输出过电流保护；浪涌保护（直流二级/交流二级）；电网检测；孤岛保护；温度保护；组串故障检测；组串 I/V 曲线扫描；PID 保护（可选）；集成直流开关	
基本参数	尺寸（长×宽×高）/mm	647×629×252
	重量/kg	45
	拓扑	无变压器
	自耗电/W	<1（夜晚）
	工作环境温度/工作环境湿度	−25~60℃/0~100%
	防护等级	IP65
	冷却方式	自然冷却
	最高工作海拔/m	4000
	并网标准	NB/T32004
	安规/EMC 标准	IEC62109，62116，EN61000
	直流端口	MC4 连接器
	交流端口	OT 端子
	通信接口	RS485，可选：WiFi，GPRS
	显示屏	LCD，2×20Z

（3）并网配电箱

并网配电柜是根据系统设计要求，结合现场实际安装位置等因素加工定制的。配电柜外壳采用厚度 1.2mm 的不锈钢板冲压制作，防护等级不低于 IP20。柜内电气元件采用知名品牌产品，使配电柜具备防雷接地、隔离、防逆流、过载和二次防孤岛保护等功能。其内部结构如图 8-27 所示，由交流输出开关、过/欠电压保护器、浪涌保护器、发电量计量表及刀闸开关构成。

（4）电缆选型

组串输出选择 $2.5mm^2$ 或 $4mm^2$ 直流电缆；逆变器输出交流电缆选择 $16mm^2$ 铜电缆；并网输出电缆选用 $35mm^2$ 铝电缆。

4. 组件串联及排布设计

该系统整个方阵由 80 块组件纵向 4 排，每排 20 块构成。组串设计有两种方案，一种方案是每 16 块组件构成一个组串，共分为 5 个组串，如图 8-28 所示；另一种方案是每 20 块组件构成一个组串，共分为 4 个组串，如图 8-29 所示。经过设计计算，两种方案都可以实施，说明组件与逆变器选型、配置合理。

图 8-27 并网配电箱内部结构图

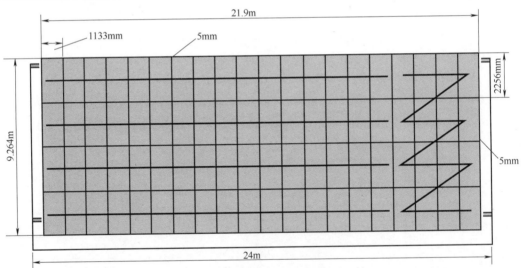

图 8-28 组串构成方案 1

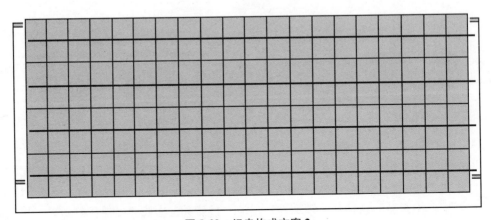

图 8-29 组串构成方案 2

该系统选用组件的开路电压温度系数为-0.27%/℃，结合项目地最低、最高温度，两种方案计算过程及结果分别如下：

（1）16块组串

$$49.8V \times 16 \times [1 + (-0.27\%) \times (-11 - 25)] = 874V < 1100V$$

计算16块组串工作电压在不在逆变器MPPT范围为

$$41.95V \times 16 \times [1 + (-0.27\%) \times (-11 - 25)] = 736.4V < 1000V$$

$$41.95V \times 16 \times [1 + (-0.27\%) \times (65 - 25)] = 598.7V > 200V$$

（2）20块组串

$$49.8V \times 20 \times [1 + (-0.27\%) \times (-11 - 25)] = 1093V < 1100V$$

计算20块组串工作电压在不在逆变器MPPT范围为

$$41.95V \times 20 \times [1 + (-0.27\%) \times (-11 - 25)] = 920.6V < 1000V$$

$$41.95V \times 20 \times [1 + (-0.27\%) \times (65 - 25)] = 824V > 200V$$

两种不同的组串设计方案其系统连接方式如图8-30所示。通过计算结果和系统连接方式可以看出，用16块组串构成的系统，总有一路MPPT输入端要接入2组组串，这一路的最大输入电流在阳光最好时有可能会超过26A（组件最佳工作电流13.12A×2）。用20块组串构成的系统，虽然没有这个问题，但组串最大开路电压为1093V，接近了逆变器最大输入电压的1100V，你倾向于那种方案呢？

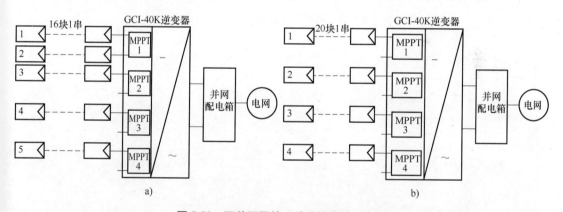

图8-30 两种不同的系统连接方案示意图

a）16块1串系统连接方式　b）20块1串系统连接方式

5. 基础与支架设计

该系统支架全部采用40mm×60mm热镀锌方管焊接完成。支架立柱与屋面基础钢板焊接固定。然后现场浇筑配重块基础，基础尺寸为400mm×400mm×200mm。基础与支架设计制作如图8-31所示。逆变器和并网配电箱的安装如图8-32所示。

6. 防雷接地系统

该系统支架为全部焊接连接方式，防雷接地没有专门设计避雷针，而是通过光伏组件边框与支架的多点连接实现接闪器功能。在屋后墙角部位用L50mm×5mm×2000mm的镀锌角钢接地极垂直打入土质较好的地下作为接地极，接地极顶端距地面距离不小于0.8m，接地极通过-40mm×4mm镀锌扁钢与方阵支架焊接连接，如图8-33所示。

图 8-31　基础与支架设计制作图片

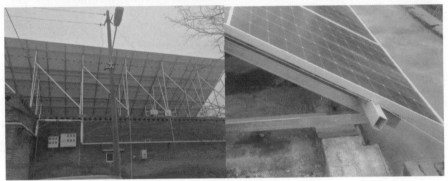

图 8-32　系统逆变器、并网配电箱的安装

7. 监控通信系统

该系统的监控通信依然采用内置 GPRS 芯片的数据棒，如图 8-34 所示，直接插到逆变器的数据端口，通过 GPRS 移动网络传输数据，确保用户可以长期、稳定、不间断地监控光伏发电系统工作状况。

8. 组件固定和防水处理

该用户在系统设计之初就要求整个方阵起到防水作用，并计划利用工程耐候硅胶填充组件与组件之间的缝隙，这样无论是组件的固定方式还是组件与组件之间的间隙，都与常规方式有所不同。该系统支架全部采用方管材料，光伏组件的固定采用角码连接固定，如图 8-35

所示。同时，组件与组件之间的间隙也由一般常规的 20mm 缩小到 5mm，并在所有缝隙内都打入硅胶，起到防水作用，如图 8-36 所示。

接地扁铁

图 8-33　接地连接方式

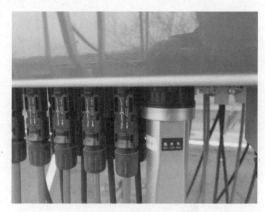

图 8-34　数据采集棒

图 8-35　组件固定方式

图 8-36　组件间填充防水硅胶

8.3　彩钢屋顶光伏发电工程案例

8.3.1　彩钢屋顶的现场勘测

彩钢屋顶的排水性能较好，其倾角通常为5°~15°不等。为了确保屋顶原结构的安全、防雨性能和抗风能力，在彩钢屋顶安装光伏组件，一般都采用直接平铺安装的方式，而对于屋面坡度较大或者较高纬度地区的北向屋面，则要采用另外安装倾斜支架，或者放弃安装。

彩钢屋顶的勘测除了上述一些屋顶共性内容之外，需要特别关注下列一些问题：

1) 屋顶的载荷。彩钢屋顶的载荷与屋顶房梁结构、间距，彩钢本身钢材强度、厚度都有直接关系，一些屋顶因用途不同设计比较单薄，不一定能满足正常的载荷要求，所以勘测时要通过图纸或实物勘测房梁结构及间距尺寸，如图8-37所示，在检查和计算是否满足载荷要求的同时，最好把光伏方阵支架夹具或固定件设计安装在有梁的位置。对于载荷不能满足要求的屋顶，要通过结构及屋顶加固后实施安装。

2) 屋面朝向和坡度。彩钢类屋面大都是双坡屋面，倾斜角从5°~15°不等，这类项目光伏组件一般都是顺坡平铺，双坡面有朝向正南正北的，也有朝向正东正西的，无论什么朝向，都不是最

图8-37　彩钢屋顶内部钢结构图

佳倾斜角和方位角，特别在纬度25°以上地区，光伏系统发电量会受较大影响。因此要根据具体场景适当增加容配比。对于不同朝向的光伏方阵，分别对应接入不同的逆变器中。

3) 彩钢瓦类型及波峰尺寸间距。勘测中要注意彩钢瓦波峰结构类型，如角驰、直立锁边、梯形等，并测量其具体尺寸，以配置尺寸合适的夹具或固定件，另外要测量波峰间距，如图8-38所示，以便在设计时确定夹具的固定间距。

图8-38　彩钢瓦波峰间距测量示意图

4) 屋顶的防水与锈蚀。在勘测过程中，要通过沟通和观察了解屋顶防水是否完好，有没有漏雨情况，如果有漏雨情况则一定要先重新做好防水，才可以进行光伏组件的安装。同样，屋顶的锈蚀程度也是勘测中需要重点检查的，对于屋顶锈蚀不严重的要先进行表面除锈和防锈漆涂刷，对于锈蚀严重，甚至出现钢板局部锈烂穿透现象的，要先进行更换，更换时最好更换不锈钢彩钢瓦，以保证25年中不用进行光伏组件的二次拆装。无论是防水处理还是锈蚀处理，勘测完毕后都要同业主沟通协商，明确具体解决方法、费用问题和双方责任义务等。

8.3.2　彩钢屋顶光伏系统安装形式

彩钢瓦屋面的几种安装形式如图 8-39 所示，大致分为 3 种情况。

图 8-39　彩钢屋顶光伏系统安装示意图

1. 低纬度、小角度

当屋面处于低纬度地区（纬度≤25°），屋面倾斜角也比较小时，无论东西走向还是南北走向的屋面都可以全部利用。光伏组件可以直接顺屋面平铺，尽管都不是最佳倾斜角和方位角，但也可以获得不错的发电量，发电量损失在 5% 之内，为提高发电效率，可以适当增加容配比。另外有些项目为解决屋顶漏雨问题，还可以在屋面先铺设导水槽，再安装光伏组件。

2. 低纬度、大角度

当屋面虽然处于低纬度地区，但屋面倾斜角比较大时，东西走向屋顶朝北的屋面如果直接安装光伏组件，则发电量损失会比南屋面多 8%~10%，如果想利用北屋面并获得正常的发电量，就需要安装带倾斜角的支架，使北屋面的倾斜角与南屋面一致。当然采用这种方式，要保证屋面强度、支架强度和组件的安装方式满足因倾斜角增大而增大的风载荷要求。

南北走向屋顶朝东、朝西的屋面虽然可以直接顺屋面安装光伏组件，但其发电量也会受一些影响，会呈现上午东面发电多，下午西面发电多，特别在冬季这种现象更加明显。

3. 高纬度、小角度

当屋面处于高纬度地区（纬度≥35°），但屋面角度比较小时，对于东西走向的屋面，朝南屋面顺坡平铺对发电量影响很大，朝北屋面基本无法考虑安装。最好的方式是南、北屋面都采用带倾斜角支架分部排列，这样可以实现全屋面利用，也可以得到更大的发电量。南北走向的屋面如果也想利用，则其结果与低纬度、大角度状态类似。

如果在高纬度地区，屋面倾斜角也较大，则北屋面就基本不能安装了。

8.3.3　204kW 彩钢屋顶光伏系统工程案例

1. 工程概况

这个项目工程位于太原市晋源区某家具厂房屋顶，整个厂区构成是一个类似四合院的形状，厂房及办公区屋顶全部是彩钢板屋顶结构。根据业主要求和现场勘测情况，先在南、北和西侧三个屋顶铺设光伏方阵，东侧屋顶留做以后开发。该地位于北纬 37.73°，东经 112.48°，年最高气温为 38℃，最低气温基本为 -15℃，历史最低气温曾经达到 -21℃。

该业主因开展电动汽车充电业务，已经安装了 6 台充电桩，并申请自备了 630kVA 箱式变电站，为充电桩供电。利用厂房屋顶申请安装 200kW 光伏发电系统，主要是以自发自用为主，通过太阳能光伏发电补充工厂及充电桩用电，剩余电量并入电网，因此本项目采用自发自用、余电上网的模式，通过380V低压并网，并网点设于箱式变电站低压端专为光伏发电系统并网预留的空余配电柜内。这个工程的实施也为今后建设光储充一体化项目奠定了良好的基础。建成的204kW工厂屋顶光伏发电系统外观如图8-40所示。

图8-40　204kW工厂屋顶光伏发电系统外观

2. 系统构成概述

根据屋面尺寸和安装面积，经过组件排布设计，该项目设计总容量为204kW，整个系统共用680块300W的单晶硅光伏组件分成了4个方阵，分布在南屋顶、北屋顶的朝南坡面和西屋顶的东西坡面，如图8-41所示。设计为每20块光伏组件构成一个光伏组串，其中南、北屋顶各安装光伏组件120块，各构成6组光伏组串；西屋顶的东坡面安装光伏组件200块，构成10组光伏组串；西屋顶的西坡面安装光伏组件240块，构成12组光伏组串。

屋顶坡面宽度较小，屋顶边缘到屋脊宽度只有7.3m，四排组件的纵向长度为6.6m。在排布光伏方阵时，组件方阵的下边缘与屋顶边缘预留了0.1m的距离，组件方阵的上边缘与屋脊之间预留了0.2m的距离，方阵与方阵之间横向只能有0.4m的安装通道，方阵与方阵之间纵向预留了1m的安装通道。

考虑到光伏支架强度、系统成本、屋顶结构强度、使用安全性等因素，没有按照当地最佳倾角设计光伏方阵角度，光伏方阵按照屋顶坡度倾角平铺安装。系统采用4台额定功率50kW的GCI-50K三相组串式光伏逆变器。逆变器将光伏组件所产生的直流电转化为380V的三相交流电，通过交流汇流箱、并网配电柜后并入业主自备的箱式配电柜的380V三相交流电网中。

3. 系统主要配置和设备选型

该系统主要由光伏组件、光伏逆变器、交流汇流箱、并网配电柜及防雷接地装置等组成。

（1）光伏组件

为尽量提高有效面积的发电量，本系统在光伏组件选型时，经过考察对比，结合业主意见，选用了"隆基"300W单晶硅光伏组件，组件型号为LR6-60PE-300M，其主要性能参数见表8-5。

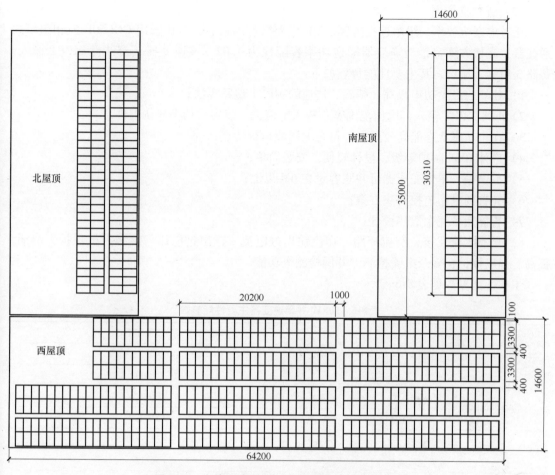

图 8-41 光伏方阵排布设计示意图（单位：mm）

表 8-5 300W 光伏组件主要性能参数

太阳能电池类型	单晶硅电池
最大功率 P_{max}/W	300
最佳工作电压 U_{mp}/V	31. 32
开路电压 V_{oc}/V	38. 86
最佳工作电流 I_{mp}/A	9. 527
短路电流 I_{sc}/A	10. 01
最大系统电压/V	DC1000
组件效率（%）	18. 35
适用工作温度/℃	−40～85
最大保险丝额定电流/A	15
输出线长/mm	1000
尺寸（长×宽×高）/mm	1650×991×40
重量/kg	18. 2

（2）光伏逆变器

在考虑系统效率、组串连接方便、MPPT 路数等因素后，对比选用 GCI-50K 三相组串式逆变器，光伏方阵容量与逆变器额定功率容配比为 1.02。该逆变器具有 4 路 MPPT 输入，每路 3 组输入端口，其主要性能特点如下：

1）独立的最大功率跟踪，精确、快速的 MPPT 追踪算法；

2）4 路 MPPT 输入，电压范围宽，输入电流大，兼容大功率光伏组件；

3）在小功率状态能高效运行，符合太阳能运行特点；

4）户外 IP65 防护等级，设计轻便，安装简单；

5）抗谐振，单体变压器可并联容量在 6M 以上；

6）完善的电站监控解决方案；

7）智能后备冗余散热设计；

8）具有直流反接、交流短路、交流输出过电流、输出过电压、绝缘阻抗保护，浪涌、孤岛、温度保护，残余电流检测，并网检测等功能。

主要性能参数见表 8-6。

表 8-6 50kW 并网逆变器主要性能参数

逆变器型号	GCI-50K
最大直流输入功率/kW	60
最大直流输入电压/V	1100
启动电压/V	200
MPPT 工作电压范围/V	200~1000
最大输入电流/A	28.5×4
输入连接端数	4/12
额定交流输出功率/kW	50
最大交流输出功率/kW	55
交流输出电压范围/V	304~460
额定电网电压/V	380
电网电压范围/V	304~460
额定交流频率/Hz	50
工作频率范围/Hz	47~52
额定电网输出电流/A	76
电网相位	3/N/PE
最大效率（%）	98.8
MPPT 效率（%）	99.9
尺寸（长×宽×高）/mm	630×700×357
重量/kg	63
拓扑	无变压器
自耗电/W	<1（夜晚）
工作环境温度/工作环境湿度	−25~60℃/0~100%

（续）

最高工作海拔/m	4000
设计工作年限	>20 年
直流端口	原厂 MC4 配套端子
通信接口	RS485 4 芯端子，2 个 RJ45 接口，2 组端子台
显示屏	LCD，2×20 Z

（3）交流汇流箱

交流汇流箱选用 KSC-4-100A 交流防雷汇流箱，这款交流汇流箱的主要特点如下：

1）电压覆盖范围广，可配套 AC 400~690V 不同输出电压的逆变器使用；

2）重量轻、体积小、安装方便；

3）可满足极端环境条件使用要求，防护等级为 IP65；

4）标配防雷模块，防雷性能可靠。该汇流箱采用单母线接线，4 进 1 出方式，输入侧 4 路各设 1 个额定电流 100A 的断路器，总输出开关为额定电流 400A 的断路器，主回路并联交流浪涌防雷器。

交流汇流箱的主要性能参数见表 8-7。

表 8-7　交流汇流箱主要性能参数

型号	KSC-4-100A
额定工作电压/V	AC 480
最大工作电压/V	AC 690
输入路数	4
输出路数	1
输入单路额定电流/A	100
输入总额定电流/A	400
防雷性能（标称/最大）/kA	20/40
绝缘电阻/MΩ	≥10
外形尺寸（长×宽×高）/mm	769×753×236
重量/kg	44
接线方式	下进下出
工作温度/℃	−40~60
相对湿度（%）	≤95，无凝露
海拔高度/m	≤3000

交流汇流箱的内部结构与线路连接如图 8-42 所示。

（4）并网配电柜

并网配电柜是根据系统设计要求，结合现场实际安装位置等因素加工定制的，其内部结构如图 8-43 所示。

图 8-42　交流汇流箱内部结构与线路连接图

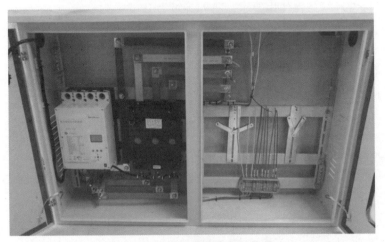

图 8-43　并网配电柜内部结构图

　　并网柜内分为两个区域，左边为光伏发电输入部分，接有剩余电流动作断路器和带熔断器的刀闸开关。右边是安装电网公司计量表和电流互感器的位置，由电网公司安装了专变采集终端和三相四线智能计量电度表及配套的电流互感器等。

4. 系统连接及接地

　　该工程系统连接如图 8-44 所示，整体 4 个光伏方阵被调配为四部分接入各自的逆变器中。1#逆变器接入由西屋顶西坡面的 180 块组件构成的 9 个组串，共 54kW，每 3 串 1 组分别接入 1#逆变器的 3 个 MPPT 输入端，另外 1 路 MPPT 输入端口备用；2#逆变器接入由西屋顶东坡面的 180 块组件构成的 9 个组串，共 54kW，每 3 串 1 组分别接入 2#逆变器的 3 个 MPPT 输入端，另外 1 路 MPPT 输入端口备用；3#逆变器接入由南屋顶的 120 块组件构成的 6 个组串，和西屋顶西坡面剩余的 3 个组串，共 54kW。其中南屋顶组串每 3 串 1 组分别接入 3#逆变器的 2 个 MPPT 输入端，西屋顶的 3 个组串接入 3#逆变器的另外 1 路 MPPT 输入端，剩余的 1 个 MPPT 端口备用；4#逆变器接入由北屋顶的 120 块组件构成的 6 个组串，和西屋顶东坡面剩余的 1 个组串，共 42kW。其中北屋顶组串每 3 串 1 组分别接入 4#逆变器的 2 个 MPPT 输入端，西屋顶东坡面的 1 个组串接入 4#逆变器的另外 1 路 MPPT 输入端，剩余的 1 个 MPPT 端口备用。

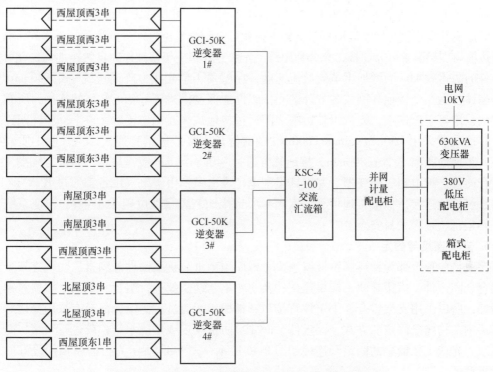

图 8-44　204kW 厂房屋顶光伏发电系统连接示意图

4 台逆变器输出的 380V 交流电，通过 4×35mm² 线缆分别连接到交流汇流箱；交流汇流箱输出到并网计量配电柜及从并网计量配电柜输出到箱式变电站低压侧的接线均采用 4×150mm² 线缆连接。所有屋顶及墙面敷设的直流和交流线缆都采用电缆槽盒敷设，直流线缆选用阻燃铜芯线缆，交流线缆采用铠装阻燃线缆，充分消除火灾隐患。由于现场各设备距离较近，基本都采用墙面壁挂方式安装，如图 8-45 所示，且安装位置充裕，因此没有洪水威胁，周围无电磁干扰，也没有污染源。

图 8-45　204kW 厂房屋顶光伏发电系统设备安装布局图

5. 防雷接地系统

因该项目厂房基本以钢结构为主，原屋顶没有另外加装防雷接闪设施和接地线，另外屋顶四周附近有一些高出屋顶的树木和 10V 输电线路等，因此该项目的防雷接地系统也不考虑安装避雷针设施。光伏组件边框与支架本身就可以防止半径为 30m 的滚雷，将方阵所有光伏组件边框与支架横梁可靠连接，充分利用每个光伏方阵和支架基础作为自然接地体，就可以起到良好的防雷效果。为增加雷电流散流速度，在屋顶 4 个光伏方阵周边统一用-40mm×4mm 镀锌扁铁各做一个接地环网，各方阵的光伏组件边框及横梁等都就近与环网连接，所有支架横梁均采用等电位连接，光伏组件边框之间通过接地跳线互相连接后，也全部与环网连接接地。接地装置采用 L50mm×5mm×2000mm 的镀锌角钢接地极垂直埋入厂房外围土质较好的地下，距地面距离不小于 800mm，接地装置通过-40mm×4mm 镀锌扁钢与组件方阵的 4 个环网进行连接。配电箱、逆变器、并网计量配电柜及电缆铠甲等电气设备都通过 BVV-1×16 导线与系统接地连接，保证接地可靠。实测本项目接地装置接地电阻小于 4Ω，保证系统与设备正常运行，确保人身安全。

6. 支架连接与固定

该项目屋顶全部为梯形彩钢板屋顶，考虑屋顶承重，抗腐蚀性等因素，光伏支架全部选用铝合金固定件、横梁导轨、横梁连接件及 304 不锈钢螺丝进行组合。本项目屋顶彩钢板强度良好，所以采用支架铝合金固定件直接与彩钢板用螺钉进行固定，而没有采用穿透彩钢板与屋顶钢结构檩条固定的方式，固定件下面要垫防水胶皮或用防水结构胶进行封堵，防止屋顶漏水。光伏支架横梁的固定和连接如图 8-46 所示，图 8-47 所示为一面屋顶铺设好的支架横梁示意图。

防水胶皮

加注硅胶

图 8-46　光伏支架横梁的固定与连接

7. 安装施工步骤及要点

按照施工图纸及屋顶现场实际情况放线定点→标出固定件位置（间距 1.2m，接地环网固定件间距3m）→固定件安装（包括接地网固定件）→横梁导轨安装→屋顶线缆槽盒敷设固定→直流延长线缆敷设→接地网扁铁敷设→组件安装（组件安装过程中，同时要将一组组串的组件连接器连接好，组件之间接地线也同时连接好，每一组串的延长线缆要按照设计位置提前固定到横梁上，否则组

图 8-47　铺设好的支架横梁

件安装后，线缆无法固定）→逆变器安装固定→交流汇流箱安装固定→并网配电柜安装固定→墙面设备间线缆槽盒固定→光伏方阵直流线缆与逆变器分组连接→逆变器与汇流箱之间交流线缆连接→汇流箱与并网配电柜之间交流线缆连接→并网配电柜与箱式变电站之间交流线缆连接→接地极埋设→接地系统连接→系统分部检查测试→调试并网。

8.4　光伏车棚工程案例

8.4.1　光伏车棚场地勘测与设计

　　光伏车棚有不同的样式，可以根据场地条件和客户喜好进行选择。光伏车棚按结构形式可分为管桁式、弧形单柱、V 型、双 V 型、W 型、N 型等。按立柱数量可分为单立柱和双立柱，单立柱节约空间，停车便捷，安装简单；双立柱结构稳定，抗风强，节省用钢，更经济。常见光伏车棚结构示意如图 8-48 所示。

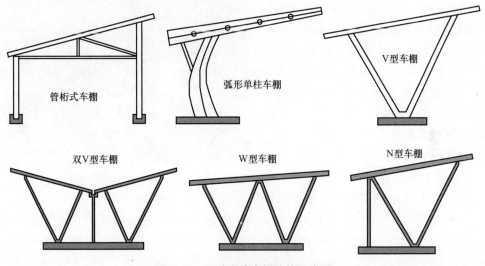

图 8-48　几种光伏车棚结构示意图

　　光伏车棚按照坡面的形状不同可分为单坡车棚和双坡双坡。单坡结构简单，安装方便，适合东西向排列，光伏方阵朝南排布；双坡车棚集中排水，设施共用，适合南北向排列，光伏方阵朝东朝西。

　　按光伏组件是否作为结构件，可分为附加式和构件式。附加式适合既有车棚的改造；构件式将光伏组件作为车棚的结构部件，简洁美观。按车棚使用组件类型的不同，可分为普通组件、双玻组件和透光的 BIPV 光伏车棚。

　　光伏车棚使用材料一般有圆管、方管、槽钢等普通或热镀锌钢材及铝合金材料。

　　要求不高的光伏车棚棚顶可以不做防水处理，需要防水措施的可以采用光伏组件专用密封胶条或配套金属导水槽进行防水处理。光伏车棚固定组件的导轨横梁一般采用热镀锌 U 型钢、铝合金型材。有防水要求的车棚，则可以直接利用钢冲压或铝合金导水槽固定组件。

　　光伏车棚的结构设计需要考虑场地的尺寸、地形、地质、风载荷等因素，并结合车型的大小确定车棚的位置、方向、规模、形式等参数。根据现场勘测的结果，以及光伏产品的尺寸、重量、角度等参数，设计出合理的钢结构方案，并进行优化和校核。优化和校核需要利用结构软件进行结构应力计算，考虑各种工况下的载荷组合，检验钢结构的强度、刚度、稳定性等性能指标。

　　光伏车棚还可以将光伏发电、储能、充电桩、智慧能源管理等功能集成一体，构成光储充一体化智能车棚，利用太阳能为新能源汽车提供清洁能源充电，自发自用、余电储存，甚至实现能够双向传输的 V2G 充电模式。

8.4.2　84kW 光伏车棚工程案例

1. 工程概况

　　这是某科创城光伏车棚项目，项目地年最高气温 39℃，最低气温 -18℃。经勘测，车棚顶长 63.3m，宽 5.2m，倾斜角为12°。该项目以自发自用为主，余电上网。光伏系统所发电力可就近为车棚下的充电桩及办公大楼提供部分电力，余电通过办公大楼配电室 380V 交流配电柜并入电网。图 8-49 所示为该车棚施工现场图片。

2. 系统构成概况

　　该光伏车棚发电项目设计总功率为84.18kW，整个系统在车棚顶构成 1 个方阵，方阵由 183 块 460W 单晶硅光伏组件

图 8-49　光伏车棚项目施工现场图

组成。系统使用了 1 台 80kW 组串式三相并网逆变器。光伏方阵产生的直流电通过逆变器变为 380V 的三相交流电，直接并入附近办公大楼内部的 380V 三相交流电网，使光伏方阵发出的电能可就近为车棚充电桩及办公大楼提供部分电力，余电通过三相交流电网上网。当充电桩充电车辆较多或夜间充电时，办公大楼电网电力可向充电桩系统供电。

3. 系统主要配置

　　本系统主要由光伏组件、并网逆变器及充电桩等组成。

　　(1) 光伏组件

　　该车棚选用某品牌 460W 单晶硅组件，型号为 LR4-72HPH-460M，主要性能参数见表 8-8。

表 8-8　460W 光伏组件主要性能参数

太阳能电池类型	单晶硅电池（半片单玻）
最大功率 P_{max}/W	460
最佳工作电压 U_{mp}/V	41.9
开路电压 V_{oc}/V	49.7

（续）

最佳工作电流 I_{mp}/A	10.98
短路电流 I_{sc}/A	11.73
最大系统电压/V	DC1500
组件效率（%）	21.2
适用工作温度/℃	−40~85
最大保险丝额定电流/A	20
输出线长/mm	+400，−200
尺寸（长×宽×高）/mm	2094×1038×35
重量/kg	23.3
开路电压温度系数/(%/℃)	−0.27
最大功率温度系数/(%/℃)	−0.35

（2）光伏逆变器

逆变器选用一台某品牌交流输出功率 80kW 三相组串逆变器，逆变器型号为 GCI-80K-5G，主要技术参数见表 8-9。其主要性能特点如下：

1）高效控制算法，最大效率 99%；

2）9 路 MPPT 输入，降低组串失配影响；

3）组串级智能监控，提升运维效率；

4）支持 13A 电流输入，最大 150% 直流侧超配；

5）智能 I-U 曲线扫描诊断；

6）过压降载技术；

7）可选 AFCI 直流电弧故障保护，保障电站安全；

8）直流组串反接告警；

9）集成防 PID 功能；

10）支持无功补偿功能。

表 8-9　80kW 光伏逆变器主要技术参数

类别	逆变器型号	GCI-80K-5G
直流输入	最大直流输入功率/kW	110
	最大直流输入电压/V	1100
	额定输入电压/V	600
	启动电压/V	195
	MPPT 工作电压范围/V	180~1000
	最大输入电流/A	9×26
	最大输入短路电流/A	9×40
	MPPT 数量/最大输入组串数	9/18

（续）

类别	逆变器型号	GCI-80K-5G
交流输出	额定交流输出功率/kW	80
	最大视在功率/kVA	88
	最大有功功率/kW	88
	额定电网电压/V	3/N/PE　220/380
	额定电网频率/Hz	50
	额定电网输出电流/A	121.6
	最大输出电流/A	133.7
	功率因数	>0.99（0.8超前…0.8滞后）
	总电流谐波畸变率（%）	<3
效率	最大效率（%）	98.7
	欧洲效率/中国效率（%）	98.3
保护	直流反接保护，交流短路保护，交流输出过电流保护，浪涌保护（直流二级/交流二级），电网检测，孤岛保护，温度保护，组串故障检测，I/U 曲线扫描，PID 保护（可选），集成直流开关	
基本参数	尺寸（长×宽×高）/mm	1014×567×314.5
	重量/kg	82
	拓扑	无变压器
	自耗电/W	<2（夜晚）
	工作环境温度/工作环境湿度	−25~60℃/0~100%
	防护等级	IP66
	冷却方式	智能冗余风冷
	最高工作海拔/m	4000
	并网标准	NB/T32004
	安规/EMC 标准	IEC62109，EN61000
	直流端口	MC4 连接器
	交流端口	OT 端子（最大 185mm²）
	通信接口	RS485，可选：WiFi，GPRS，PLC
	显示屏	LCD，2×20Z

（3）交流充电桩

充电桩是为配合电动汽车充电而开发的配套产品，分为交流充电桩（俗称慢充）和直流充电桩（俗称快充）。交流充电桩单枪输出功率一般为 7kW，直流充电桩单枪输出功率一般为 40kW、60kW、80kW 等。

该项目选用了某品牌 7kW 交流充电桩，型号为 TCDZ-AC/07-S，该充电桩支持上线运营和离线充电两种方式，适用于不同场景的充电需要，智能人机交互，支持刷卡、扫码、钥匙启动等多种充电方式。该设备具有运行状态监测，控制保护功能，紧急状态可通过急停按钮切断供电回路电源。该充电桩性能参数见表 8-10。

表 8-10　某品牌交流充电桩主要性能参数

型号	TCDZ-AC/07-S		TCDZ-AC/14-S	
功率等级	7kW		14kW	
基本特性				
输入电压	AC 176~264V	最大电流	32A	
效率	≥99%	工作温度	−20~55℃	
防护等级	IP55	相对湿度	≤95%RH，无凝露	
启动方式	扫码、刷卡	联网方式	4G、CAN	
安装形式	壁挂式、落地式	枪线长度	5m	
充电枪	满足国标 GB/T20234.2—2015 标准	显示方式	4.3in 电容式触摸屏三色指示灯	
保护功能	过电压、欠电压保护，漏电保护，急停保护，过电流、过温保护，短路保护			
可扩展功能	车位检测、语音提示、指纹识别、地锁管理			

4. 组件串联及排布设计

整个方阵排布设计如图 8-50 所示，车棚共用光伏组件 183 块，纵向 3 排，每排 61 块构成方阵。每排 61 块组件将构成 4 串组串，其中每 15 块组件构成 3 串组件，另 16 块组件构成 1 串组串，整个方阵共有组串 12 串，其中 15 块组串 9 串（PV1~PV9），16 块组串 3 串（PV10~PV12）。

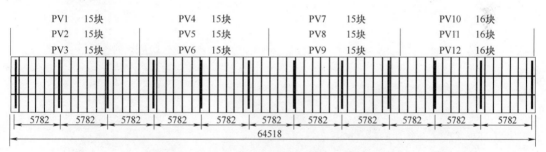

图 8-50　光伏车棚组件排布设计图（单位：mm）

光伏组串与逆变器的连接如图 8-51 所示，连接时需要注意不能把 15 块组串和 16 块组串同时连接到一路 MPPT 回路即可。

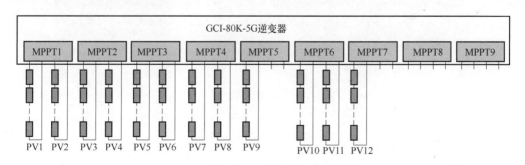

图 8-51　光伏组串与逆变器连接示意图

5. 基础与支架设计安装

该车棚基础部分设计采用混凝土浇筑基础，基础尺寸为 800mm×600mm×800mm（长×宽×高），如图 8-52 所示，混凝土基础埋入地下，顶部要露出地面 30~50mm。主基础与主基础之间通过混凝土浇筑连为一体，形成条形基础，在编织地笼及预埋件的同时，提前把接地扁铁也铺设完成，然后一起浇筑，车棚基础施工过程如图 8-53 所示。

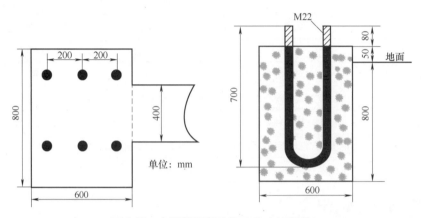

图 8-52　车棚基础部分施工尺寸示意图

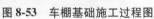

图 8-53　车棚基础施工过程图

车棚主体结构采用镀锌异型钢材预制拼装焊接组合，主要由工字钢弧形立柱、工字钢斜梁、圆钢管拉杆等组成。因为该车棚钢结构原设计为膜结构遮阳棚，棚顶斜梁具有一定弧度，因此需要在原有主体结构基础上，增加相应尺寸支撑件，然后在支撑件上铺设由100mm×50mm 方钢管构成的横梁，具体方式如图 8-54 所示。

图 8-54　车棚支撑件及横梁安装

该车棚具体结构尺寸如图 8-55 所示。

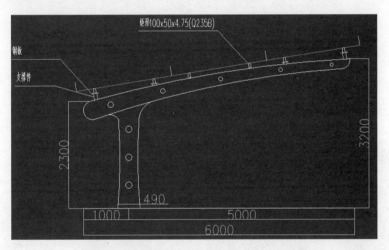

图 8-55　车棚具体结构尺寸图（单位：mm）

6. 导水槽及光伏组件安装

导水槽主要由 W 型槽（主水槽）、U 型槽（副水槽）、组件压块及防水盖板几部分组成，如图 8-56 所示。W 型槽的安装要顺着车棚倾斜方向纵向铺设并与横梁固定，水槽与水槽的间距就是组件纵向固定的间距。U 型水槽安装是将其横向搭在两个 W 型水槽之间，位置是组件与组件横向缝隙处，并注意将 U 型水槽有折弯的一面向倾斜面下方，以保证能聚集更多水量。组件压块也分为中压和边压两种，用来固定光伏组件。防水盖板是将组件压块固定牢固后，扣在压块槽内，进一步起到导水防漏作用，并能阻挡树叶、泥沙等进入导水槽内，防止导水槽年长日久堵塞。W 型水槽与横梁的固定方法如图 8-57 所示，W 型水槽与 U 型水槽及光伏组件的具体安装方法如图 8-58 所示，组件边压块的安装固定如图 8-59 所示。

W型槽、组件压块　　　　U型槽　　　　防水盖板

图 8-56　导水槽的组成与结构

图 8-57　W 型水槽与横梁的固定方法示意图

图 8-58　W 型水槽与 U 型水槽及光伏组件的安装方法　　　图 8-59　组件边压块的安装示意图

7. 防雷接地系统

该车棚在施工时，已经埋设了接地装置，并敷设接地干线用于电气设备的接地。光伏组

件安装在车棚顶部钢结构构架上，整个光伏发电系统施工时不再需要安装新的接地装置。经测试该车棚的接地电阻为 3.4Ω，小于规范要求 4Ω，完全满足光伏系统的接地要求。

现场施工时，要求用-40mm×4mm 镀锌扁钢把车棚的接地干线和车棚顶构架可靠连接，焊接工艺要满足施工规范要求。光伏组件与光伏组件之间，组件与钢结构之间，都要通过接地跳线可靠连接。逆变器、配电箱等接地端子和车棚接地干线要用不小于 16mm^2 多股软铜线进行连接。

附　　录

附录1　太阳能及光伏发电词语解释

1. 太阳及其基本参数

太阳是太阳系的中心天体，是距离地球最近、与地球关系最密切的一颗恒星。它是一个巨大的、呈炽热状态的气体球状体，主要由氢和氦等多种元素组成，其中氢约占总质量的72%，氦约占总质量的26%，其他元素含量都很低。在太阳内部不断地进行着剧烈的热核反应主要是氢转变为氦的核聚变反应，这个反应是太阳能量的主要来源。

太阳是太阳系中会发光的恒星，是太阳系的中心天体，它的质量占到了太阳系总质量的99.86%。太阳的直径约为 1.392×10^6 km，是地球直径的109倍。太阳的体积为 1.412×10^{18} km^3，是地球体积的130万倍。它的质量约为 1.989×10^{30} kg，是地球质量的33.3万倍。它的平均密度为 1.409 g/cm^3。只有地球密度的1/4。太阳的表面有效温度为5770℃，核心温度为 1.560×10^7 ℃，总辐射功率为 3.865×10^{26} J/s。日地平均距离为 1.5×10^{11} m，近日点与远日点的距离相差500万km。它的自转周期为25~30天，距最近的恒星的距离为4.3光年。太阳的活动周期为11.04年，太阳的寿命约为50亿年。

2. 太阳能辐射与吸收

太阳无时无刻地向地球传输着巨大的能量，这些来自太阳的能量被称为太阳能。太阳能是由太阳中的氢经过核聚变而产生的一种能源。太阳每秒所释放的能量大约为 3.865×10^{23} kJ，太阳发出的能量大约只有二十二亿分之一能够到达地球大气层的范围，约为每秒 1.735×10^{14} kJ。经过大气层的吸收和反射，到达地球表面的约占51%，如附图1-1所示，大约为每秒 8.6×10^{13} kJ。由于地球表面大部分被海洋覆盖，真正能够到达陆地表面

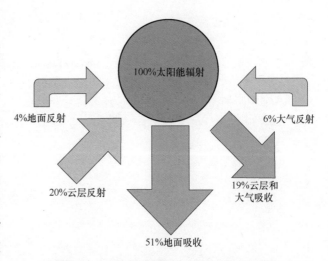

附图1-1　太阳能的辐射、反射与吸收示意图

的能量只有到达地球范围辐射能量的 10% 左右。尽管如此，把这些能量利用起来，也能够相当于目前全球消耗能量的 3.5 万倍。考虑到太阳的寿命至少还有 50 亿年以及其中不含其他有害成分，可以认为太阳能是一种永久、巨大、清洁的绿色能源。充分而合理地利用太阳能，将会是现在和未来解决能源需求和环境污染问题的有效手段。

到达地球表面的太阳能大体分为三部分：一部分转变为热能（每秒约 $4.0×10^{13}$ kJ），使地球的平均温度大约保持在 14℃，形成适合各种生物生存和发展的自然环境，同时地球表面的水不断蒸发，形成全球每年约 $50×10^{16}$ km^3 的降水量，其中大部分降水落在海洋中，少部分落在陆地上，这就是云、雨、雪、江、河、湖形成的原因。太阳能中还有一部分（每秒约 $3.7×10^{13}$ kJ）用来推动海水及大气的对流运动，形成海流能、波浪能和风能。太阳能还有少部分被植物叶子的叶绿素所捕获，成为光合作用的能量来源。

3. 太阳光的光谱

太阳光谱是太阳辐射经色散分光后按波长大小排列的图案。太阳光谱包括无线电波、红外线、可见光、紫外线、X 射线、γ 射线等几个波谱范围。太阳光发出的是连续光谱。所谓连续光谱，就是太阳光是由连续变化的不同波长的光混合而成的。也就是说，太阳光由许多不同的单色光组合而成。其中由红、橙、黄、绿、青、蓝、紫排列起来的光，都是人的眼睛能看得见的，叫作可见光谱，它的波长范围是 0.39~0.77μm。在可见光中，波长较长的部分是红光，波长较短的部分是紫光，中间依次为橙、黄、绿、青、蓝光。在太阳光谱中，可见光只占了极窄的一个波段。波长比红光更长的光（0.77μm 以上）叫作红外光，波长比紫光更短的光（0.39μm 以下）叫作紫外光。整个太阳光谱波长范围是非常宽广的，从几埃（10^{-10} m）到几十米。虽然太阳光谱的波长范围很宽，但是辐射能的大小按波长的分配却是不均匀的。其中辐射能量最大的区域在可见光部分，占到大约 48%，紫外光谱区的辐射能量占到约 8%，红外光谱区的辐射能量占到约 44%，如附图 1-2 所示。在整个可见光谱区，最大能量在波长 0.475μm 处。对太阳电池来讲，太短的短波将不能进行能量变换，过分长的长波只能转换为热量。

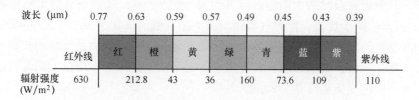

附图 1-2 太阳光谱的波长及辐射强度

4. 太阳的直接辐射和散射辐射

太阳的直接辐射就是通过直线路径从太阳射来的光线，它被物体遮挡时，能在物体背后形成边界清晰的阴影。而散射辐射则是经过大气分子、水蒸气、灰尘等质点的反射，改变了方向的太阳辐射，它似乎从整个天空的各个方向来到地球表面，但大部分来自靠近太阳的天空。太阳的散射光线如同阴天和雾天一样，无法被物体遮蔽形成边界清晰的阴影，也不能用凸透镜或反射镜加以聚焦或反射。

太阳辐射的总辐射强度是直接辐射强度和散射辐射强度的总和。直接辐射强度与太阳的位置以及接收面的方位和高度角等都有很大的关系。散射辐射则与大气条件，如灰尘、烟气、水蒸气、空气分子和其他悬浮物的含量，以及阳光通过大气的路径等有关。一般在晴朗无云的情况下，散射辐射的成分较小；在阴天、多烟尘的情况下，散射辐射的成分较大。

散射辐射的强度通常以和总辐射强度的比来表示，不同的地方和不同的气象条件，其差异很大，散射辐射强度一般占到总辐射强度的百分之十几到百分之三十几。

5. 太阳辐射及能量的计量

自然界中的一切物体，只要温度在热力学温度零度以上，都以电磁波的形式时刻不停地向外传送热量，这种传送能量的方式称为辐射。物体通过辐射所放出的能量称为辐射能，简称辐射。辐射是以电磁波和粒子（如 α 粒子、β 粒子等）的形式向外放散。无线电波和光波都是电磁波。在单位时间内，太阳以辐射形式发送的能量称为太阳辐射功率或辐射通量，单位为瓦（W）；太阳辐射到单位面积上的辐射功率（辐射通量）称为辐射度或辐照度（也可称光照强度或日照强度），单位为瓦/米^2（W/m^2），这个物理量表示的是单位面积上接收到的太阳辐射的瞬时强度；而在一段时间内，太阳辐射到单位面积上的辐射能量称为辐射量或辐照量，单位为千瓦·时/米^2·年 [(kW·h)/m^2·y]、千瓦·时/米^2·月 [(kW·h)/m^2·m] 或千瓦·时/米^2·日 [(kW·h)/m^2·d]，这个物理量表示的是单位面积上接收的太阳能辐射量在一段时间里的累积值，也就是某段时间内的辐射总量。

太阳辐射具有周期性、随机性和能量密度低的特点：

1）周期性。太阳辐射的周期性是由地球自身的自转以及地球围绕太阳公转产生的。

2）随机性。地球表面接收到的太阳辐射受云、雾、雨、雪、雾霾和沙尘等因素的影响。这些因素的随机性决定了太阳辐射的随机性。

3）能量密度低。地面接收到的太阳总辐射强度一般会低于世界气象组织确定的太阳常数。

6. 太阳常数

太阳常数是用来表达太阳辐射能量垂直到达大气上界的辐射强度的一个物理量，它是指地球大气层外垂直于太阳光线的平面上，单位时间、单位面积内所接收的太阳辐射能。由于地球围绕太阳旋转的轨道是椭圆形的，所以地球与太阳的日地距离在近日点与远日点有3%左右的差别，其中近日点时的太阳辐射强度约为 1399W/m^2，远日点时的太阳辐射强度约为 1309W/m^2。根据这两个数值，世界气象组织把太阳常数值确定为 (1367±7) W/m^2。太阳常数是一个相对稳定的常数，依据太阳黑子的活动变化，所影响到的是气候的长期变化，而不是短期的天气变化。由于太阳表面常常有黑子等太阳活动的缘故，所以太阳常数也不是固定不变的，一年当中的变化幅度在1%左右。

7. 大气质量

太阳辐射到达地面的衰减程度主要取决于穿过大气层的光程长度，或者叫大气层的厚度。也就是说，由于大气层导致太阳辐射量减少的比例与大气的厚度有关，大气层厚度越大，太阳光线经过大气的路程越长，表示被大气吸收、反射、散射的越多，受到的衰减就越多，到达地面的能量就越少。定量地表示大气厚度的单位俗称为大气质量。在晴朗的天气，通常把太阳当顶时垂直于海平面的太阳辐射穿过的大气层厚度规定为一个大气质量，用 AM1 表示，即用由太阳垂直入射的通过空气厚度作为计量标准，如附图1-3所示，大气层上界的太阳辐射没有经过空气的吸收，所以太阳常数又称为大气质量为零时的辐射量，用 AM0 表示。在实际应用中，由于地球表面为球面，太阳高度角也不断变化，地球上人类居住和使用太阳电池的地区，其纬度区间大都在太阳辐射以平均 41.8° 的角度穿过大气层范围，太阳辐射从这个角度穿过大气层的厚度大约为垂直穿过大气层厚度的 1.5 倍，因此把这种状态下的大气质量用 AM1.5 表示。大气质量从一个方面反映了大气层对太阳辐射的影响，对光伏电池及其组件的性能评价及参数进行测量时，就是以 AM1.5 作为大气质量标准。

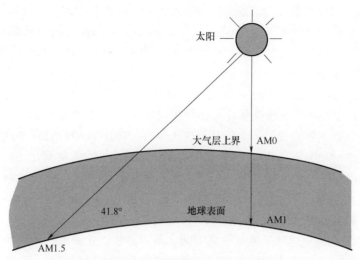

附图 1-3　大气质量参数示意图

8. 地球绕太阳的运行及四季变化

众所周知，由于地球绕着倾斜的"地轴"自西向东自转，产生了昼夜更替的现象，周期为 24h。除了自转，地球还沿偏心率很小的近似椭圆形轨道绕太阳公转，从北极上空看，地球是沿逆时针方向绕太阳运转，公转周期为 365 天 5 小时 48 分 46 秒。由于地球倾斜的地轴，使得地球自转的赤道平面与地球公转的轨道平面（即黄道平面）形成了一个约 23°26′的夹角，这个夹角被称为黄赤交角。由于黄赤交角的存在，同时地轴在宇宙空间的方向保持不变，所以使得太阳直射点会随着地球的公转相应地在地球南北回归线之间往返移动。而当

地球处于公转运行轨道的不同位置时，阳光投射到地球的方向也就不同，形成了地球四季的变化，对北半球而言，当直射点位于最北时为夏季，位于最南时为冬季，位于赤道时为春分或秋分。地球绕太阳运行规律及四季变化如附图 1-4 所示。

每年春分时节（北半球的 3 月 21 日或 22 日），阳光直射赤道，昼夜等长，赤纬角为 0°。然后阳光直射点北移，到夏至时节（北半球的 6 月 21 日或 22 日），阳光直射北回归线，赤纬角为

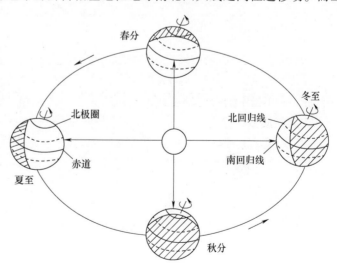

附图 1-4　地球绕太阳运行规律及四季变化示意图

+23°2′，该日中午太阳位于地球北回归线正上空，是北半球昼最长、夜最短、接收到阳光辐射最多的一天。也是南半球日照时数最短的一天。随后阳光直射点开始南移，赤纬角逐渐减

小，到秋分时节（北半球的 9 月 21 日或 22 日），阳光又直射赤道，昼夜等长，赤纬角为 0°。其后阳光直射点继续南移，到冬至时节（北半球的 12 月 21 日或 22 日），阳光直射南回归线，赤纬角为 -23°26'，此时阳光斜射北半球，对北半球而言，昼最短、夜最接收到的阳光辐射最少，此时南半球则正好进入夏至。由于每年阳光直射点在北纬 23°26' 和南纬 23°26' 之间来回移动，所以把北纬 23°26' 称为北回归线，而南纬 23°26' 称为南回归线。

9. 太阳时角和赤纬角

太阳时角和赤纬角是决定太阳在空间位置的两个参数。对地面某一观察点而言，当太阳自东向西移动时，其中心线与地球观察者所在经线（子午圈）之间的角度，称为太阳时角，一般用 ω 来表示。从观察者位置讲，太阳时角在正午时的角度为 0°，向西为正角度，向东为负角度，也就是下午时角为正角度，上午时角为负角度，时角的角度变化为每隔 1h 增加 15°，其计算公式为 $\omega = (T_s - 12) \times 15°$，式中，$T_s$ 为每日时间。例如：上午 9 时，$\omega = (9-12) \times 15° = -45°$；上午 11 时，$\omega = (11-12) \times 15° = -15°$；下午 14 时，$\omega = (14-12) \times 15° = 30°$；下午 18 时，$\omega = (18-12) \times 15° = 90°$。

赤纬角是太阳光线与地球赤道平面之间的夹角，通常以 δ 表示。太阳中心与地球中心的连线与地面的相交点是太阳直射点，在这一点处，太阳垂直照射地面，在全球辐射最强，太阳直射点所在的纬度被称为太阳赤纬，也叫赤纬角，如附图 1-5 所示。由于地球不停地绕太阳公转，赤纬角在一年中，会在 ±23°26' 之间变化，即在南回归线和北回归线之间摆动，形成季节的标志。赤纬角与观察点的具体地点无关，仅与一年中的某一天有关，地球上任何地方的赤纬角都是相同的。计算一年中某一天的赤纬角的公式如下：

$$\delta = 23.45 \sin[360° \times (284+n)/365]$$

式中 n——所求日期在一年中的日子数，这个数也可以借助附表 1-1 查出。

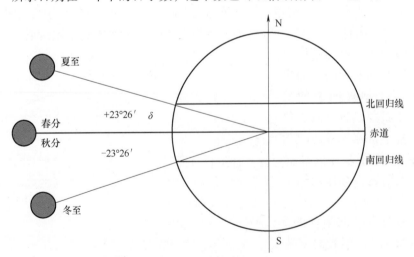

附图 1-5 太阳赤纬角示意图

附表 1-1 推荐每月的平均日及相应的日子数

月份	各月第 i 天日子数的算式	各月平均日①	该天的日子数 n/天②	赤纬角 δ（°）
1 月	i	17 日	17	-20.9
2 月	$31+i$	16 日	47	-13.0

（续）

月份	各月第 i 天日子数的算式	各月平均日①	该天的日子数 n/天②	赤纬角 δ（°）
3 月	59+i	16 日	75	-2.4
4 月	90+i	15 日	105	9.4
5 月	120+i	15 日	135	18.8
6 月	151+i	11 日	162	23.1
7 月	181+i	17 日	198	21.2
8 月	212+i	16 日	228	13.5
9 月	243+i	15 日	258	2.2
10 月	273+i	15 日	288	-9.6
11 月	304+i	14 日	318	-18.9
12 月	224+i	10 日	344	-23.0

注：① 按某日算出大气层外的太阳辐射量和该月的日平均值最为就近，则将该日定做该月的平均日。

② 表中的 n 没有考虑闰年，对于闰年 3 月之前的 n 要加 1，太阳赤纬角也会稍有变化。

每年 6 月 21 日或 22 日赤纬角达到最大值+23°26′，称为夏至，该日中午太阳位于地球北回归线正上空，是北半球日照时数最长、南半球日照时数最短的一天。随后赤纬角逐渐减小，至 9 月 21 日或 22 日，角度为 0°，全球的昼夜时间均相等，为秋分。至 12 月 21 日或 22 日，赤纬角减小为最小值-23°26′，为冬至，此时阳光斜射北半球，昼短夜长，而南半球则相反。至次年的 3 月 21 日或 22 日，赤纬角又回到 0°时，为春分，如此周而复始形成春夏秋冬四季。

10. 太阳的高度角和方位角

人们在地球上观察太阳相对于地球的位置时，实际上是太阳相对地球的地平面而言的。通常用高度角和方位角两个角度来确定。同一时刻，在地球上不同的位置，高度角和方位角是不相同的；同一位置，不同的时刻，高度角和方位角也是不相同的。

太阳的高度角是指太阳直射到地面的光线与地（水）平面的夹角，即是指太阳光的入射方向和地平面之间的夹角，如附图 1-6 所示。太阳高度角是反映地球表面获得太阳能强弱的重要因素，日出日落时，高度角为 0°，正午时高度角为最大，太阳在天顶时，高度角为 90°。在我国，北回归线穿越的是云南、广西、广东和台湾四个省区，只有在北回归线附近，才会有太阳出现在天顶的时刻。在北回归线以北地区，太阳则不会出现在天顶位置，高度角总是小于90°，而且纬度越高，高度角越小。人们感觉早晚与中午的阳光强度差异很大，或者一年中冬季与夏季的温度差别很大，都是因为太阳高度角的不同。因此太阳高度角也是决定到达地面的太阳辐射强度的主要因素。

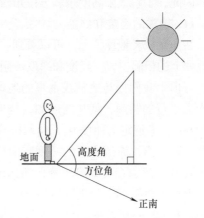

附图 1-6　太阳的高度角和方位角示意图

太阳高度角在每天正午时达到一天的最大值，夏季较大，冬季较小，夏至日达到一年中的最大值，冬至日是一年的最小值。由于冬至日高度角最小，所以每年这一天建筑物和树木等物体的投影最长，同理，夏至日投影最短。附图 1-7 所示为光伏方阵在北纬 30°时不同季节太阳高度角（入射角）示意图。

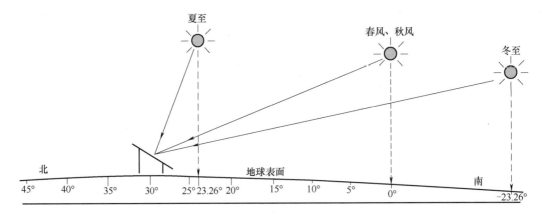

附图 1-7　在北纬 30°时不同季节太阳入射角示意图

太阳方位角就是说太阳所在的方位，是指太阳光线在地平面上的投影与当地子午线的夹角，可近似地看作是竖立在地面上的直线在阳光下的阴影与正南方的夹角。方位角以正南方向为 0°，由南向东向北为负角度，由南向西向北为正角度，如太阳在正东方时，方位角为 -90°，在正西方时方位角为 90°。实际上太阳并不总是东升西落，只有在春、秋分两天，太阳是从正东方升起，正西方落下。在夏至时，太阳从东北方升起，在正午（太阳中心正好在子午线上的时间，即太阳方位角由负值变为正值的瞬间）时，太阳高度角的值是一年中最大的，然后从西北方落下。在冬至时，太阳从东南方升起，在正午时，太阳高度角的值是一年中最小的，然后从西南方落下。

太阳方位角决定了阳光的入射方向，决定了各个方向的山坡或不同朝向建筑物的采光状况。当太阳高度角很大时，太阳基本上位于天顶位置，这时太阳方位角的影响较小。

因此，了解太阳高度角和方位角对分析地面的太阳光强、适宜的利用太阳能有重要意义。

11. 地球的经度和纬度

在地图或者地球仪上，可以看到一条一条的经度线和纬度线，它们可以准确地反映某一点在地球上的精确位置。经度和纬度不同，气候也不同，太阳辐射能量的差异也有很大区别。

习惯上我们把与地轴线垂直的地球中腰线线圈叫作赤道，在赤道的南北两边，画出许多和赤道平行的圆圈，就是纬度圈，构成纬度圈的线段就是纬线。纬度共有 90°，即向南向北各为 90°，赤道定为纬度 0°，向两极排列，纬度圈越小，度数越大。位于赤道以北的纬度叫北纬，记为 N，赤道以南的纬度叫南纬，记为 S。北极就是北纬 90°，南极就是南纬 90°。纬度的高低也标志着气候的冷暖，如赤道和低纬度地区无冬天，两极和高纬度地区无夏天，中纬度地区四季分明。纬度在 0°~30°之间的地区叫低纬地区，在 30°~60°之间的地区叫中纬地区，在 60°~90°之间的地区叫高纬地区。

从北极点到南极点，可以画出许多南北方向上与地球赤道垂直的大圆圈，构成这些圆圈的线段就叫经线。即是在地面上连接两极的线，表示南北方向。国际上规定，把通过英国伦敦格林尼治天文台原址的那一条经线定为 0°，并称为本初子午线。本初子午线是为了确定地球经度和全球时刻而采用的标准参考子午线。从 0°的本初子午线算起，向东划分 0°~180° 为东经度数，向西划分 0°~180°为西经度数。

12. 太阳的视运动轨迹

　　在地面上某一点观察一天或一年中太阳位置的变化时，可以发现太阳的视运动是有一定规律的，这种规律也就是太阳的高度角和方位角在不同时间变化而形成的太阳视运动轨迹，如附图 1-8 所示。

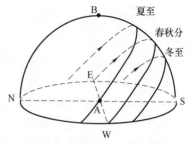

A点为观察地点，B点为天顶

附图 1-8　太阳的视运动轨迹

　　太阳的视运动轨迹与三个因素有关，首先是太阳赤纬角，它表明了季节的变化；其次是太阳时角，它表示了一天中时间的变化；再次是地理纬度，它表明了观察点所在地理位置的差异。在任何一个地区，日出、日落时的太阳高度角为零。而每天当地正午时（当地太阳时 12 点），太阳高度角最大，方位角为零，对于北半球而言，此时太阳位于正南。

13. 太阳能的吸收、转换和储存

　　太阳能的吸收其实也包含转换，如太阳光照射在物体上，被物体吸收，物体的温度升高，这就是太阳光能变成了热能。太阳光照射在太阳电池上被它吸收，在电极上产生电压，能通过外电路输出电能，就是把太阳光能变成电能。太阳光照射在植物的叶子上，被叶绿体吸收，通过光合作用变成化学能，而且储存在其中，维持植物生命并促使它生长，在这里太阳能的吸收除了转换，还有储存。

　　当太阳辐射能入射到任何材料的表面上时，有一部分被反射出去，一部分被材料吸收，另一部分会透过材料。因此，太阳辐射能量应当等于被材料反射的能量、吸收的能量和透过材料的能量之和，即

$$太阳辐射能量 = 吸收率 + 反射率 + 透射率 = 1$$

　　吸收率是材料吸收的能量占全部入射能量的百分比，反射率是材料反射的能量占全部入射能量的百分比，透射率是材料透射的能量占全部入射能量的百分比。这 3 个能量的大小，不但与物质表面温度、物理特性、几何形状、材料性质有关，而且与波长也有关。

　　当透射率等于 0 时，这种物体就是不透明体；当吸收率等于 1 时，就是入射能全被物体吸收，这种物体称为黑体。反射分为两种，一种是镜面反射，另一种是漫反射。镜面反射服从入射角等于反射角的反射定律。而漫反射使入射辐射在反射后分散到各个方向上。通常实际物体的表面均具有这两种反射的性质，只是各占的比例不同而已。

　　对于太阳能热利用的场合来说，太阳辐射能被吸收的同时，实际上已经转换成为热能，然后传送到用热的地方利用，或者传送到储热器储存。如果吸收器达到的温度高，便可用来发电或用于工业加工。如果吸收器达到的温度低，如 100℃ 以下，就可以用来加热水或用作采暖。

　　太阳能的另一种重要的转换，就是直接由太阳辐射能转换为电能。当光照射在金属或绝缘体上时，除被表面反射掉一部分外，其余部分都被吸收，变为热能，使其温度升高。当光照射在半导体上时，则和照在金属和绝缘体上截然不同。金属中自由电子很多，光照引起的导电性能的变化完全可以忽略；绝缘体在很高温度下都未能激发出更多的电子参加导电，说明电子所受的束缚力很大，光照也不足以把电子释放出来，影响它的导电性能。在导电性能介于金属和绝缘体之间的半导体中，电子所受的束缚力远小于绝缘体，如可见光的光子能量

就能把它从束缚状态激发到自由导电状态，从而降低了它的电阻。这就是半导体的光电效应，它的应用就产生了光敏电阻、光敏晶体管等光敏半导体器件。

当半导体内局部区域存在电场时，光生载流子将被电场吸附，而形成电荷积累。电场两侧由于电荷积累而产生光生电压，这叫作光生伏特效应，简称光伏效应，这就是太阳电池的原理。太阳电池就是把太阳辐射能直接转换为电能的基本器件。

太阳能的另一种重要转换方式是转换成生物质能。生物质是有机物中所有来源于动植物的可再生物质。动物以植物为生，而绿色植物通过光合作用将太阳能转变为生物质的化学能，因此，生物质能都来源于太阳能。

风能实际上也来自太阳能。地球大气层吸收太阳辐射而被加热，由于受热不均而产生压力差，形成空气流动，就产生风，这时太阳能就转变为风的动力能了。同样，水力能也来自太阳能。地球表面的水吸收太阳能而被加热，水蒸发为水蒸气，升到高空遇冷凝结，下降为雨、雪。下降的水由高处流向低处，就形成江河，于是太阳能就转变为水流的动力能了。

当利用太阳电池把太阳能直接转换为电能时，最方便的储能方法就是给蓄电池充电。

14. 半导体材料及其性质

自然界的各种物质按其导电性能可以分为导体、绝缘体和半导体三大类。

导体具有良好的导电性，常温下其内部存在着大量的自由电子，它们在外电场的作用下做定向运动形成较大的电流，因而导体的电阻率很小，常见的金属类材料如金、银、铜、铝、铁等基本都是导体，它们的电阻率 $\rho \leqslant 10^{-4}\Omega \cdot cm$。

绝缘体几乎不导电，如橡胶、塑料、陶瓷等。在这类材料中，几乎没有自由电子，即使受到外电场的作用也不会形成电流。所以，绝缘体的电阻率很大，它们的电阻率 $\rho \geqslant 10^{10}\Omega \cdot cm$。

半导体的导电能力介于导体和绝缘体之间，如硅、锗、硒等，它们的电阻率通常在导体和绝缘体之间。由于半导体的导电性能受杂质、温度、光照等条件的影响十分显著，因而在方方面面得到广泛应用。

半导体材料具有以下一些性质：

1）杂质对半导体导电性能的影响。半导体材料在室温下的电阻率为 $10^{-4} \sim 10^{9}\Omega \cdot cm$。例如，室温在27℃时，高纯硅的电阻率是 $2.14×10^{5}\Omega \cdot cm$，高纯锗是 $47\Omega \cdot cm$。在半导体材料中加入微量杂质能显著改变半导体的导电能力。掺入的杂质量不同，可使半导体的电阻率在很大的范围内发生变化。在同一种材料中掺入不同类型的杂质，可以得到不同导电类型的材料。

2）温度对半导体导电性能的影响。半导体的导电能力随着温度的升高将会迅速增加，半导体的电阻率具有负温度系数。所以，温度能显著改变半导体的导电性能。

3）导电由两种载流子参与。在半导体材料中，参与导电的载流子既有带负电荷的电子，也有带正电荷的空穴。而且在同一种半导体材料中，既可以形成以电子为主的导电，也可以形成以空穴为主的导电。而在金属类材料中，仅靠电子导电。在电解质中，靠正离子和负离子同时导电。

4）其他外界条件对半导体导电性能的影响。半导体的导电性能还会随着光照、电场、磁场、压力和环境等的作用而变化，从而形成光发电、电发光、光敏、磁敏、压敏等各种特性和效应的半导体材料或器件。

15. N 型、P 型半导体与 P-N 结

当纯净的硅掺入少量的 V 族元素磷（或砷、锑等）时，由于磷（或砷、锑等）有 5 个价电子，硅有 4 个价电子，所以当磷（或砷、锑等）在与周围的硅原子形成完整的共价键时，会多出 1 个价电子。这个多余的价电子极易挣脱磷原子的束缚变为自由电子，形成电子占主导的导电半导体，也称为 N 型半导体。

当纯净的硅掺入少量的 Ⅲ 族元素硼（或镓、铟等）时，由于硼（或镓、铟等）有 3 个价电子，硅有 4 个价电子，所以当硼（或镓、铟等）在与周围的硅原子形成完整的共价键时，会缺少 1 个价电子。这样大量的共价键上就会出现许多的空穴，形成空穴占主导的导电半导体，也称为 P 型半导体。

将 P 型半导体和 N 型半导体紧密地结合在一起，两种导电类型不同的半导体之间就会形成一个过渡区域，这个过渡区域就是 P-N 结。在 P-N 结的两侧，P 区内的空穴比电子多，N 区内的电子比空穴多。两侧存在电子和空穴浓度不均匀的现象，造成了高浓度的载流子向低浓度载流子的扩散运动。

16. 多晶硅与单晶硅

多晶硅表面呈现灰色金属光泽，密度为 $2.32 \sim 2.34 g/cm^3$，熔点为 1410℃，沸点高达 2355℃，不溶于水，也不溶于硝酸和盐酸，硬度介于锗和石英之间，室温下呈薄片状的硅极易脆裂，高温时则塑性很好，1300℃ 时易产生明显的变形。多晶硅常温下化学性能很稳定，不活泼，高温熔融状态下具有较大的化学活性，几乎能与任何材料反应，如与氧、氮、硫等反应，生成二氧化硅、氮化硅等，掺入磷、硼等元素可成为重要的优良半导体材料。

多晶硅是单质硅的一种形态。熔融的单质硅在过冷条件下凝固时，硅原子以金刚石晶格形态排列成许多晶核，如这些晶核长成晶格取向不同的许多晶粒，就成了多晶硅。多晶硅除可以直接制作电池片外，还是拉制单晶硅的原材料。

单晶硅也是单质硅的一种形态。熔融的单质硅在凝固时，硅原子以金刚石晶格形态排列成许多晶核，如这些晶核长成晶格取向相同的晶粒，便形成了单晶硅。单晶硅具有准金属的物理性质，有较弱的导电性，其电导率随温度的升高而增加，有显著的半导电性。超纯的单晶硅是本征半导体，在其中掺入微量元素硼可提高导电性能，形成 P 型硅半导体；掺入微量元素磷也可提高其导电性能，形成 N 型硅半导体。

17. 光伏系统效率

光伏系统效率（Performance Ratio，PR）是光伏行业的一个重要概念，它包括太阳电池及组件的老化衰减效率，交直流低压系统损耗及其他设备老化效率，逆变器转换效率，变压器及电网损耗效率。系统效率一般通过下列公式计算：

系统效率 PR＝某时间段发电量 E/光伏系统容量 P×某时间段峰值日照小时数 h

影响系统效率的因素主要有：光伏组件功率衰减平均每年 1% 左右，国家标准要求 25 年内功率衰减不大于 20%；光伏组串的串并联损耗在 0.5% 左右；灰尘及积雪遮挡平均损耗在 4%~5%；光伏组件温度系数损耗平均在 4% 左右；直流线缆连接损耗在 2% 左右，交流线缆连接损耗也在 2% 左右；光伏逆变器效率 97%~97.5%；升压变压器效率 98%。所以光伏发电系统的总效率一般在 79%~82%，并非光伏组件的衰减效率或光伏逆变器的转换效率就是光伏发电系统的效率。

18. 最大功率点跟踪控制（MPPT）

在一般电气设备中，如果使负载电阻等于供电系统的内电阻时，可以在负载上获得最大功率。由于太阳电池是一个极不稳定的供电电源，即输出功率是随着日照强弱、天气阴晴、温度高低等因素随时呈非线性变化的，因此，就需要通过最大功率点跟踪控制技术和电路，来跟踪调整太阳电池输出电流和输出电压，来控制太阳电池发电功率输出的变化，并实时获得太阳电池的最大发电功率或最大发电功率附近的值。

目前，常采用的最大功率点控制方法是通过 DC-DC 变换器中的功率开关器件来控制太阳电池或方阵工作在最大功率点，从而实现最大功率跟踪控制。从附图 1-9 所示太阳电池的输出功率特性 P-U 曲线可以看出，曲线最高点是太阳电池输出的最大功率点，曲线以最大功率点处为界，分为左右两侧。当太阳电池工作在最大功率点电压右边的 D 点，明显偏离最大功率点较远时，跟踪控制电路将自动调低太阳电池输出工作电压，使输出功率点由 D 点向 C 点偏移，输出功率增加；同理，当太阳电池工作在最大功率点电压左边的 A 点时，跟踪控制电路将自动调高太阳电池输出工作电压，使输出功率点由 A 点向 B 点偏移，使输出功率增加。

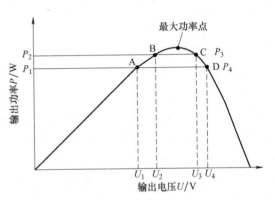

附图 1-9　最大功率点跟踪控制示意图

最大功率点跟踪控制过程实际上也是一个跟踪控制电路自寻优的过程，类似于"爬山法"。通过对太阳电池当前输出电压和电流的检测，得到当前太阳电池的输出功率，再与已存储的前一时刻太阳电池的输出功率做比较和调整，舍小取大，再检测、再比较、再调整，如此不停地周而复始，就可以使太阳电池动态地工作在最大功率点上。

较复杂的最大功率点跟踪控制方法还有扰动观察法、增量电导法等经典控制算法，以及最优梯度法、模糊逻辑控制法、神经元网络控制法等现代控制算法。

19. 光伏组件的 PID

PID（电位诱发衰减）是在高压光伏系统中由于较高的接地电位而产生的光伏组件功率快速衰减现象，这种现象与光伏系统的规模和极性相关。具体地说，就是光伏组件长期在高电压作用下使得玻璃、封装材料之间存在漏电流，大量电荷聚集在电池片表面，使电池表面的钝化效果恶化，从而导致光伏组件的 FF、I_{sc}、V_{oc} 等指标降低，使组件性能低于设计标准，有的功率衰减甚至超过 40%。特别是近年来 1000～1500V 高电压系统的流行，更增加了高电位 PID 对光伏组件的影响。

对于 PID 的产生目前认为有很多因素，它们可被划分为环境因素、系统因素、组件因素和电池因素，目前整个行业还在进行各种测试且存在争议，对 PID 现象亦没有公认的统一的检测标准，对组件出现的 PID 现象，有可能是上述某种或多种因素共同导致的。

环境因素主要是指高湿度和高温度是导致 PID 现象的两个主要因素，研究表明，PID 在高湿度并伴随着高温度的环境下更容易发生，特别是相对湿度达到 60% 以上的情况下。

系统因素主要是指接地系统电源和逆变器类型可在极大的程度上影响系统产生 PID 的难易程度。

组件因素主要指组件的设计、所使用的面板玻璃和背板、EVA 等封装材料不同，也可能会增加 PID 现象的发生。

电池因素主要是电池片的减反射涂层和 PN 结的电阻率等也可能与 PID 的发生有关。

防范 PID 衰减的方法有：采用质量更好的封装材料包括背板及 EVA 胶膜生产的抗 PID 组件；升级光伏组件的生产制造工艺；直接选用双玻组件；在光伏发电系统设计施工中使光伏组件负极接地或者给光伏组件施加正向偏压。

20. 光伏农业与农业光伏

光伏农业与农业光伏尽管都是光伏发电与农业设施的结合，但含义确大不相同。

光伏农业以现有农业设施为基础，主要侧重光伏系统的投资和建设本身，几乎不考虑农业的需求，基本是光伏电站与传统农业设施的简单叠加。目前国内的主要表现形式有低支架光伏电站、固定式高支架或半高支架光伏电站或现有农业设施屋顶的利用等。

农业光伏是把农业作为重点，光伏仅仅是设施农业的附加或是农业富余阳光的再利用，是优先考虑土地中农业的需求，且光伏运行过程中能够满足农业对光照的适时需要。农业光伏作为一体化并网发电项目，将光伏发电系统集成、智能控制技术、现代农业种植和养殖、高效设施农业等领域的最新技术、经验相结合。一方面光伏发电系统可以利用农业用地直接低成本发电，另一方面可以根据作物生长的阳光需求，通过透光类光伏跟踪系统对阳光照射量进行适时调节，储存热能，提高种植养殖大棚温度，既节约能源，又有利于动植物的冬季生长。

农业光伏以构建现代化健康生态的农业生产组织为核心，以农业光伏一体化并网发电站为平台，将太阳能光伏发电广泛应用到现代农业种植、养殖、灌溉、渔业、病虫害防治以及农业机械动力等领域，既有发电功能，又能为农作物及畜牧养殖提供适宜的生长环境，以此创造更好的经济效益和社会效益。因此，农业光伏是新能源与新农业的互通互融是农业与光伏的精准结合，是我国未来新农村建设的重要方式和主要内容之一。

21. 减排"二氧化碳"与减少"碳排放"

二氧化碳（CO_2）包含 1 个碳原子和 2 个氧原子，相对分子质量为 44（C 的相对原子质量为 12，O 的相对原子质量为 16）。1t 碳在氧气中燃烧后能产生大约 3.67t 二氧化碳（C 的相对原子为 12，CO_2 的相对分子质量为 44，44/12 = 3.67）。因此减排的二氧化碳量与减少的碳排放之间是可以转换的。

既减少 1t 的碳排放（液态碳或固态碳）就相当于减排二氧化碳 3.67t。

在日常生活中，每节约 1kW·h 电能，就相当于节约了 0.4kg 标准煤，同时相当于减少了 0.997kg 的二氧化碳排放。

22. 碳交易

碳交易就是把二氧化碳排放权作为一种商品，买方通过向卖方支付一定金额从而获得一定数量的二氧化碳排放权，从而形成了二氧化碳排放权的交易。碳交易市场是由政府通过对能耗企业的控制排放而人为制造的市场。通常情况下，政府确定一个碳排放总额，并根据一定规则将碳排放配额分配至企业。如果未来企业排放高于配额，则需要到市场上购买配额。与此同时，部分企业通过采用节能减排技术，最终碳排放低于其获得的配额，则可以通过碳交易市场出售多余配额。双方一般通过碳排放交易所进行交易。

附录2　光伏发电常用晶体硅电池组件的技术参数

1. 光伏发电系统用电池组件技术参数

组件规格/W	电池片规格/mm	最大输出功率 P_m/W	最大功率电压 U_{mp}/V	最大功率电流 I_{mp}/A	开路电压 U_{oc}/V	短路电流 I_{sc}/A	重量/kg	组件尺寸/mm 长	宽	高	电池片排列
5	125×125	5	17.5	0.29	21.0	0.33	0.45	280	160	17	4×9 切片
10	156×156	10	17.5	0.57	21.0	0.67	0.85	350	235	25	4×9 切片
15	125×125	15	17.5	0.85	21.0	1.00	1.39	455	305	25	4×9 切片
20	156×156	20	18.1	1.11	21.8	1.25	1.56	410	350	25	4×9 切片
30	156×156	30	18.1	1.66	22.0	1.83	2.35	505	440	25	3×12 切片
40	156×156	40	18.2	2.20	22.2	2.41	2.85	670	420	25	4×9 切片
50	156×156	50	18.2	2.75	22.3	2.99	3.58	670	520	25	4×9 切片
60	156×156	60	18.2	3.29	22.3	3.54	5.05	670	590	25	4×9 切片
70	156×156	70	18.2	3.85	22.3	4.23	5.16	690	670	25	4×9 切片
80	156×156	80	18.2	4.40	22.3	4.72	5.65	830	670	30	4×9 切片
90	156×156	90	18.2	4.95	22.3	5.65	6.26	920	670	30	4×9 切片
90	125×125	90	18.2	4.95	22.3	5.41	7.10	1200	550	35	4×9
100	125×125	100	18.8	5.22	22.5	5.76	7.10	1200	550	35	4×9
100	156×156	100	18.3	5.46	22.6	5.86	6.95	1015	670	35	4×9 切片
110	156×156	110	18.0	6.11	21.6	7.33	10.0	1240	680	35	4×9 切片
120	156×156	120	18.2	6.59	21.8	7.91	10.0	1240	680	35	4×9 切片
130	156×156	130	18.2	7.15	21.8	8.56	10.0	1240	680	35	4×9 切片
140	156×156	140	18.2	7.69	21.9	9.23	10.5	1480	680	35	4×9
150	156×156	150	18.6	8.06	22.3	9.68	10.5	1480	680	35	4×9
160	156×156	160	18.8	8.51	22.5	10.21	10.5	1480	680	35	4×9
200	125×125	200	38.0	5.27	45.3	5.92	15.5	1580	808	35/40	6×12
210	125×125	210	38.3	5.48	45.5	5.95	15.5	1580	808	35/40	6×12
220	125×125	220	38.6	5.69	45.8	5.98	15.5	1580	808	35/40	6×12
220	156×156	220	24.5	8.99	31.0	9.32	13.5	1324	992	35/40	6×8
225	156×156	225	24.9	9.05	31.2	9.38	13.5	1324	992	35/40	6×8
230	156×156	230	25.3	9.11	31.4	9.42	13.5	1324	992	35/40	6×8
245	156×156	245	27.4	8.95	34.6	9.27	16.3	1482	992	35/40	6×9
250	156×156	250	27.8	9.01	34.8	9.33	16.3	1482	992	35/40	6×9
255	156×156	255	28.2	9.06	35.0	9.39	16.3	1482	992	35/40	6×9
260	156×156	260	28.5	9.13	35.2	9.45	16.3	1482	992	35/40	6×9

2. 光伏电站用电池组件技术参数

组件形式	组件规格/W	电池片规格/数量/排列	最大输出功率 P_m/W	最大工作电压 U_{mp}/V	最大工作电流 I_{mp}/A	开路电压 U_{oc}/V	短路电流 I_{sc}/A	最大系统电压/A	重量/kg	组件尺寸/mm 长	宽	高
单晶常规系列	280	156.75×156.75/60 片/6 片×10 片	280	31.5	8.89	38.52	9.43	DC 1000/DC 1500	18.5	1640	992	35
	285		285	31.8	8.97	38.85	9.51					
	290		290	32.1	9.05	39.15	9.58					
	305		305	32.9	9.28	40.15	9.79					
	310		310	33.25	9.33	40.63	9.85					
	315		315	33.55	9.39	40.91	9.91					
	320		320	33.87	9.45	41.3	9.97					
	340	156.7×156.75/72 片/6 片×12 片	340	38.12	8.92	46.62	9.44		21.5	1956	992	40
	345		345	38.3	9.01	46.86	9.52					
	350		350	38.55	9.08	47.02	9.59					
	365		365	39.34	9.28	47.96	9.78					
	370		370	39.58	9.35	48.36	9.85					
	375		375	39.81	9.42	48.52	9.92					
	380		380	40.05	9.49	48.82	9.99					
多晶常规系列	265	156.75×156.75/60 片/6 片×10 片	265	30.9	8.60	37.6	9.22	DC 1000/DC 1500	18.5	1640	992	35
	270		270	31.0	8.71	37.9	9.28					
	275		275	31.3	8.81	38.1	9.37					
	280		280	31.4	8.94	38.3	9.45					
	285		285	31.5	9.06	38.4	9.54					
	290		290	31.6	9.18	38.6	9.62					
	295		295	31.8	9.29	38.8	9.69					
	305	156.75×156.75/72 片/6 片×12 片	305	36.6	8.35	45.1	8.94		21.5	1956	992	40
	310		310	36.7	8.45	45.3	9.00					
	315		315	37.0	8.53	45.5	9.08					
	320		320	37.1	8.63	45.6	9.15					
	325		325	37.2	8.74	45.7	9.25					
	330		330	37.4	8.83	45.8	9.33					
	335		335	37.5	8.94	45.9	9.40					
	340		340	37.7	9.03	46.1	9.45					
单晶常规系列	315	158.75×158.75/60 片/6 片×10 片	315	33.24	9.48	39.87	10.00	DC 1000/DC 1500	19.0	1665	1002	35
	320		320	33.51	9.55	40.22	10.07					
	325		325	33.79	9.62	40.57	10.14					
	330		330	34.07	9.69	40.91	10.21					
	380	158.75×158.75/72 片/6 片×12 片	380	40.01	9.50	48.10	10.00		22.0	1979	1002	40
	385		385	40.24	9.57	48.40	10.07					
	390		390	40.47	9.64	48.69	10.14					
	395		395	40.69	9.71	48.97	10.21					

（续）

组件形式	组件规格/W	电池片规格/数量/排列	最大输出功率 P_m/W	最大工作电压 U_{mp}/V	最大工作电流 I_{mp}/A	开路电压 U_{oc}/V	短路电流 I_{sc}/A	最大系统电压/A	重量/kg	组件尺寸/mm 长	宽	高
单晶半片系列	290	156.75×78.375/120 片/6 片×20 片	290	32.1	9.04	38.1	9.75	DC 1000/DC 1500	19	1675	992	35
	295		295	32.5	9.08	38.5	9.80					
	300		300	32.9	9.13	39.0	9.83					
	305		305	33.3	9.18	39.5	9.86					
	310		310	33.7	9.21	39.9	9.91					
	315		315	34.1	9.24	40.4	9.95					
	320		320	34.6	9.27	40.9	9.99					
	325		325	34.9	9.32	41.3	10.04					
	345	156.75×78.375/144 片/6 片×24 片	345	38.64	8.93	46.8	9.44		22	1997	992	40
	350		350	38.89	9.00	47.0	9.51					
	355		355	39.15	9.07	47.42	9.58					
	370		370	39.88	9.28	48.35	9.79					
	375		375	40.11	9.35	48.75	9.86					
	380		380	40.34	9.42	49.06	9.93					
	385		385	40.57	9.49	49.35	10.00					
	390		390	40.8	9.56	49.65	10.07					
	325	158.75×79.375/120 片/6 片×20 片	325	33.45	9.72	40.25	10.22		19.5	1684	1002	35
	330		330	33.72	9.79	40.59	10.29					
	335		335	33.99	9.86	40.93	10.36					
	340		340	34.24	9.93	41.26	10.43					
	390	158.75×79.375/144 片/6 片×24 片	390	40.42	9.65	48.64	10.15		22.5	2008	1002	40
	395		395	40.65	9.72	48.92	10.22					
	400		400	40.87	9.79	49.21	10.29					
	405		405	41.09	9.86	49.48	10.36					
	410		410	41.29	9.93	49.76	10.43					
多晶半片系列	275	156.75×78.375/120 片/6 片×20 片	275	31.83	8.64	38.54	9.15	DC 1000/DC 1500	19	1675	992	35
	280		280	32.19	8.70	38.9	9.23					
	285		285	32.54	8.76	39.26	9.31					
	290		290	32.8	8.82	39.68	9.39					
	325	156.75×78.3/144 片/6 片×24 片	325	37.62	8.64	45.6	9.14		22	1997	992	40
	330		330	37.89	8.71	45.95	9.21					
	335		335	38.16	8.78	46.3	9.28					
	340		340	38.42	8.85	46.65	9.35					
	345		345	38.68	8.92	47.0	9.42					
	350		350	38.94	8.99	47.35	9.49					

（续）

组件形式	组件规格/W	电池片规格/数量/排列	最大输出功率 P_m/W	最大工作电压 U_{mp}/V	最大工作电流 I_{mp}/A	开路电压 U_{oc}/V	短路电流 I_{sc}/A	最大系统电压/A	重量/kg	组件尺寸/mm		
										长	宽	高
单晶双玻双面半片系列	310	156.75×78.375/120 片/6 片×20 片	310	33.52	9.25	40.62	9.79	DC 1000/DC 1500	25.5	1684	992	30
	315		315	33.8	9.32	40.99	9.85					
	320		320	34.08	9.39	41.39	9.91					
	325		325	34.36	9.46	41.79	9.97					
	375	156.75×78.375/144 片/6 片×24 片	375	40.11	9.35	48.75	9.86		30.5	2006	992	30
	380		380	40.34	9.42	49.06	9.93					
	385		385	40.57	9.49	49.35	10.0					
	390		390	40.8	9.56	49.65	10.07					
	320	158.75×79.375/120 片/6 片×20 片	320	33.17	9.65	39.91	10.15		26.0	1704	1002	30
	325		325	33.45	9.72	40.25	10.22					
	330		330	33.72	9.79	40.59	10.29					
	335		335	33.99	9.86	40.93	10.36					
	380	158.75×79.375/144 片/6 片×24 片	380	39.97	9.51	48.05	10.01		31.0	2031	1002	30
	385		385	40.20	9.58	48.35	10.08					
	390		390	40.42	9.65	48.64	10.15					
	395		395	40.65	9.72	48.92	10.22					
	400		400	40.87	9.79	49.21	10.29					
	405		405	41.09	9.86	49.48	10.36					
单晶叠瓦系列	315	156.75×156.75 单晶电池片切割	315	36.09	8.73	43.06	9.18	DC 1000/DC 1500	19.5	1762	983	35
	320		320	36.29	8.82	43.30	9.27					
	330		330	36.68	9.00	43.72	9.45					
	335		335	36.86	9.09	43.98	9.54					
	340		340	37.05	9.18	44.23	9.63					
	345		345	37.23	9.27	44.45	9.72					
	380	156.75×156.75 单晶电池片切割	380	43.74	8.69	52.24	9.13		23.5	2125	983	40
	385		385	43.91	8.77	52.46	9.21					
	400		400	44.41	9.01	53.10	9.45					
	405		405	44.56	9.09	53.25	9.53					
	410		410	44.72	9.17	53.45	9.61					
	415		415	44.87	9.25	53.62	9.69					
	420		420	45.03	9.33	53.82	9.77					
	340	158.75×158.75 单晶电池片切割	340	35.98	9.45	42.72	9.96	DC 1000/DC 1500	20.0	1785	994	35
	345		345	36.25	9.52	43.05	10.03					
	350		350	36.51	9.59	43.37	10.10					
	355		355	36.76	9.66	43.69	10.17					

（续）

组件形式	组件规格/W	电池片规格/数量/排列	最大输出功率 P_m/W	最大工作电压 U_{mp}/V	最大工作电流 I_{mp}/A	开路电压 U_{oc}/V	短路电流 I_{sc}/A	最大系统电压/A	重量/kg	组件尺寸/mm 长	宽	高
单晶叠瓦系列	420	158.75×158.75 单晶电池片切割	420	44.13	9.52	52.41	10.03	DC 1000/DC 1500	24.0	2151	994	40
	425		425	44.28	9.60	52.61	10.11					
	430		430	44.43	9.68	52.81	10.19					
	435		435	44.58	9.76	53.01	10.27					
	440		440	44.73	9.84	53.21	10.35					
多晶叠瓦系列	300	156.75×156.75 多晶电池片切割	300	35.22	8.52	42.11	8.99	DC 1000 DC 1500	19.5	1762	983	35
	305		305	35.51	8.59	42.31	9.06					
	310		310	35.80	8.66	42.66	9.13					
	315		315	36.09	8.73	43.01	9.20					
	320		320	36.37	8.80	43.37	9.27					
	360	156.75×156.75 多晶电池片切割	360	42.61	8.45	50.84	8.91		23.5	2125	983	40
	365		365	42.80	8.53	51.02	8.99					
	370		370	42.98	8.61	51.25	9.07					
	375		375	43.16	8.69	51.48	9.15					
	380		380	43.34	8.77	51.71	9.23					
	385		385	43.51	8.85	51.93	9.31					
	390		390	43.68	8.93	52.15	9.39					

注：1. 电池组件参数标准测试条件是，辐照度：1000W/m²；组件温度：25℃；AM：1.5。
　　2. 组件型号由各生产厂商自行命名，没有统一的命名方法。型号中一般包括厂商拼音字头简称、组件功率、规格尺寸、硅片材料等内容。因此本表中无法具体体现组件的型号，只根据组件规格进行区分。
　　3. 不同生产厂家的组件固定孔距将略有差异。

附录3　光伏发电常用储能电池及器件的技术参数

1. 圆柱形镍氢蓄电池（见附表 3-1~附表 3-2）

附表 3-1　标准圆柱形镍氢电池规格尺寸与技术参数

规格	型号	电压/V	标称容量/(mA·h)	外形尺寸 (直径×高度)/mm	重量/g	标准充电/(mA/h)	快速充电/(mA/h)	循环寿命/次
AAA	28AAA300	1.2	300	10.5×28.5	6.0	30/16	300/1.2	500
	28AAA350	1.2	350	10.5×28.5	7.0	35/16	350/1.2	500
	43AAA600	1.2	600	10.5×43.5	10.8	60/16	600/1.2	500
	43AAA700	1.2	700	10.5×43.5	12.0	70/16	700/1.2	500
	43AAA800	1.2	800	10.5×43.5	12.2	80/16	400/2.4	500
AA	28AA600	1.2	600	14.5×28.5	13	60/16	600/1.2	500
	28AA700	1.2	700	14.5×28.5	14	70/16	700/1.2	500

（续）

规格	型号	电压/V	标称容量/（mA·h）	外形尺寸（直径×高度）/mm	重量/g	标准充电/（mA/h）	快速充电/（mA/h）	循环寿命/次
AA	43AA1200	1.2	1200	14.5×43.5	21	120/16	1200/1.2	500
	43AA1600	1.2	1600	14.5×43.5	26	160/16	800/2.4	500
	49AA1300	1.2	1300	14.5×49.5	23	130/16	1300/1.2	500
	49AA1500	1.2	1500	14.5×49.5	25	150/16	1500/1.2	500
	49AA1700	1.2	1700	14.5×49.5	27	170/16	850/2.4	500
	49AA1900	1.2	1900	14.5×49.5	29	190/16	950/2.4	500
	49AA2100	1.2	2100	14.5×49.5	31	210/16	1050/2.4	500
	65AA1600	1.2	1600	14.5×65.5	28	160/16	1600/1.2	500
	65AA2000	1.2	2000	14.5×65.5	32	200/16	1000/2.4	500
A	17A500	1.2	500	17×17.5	11	50/16	500/1.2	500
	28A1000	1.2	1000	17×28.5	20	100/16	1000/1.2	500
	28A1400	1.2	1400	17×28.5	22	140/16	700/2.4	500
	43A1800	1.2	1800	17×43.5	32	180/16	900/2.4	500
	43A2000	1.2	2000	17×43.5	34	200/16	1000/2.4	500
	50A2100	1.2	2100	17×50.5	36	210/16	1050/2.4	500
	50A2600	1.2	2600	17×50.5	42	260/16	1300/2.4	500
	65A3200	1.2	3200	17×65.5	50	320/16	1600/2.4	500
	65A3600	1.2	3600	17×65.5	52	360/16	1800/2.4	500
SC	43SC2500	1.2	2500	23×43.5	52	250/16	1250/2.4	500
	43SC3000	1.2	3000	23×43.5	56	300/16	1500/2.4	500
	43SC3600	1.2	3600	23×43.5	58	360/16	1080/4.5	500
	43SC3800	1.2	3800	23×43.5	60	380/16	1140/4.5	500
	50SC3500	1.2	3500	23×50.5	62	350/16	1750/2.4	500
	50SC3800	1.2	3800	23×50.5	64	380/16	1140/4.5	500
	50SC4000	1.2	4000	23×50.5	65	400/16	1250/4.5	500
C	49C3500	1.2	3500	26×49.5	80	350/16	1750/2.4	500
	49C4500	1.2	4500	26×49.5	83	450/16	1350/4.5	500
D	36D3500	1.2	3500	33×36.5	115	350/16	1750/2.4	500
	36D4500	1.2	4500	33×36.5	125	450/16	1350/4.5	500
	62D7000	1.2	7000	33×62.5	160	700/16	1400/7.5	500
	62D9000	1.2	9000	33×62.5	170	900/16	1800/7.5	500
	62D10000	1.2	10000	33×62.5	175	1000/16	2000/7.5	500

附表 3-2　高功率圆柱形镍氢电池规格尺寸与技术参数

规格	型号	电压/V	标称容量/(mA·h)	外形尺寸(直径×高度)/mm	重量/g	标准充电/(mA/h)	快速充电/(mA/h)	循环寿命/次
AAA	11AAA80P	1.2	80	10.5×11.5	3.0	8/16	80/1.2	500
	15AAA110P	1.2	110	10.5×15.5	3.5	11/16	110/1.2	500
	15AAA140P	1.2	140	10.5×15.5	4.0	14/16	140/1.2	500
	18AAA160P	1.2	160	10.5×18.5	4.5	16/16	160/1.2	500
	18AAA180P	1.2	180	10.5×18.5	5.0	18/16	180/1.2	500
	21AAA210P	1.2	210	10.5×21.5	5.5	21/16	210/1.2	500
	28AAA300P	1.2	300	10.5×28.5	7.0	30/16	300/1.2	500
	36AAA500P	1.2	500	10.5×36.5	10	50/16	500/1.2	500
	43AAA600P	1.2	600	10.5×43.5	12	60/16	600/1.2	500
	50AAA700P	1.2	700	10.5×50.5	14	70/16	700/1.2	500
AA	28AA700P	1.2	700	14.5×28.5	14	70/16	700/1.2	500
	49AA1600P	1.2	1600	14.5×49.5	26	160/16	1600/1.2	500
	49AA1800P	1.2	1800	14.5×49.5	28	180/16	900/2.4	500
	50AA1300P	1.2	1300	14.5×50.5	23	130/16	1300/1.2	500
	50AA1800P	1.2	1800	14.5×50.5	28	180/16	900/2.4	500
	50AA2000P	1.2	2000	14.5×50.5	30	200/16	1000/2.4	500
	50AA2100P	1.2	2100	14.5×50.5	30.5	210/16	1050/2.4	500
A	28A1100P	1.2	1100	17×28.5	25	110/16	1100/1.2	500
SC	43SC2800P	1.2	2800	23×43.5	55	280/16	1400/2.4	500
	43SC3200P	1.2	3200	23×43.5	58	320/16	1600/2.4	500
	43SC3500P	1.2	3500	23×43.5	62	350/16	1750/2.4	500
C	49C3500P	1.2	3500	26×49.5	82	350/16	1750/2.4	500
	49C4500P	1.2	4500	26×49.5	85	450/16	1350/4.5	500
D	36D3500P	1.2	3500	33×36.5	115	350/16	1750/2.4	500
	36D4500P	1.2	4500	33×36.5	125	450/16	1350/4.5	500
	62D8000P	1.2	8000	33×62.5	165	800/16	1600/7.5	500
	62D10000P	1.2	10000	33×62.5	175	1000/16	2000/7.5	500
	90D13000P	1.2	13000	33×91	260	1300/16	2600/7.5	500
	90D14000P	1.2	14000	33×91	268	1400/16	2800/7.5	500
	90D15000P	1.2	15000	33×91	276	1500/16	3000/7.5	500
	90D16000P	1.2	16000	33×91	284	1600/16	3200/7.5	500

2. 锂离子及磷酸铁锂蓄电池（见附表3-3~附表3-9）

附表3-3　冠军方块磷酸铁锂钒电池规格尺寸与技术参数

电池型号		额定电压/V	额定容量/A·h	最大外形尺寸/mm				重量/kg
				宽L	厚W	高h	总高H	
100×33 系列	LFP1003320	3.2	20	100	33	124	136	0.8
	LFP1003330	3.2	30	100	33	162	174	1.1
	LFP1003340	3.2	40	100	33	183	195	1.5
130×33 系列	LFP1303320	3.2	20	130	33	106	118	0.9
	LFP1303330	3.2	30	130	33	134	146	1.2
	LFP1303340	3.2	40	130	33	163	175	1.5
150×33 系列	LFP1503330	3.2	30	150	33	122	134	1.2
	LFP1503340	3.2	40	150	33	147	159	1.5
	LFP1503360	3.2	60	150	33	197	210	2.1
	LFP1503380	3.2	80	150	33	247	259	2.7
	LFP15033100	3.2	100	150	33	297	309	3.3
170×43 系列	LFP1704340	3.2	40	170	43	114	126	1.5
	LFP1704360	3.2	60	170	43	151	163	2.3
	LFP17043100	3.2	100	170	43	222	234	3.2
	LFP17043160	3.2	160	170	43	324	336	5.0
	LFP17043180	3.2	180	170	43	359	371	5.6
130×78 系列	LFP13078160	3.2	160	130	78	239	251	5.1
	LFP13078180	3.2	180	130	78	268	280	5.8
150×60 系列	LFP1506060	3.2	60	150	60	142	154	2.5
	LFP15060100	3.2	100	150	60	190	202	3.5
	LFP15060160	3.2	160	150	60	265	277	4.6
	LFP15060200	3.2	200	150	60	326	338	6.6
	LFP15060300	3.2	300	150	60	463	475	9.7
	LFP15060400	3.2	400	150	60	600	612	12.8
	LFP15060500	3.2	500	150	60	710	722	14.5
138×60	LFP13860100	3.2	100	136	60	204	216	3.8
445×65	LFP44565550	3.2	550	445	65	267	279	17.5

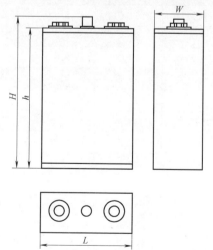

附表3-4　SE系列方块磷酸铁锂电池规格尺寸与技术参数

规格型号		SE40AHA	SE60AHA	SE70AHA	SE100AHA	SE130AHA	SE180AHA	SE400AHA
额定容量/(A·h)		40	60	70	100	130	180	400
额定电压/V		3.2						
充电截止电压/V		3.65						
放电截止电压/V		2.5						
标准充放电电流/A		12 (0.3C)	18 (0.3C)	20 (0.3C)	30 (0.3C)	39 (0.3C)	54 (0.3C)	120 (0.3C)
最大瞬间放电电流/A		400 (持续10s)	600 (持续10s)	700 (持续10s)	800 (持续10s)	1000 (持续10s)	1000 (持续10s)	—
循环寿命		2000次（0.3C充放电，80%DDC）						
充电工作温度		0~45℃						
放电工作温度		−20~55℃						
存储温度		−20~45℃						
重量		1.4kg	2.5kg		3.2kg	4.4kg	5.6kg	14.3kg
外壳材质		塑料						
尺寸/mm	高	181	217	206	218	278	279	283
	宽	115	142	113	142	182	182	449
	厚	46	50	60.5	67	56	71	71
电极间距/mm		64	81	60	81	106	106	—

附表3-5　圆柱形磷酸铁锂电池规格尺寸与技术参数

电池型号	额定电压/V	额定容量/(A·h)	电量/(W·h)	内阻/mΩ	最大直径/mm	最大高度/mm	重量/g
32730N70	3.2	7.0	22.4	8.0	32.5	73.5	150.0
32700N70	3.2	7.0	22.4	8.0	32.5	70.9	145.0
32700N67	3.2	6.75	21.6	8.0	32.5	70.9	145.0
32700N65	3.2	6.5	20.8	8.0	32.5	70.9	145.0
32700N62	3.2	6.25	20.0	8.0	32.5	70.9	145.0
32700N60	3.2	6.0	19.2	8.0	32.5	70.9	145.0
32700N55	3.2	5.5	17.6	8.0	32.5	70.9	144.0
32700N50	3.2	5.0	16.0	20.0	32.5	70.9	143.0
26700N40	3.2	4.0	12.8	15.0	26.5	70.5	90.0
26650N40	3.2	4.0	12.8	15.0	26.5	66.5	86.0
26650N38	3.2	3.8	12.2	15.0	26.5	66.5	86.0
26650N36	3.2	3.6	11.5	15.0	26.3	66.5	86.0
26650N34	3.2	3.4	10.9	15.0	26.3	66.5	85.0
26650N33	3.2	3.3	10.6	15.0	26.3	66.5	85.0

（续）

电池型号	额定电压/V	额定容量/ (A·h)	电量/ (W·h)	内阻/mΩ	最大 直径/mm	最大 高度/mm	重量/g
26650N32	3.2	3.2	10.2	15.0	26.3	66.5	83.0
26650N30	3.2	3.0	9.6	15.0	26.3	66.5	83.0
26650N28	3.2	2.8	9.0	32.0	26.3	66.5	82.0
26650N24	3.2	2.4	7.7	32.0	26.3	66.5	79.0
22650N22	3.2	2.2	7.0	25.0	22.5	66.5	59.0
22650N21	3.2	2.1	6.7	25.0	22.5	66.5	59.0
22650N20	3.2	2.0	6.4	25.0	22.5	66.5	58.0
18650N20	3.2	2.0	6.4	30.0	18.5	65.6	45.0
18650N18	3.2	1.8	5.7	30.0	18.5	65.5	44.5
18650N16	3.2	1.6	5.1	30.0	18.5	65.5	43.0
18650N15	3.2	1.5	4.8	30.0	18.5	65.5	42.0
18650N14	3.2	1.4	4.5	30.0	18.2	65	39.0
18650N13	3.2	1.3	4.2	30.0	18.2	65	39.0
18490N10	3.2	1.0	3.2	70.0	18.2	49	29.0
14430N40	3.2	0.4	1.3	80.0	14.2	43	15.0
14500N60	3.2	0.6	1.9	70.0	14.2	51	16.0
14500N50	3.2	0.5	1.6	70.0	14.2	51	15.6
14500N40	3.2	0.4	1.3	70.0	14.2	51	15.0

附表 3-6　圆柱形三元锂电池规格尺寸与技术参数

电池型号	额定电压/V	额定容量/ (A·h)	电量/ (W·h)	内阻/mΩ	最大 直径/mm	最大 高度/mm	重量 g
14400	3.7	0.6	2.2	8.0	14.25	39.5	15.5
14430	3.7	0.65	2.4	8.0	14.3	43	14.0
14430	3.7	0.7	2.5	8.0	14.3	43	16.8
14500	3.7	0.7	2.5	8.0	14.3	49	16.0
14500	3.7	0.85	3.1	8.0	14.3	49	18.0
18490	3.7	1.3	4.8	8.0	18.2	49	31.0
18490	3.7	1.6	5.9	8.0	18.5	49	33.0
18490	3.7	1.9	7.0	7.0	18.5	49	36.0
18650	3.7	2.0	7.4	60	18.2	65	45.0
18650	3.7	2.2	8.1	60	18.2	65	47.0
18650	3.7	2.6	9.6	60	18.2	65	51.0
26650	3.7	5.0	18.5	50	26.2	66	94.0

附表 3-7　海霸磷酸铁锂电池尺寸与技术参数

容量型方形电池							
序号	电池型号	单体尺寸/mm	额定容量/(A·h)	标称电压/V	内阻/mΩ	重量/g	壳体材料
1	33101161	33×101×161	20	3.0	<1.5	700±20	塑料
2	49102159	49×102×159	30	3.0	<1.5	1000±20	塑料
3	57111161	57×111×161	40	3.0	<1.5	1340±20	塑料
4	42152186	42×152×186	50	3.0	<1.5	1620±20	塑料
5	43152226	43×152×226	60	3.0	<1.5	1910±20	塑料
6	57169216	57×169×216	100	3.0	<1.0	3200±50	塑料
7	59224334	59×224×334	200	3.0	<1.0	6350±50	塑料
8	71283306	71×283×306	300	3.0	<1.0	9300±50	塑料
容量型圆柱电池							
序号	电池型号	单体尺寸/mm	额定容量/(A·h)	标称电压/V	内阻/mΩ	重量/g	壳体材料
1	42107	φ42×107	10	3.0	<9	305±5	铝壳
2	38107	φ38×107	9	3.0	<10	260±5	铝壳
3	32880	φ32×88	6	3.0	<15	150±5	铝壳
4	32650	φ32×65	4	3.0	<20	110±5	铝壳
5	26650	φ26×65	3	3.0	<28	75±5	铝壳
6	26600	φ26×60	2.7	3.0	<35	70±5	铝壳
7	18650	φ18×65	1.4	3.0	<40	40±5	铝壳
功率型方形电池							
序号	电池型号	单体尺寸/mm	额定容量/(A·h)	标称电压/V	内阻/mΩ	重量/g	壳体材料
1	41103168	41×103×168	20	3.0	<1.5	880±20	塑料
2	58103168	58×103×168	30	3.0	<1.5	1215±20	塑料
3	66113168	66×113×168	40	3.0	<1.5	1520±20	塑料
4	55125151	55×125×151	40	3.0	<1.5	1450±20	塑料
5	50152189	50×152×189	50	3.0	<1.5	1930±20	塑料
6	61114199	61×114×199	60	3.0	<1.5	2040±20	塑料
7	73123176	73×123×176	60	3.0	<1.5	2170±20	塑料
8	50163278	50×163×278	100	3.0	<1.0	3400±50	塑料
9	85169235	85×169×235	160	3.0	<1.0	5250±50	塑料
10	72183276	72×183×276	180	3.0	<1.0	5800±50	塑料
11	70255236	70×255×236	200	3.0	<1.0	6400±50	塑料

（续）

			功率型圆形电池				
序号	电池型号	单体尺寸/mm	额定容量/(A·h)	标称电压/V	内阻/mΩ	重量/g	壳体材料
1	42107	φ42×107	10	3.0	<5	305±5	铝壳
2	38107	φ38×107	8	3.0	<6	260±5	铝壳
3	32880	φ32×88	5	3.0	<7	150±5	铝壳
4	32650	φ32×65	3.5	3.0	<8	110±5	铝壳
5	26650	φ26×65	2.5	3.0	<10	75±5	铝壳
6	26600	φ26×60	2	3.0	<12	70±5	铝壳
7	18650	φ18×65	1.2	3.0	<20	40±5	铝壳

附表 3-8　磷酸铁锂替代铅酸蓄电池尺寸与技术参数

型号	额定电压/V	标称容量/(A·h)	电量/(W·h)	内阻/mΩ	外形尺寸（长×宽×高）/mm	电芯及组合方式	重量/kg
6.4V/6Ah	6.4	6	38.4	≤90	70×47×102	32700 N60　2串	0.4
6.4V/7Ah	6.4	7	44.8	≤80	151×35×94	26650 N35　2串2并	0.54
12.8V/6Ah	12.8	6	76.8	≤70	90×70×101	32700 N60　4串	0.75
12.8V/7Ah	12.8	7	89.6	≤90	151×65×94	26650 N35　4串2并	1.06
12.8V/9Ah	12.8	9	115.2	≤80	151×65×94	26650 N30　4串3并	1.34
12.8V/12Ah	12.8	12	153.6	≤70	151×98×95	32700 N60　4串2并	1.55
12.8V/24Ah	12.8	24	307.2	≤60	181×77×167	32700 N60　4串4并	2.9
12.8V/30Ah	12.8	30	384.0	≤55	165×175×125	32700 N60　4串5并	3.9
12.8V/33Ah	12.8	33	422.4	≤55	195×130×156	26650 N34　4串10并	4.9
12.8V/42Ah	12.8	42	537.6	≤50	197×165×170	32700 N60　4串7并	5.7
12.8V/54Ah	12.8	54	691.2	≤50	229×138×212	32700 N60　4串9并	6.7
12.8V/84Ah	12.8	84	1075.2	≤45	260×169×213	32700 N60　4串14并	10.2
12.8V/100Ah	12.8	100	1280	≤45	328×172×215	32700 N60　4串17并	13.1
12.8V/150Ah	12.8	150	1920	≤40	483×170×240	32700 N60　4串25并	19.2
12.8V/200Ah	12.8	200	2560	≤35	522×238×218	32700 N60　4串34并	27

附表 3-9　奥冠储能锂电池规格尺寸与技术参数

材质	产品型号	标称电压/V	体积/mm	充电上限电压/V	放电终止电压/V
三元锂	12V20AH	11.1	270×203×82	12.6	9
	12V30AH	11.1	270×203×82	12.6	9
	12V40AH	11.1	315×207×82	12.6	9
	12V50AH	11.1	315×207×82	12.6	9
	12V60AH	11.1	355×185×77	12.6	9
	12V70AH	11.1	355×185×133	12.6	9

（续）

材质	产品型号	标称电压/V	体积/mm	充电上限电压/V	放电终止电压/V
磷酸铁锂	12V20AH	12.8	180×120×100	14.8	10.4
	12V30AH	12.8	260×120×100	14.8	10.4
	12V40AH	12.8	340×120×100	14.8	10.4
	12V50AH	12.8	210×150×150	14.8	10.4
	12V60AH	12.8	480×125×100	14.8	10.4
	12V70AH	12.8	480×145×100	14.8	10.4

3. 超级电容器（见附表 3-10~附表 3-13）

附表 3-10　低阻型高比功率系列（HPLR）超级电容器规格尺寸与技术参数

型号	电压/V	标称容量/F	内阻 ESR/mΩ	30min 漏电/μA	24h 自放电/V	尺寸 D（直径）×L（长度）/mm±2mm	F/mm ±0.5mm	引线直径 d/mm ±0.05mm
HP-2R7-J354VY	2.7	0.35	250	50		8×13	3.5	0.5
HP-2R7-J105VY	2.7	1	300	200		8×13	3.5	0.6
HP-2R7-J205VY	2.7	2	120	350		10×20	5	0.6
HP-2R7-J335TY	2.7	3.3	75	450		8×20	3.5	0.6
HP-2R7-J335VY	2.7	3.3	70	450		10×20	5	0.6
HP-2R7-J475VY	2.7	4.7	60	1000		12.5×21	5	0.6
HP-2R7-J805UY	2.7	8	50	1000		12.5×21	5	0.6
HP-2R7-J106UY	2.7	10	25		2.4	13×34	5	0.8
HP-2R7-J156UY	2.7	15	30		2.4	13×34	5	0.8
HP-2R7-J206UY	2.7	20	20		2.4	16×34	8	0.8
HP-2R7-J256UY	2.7	25	20		2.4	16×34	8	0.8
HP-2R7-J306UY	2.7	30	25		2.4	16×34	8	0.8
HP-2R7-J506UY	2.7	50	25		2.4	18×34	8	0.8
HP-2R7-J906UY	2.7	90	20		2.4	22×45	10	1
HP-2R7-J107UY	2.7	100	20		2.4	22×45	10	1
HP-2R7-J127UY	2.7	120	15		2.4	25×54	10	1
HP-2R7-J157UY	2.7	150	15		2.4	25×54	10	1
HP-2R7-J207UY	2.7	200	10		2.4	35×62	10	1
HP-2R7-J307UY	2.7	300	10		2.4	35×62	10	1
HP-2R7-J407UY	2.7	400	10		2.4	35×62	10	1

附表 3-11　低漏电高比功率系列（HPLL）超级电容器规格尺寸与技术参数

型号	电压/V	标称容量/F	内阻ESR/mΩ	30min漏电/μA	24h自放电/V	尺寸D（直径）×L（长度）/mm±2mm	F/mm±0.5mm	引线直径d/mm±0.05mm
HP-2R7-J354UY	2.7	0.35	600	50		5×11	2	0.5
HP-2R7-J105VY	2.7	1	600	150		8×13	3.5	0.6
HP-2R7-J205VY	2.7	2	250	250		10×20	5	0.6
HP-2R7-J335TY	2.7	3.3	250	300		8×20	3.5	0.6
HP-2R7-J335VY	2.7	3.3	200	250		10×20	5	0.6
HP-2R7-J475VY	2.7	4.7	110	450		12.5×21	5	0.6
HP-2R7-J805VY	2.7	8	100	600		12.5×21	5	0.6
HP-2R7-J106UY	2.7	10	60		2.4	12.5×34	5	0.8
HP-2R7-J126UY	2.7	12	50		2.4	12.5×34	5	0.8
HP-2R7-J156UY	2.7	15	50		2.4	12.5×34	5	0.8
HP-2R7-J206UY	2.7	20	50		2.4	16×34	8	0.8
HP-2R7-J256UY	2.7	25	50		2.4	16×34	8	0.8
HP-2R7-J306UY	2.7	35	40		2.4	16×34	8	0.8
HP-2R7-J506UY	2.7	50	60		2.4	18×34	8	0.8
HP-2R7-J906UY	2.7	90	25		2.4	22×45	10	1
HP-2R7-J107UY	2.7	100	25		2.4	22×45	10	1
HP-2R7-J127UY	2.7	120	20		2.4	25×54	10	1
HP-2R7-J157UY	2.7	150	20		2.4	25×54	10	1
HP-2R7-J207UY	2.7	200	10		2.4	35×62	10	1
HP-2R7-J307UY	2.7	300	10		2.4	35×62	10	1
HP-2R7-J407UY	2.7	400	10		2.4	35×62	10	1

附表 3-12　高功率超级电容器规格尺寸与技术参数

额定容量/F	额定电压/V	直径×长度/mm	直流等效阻抗/mΩ	漏电流/（mA/72h）	短路电流/A	最大持续电流/A	最大峰值电流/A
0.3	2.7	4×11	1500	0.006	1.8	0.2	0.5
1	2.7	8×12	850	0.008	3.17	0.4	0.73
2	2.7	8×16	470	0.01	5.74	0.5	1.39
3	2.7	8×20	250	0.012	10.8	0.8	2.31
3.3	2.7	10×20	270	0.014	10.0	0.8	2.36
4.7	2.7	10×20	250	0.016	10.8	0.9	2.92
7	2.7	10×25	200	0.02	13.5	1.0	3.94
10	2.7	10×30	130	0.03	20.7	1.4	5.87
10	2.7	12.5×25	140	0.06	1.3	1.4	5.63

（续）

额定容量/F	额定电压/V	直径×长度/mm	直流等效阻抗/mΩ	漏电流/（mA/72h）	短路电流/A	最大持续电流/A	最大峰值电流/A
22	2.7	16×25	85	0.06	31.7	2.1	10.3
30	2.7	16×30	60	0.07	45.0	2.7	14.5
50	2.7	18×40	40	0.16	67.5	4	22.5
100	2.7	18×60	28	0.3	96.4	5.8	35.5
100	2.7	22×45	28	0.3	96.4	5.8	35.5
150	2.7	25×55	25	0.55	108	7	42.5
200	2.7	30×50	20	0.7	135	8.3	54
250	2.7	30×55	18	0.8	150	9.1	61
350	2.7	35×60	12	0.9	225	12.7	90.9
400	2.7	35×60	5.5	0.9	900	20	450
470	2.7	35×62	4.5	1.0	1080	20	500
500	2.7	35×65	4	1.0	1125	20	550
650	2.7	60×51	0.8	1.0	3370	40	200
1200	2.7	60×74	0.5	2.0	3857	80	860
1500	2.7	60×90	0.5	3.0	4500	75	1065
1800	2.7	60×110	0.45	4.0	4909	85	1221
2000	2.7	60×120	0.4	5.0	6000	100	1421
2500	2.7	60×138	0.36	5.5	6429	106	1646
3000	2.7	60×138	0.2	5.0	6279	105	1760
3000	2.7	60×155	0.4	7.0	6750	116	1840
3500	2.7	60×165	0.29	7.5	9300	123	2344
3800	2.7	60×165	0.28	7.8	9640	147	2405

附表3-13　高能量超级电容器规格尺寸与技术参数

额定容量/F	额定电压/V	直径×长度/mm	直流等效阻抗/mΩ	漏电流/（mA/72h）	标准电流/A	最大持续电流/A	最大峰值电流/A
100	2.7	10×20	200	1	0.05	0.12	0.25
200	2.7	10×30	65	1	0.1	0.24	0.5
500	2.7	14×36	48	5	0.25	0.5	1.2
1000	2.7	14×51	35	5	0.5	1.2	3
1000	2.7	30×40×5	53	10	0.5	1.5	3.3
3000	2.7	18×65	17	10	1	5	10
3000	2.7	18×65	17	10	1	5	10
5000	2.7	24×69	12	12	1.5	8	15
10000	2.7	35×62	6	15	20	40	250

（续）

额定容量/F	额定电压/V	直径×长度/mm	直流等效阻抗/mΩ	漏电流/(mA/72h)	标准电流/A	最大持续电流/A	最大峰值电流/A
30000	2.7	60×74	1	10	10	100	200
100000	2.7	60×138	0.6	15	28	150	300
2000	3.6	18×50	35	1	1	2	6
4000	4.2	24×69	45	0.5	3	6	30
21000	4.2	220×128×7.5	1.5	20	20	40	60

附录4　气象风力等级表

风级	风名称	一般描述		浪高/m	风速/(m/s)	风速/(km/h)
		陆地	海上			
0	无风	静烟直上	海面如镜	—	小于0.3	小于1
1	软风	烟能表示风向，但风标不能转动	出现鱼鳞似的微波，但不构成浪	0.1	0.3~1.5	1~6
2	轻风	人的脸部感到有风，树叶微响，风标能转动	小波浪清晰，出现浪花，但并不翻浪	0.2	1.6~3.3	6~11
3	微风	树叶和细树枝摇动不息，旌旗展开	小波浪增大，浪花开始翻滚，水泡透明像玻璃，并且到处出现白浪	0.6	3.4~5.4	12~19
4	和风	沙尘飞扬，纸片漂起，小树枝摇动	小波浪增长，白浪增多	1	5.5~7.9	20~28
5	清风	有树叶的灌木动摇，池塘内的水面起小波浪	波浪中等，浪延伸更清楚，白浪更多（有时出现）	2	8.0~10.7	29~38
6	强风	大树枝摇动，电线发出响声，举伞困难	开始产生大的波浪，到处呈现白沫，浪花的范围更大（飞沫更多）	3	10.8~13.8	39~49
7	疾风	整个树木摇动，人迎风行走不便	浪大、浪翻滚、白沫像带子一样随风飘动	4	13.9~17.1	50~61
8	大风	小的树枝折断，迎风行走很困难	波浪加大变长，浪花顶端出现水雾，泡沫像带子一样清楚的随风飘动	5.5	17.2~20.7	62~74
9	烈风	建筑物有轻微损坏（如烟囱倒塌，瓦片飞出）	出现大的波浪，泡沫呈粗的带子随风飘动，浪前倾、翻滚、倒卷、飞沫挡住视线	7	20.8~24.4	75~88
10	狂风	陆地少见，可使树木连根拔起或将建筑物严重损坏	浪变长，形成更大的波浪，大块的泡沫像白色带子随风飘动，整个海面呈白色，波浪翻滚咆哮	9	24.5~28.4	89~102
11	暴风	损毁重大	波峰全呈飞沫	11.5	28.5~32.6	103~117
12	飓风	摧毁极大	海浪滔天	14	>32.7	>117

附录5　部分城市并网光伏电站最佳安装倾角和发电量速查表

该速查表中的发电量是按照整个发电系统总效率79%计算的，参考计算时不必再考虑系统效率问题，根据速算表中的每瓦年发电量与电站实际装机容量的乘积就是该电站的年发电量。

速查表中的最佳安装倾角是根据当地经纬度换算出来的，在实际应用中，光伏电站的最佳安装倾角是有一定的角度区间的，最佳安装倾角的确定还要根据当地的气候条件，在满足电站支架强度及整体稳定性的前提下，全年发电量最大的角度是真正的最佳安装角度。

序号	区域	类别	城市名称	安装角度/°	峰值日照时数/(h/天)	每瓦首年发电量/(kW·h/W)	年有效利用小时数/h
1	直辖市	直辖市	北京	35	4.21	1.214	1213.95
2			上海	25	4.09	1.179	1179.35
3			天津	35	4.57	1.318	1317.76
4			重庆	8	2.38	0.686	686.27
5	东北地区	黑龙江省	哈尔滨	40	4.3	1.268	1239.91
6			齐齐哈尔	43	4.81	1.388	1386.96
7			牡丹江	40	4.51	1.301	1300.46
8			佳木斯	43	4.3	1.241	1239.91
9			鸡西	41	4.53	1.308	1306.23
10			鹤岗	43	4.41	1.272	1271.62
11			双鸭山	43	4.41	1.272	1271.62
12			黑河	46	4.9	1.415	1412.92
13			大庆	41	4.61	1.331	1329.29
14			大兴安岭-漠河	49	4.8	1.384	1384.08
15			伊春	45	4.73	1.364	1363.90
16			七台河	42	4.41	1.272	1271.62
17			绥化	42	4.52	1.304	1303.34
18		吉林省	长春	41	4.74	1.367	1366.78
19			延边-延吉	38	4.27	1.231	1231.25
20			白城	42	4.74	1.369	1366.78
21			松原-扶余	40	4.63	1.336	1335.06
22			吉林	41	4.68	1.351	1349.48
23			四平	40	4.66	1.344	1343.71
24			辽源	40	4.7	1.355	1355.25
25			通化	37	4.45	1.283	1283.16
26			白山	37	4.31	1.244	1242.79
27		辽宁省	沈阳	36	4.38	1.264	1262.97

　⊖　各项统计数据均未包括香港特别行政区、澳门特别行政区和台湾地区。

（续）

序号	区域	类别	城市名称	安装角度/°	峰值日照时数/ （h/天）	每瓦首年发电量/ （kW·h/W）	年有效利用 小时数/h
28	东北地区	辽宁省	朝阳	37	4.78	1.378	1378.31
29			阜新	38	4.64	1.338	1337.94
30			铁岭	37	4.4	1.269	1268.74
31			抚顺	37	4.41	1.274	1271.62
32			本溪	36	4.4	1.271	1268.74
33			辽阳	36	4.41	1.272	1271.62
34			鞍山	35	4.37	1.262	1260.09
35			丹东	36	4.41	1.273	1271.62
36			大连	32	4.3	1.241	1239.91
37			营口	35	4.4	1.269	1268.74
38			盘锦	36	4.36	1.258	1257.21
39			锦州	37	4.7	1.358	1355.25
40			葫芦岛	36	4.66	1.344	1343.71
41	华北地区	河北省	石家庄	37	5.03	1.453	1450.40
42			保定	32	4.1	1.182	1182.24
43			承德	42	5.46	1.574	1574.39
44			唐山	36	4.64	1.338	1337.94
45			秦皇岛	38	5	1.442	1441.75
46			邯郸	36	4.93	1.422	1421.57
47			邢台	36	4.93	1.422	1421.57
48			张家口	38	4.77	1.375	1375.43
49			沧州	37	5.07	1.462	1461.93
50			廊坊	40	5.17	1.491	1490.77
51			衡水	36	5	1.442	1441.75
52		山西省	太原	33	4.65	1.341	1340.83
53			大同	36	5.11	1.474	1473.47
54			朔州	36	5.16	1.489	1487.89
55			阳泉	33	4.67	1.348	1346.59
56			长治	28	4.04	1.165	1164.93
57			晋城	29	4.28	1.234	1234.14
58			忻州	34	4.78	1.378	1378.31
59			晋中	33	4.65	1.342	1340.83
60			临汾	30	4.27	1.231	1231.25
61			运城	26	4.13	1.193	1190.89
62			吕梁	32	4.65	1.341	1340.83

（续）

序号	区域	类别	城市名称	安装角度/°	峰值日照时数/(h/天)	每瓦首年发电量/(kW·h/W)	年有效利用小时数/h
63	华北地区	内蒙古自治区	呼和浩特	35	4.68	1.349	1349.48
64			包头	41	5.55	1.6	1600.34
65			乌海	39	5.51	1.589	1588.81
66			赤峰	41	5.35	1.543	1542.67
67			通辽	44	5.44	1.569	1568.62
68			呼伦贝尔	47	4.99	1.439	1438.87
69			兴安盟	46	5.2	1.499	1499.42
70			鄂尔多斯	40	5.55	1.6	1600.34
71			锡林郭勒	43	5.37	1.548	1548.44
72			阿拉善	36	5.35	1.543	1542.67
73			巴彦淖尔	41	5.48	1.58	1580.16
74			乌兰察布	40	5.49	1.574	1583.04
75	华中地区	河南省	郑州	29	4.23	1.22	1219.72
76			开封	32	4.54	1.309	1309.11
77			洛阳	31	4.56	1.315	1314.88
78			焦作	33	4.68	1.349	1349.48
79			平顶山	30	4.28	1.234	1234.14
80			鹤壁	33	4.73	1.364	1363.90
81			新乡	33	4.68	1.349	1349.48
82			安阳	30	4.32	1.246	1245.67
83			濮阳	33	4.68	1.349	1349.48
84			商丘	31	4.56	1.315	1314.88
85			许昌	30	4.4	1.269	1268.74
86			漯河	29	4.16	1.2	1199.54
87			信阳	27	4.13	1.191	1190.89
88			三门峡	31	4.56	1.315	1314.88
89			南阳	29	4.16	1.2	1199.54
90			周口	29	4.16	1.2	1199.54
91			驻马店	28	4.34	1.251	1251.44
92			济源	28	4.1	1.182	1182.24
93		湖南省	长沙	20	3.18	0.917	916.95
94			张家界	23	3.81	1.099	1098.61
95			常德	20	3.38	0.975	974.62
96			益阳	16	3.16	0.912	911.19
97			岳阳	16	3.22	0.931	928.49

（续）

序号	区域	类别	城市名称	安装角度/°	峰值日照时数/(h/天)	每瓦首年发电量/(kW·h/W)	年有效利用小时数/h
98	华中地区	湖南省	株洲	19	3.46	0.998	997.69
99			湘潭	16	3.23	0.933	931.37
100			衡阳	18	3.39	0.978	977.51
101			郴州	18	3.46	0.998	997.69
102			永州	15	3.27	0.944	942.90
103			邵阳	15	3.25	0.937	937.14
104			怀化	15	2.96	0.853	853.52
105			娄底	16	3.19	0.921	919.84
106			湘西	15	2.83	0.817	816.03
107		湖北省	武汉	20	3.17	0.914	914.07
108			十堰	26	3.87	1.116	1115.91
109			襄阳	20	3.52	1.016	1014.99
110			荆门	20	3.16	0.913	911.19
111			孝感	20	3.51	1.012	1012.11
112			黄石	25	3.89	1.122	1121.68
113			咸宁	19	3.37	0.972	971.74
114			荆州	23	3.75	1.081	1081.31
115			宜昌	20	3.44	0.992	991.92
116			随州	22	3.59	1.036	1035.18
117			鄂州	21	3.66	1.057	1055.36
118			黄冈	21	3.68	1.063	1061.13
119			恩施	15	2.73	0.788	787.20
120			仙桃	17	3.29	0.949	948.67
121			天门	18	3.15	0.91	908.30
122			神农架	21	3.23	0.934	931.37
123			潜江	27	3.89	1.122	1121.68
124	西南地区	四川省	成都	16	2.76	0.798	795.85
125			广元	19	3.25	0.937	937.14
126			绵阳	17	2.82	0.813	813.15
127			德阳	17	2.79	0.805	804.50
128			南充	14	2.81	0.81	810.26
129			广安	13	2.77	0.8	798.73
130			遂宁	11	2.8	0.808	807.38
131			内江	11	2.59	0.747	746.83
132			乐山	17	2.77	0.799	798.73

（续）

序号	区域	类别	城市名称	安装角度/°	峰值日照时数/(h/天)	每瓦首年发电量/(kW·h/W)	年有效利用小时数/h
133			自贡	13	2.62	0.756	755.48
134			泸州	11	2.6	0.75	749.71
135		四川省	宜宾	12	2.67	0.771	769.89
136			攀枝花	27	5.01	1.445	1444.63
137			巴中	17	2.94	0.849	847.75
138			达州	14	2.82	0.814	813.15
139			资阳	15	2.73	0.789	787.20
140			眉山	16	2.72	0.786	784.31
141			雅安	16	2.92	0.842	841.98
142			甘孜	30	4.17	1.203	1202.42
143			凉山-西昌	25	4.39	1.266	1265.86
144			阿坝	35	5.28	1.523	1522.49
145	西南地区		昆明	25	4.4	1.271	1268.74
146			曲靖	25	4.24	1.224	1222.60
147			玉溪	24	4.46	1.288	1286.04
148			丽江	29	5.18	1.494	1493.65
149			普洱	21	4.33	1.25	1248.56
150			临沧	25	4.63	1.335	1335.06
151		云南省	德宏	25	4.74	1.367	1366.78
152			怒江	27	4.68	1.35	1349.48
153			迪庆	28	5.01	1.446	1444.63
154			楚雄	25	4.49	1.296	1294.69
155			昭通	22	4.25	1.225	1225.49
156			大理	27	4.91	1.416	1415.80
157			红河	23	4.56	1.314	1314.88
158			保山	29	4.66	1.344	1343.71
159			文山	22	4.52	1.303	1303.34
160			西双版纳	20	4.47	1.291	1288.92
161			贵阳	15	2.95	0.852	850.63
162			六盘水	22	3.84	1.107	1107.26
163			遵义	13	2.79	0.805	804.50
164		贵州省	安顺	13	3.05	0.879	879.47
165			毕节	21	3.76	1.086	1084.20
166			黔西南	20	3.85	1.111	1110.15
167			铜仁	15	2.9	0.836	836.22

（续）

序号	区域	类别	城市名称	安装角度/°	峰值日照时数/（h/天）	每瓦首年发电量/（kW·h/W）	年有效利用小时数/h
168	西南地区	西藏自治区	拉萨	28	6.4	1.845	1845.44
169			阿里	32	6.59	1.9	1900.23
170			昌都	32	5.18	1.494	1493.65
171			林芝	30	5.33	1.537	1536.91
172			日喀则	32	6.61	1.906	1905.99
173			山南	32	6.13	1.768	1767.59
174			那曲	35	5.84	1.648	1683.96
175	西北地区	新疆维吾尔自治区	乌鲁木齐	33	4.22	1.217	1216.84
176			昌吉	33	4.22	1.217	1216.84
177			克拉玛依	41	4.87	1.404	1404.26
178			吐鲁番	42	5.55	1.6	1600.34
179			哈密	40	5.33	1.537	1536.91
180			石河子	38	5.12	1.478	1476.35
181			伊犁	40	4.95	1.427	1427.33
182			巴音郭楞	41	5.42	1.563	1562.86
183			和田	35	5.59	1.612	1611.88
184			阿勒泰	44	5.17	1.494	1490.77
185			塔城	41	4.88	1.407	1407.15
186			阿克苏	40	5.35	1.543	1542.67
187			博尔塔拉	40	4.91	1.416	1415.80
188			克孜勒苏	40	4.92	1.419	1418.68
189			喀什	40	4.92	1.419	1418.68
190			图木舒克	37	5	1.442	1441.75
191			阿拉尔	38	4.92	1.419	1418.68
192			五家渠	36	4.65	1.341	1340.83
193		陕西省	西安	26	3.57	1.029	1029.41
194			宝鸡	30	4.28	1.234	1234.14
195			咸阳	26	3.57	1.029	1029.41
196			渭南	31	4.45	1.283	1283.16
197			铜川	33	4.65	1.341	1340.83
198			延安	35	4.99	1.439	1438.87
199			榆林	38	5.4	1.557	1557.09
200			汉中	29	4.06	1.171	1170.70
201			安康	26	3.85	1.11	1110.15
202			商洛	26	3.57	1.029	1029.41

（续）

序号	区域	类别	城市名称	安装角度/°	峰值日照时数/(h/天)	每瓦首年发电量/(kW·h/W)	年有效利用小时数/h
203			兰州	29	4.21	1.214	1213.95
204			酒泉	41	5.54	1.597	1597.46
205			嘉峪关	41	5.54	1.597	1597.46
206			张掖	42	5.59	1.612	1611.88
207			天水	32	4.51	1.3	1300.46
208		甘肃省	白银	38	5.31	1.531	1531.14
209			定西	38	5.2	1.499	1499.42
210			甘南	32	4.51	1.3	1300.46
211			金昌	39	5.6	1.615	1614.76
212			临夏	38	5.2	1.499	1499.42
213			陇南	28	4.51	1.3	1300.46
214	西北地区		平凉	34	4.76	1.373	1372.55
215			庆阳	34	4.69	1.352	1352.36
216			武威	40	5.17	1.491	1490.77
217			银川	36	5.06	1.459	1459.05
218		宁夏回族自治区	石嘴山	39	5.54	1.597	1597.46
219			固原	34	4.76	1.373	1372.55
220			中卫	37	5.39	1.554	1554.21
221			吴忠	38	5.3	1.528	1528.26
222			西宁	34	4.7	1.355	1355.25
223			果洛-达日	36	5.19	1.497	1496.54
224			海北-海晏	34	4.7	1.355	1355.25
225		青海省	海东-平安	34	4.7	1.355	1355.25
226			海南-共和	38	5.88	1.695	1695.50
227			海西-格尔木	38	5.88	1.695	1695.50
228			海西-德令哈	41	5.65	1.629	1629.18
229			黄南-同仁	39	5.81	1.675	1675.31
230			玉树	34	5.37	1.548	1548.44
231			广州	20	3.16	0.91	911.19
232			清远	19	3.43	0.989	989.04
233	华南地区	广东省	韶关	18	3.67	1.06	1058.24
234			河源	18	3.66	1.056	1055.36
235			梅州	20	3.92	1.132	1130.33
236			潮州	19	4	1.156	1153.40
237			汕头	19	4.02	1.16	1159.17

（续）

序号	区域	类别	城市名称	安装角度/°	峰值日照时数/(h/天)	每瓦首年发电量/(kW·h/W)	年有效利用小时数/h
238	华南地区	广东省	揭阳	18	3.97	1.147	1144.75
239			汕尾	17	3.81	1.1	1098.61
240			惠州	18	3.74	1.079	1078.43
241			东莞	17	3.52	1.017	1014.99
242			深圳	17	3.78	1.089	1089.96
243			珠海	17	4	1.153	1153.40
244			中山	17	3.88	1.118	1118.80
245			江门	17	3.76	1.084	1084.20
246			佛山	18	3.43	0.99	989.04
247			肇庆	18	3.48	1.003	1003.46
248			云浮	17	3.53	1.018	1017.88
249			阳江	16	3.9	1.127	1124.57
250			茂名	16	3.84	1.108	1107.26
251			湛江	14	3.9	1.125	1124.57
252		广西壮族自治区	南宁	14	3.62	1.044	1043.83
253			桂林	17	3.35	0.967	965.97
254			百色	15	3.79	1.094	1092.85
255			玉林	16	3.74	1.079	1078.43
256			钦州	14	3.67	1.059	1058.24
257			北海	14	3.76	1.085	1084.20
258			梧州	16	3.63	1.046	1046.71
259			柳州	16	3.46	0.998	997.69
260			河池	14	3.46	0.998	997.69
261			防城港	14	3.67	1.059	1058.24
262			贺州	17	3.54	1.02	1020.76
263			来宾	14	3.55	1.024	1023.64
264			崇左	14	3.74	1.078	1078.43
265			贵港	15	3.61	1.042	1040.94
266		海南省	海口	10	4.33	1.25	1248.56
267			三亚	15	4.75	1.371	1369.66
268			琼海	12	4.71	1.358	1358.13
269			白沙	15	4.76	1.374	1372.55
270			保亭	15	4.74	1.368	1366.78
271			昌江	13	4.55	1.314	1311.99
272			澄迈	13	4.55	1.313	1311.99

（续）

序号	区域	类别	城市名称	安装角度/°	峰值日照时数/(h/天)	每瓦首年发电量/(kW·h/W)	年有效利用小时数/h
273	华南地区	海南省	儋州	13	4.48	1.294	1291.81
274			定安	10	4.32	1.246	1245.67
275			东方	14	4.84	1.396	1395.61
276			乐东	16	4.77	1.376	1375.43
277			临高	12	4.51	1.302	1300.46
278			陵水	15	4.74	1.366	1366.78
279			琼中	13	4.72	1.362	1361.01
280			屯昌	13	4.68	1.351	1349.48
281			万宁	13	4.67	1.346	1346.59
282			文昌	10	4.28	1.233	1234.14
283			五指山	15	4.8	1.387	1384.08
284	华东地区	江苏省	南京	23	3.71	1.07	1069.78
285			徐州	25	3.95	1.139	1138.98
286			连云港	26	4.13	1.19	1190.89
287			盐城	25	3.98	1.147	1147.63
288			泰州	23	3.8	1.097	1095.73
289			镇江	23	3.68	1.062	1061.13
290			南通	23	3.92	1.13	1130.33
291			常州	23	3.73	1.076	1075.55
292			无锡	23	3.71	1.07	1069.78
293			苏州	22	3.68	1.062	1061.13
294			淮安	25	3.98	1.148	1147.63
295			宿迁	25	3.96	1.141	1141.87
296			扬州	22	3.69	1.065	1064.01
297		浙江省	杭州	20	3.42	0.988	986.16
298			绍兴	20	3.56	1.028	1026.53
299			宁波	20	3.67	1.057	1058.24
300			湖州	20	3.7	1.067	1066.90
301			嘉兴	20	3.66	1.057	1055.36
302			金华	20	3.63	1.047	1046.71
303			丽水	20	3.77	1.089	1087.08
304			温州	18	3.77	1.088	1087.08
305			台州	23	3.8	1.098	1095.73
306			舟山	20	3.76	1.085	1084.20
307			衢州	20	3.69	1.064	1064.01

（续）

序号	区域	类别	城市名称	安装角度/°	峰值日照时数/（h/天）	每瓦首年发电量/（kW·h/W）	年有效利用小时数/h
308			福州	17	3.54	1.021	1020.76
309			莆田	16	3.59	1.035	1035.18
310			南平	18	4.17	1.204	1202.42
311		福建省	厦门	17	3.89	1.121	1121.68
312			泉州	17	3.92	1.131	1130.33
313			漳州	18	3.87	1.116	1115.91
314			三明	18	3.92	1.132	1130.33
315			龙岩	20	3.92	1.13	1130.33
316			宁德	18	3.62	1.045	1043.83
317			济南	32	4.27	1.231	1231.25
318			青岛	30	3.38	0.975	974.62
319			淄博	35	4.9	1.413	1412.92
320			东营	36	4.98	1.436	1435.98
321	华东地区		潍坊	35	4.9	1.413	1412.92
322			烟台	35	4.94	1.424	1424.45
323			枣庄	32	4.11	1.349	1185.12
324		山东省	威海	33	4.94	1.424	1424.45
325			济宁	32	4.72	1.361	1361.01
326			泰安	36	4.93	1.422	1421.57
327			日照	33	4.7	1.355	1355.25
328			莱芜	34	4.88	1.407	1407.15
329			临沂	33	4.77	1.375	1375.43
330			德州	35	5	1.442	1441.75
331			聊城	36	4.93	1.422	1421.57
332			滨州	37	5.03	1.45	1450.40
333			菏泽	32	4.72	1.361	1361.01
334			南昌	16	3.59	1.036	1035.18
335			九江	20	3.56	1.026	1026.53
336			景德镇	20	3.63	1.047	1046.71
337		江西省	上饶	20	3.76	1.084	1084.20
338			鹰潭	17	3.68	1.062	1061.13
339			宜春	15	3.37	0.973	971.74
340			萍乡	15	3.33	0.962	960.21
341			赣州	16	3.67	1.059	1058.24
342			吉安	16	3.59	1.037	1035.18

（续）

序号	区域	类别	城市名称	安装角度/°	峰值日照时数/(h/天)	每瓦首年发电量/(kW·h/W)	年有效利用小时数/h
343	华东地区	江西省	抚州	16	3.64	1.049	1049.59
344			新余	15	3.55	1.025	1023.64
345		安徽省	合肥	27	3.69	1.064	1064.01
346			芜湖	26	4.03	1.162	1162.05
347			黄山	25	3.84	1.107	1107.26
348			安庆	25	3.91	1.127	1127.45
349			蚌埠	25	3.92	1.13	1130.33
350			亳州	23	3.86	1.115	1113.03
351			池州	22	3.64	1.048	1049.59
352			滁州	23	3.66	1.056	1055.36
353			阜阳	28	4.21	1.214	1213.95
354			淮北	30	4.49	1.295	1294.69
355			六安	23	3.69	1.065	1064.01
356			马鞍山	22	3.68	1.061	1061.13
357			宿州	30	4.47	1.289	1288.92
358			铜陵	22	3.65	1.054	1052.48
359			宣城	23	3.65	1.052	1052.48
360			淮南	28	4.24	1.223	1223.42

参 考 文 献

［1］杨贵恒，强生泽，张颖超，等. 太阳能光伏发电系统及其应用［M］. 北京：化学工业出版社，2011.

［2］马金鹏. 光伏电站价值提升策略之运维［J］. 光伏信息，2014（5）：23-26

［3］蒋华庆，贺广零，等. 光伏电站设计技术［M］. 北京：中国电力出版社，2014.

［4］郭家宝，汪毅. 光伏发电站设计关键技术［M］. 北京：中国电力出版社，2014.

［5］李小永，马金鹏，等. 大型荒漠光伏电站并网调试分析［J］. 光伏信息，2013（4）：42-45.

［6］中华人民共和国住房和城乡建设部，中华人民共和国国家质量监督检验检疫总局. GB/T 50795—2012
光伏发电工程施工组织设计规范［S］. 北京：中国计划出版社，2012.

［7］中华人民共和国住房和城乡建设部，中华人民共和国国家质量监督检验检疫总局. GB/T 50794—2012
光伏发电站施工规范［S］. 北京：中国计划出版社，2012.

［8］王东，张增辉，等. 分布式光伏电站设计、建设与运维［M］. 北京：化学工业出版社，2018.

［9］李钟实. 太阳能光伏发电系统设计施工与应用［M］. 2版. 北京：人民邮电出版社，2019.

［10］黄悦华，马辉. 光伏发电技术［M］. 北京：机械工业出版社，2020.

［11］周宏强，王素梅，高吉荣. 光伏电站的运行维护［M］. 北京：机械工业出版社，2020.

［12］李钟实，等. 太阳能分布式光伏发电系统设计施工与运维手册［M］. 2版. 北京：机械工业出版社，2020.

［13］葛庆，张清小，等. 光伏电站建设与施工技术［M］. 北京：中国铁道出版社，2016.

［14］梅生伟，李建林，朱建全，等. 储能技术［M］. 北京：机械工业出版社，2022.

［15］深圳科士达新能源有限公司. 科士达储能产品及系统解决方案［Z］. 科士达产品手册，2021.